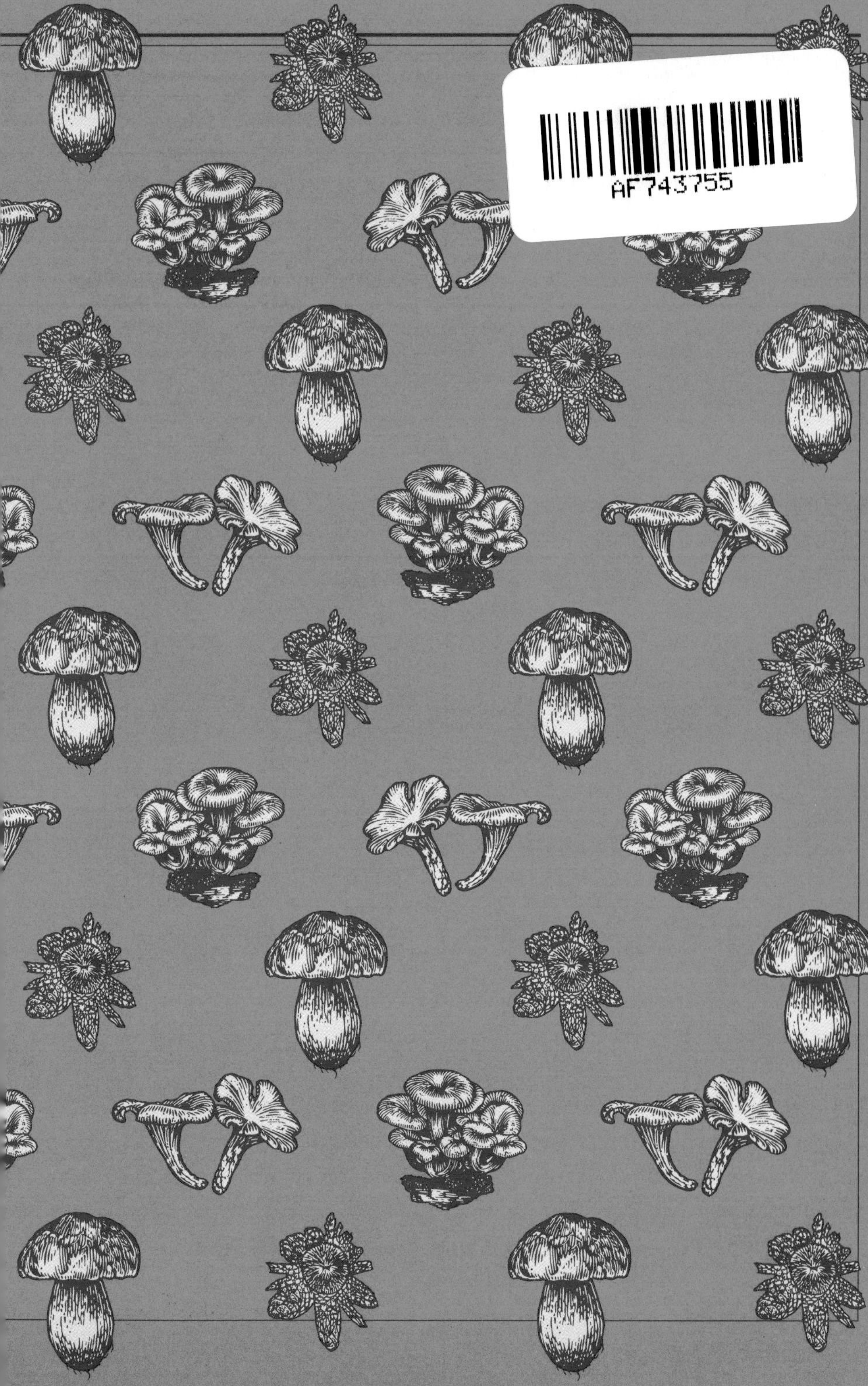

– MANUALES DE –
IDENTIFICACIÓN

HONGOS

– MANUALES DE –
IDENTIFICACIÓN

HONGOS

THOMAS LÆSSØE

Fotografías de
NEIL FLETCHER

Asesor editorial
GORDON RUTTER

EDICIONES OMEGA

A DORLING KINDERSLEY BOOK

Nota importante
Se recomienda a toda persona que recoja hongos que busque la ayuda de un micólogo experimentado. No coma ningún hongo si no está seguro de su identificación. No aceptamos responsabilidades de los lectores que no sigan este consejo.

La edición original de esta obra ha sido publicada en inglés con el título *MUSHROOMS*

Traducido por **Manuel Pijoan**

Director del proyecto Jo Weeks
Director artístico del proyecto Colin Walton
Búsqueda de fotografías Mollie Gillard y Sean Hunter
Jefe de producción Michelle Thomas
Gerente de edición Jonathan Metcalf
Gerente artístico de edición Peter Cross

Ediciones Omega, S.A.
Plató, 26 - 08006 Barcelona
www.ediciones-omega.es

Primera reimpresión 2005

ISBN 84-282-1150-7

INDICE

INTRODUCCION

El reino de los hongos es inmenso y se encuentran hongos en todos los tipos de hábitat, a todo lo ancho del mundo. Con tamaños que oscilan entre las levaduras microscópicas y las setas grandes y carnosas, los hongos también tienen modos de vida altamente diversos; algunos forman relaciones beneficiosas con las plantas vivas mientras que otros degradan o incluso matan a sus huéspedes.

△ FALSA ORONJA *La coloreada aunque venenosa* Amanita muscaria *es la más conocida de todas las especies de hongos.*

EL ESTUDIO del reino de los hongos recibe el nombre de micología. Hasta fechas muy recientes, los hongos se consideraban como una forma inferior de vida vegetal y se estudiaban como parte de la botánica. También se miraban con recelo por su costumbre de aparecer aparentemente de la nada después de la lluvia. Todos estos factores ayudan a explicar por qué hay muchos hongos todavía por describir, si bien el gran número de especies existentes también es una razón importante. Actualmente se asignan al reino de los hongos 1,5 millones de especies mientras que, por ejemplo, las especies de flor suman sólo 250.000.

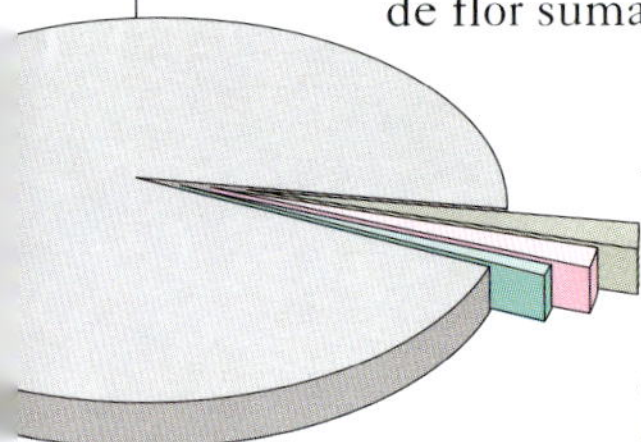

CLAVE:

- *Macrohongos*
- *Mohos, tizones y royas*
- *Líquenes*
- *No descritos*

◁ RECUENTO DE HONGOS *El gráfico representa los 1,5 millones de especies de hongos. Las "porciones" muestran las especies identificadas: 28.700 macrohongos; 24.000 mohos, tizones y royas y 13.500 líquenes.*

Los micólogos creen que tan sólo 80.000 de estas especies han sido documentadas adecuadamente –menos del cinco por ciento del número total estimado. De las especies no descritas hasta el presente, se cree que muchas habitan las zonas de selva pluvial o pluvisilva tropical, pero incluso en las regiones mucho más accesibles, como por ejemplo el norte de Europa, que ha sido estudiado con detenimiento, todavía se descubren nuevas especies.

VIDA SECRETA

Estamos familiarizados con las setas que se hallan en las zonas boscosas en otoño, pero pocos sabemos que cada una de éstas no es más que el "carpóforo" o "cuerpo fructífero" de un organismo

LIQUENES
Un liquen es un organismo compuesto, el resultado de una asociación entre un hongo y un alga. Los líquenes sobreviven gracias a los nutrientes que filtran a partir del aire con la ayuda del "socio" algal. También asborben contaminantes, y son por tanto buenos indicadores de la calidad del aire. La imagen muestra a Xanthoria parietina.

HONGOS UTILES ▷

Los hongos son parte esencial de la vida. El hombre los utiliza como alimento, como saborizante y para producir alcohol. A partir de ellos se obtienen antibióticos y también enzimas que se utilizan en los polvos detergentes.

DETERGENTES

Los agentes que limpian la ropa en los polvos detergentes contienen enzimas de los hongos.

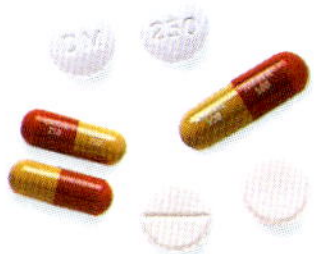

PENICILINA

Los antibióticos que matan bacterias proceden de los hongos Penicillium.

QUESOS AZULES

El sabor del rocafort y demás quesos azules lo produce el hongo Penicillium roqueforti.

SALAMIS

Los salamis adquieren sabor por el moho Penicillium nalgiovense.

mucho mayor, que se oculta en el suelo o la madera (sustrato) sobre el cual crece el carpóforo. La producción de carpóforos permite la dispersión de las esporas, mediante las cuales los hongos se reproducen. Pero existen muchas otras especies que nunca producen carpóforos. La mayoría son mohos, como el del pan enmohecido.

CERVEZA

Se elabora con levadura, por ejemplo Saccharomyces carlsbergensis

PAN

La masa del pan fermenta gracias a la levadura Saccharomyces.

MACROHONGOS

Sólo los hongos que producen carpóforos más o menos conspicuos figuran en este libro. Los micólogos los denominan "macrohongos", pero popularmente se llaman setas. Presentan una gran variedad de formas, desde el tipo bien conocido con sombrero y pie hasta las especies con carpóforos a modo de ménsula o las que crecen planas (v. pp. 12-13). Pese a esta diversidad, los carpóforos de algunos hongos pueden parecer muy similares y requieren un examen cuidadoso para su identificación precisa. Este libro incrementará su comprensión del reino de los hongos.

HONGOS COMESTIBLES

La recolección de hongos para comer es una práctica antigua. El shii-take *(Lentinula edodes)* se cultiva en Japón y en China desde hace cientos de años, mientras que en Europa el Champiñón cultivado o Seta de París (*Agaricus bisporus* p. 161) se cultiva desde antiguo. Hoy también se cultivan los pleurotos (*Pleurotus* sp., pp. 178-79) y otras especies, en tanto que grandes cantidades de colmenillas, rebozuelos y boletos se venden por todo el mundo.

Antes de comer un hongo recogido en la naturaleza asegúrese de identificarlo como comestible (véase también p. 23). Si sospecha envenenamiento, busque asistencia médica y lleve una muestra del hongo.

SETAS SHII-TAKE

AGARICUS BISPORUS

PLEUROTOS

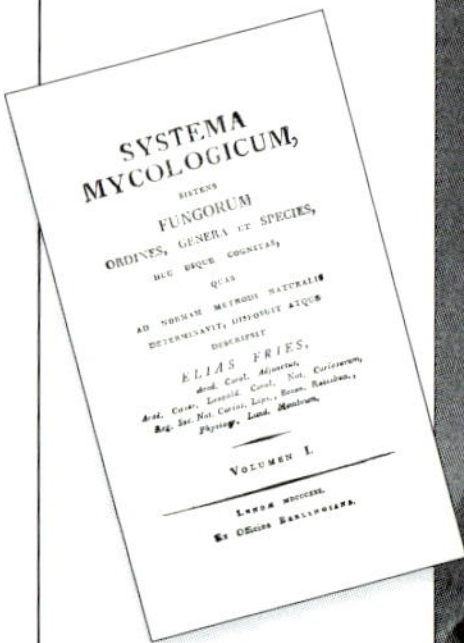

△ ELIAS FRIES *(1794-1878)*
Elias Fries fue un destacado pionero en micología. Su Systema Mycologicum *(1832) sentó las bases del sistema de clasificación moderno.*

COMER HONGOS SILVESTRES

Además de facilitar su identificación, en este libro también se detalla la comestibilidad de cada especie. Pese a ello, recomendamos que los no iniciados se hagan acompañar por un buscador de setas experimentado si recolectan hongos para comer, ya que muchos son o pueden ser venenosos. También algunas especies comestibles son muy parecidas a las venenosas (véase p. 23). Los registros de especies advierten sobre los posibles peligros relacionados con cada hongo. Los efectos de comer un hongo venenoso varían desde un trastorno estomacal hasta una lesión grave o incluso fatal del hígado.

◁ ESPECIES MORTALES
Amanita virosa *y* A. phalloides *son muy venenosas y causan graves lesiones del hígado o la muerte.*

CLASIFICACION DE LOS HONGOS

Se divide el mundo natural en cinco reinos, uno de los cuales es el de los hongos. Dentro de cada reino se efectúan ulteriores subdivisiones, que se subdividen a su vez en grupos más pequeños.

Dentro del reino de los hongos hay tres fílums o tipos (véase p. 11). Éstos, a su vez, se subdividen en clases y luego en órdenes. Dentro de los órdenes, los hongos con rasgos similares se agrupan en familias y luego en géneros que reúnen a las especies relacionadas. Cada una de estas subdivisiones tiene su propio nombre científico (latinizado); el nombre de una especie concreta consta del nombre del género seguido de un epíteto específico (el de la especie). Muchas especies familiares también tienen nombre común.

A modo de ejemplo, la clasificación completa del Rebozuelo *(Cantharellus cibarius)* se muestra a continuación.

REINO
Hongos

FILUM
Basidiomicetes

CLASE
Himenomicetes

ORDEN
Cantharellales

FAMILIA
Cantharellaceae

GENERO
Cantharellus

ESPECIE
Cantharellus cibarius

Cantarellus cibarius ▷

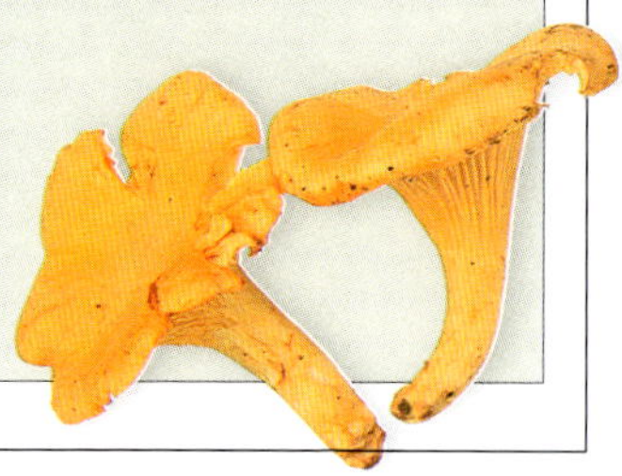

COMO UTILIZAR ESTE LIBRO

Los hongos de este libro se sitúan en una de las 16 secciones principales, basadas en sus características visuales más patentes (véase pp. 24-27). Para facilitar la identificación, las secciones de mayor longitud se subdividen en subsecciones. La mayoría de los hongos se muestran a un tamaño menor que el natural; unos pocos han sido ampliados para dar mayor detalle.

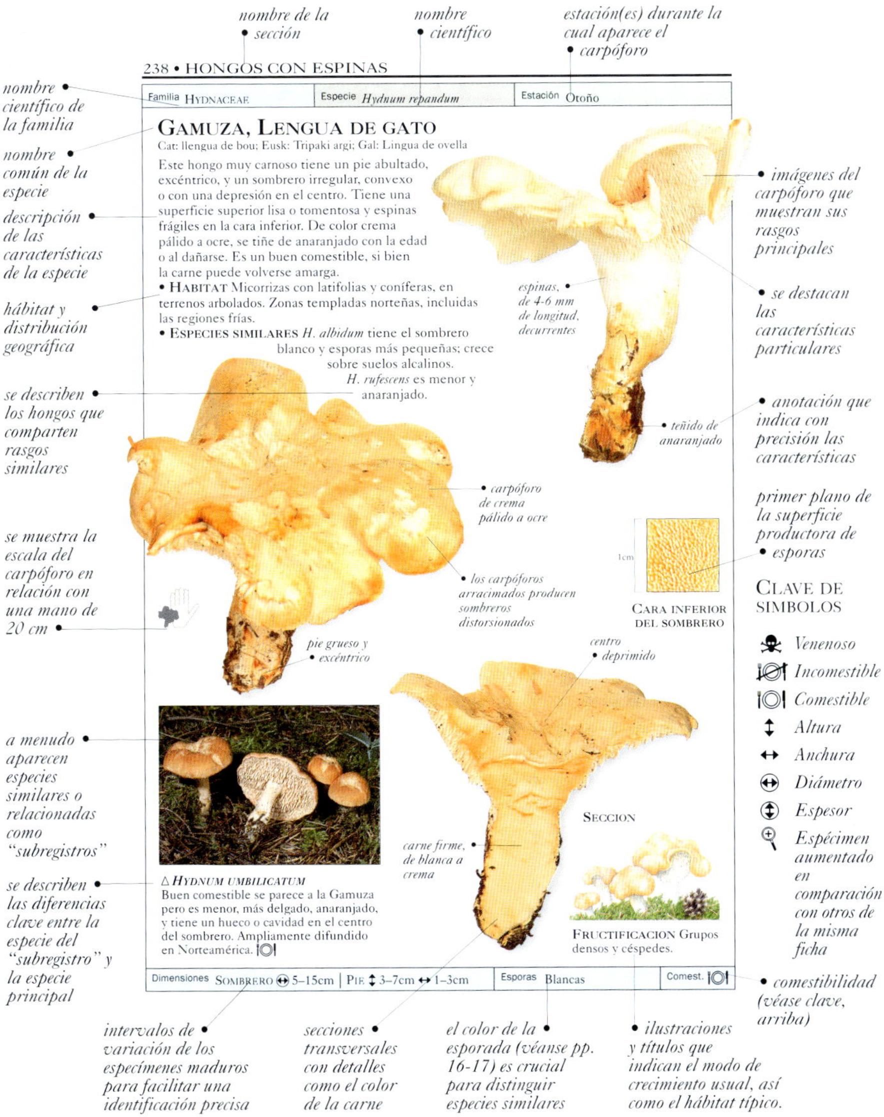

¿QUE ES UN HONGO?

LO QUE SE DENOMINAN setas son hongos que producen carpóforos conspicuos. La parte visible de un hongo, los carpóforos o cuerpos fructíferos, varía desde el tipo con sombrero y pie (véase debajo) hasta gran variedad de formas (pp. 12-13). Su función es la de producir esporas sexuales, y los hongos se dividen en tres grupos o fílums, según cómo efectúan dicha producción (p. 11). La mayoría de las especies de este libro son basidiomicetes y la mayoría de las demás, ascomicetes. Los zigomicetes están representados por dos hongos parásitos.

ANATOMIA DE UN CARPOFORO

Cada hongo, incluidos sus carpóforos, está formado por una masa de filamentos diminutos llamados hifas. Ocultas en el sustrato, las hifas forman micelios que producen carpóforos en la superficie del sustrato en condiciones favorables. Todos los carpóforos tienen una superficie de tejido fértil productor de esporas, el himenio, que a menudo está soportado por una estructura carnosa como un sombrero sobre un pie.

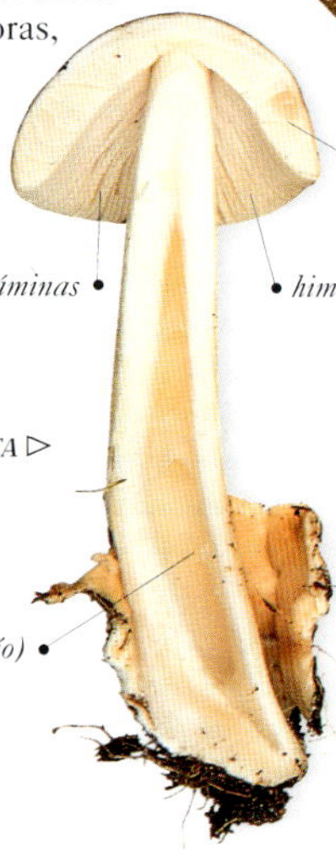

AMANITA ▷ FULVA

◁ AMANITA SPISSA

OTROS RASGOS

VELO ▷

El velo, si existe, protege todo o parte del joven carpóforo. En el maduro, sus restos son visibles como escamas, un anillo o una volva.

◁ AMANITA FULVA

CORDONES HIFALES ▷

Algunos carpóforos tienen gruesos cordones hifales que los unen al micelio oculto en el sustrato.

MEGACOLLYBIA ▷ PLATYPHYLLA

ASCOMICETES

Forman esporas en el interior de unas estructuras diminutas denominadas ascas, y cada una de éstas produce ocho esporas. Las ascas están dentro del himenio. El himenio puede estar en la parte exterior del carpóforo, como en las colmenillas, o bien las ascas pueden distribuirse dentro del carpóforo, como en las trufas. Muchos ascomicetes se reproducen por esporas asexuales (conidios).

COLMENILLA ▷
Morchella esculenta *forma esporas en el interior de las ascas que tapizan la estructura faveolada del sombrero.*

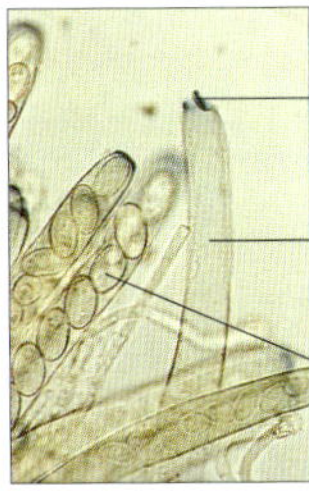

ASCAS DE HONGOS CALICIFORMES ▷
Aquí, algunas de las ascas han descargado sus esporas, mientras que otras todavía contienen esporas no maduras.

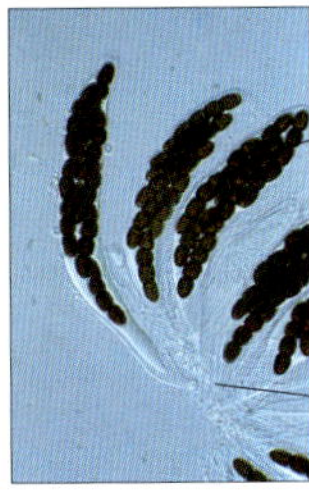

ASCAS DE HONGOS EN FORMA DE FALSO FRASCO ▷
Una vez las esporas de estas ascas han llegado a la madurez, son liberadas a través de una abertura en la parte superior.

BASIDIOMICETES

Casi todos producen carpóforos. El himenio consiste en células en forma de maza o porra (basidios) con excrecencias (esterigmas) en un extremo, sobre las cuales se forman las esporas. En cada basidio hay cuatro esterigmas y cada uno produce una espora. Muchos se distinguen de otros hongos por las uniones a modo de abrazaderas entre sus hifas.

CUESCO DE LOBO PERLADO ▷
Lycoperdon perlatum *forma esporas sobre basidios en el himenio.*

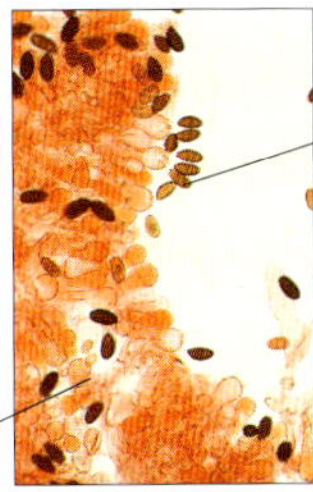

SUPERFICIE DE UNA LAMINA ▷
En la superficie de esta lámina pueden verse basidios con esporas en diferentes estadios de madurez

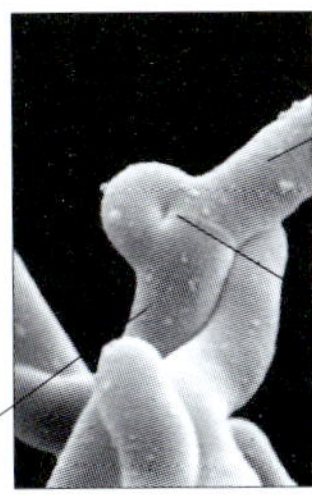

ABRAZADERA DE HIFAS ▷
Las conexiones a modo de abrazaderas entre hifas son un rasgo típico de muchos basidiomicetes.

ZIGOMICETES

Los zigomicetes no tienen carpóforos. Sus esporas sexuales (zigoesporas) tienen larga vida y esperan a que se den las condiciones perfectas para germinar. Los zigomicetes también forman esporas asexuales en los esporangios en los extremos de esporangióforos en forma de hilos. Los mohos grises son en su mayoría zigomicetes.

SPINELLUS FUSIGER ▷
Esta especie está formada por masas de esporangióforos filiformes.

FORMAS DE LOS CARPOFOROS

LOS CARPOFOROS de los hongos pueden adoptar muchas formas y el himenio productor de esporas se dispone de distintos modos. Éste puede disponerse en láminas, tubos o superficies lisas sobre el carpóforo; en algunos hongos se esconde en el interior. Cuando el carpóforo madura, las esporas se dispersan activa o pasivamente (ver pp. 16-17). La forma del carpóforo puede revelar el método de dispersión de esporas. Así los carpóforos redondeados, en forma de tubérculo, que están bajo tierra (pp. 258-59) tienen esporas internas que se dispersan pasivamente.

SOMBRERO Y PIE ▷
El himenio tapiza los lados de las láminas bajo el sombrero. Dispersión activa.

PIE EXCENTRICO O AUSENTE ▷
El himenio tapiza las láminas bajo el sombrero. Dispersión activa.

SOMBRERO EN SILLA DE MONTAR ▷
El himenio tapiza los pliegues. Dispersión activa.

SOMBRERO EN FORMA DE PANAL ▷
El himenio tapiza las cavidades del sombrero. Dispersión activa.

A MODO DE MENSULA ▷
La cara inferior es lisa o tiene tubos tapizados con himenio. Dispersión activa.

A MODO DE PIEL, QUE CRECEN PLANOS O COMO UNA COSTRA ▽
El himenio cubre la mayor parte de la superficie del carpóforo. Dispersión activa.

◁ CLAVIFORMES
El himenio cubre la superficie o bien está situado en carpóforos en forma de frasco incrustados en la piel. Dispersión activa.

A MODO DE FALO ▷
El himenio se forma dentro de una estructura ovalada y se eleva sobre un pie. La masa de esporas es dispersada por las moscas.

◁ EN FORMA DE ASTA
El himenio cubre la mayor parte de la superficie. Dispersión activa.

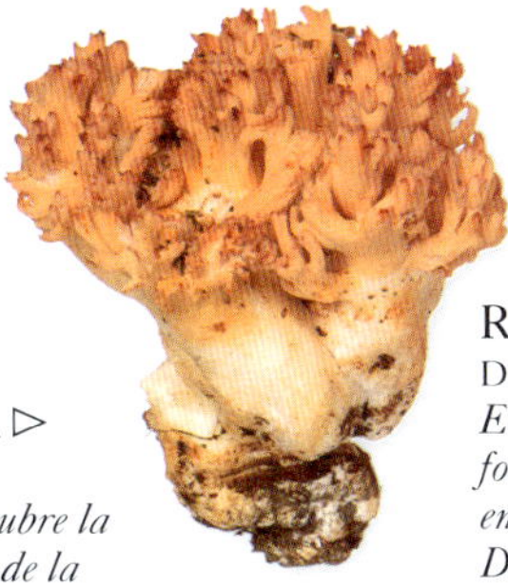

EN FORMA ▷ DE CORAL
El himenio cubre la mayor parte de la superficie. Dispersión activa.

REDONDEADOS ▷
El himenio se forma en el interior o en carpóforos en forma de frasco. Dispersión activa o pasiva.

◁ EN FORMA DE PERA O MANO DE MORTERO
El himenio se forma en el interior. Dispersión pasiva, por gotas de lluvia.

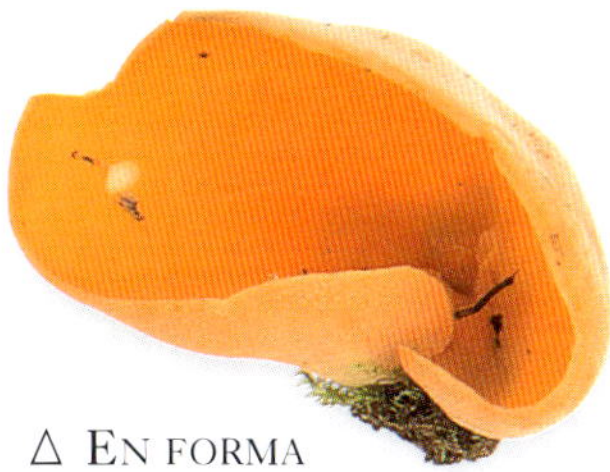

△ EN FORMA DE COPA O DISCO
El himenio tapiza la cara interna o superior. Dispersión activa.

CALICIFORMES CON "HUEVOS" △
Los "huevos" tienen un himenio interno. El "huevo" es propulsado por la lluvia.

◁ EN FORMA DE TROMPETA
Himenio sobre una superficie exterior de lisa a arrugada. Dispersión activa.

EN FORMA ▷ DE ESTRELLA
Himenio en una estructura cerrada que luego se escinde. Dispersión por la lluvia o moscas.

A MODO ▷ DE JAULA
Himenio dentro de una estructura que se escinde formando un retículo. Dispersión por insectos.

EN FORMA ▷ DE OREJA
Himenio sobre la superficie de los lóbulos. Dispersión activa.

LOBULADOS O ▷ GELATINOSOS
Himenio sobre la superficie de los lóbulos. Dispersión activa.

RASGOS DEL SOMBRERO

EL SOMBRERO de una especie ayuda mucho a su identificación. Son importantes su tamaño general y los rasgos de su superficie, tales como escamas o filamentos marginales (que indican los restos del velo). También son significativas las estructuras de la cara inferior (láminas y poros) y su tipo de unión al pie.

FORMA Y SUPERFICIE DEL SOMBRERO

La forma del sombrero y su textura pueden cambiar a medida que madura el carpóforo Una superficie pegajosa puede volverse no pegajosa con tiempo seco. Compruébelo tocándola con el labio inferior humedecido. Si se engancha al labio, significa que había sido pegajosa en condiciones más húmedas.

CONVEXO
El sombrero tiene la forma de un bollo

CONICO
El sombrero es cónico o casi cónico

INFUNDIBILIFORME
Sombrero con centro deprimido

UMBONADO
Protuberancia en el centro

COÑ ESCAMAS SUELTAS
Fáciles de arrancar

FLEXUOSO
La superficie forma pliegues radiales

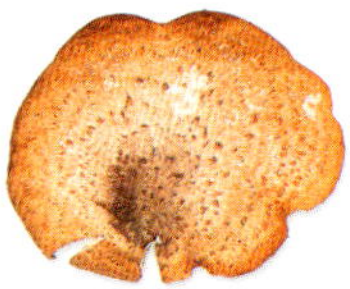

ESCAMOSO
La piel está cubierta de escamas fijas

ESTRIADO
Las estriaciones se ven a través de la piel

MARGEN ASURCADO
Crestas radiales bien marcadas en los bordes

ZONAS CONCENTRICAS
Zonas de colores

HIRSUTO
Densa capa de escamas largas y fibrosas

PEGAJOSO
La piel es pegajoso-viscosa

MARGEN ENROLLADO
El borde del sombrero se enrolla hacia dentro

REPLEGADO
Todo el sombrero es una masa de pliegues

EN SILLA DE MONTAR
Más o menos plegado, en silla de montar

ALVEOLADO
Con celdillas irregulares, similar a un panal de miel

Laminas en seccion

Si el sombrero tiene láminas es vital advertir cómo, y si están unidas al pie (siempre que éste existe). Para verlo hay que obtener una sección con un cuchillo afilado. El pie puede soltarse del sombrero al torcerlo. Si sólo hay una parte muy estrecha de la lámina que baja por el pie, suele hablarse de decurrente con un diente.

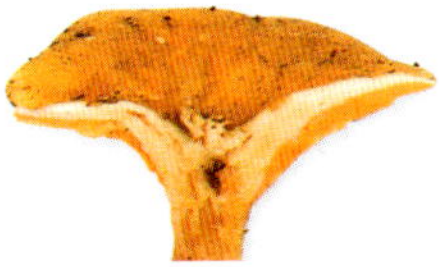

DECURRENTES
Bajan por el pie, ligera o marcadamente

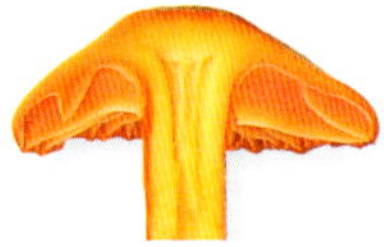

ADNATAS
Muy unidas al pie

ANEJAS
Unidas por muy poco, casi libres

LIBRES
No están unidas al pie, que puede arrancarse

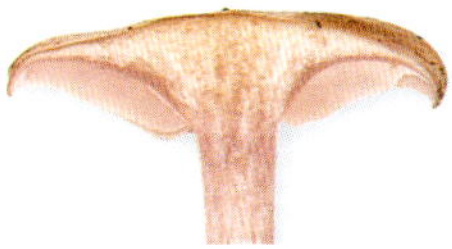

INDENTADAS
Indentadas justo antes de unirse al pie

SINUADAS
Curvas e indentadas antes de unirse al pie

Laminas desde debajo

Fijarse en la cara inferior del sombrero es útil para la identificación. La proporción entre láminas de longitud completa y otras más cortas es un rasgo importante, igual que el número de láminas y la distancia existente entre ellas.

IGUALES
Todas llegan al pie y son de igual longitud

DE LONGITUD VARIABLE
Largas y cortas

BIFURCADAS
Las láminas se dividen una vez o varias

APRETADAS
Dispuestas muy cerca unas de otras

MUY ESPACIADAS
Las láminas están muy distantes unas de otras

UNIDAS EN UN COLLAR
No llegan al pie

RADIALES
Irradian desde el margen del sombrero

Otras superficies productoras de esporas

Algunos hongos con sombrero y pie y otros en forma de ménsula tienen el himenio en superficies que pueden ser de lisas a arrugadas, en tubos o denticuladas. Unos poros en la cara inferior del carpóforo indican que el himenio está contenido en tubos.

VENAS A MODO DE LAMINAS
El himenio cubre la superficie inferior

TUBOS CON POROS
El himenio tapiza los tubos, que son verticales y con aberturas

ESPINAS
Himenio vertical sobre estructuras en forma de espinas

LAS ESPORAS Y SU DISPERSION

LOS HONGOS PRODUCEN ESPORAS para colonizar los sustratos apropiados. Las esporas pueden ser asexuales o sexuales. Las esporas asexuales (conidios) suelen producir micelios individuales. A veces, las esporas sexuales pueden establecer micelios independientes pero a menudo se fusionan con otro micelio antes de continuar creciendo.

COMO SE DISPERSAN LAS ESPORAS

Las esporas pueden dispersarse pasiva o activamente. La dispersión pasiva depende de animales, el viento o el agua; la activa se produce por un mecanismo del carpóforo que expulsa o propulsa a las esporas cuando llegan a la madurez.

EXPULSION
En Xylaria, *las ascas maduras expulsan las esporas a cierta distancia a través de la boca de sus diminutos carpóforos.*

POR ANIMALES
Las masas de esporas pegajosas de Phallus, *son devoradas por insectos. Otras esporas se enganchan a insectos.*

POR EL AGUA Y EL VIENTO
Cuando cae la lluvia sobre los carpóforos de Lycoperdon, *éstos se comprimen y las esporas se liberan para ser dispersadas.*

ESPORADAS

El color de la esporada ayuda a saber el género de un hongo. Obtener una esporada de un hongo con láminas (agárico) es un proceso simple y revela tanto el tipo de espaciamiento de las láminas como el color de las esporas. Corte el sombrero de un espécimen fresco y colóquelo con las esporas hacia abajo, sobre un papel. Puede utilizar papel negro para las esporadas pálidas; para los colores desconocidos, coloque una mitad sobre papel blanco y la otra sobre papel negro.

1 CUBRIR EL SOMBRERO
Arranque el pie y coloque el sombrero sobre el papel con las láminas hacia abajo. Una gota de agua en la parte superior lo mantendrá húmedo. Cúbralo con un bol y déjelo así toda la noche.

2 QUITAR EL SOMBRERO
Levante suavemente el bol y luego el sombrero para revelar la esporada. Cuanto más espesa sea la esporada, más fácil será ver el color de las esporas. Observar con luz natural.

Color de las esporas

Las especies de un mismo género suelen tener esporadas del mismo color. Así, por ejemplo, todas las especies de *Agaricus* tienen esporas en tonos de marrón oscuro. En algunos géneros, como por ejemplo *Russula* (pp. 120-31), el color de las esporas se utiliza para diferenciar entre especies similares. Las esporadas suelen ser negras, de blancas a crema, o tienen matices rojos, púrpura o pardos. Entre las excepciones se incluye *Chlorophyllum molybdites* (p. 166), que tiene una esporada de color verde.

Rosacea a roja

Ocre a arcilla

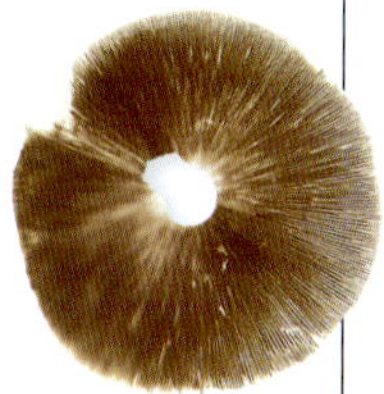

Negra

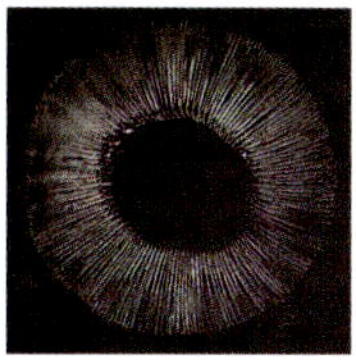

Blanca a crema

Pardopurpurea

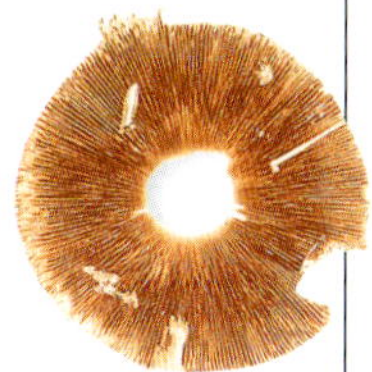

Herrumbrosa

Forma y tamaño de las esporas

Son muy importantes para la identificación de una especie. La mayoría de las esporas tienen menos de 20 micras (µm) de largo o de ancho (0,02 mm) y muchas son menores que 5 µm, aunque algunas pueden llegar a medir 2 mm de diámetro. Su forma varía según el método de dispersión: las que se dispersan activamente son típicamente asimétricas mientras que las que se dispersan por medios pasivos tienden a ser simétricas. La tabla de esporas en pp. 284-88 da formas y tamaños medios de esporas.

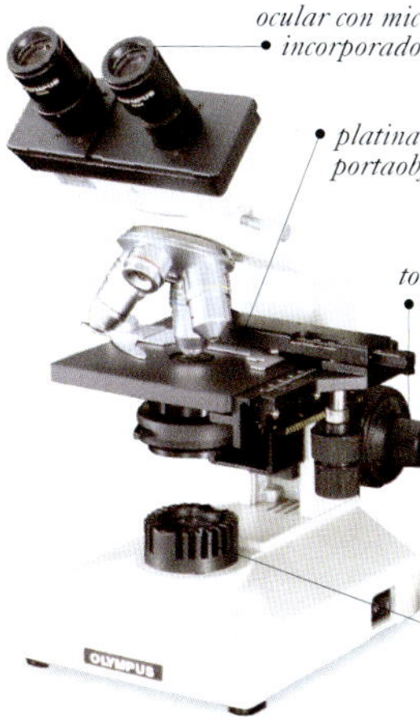

◁ Microscopio *Es necesario un microscopio de calidad, aunque no necesariamente caro. Lo ideal es uno de* × *1000 aumentos, aunque pueden obtenerse buenos resultados con sólo* × *400. Es útil que tenga luz incorporada.*

todas las imágenes con un aumento de × *2000*

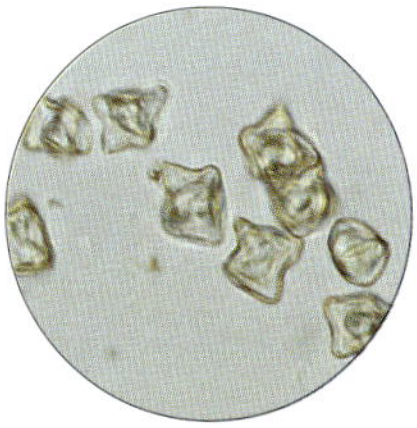

Entoloma conferendum
Las especies del género Entoloma *tienen esporas angulosas. Las de* E. conferendum *tienen forma de estrella.*

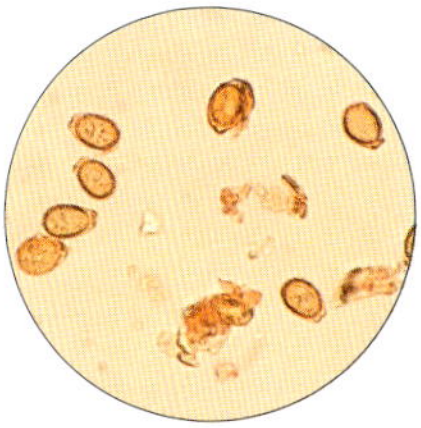

Ganoderma applanatum
G. applanatum *tiene esporas de textura áspera truncadas en un extremo y tienen una doble piel.*

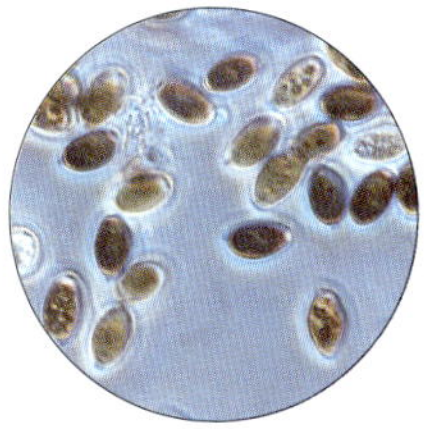

Coprinus atramentarius
Las esporas negras de esta especie tienen cada una un poro diminuto a partir del cual germinan las hifas.

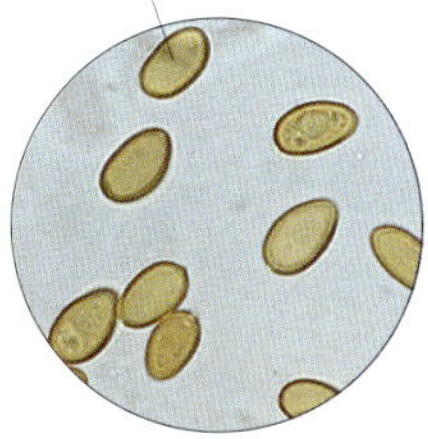

Coniophora puteana
Las esporas elipsoides de C. puteana *tienen una superficie lisa y un color pardoamarillento.*

MODOS DE VIDA DE LOS HONGOS

UNA VEZ SE HA ESTABLECIDO EL HONGO formando un micelio, tiene que encontrar la manera de seguir viviendo. Los distintos tipos de hongos usan diferentes métodos para sobrevivir. Muchos forman una asociación mutuamente beneficiosa, o micorrícica, con un "socio" o simbionte vivo, como por ejemplo un árbol, que permite la supervivencia de ambos; otros, los saprófitos, degradan la materia orgánica muerta. También hay algunos que matan plantas o animales: los necrótrofos. Gracias a su capacidad de degradar la materia muerta o de dar unas condiciones de crecimiento adecuadas a otros seres vivos, los hongos desempeñan un papel vital.

◁ ARBOL HUESPED
Un solo árbol puede servir para distintos hongos. La picea puede servir de soporte a hongos micorrícicos, varios saprófitos pueden vivir en su mantillo y hay necrótrofos que pueden matarlo y vivir de sus restos.

MICORRIZAS

Las micorrizas están en la base de una estrecha relación beneficiosa entre el árbol y el hongo, en la que el árbol le da azúcares al hongo mientras el hongo le proporciona agua y nutrientes. La relación micorrícica se forma cuando las hifas de las especies de hongos, entre ellos algunos agáricos y la mayoría de los boletos, penetran en las raíces del árbol huésped.

RELACION ESPECIAL ▷
Estos carpóforos de Amanita muscaria *(p. 146) están cerca de una picea con la cual pueden haber formado micorrizas. Los abedules y robles también forman micorrizas con hongos.*

BAJO TIERRA ▷
Cuando se da una asociación micorrícica, el hongo desarrolla un manto alrededor de las raíces más diminutas del árbol y un retículo de hifas por entre las células más externas de las raíces. También se produce un intercambio de nutrientes.

SAPROFITOS

Gracias a los enzimas, los hongos saprófitos degradan muchos tipos de materia orgánica, incluidos hongos y animales. Algunos saprófitos, como *Strobilurus esculentus*, sólo crecen en un sustrato, en este caso una piña de picea. Otros, en cambio, tienen una gama más ancha. Algunas especies están presentes de una forma pasiva en plantas vivas, a la espera de iniciar su actividad cuando la planta muera.

△ *STROBILURUS ESCULENTUS* (p. 133)
Este saprófito especializado degrada sólo las piñas de picea caídas. Produce carpóforos después de obtener del sustrato los materiales que necesita.

NECROTROFOS

Los necrótrofos viven de y matan a las plantas vivas. Algunos las matan destruyendo su sistema de transporte de agua y de nutrientes con las hifas o con células tipo levadura que producen para este propósito; otros utilizan toxinas. Después de matar a la planta, el necrótrofo actúa como un saprófito (véase arriba), degradando la planta como un sustrato. Se incluyen *Fomes fomentarius* y las especies de *Armillaria* (pp. 42 y 80).

△ *HETEROBASIDION ANNOSUM* (p. 222)
Causa graves daños en plantaciones de piceas, al extenderse de un árbol a otro por las raíces. Después de la muerte del árbol, la madera es degradada por el hongo y se producen ménsulas.

BIOTROFOS

Como los micorrícicos, los hongos biotróficos, tales como tizones y mildiús, dependen de un huésped vivo. Sin embargo, en este caso la planta no se beneficia con ello. A menudo el hongo produce hifas especiales que penetran en las células huésped, e invirtiendo el sentido del transporte, dirigen los nutrientes hacia el hongo. Aunque la planta no muere, sus procesos vitales pueden verse afectados.

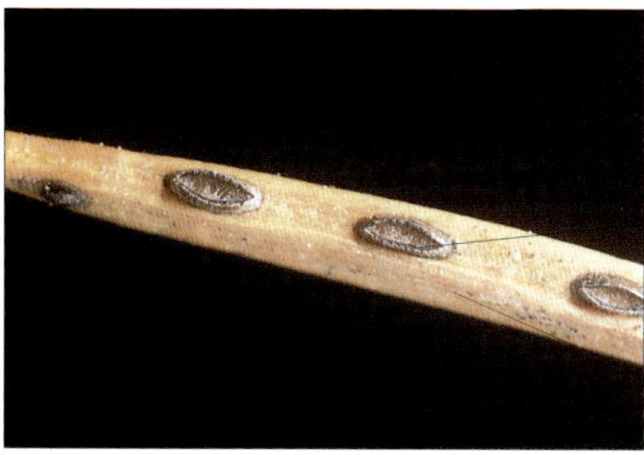

△ *LOPHODERMIUM PICEAE*
Produce unas manchas negras como de alquitrán en las agujas de las piceas. Otros Lophodermium *pueden causar graves caídas de hojas en pinos.*

HABITATS DE LOS HONGOS

LOS HONGOS se encuentran en todo el planeta pero la mayoría de las especies de este libro pueden encontrarse en las zonas templadas norteñas. Algunas están ampliamente extendidas y se encuentran en Norteamérica, Europa y Asia, mientras que otras se limitan a un solo continente o a una región muy localizada dentro de éste. La mayoría de los hongos se hallan confinados en un medio ambiente muy específico, y de ahí la importancia de reconocer los hábitats principales.

TERRENOS ARBOLADOS

Los variados terrenos arbolados sirven de soporte a distintos tipos de vida fúngica. Las margas alcalinas dominadas por fresnos suelen contener especies no micorrícicas como las del género *Lepiota*. Los suelos ácidos y turbosos, con abedules o hayas, tienen una gran proporción de hongos micorrícicos, como boletos, tricolomas y rúsulas. Los suelos cargados de minerales, junto a los senderos y cunetas, pueden contener especies de los géneros *Lepiota*, *Psathyrella* y *Peziza*.

△ BOSQUES DE PINOS
Los pinares arenosos son el hogar de boletos, como Suillus bovinus *(p. 220), así como de rúsulas (pp. 120-29). Los más musgosos también son ricos en hongos.*

△ *SUILLUS BOVINUS*

◁ ROBLEDALES
Contienen hongos formadores de micorrizas y también hongos saprófitos como Fistulina. *Algunas de estas especies también crecen con castaños.*

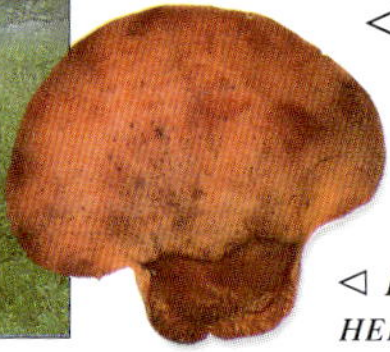

◁ *FISTULINA HEPATICA*

CONIFERAS

La mayoría de las coníferas forman importantes consorcios micorrícicos con hongos. Muchas especies de hongos sólo se hallan bajo un tipo de conífera, de modo que si se conoce el nombre del árbol es más fácil una identificación correcta. En la P. Ibérica, el abeto abunda más que la picea o el alerce.

ALERCE (*LARIX*)

PICEA (*PICEA*)

PINO (*PINUS*)

HERBAZALES

Existen muchos tipos de herbazales, desde los más simples monocultivos de trigo y cebada hasta los pastos muy fertilizados o los pastizales casi naturales. Los hongos que crecen en estos hábitats pueden estar directamente asociados con la hierba u otras plantas del prado, o pueden ser hongos del estiércol, que viven en los excrementos de los animales que pastan allí. La composición del suelo también es importante, y así en los herbazales muy ácidos crecen especies de hongos distintas a las de los suelos más neutros.

△ PASTOS FERTILIZADOS *Pastados por animales domésticos, y con una flora limitada a las plantas herbáceas, constituyen un hábitat apropiado para* Agaricus, Coprinus *y* Panaeolus.

△ *AGARICUS CAMPESTRIS*

◁ PRADOS NO FERTILIZADOS *Son ricos en especies vegetales y fúngicas. Entre los hongos dominantes se cuentan* Clavaria, Entoloma *e* Hygrocybe, *que no prosperan en pastos fertilizados, porque no pueden competir con otros hongos que florecen en lugares con niveles elevados de nutrientes.*

◁ *HYGROCYBE PUNICEA*

LATIFOLIAS

Son frecuentes las relaciones micorrícicas entre hongos y los árboles de hoja ancha que aquí se muestran. Hay otras latifolias (álamos temblones, olmos y arces sicomoros) con relaciones menos directas con hongos.

ABEDUL (*BETULA*)

HAYA (*FAGUS*)

ROBLE (*QUERCUS*)

EN BUSCA DE HONGOS

CUANDO VAYA EN BUSCA DE HONGOS, deje algunos carpóforos para que puedan madurar y, una vez finalizados sus estudios, arroje los restos sobre un montón de "compost". Compruebe que los hongos comestibles no tengan larvas de mosca.

CESTO PLANO

EQUIPO

Un cuchillo afilado y un cesto forman el equipo esencial. Las pinzas son útiles para manipular los especímenes diminutos y la lupa para revelar los pequeños detalles. Una cámara y un cuaderno son útiles para documentar los hallazgos.

CUCHILLO

PINZAS

CAJA DE RECOLECCION CON COMPARTIMENTOS

LUPA DE BOLSILLO

CAMARA CON OBJETIVO MACRO

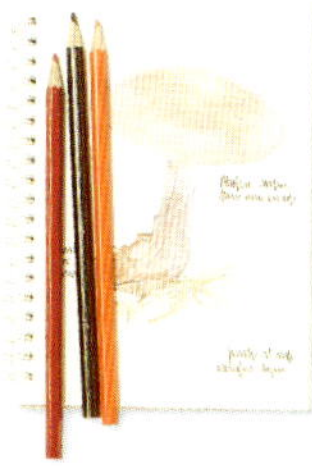

CUADERNO Y LAPICES

COMO RECOGERLOS

Aunque muchas especies pueden recogerse con un cuchillo, unas tijeras de podar pueden ser útiles para recoger especímenes sobre ramitas o trozos de madera. Una vez recogidos, guarde los hongos en recipientes estancos para que los rasgos importantes no se pierdan y para que no se sequen. Cuando los abra huélalos para detectar olores diagnósticos. Evite coger especies venenosas o en peligro de extinción identificándolas sin arrancarlas del suelo.

UTILIZAR EL CUCHILLO
Cuando recoja un hongo utilice un cuchillo para arrancar también la base del pie. No manipule mucho los especímenes ya que podría destruir caracteres de identificación útiles.

ASPECTOS A CONSIDERAR

- COLOR Rasque el hongo con una uña para ver cambios de color.
- TEXTURA Frote la carne entre sus dedos para comprobar la textura.
- OLOR Compruebe si desprende olor.
- SABOR Utilice sólo un trozo diminuto y escúpalo después de probarlo.
- PRUEBAS QUIMICAS Con otros micólogos haga tests químicos que sean útiles para la identificación.

Tomar medidas

En esta obra se dan las medidas estándar de los hongos. Aunque varían mucho de tamaño y pueden crecer mucho antes de madurar, es útil tomar medidas como ayuda a la identificación. Las dimensiones que se dan para cada especie son de especímenes maduros de tamaño promedio.

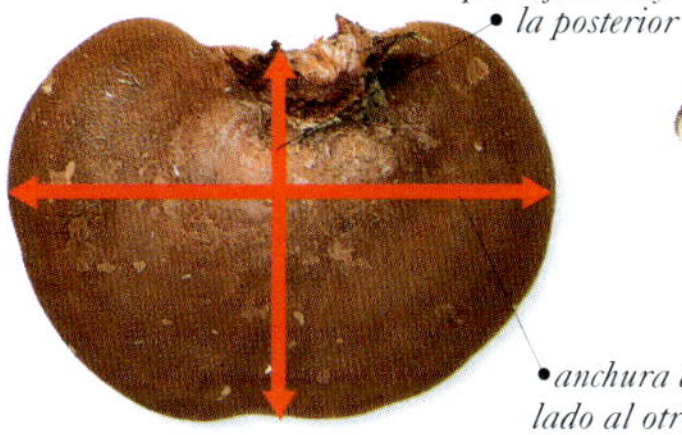

Profundidad y anchura de la mensula

Espesor de la mensula

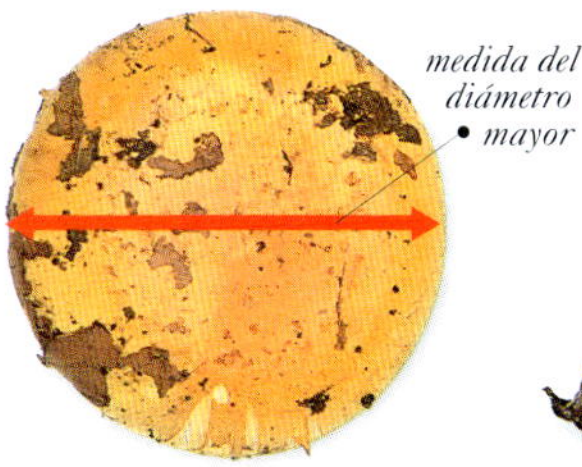

Diametro del sombrero

Altura del sombrero

Anchura del pie

Altura del pie

¿Venenoso o comestible?

Algunos hongos venenosos se parecen mucho a los comestibles, de ahí que se recomiende a los buscadores de setas que se familiaricen con las especies peligrosas. Si sospecha envenenamiento busque asistencia médica y lleve una muestra del hongo. De los hongos que aquí se muestran, *Amanita pantherina* puede ser letal; *Agaricus xanthoderma* y *Russula mairei* producen envenenamientos más leves. Tome nota asimismo de: *Amanita phalloide* p. 151, *A. virosa* p. 150, *Cortinarius rubellus* p. 72 y *C. orellanus* p. 73.

Amanita pantherina **p. 149**

Amanita rubescens **p. 147**

Russula mairei **p. 129**

Russula xerampelina **p. 127**

Agaricus xanthoderma **p. 159**

Agaricus arvensis **p. 158**

IDENTIFICACION

PARA IDENTIFICAR UN HONGO, utilice las claves de las páginas siguientes para averiguar a qué tipo pertenece y en cuál de las secciones puede encontrar su descripción. Conteste la pregunta de la derecha y siga luego las instrucciones hasta el final. Si en algún punto se queda "atascado", vuelva al punto de partida y compruebe cada una de las características. Nota: no comer nunca un hongo del que no se esté muy seguro de su identidad.

¿TIENE SOMBRERO Y PIE?

SI

VEASE MAS ABAJO ▽

NO

VEASE PAGINA 26 ▷▷

HONGOS CON SOMBRERO Y PIE: TIPOS PRINCIPALES

Examine el sombrero, especialmente la cara inferior, y escoja la ilustración que le sea más familiar para proseguir hasta el paso siguiente. Si la cara inferior presenta láminas,vea si son decurrentes, anejas a adnatas, o libres; una sección del hongo se lo revelará mejor. Compruebe si hay poros o espinas (véase p. 15) y también si el pie es central o excéntrico. Nota: su ejemplar puede diferir en color o en tamaño del de la ilustración.

Con láminas decurrentes
VEASE p. 25

Con láminas anejas a adnatas
VEASE p. 25

Con láminas libres
VEASE p. 25

Con el pie excéntrico
VEASE p. 178

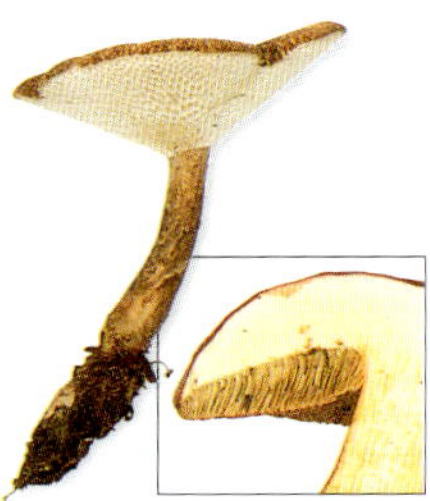

Con poros
VEASE p. 25

Sombrero en forma de cerebro o silla de montar
VEASE p. 207

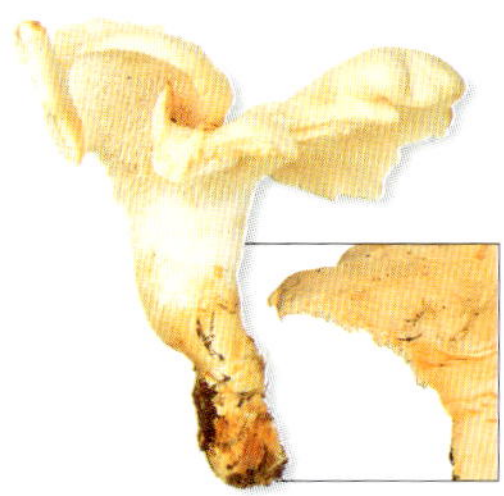

Con espinas
VEASE p. 234

HONGOS CON SOMBRERO Y PIE: OTRAS CARACTERISTICAS

Los hongos que tienen láminas o poros se dividen en estas subsecciones. Escoja la ilustración y la descripción que más se acerque a los carpóforos que desee identificar y luego vaya a la página indicada. Inténtelo otra vez si el carpóforo encaja en más de una subsección. A veces hacen falta el tamaño y color de las esporas para asegurar la identidad.

LAMINAS DECURRENTES

Infundibiliforme y con la carne fibrosa
VEASE p. 28

Sombrero convexo y carne fibrosa
VEASE p. 37

Carne desmenuzable que exuda leche
VEASE p. 43

LAMINAS DE ANEJAS A ADNATAS

Carnoso, sin velo aparente
VEASE p. 56

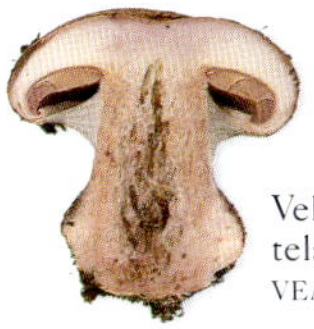

Velo tipo telaraña
VEASE p. 69

Con anillo en el pie
VEASE p. 78

Sombrero fibroso y esporas oscuras
VEASE p. 98

Tamaño mediano y sombrero liso
VEASE p. 103

Con la carne desmenuzable
VEASE p. 120

Muy pequeño y sombrero liso
VEASE p. 132

Muy pequeño y sombrero no liso
VEASE p. 142

LAMINAS LIBRES

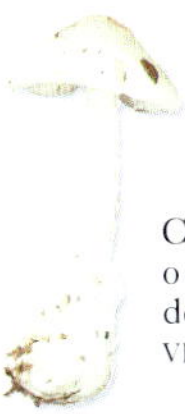

Con volva o con restos del velo
VEASE p. 145

Con anillo o zona anular
VEASE p. 156

Sin velo
VEASE p. 171

Entintado al envejecer
VEASE p. 174

Con las láminas unidas a un collar
VEASE p. 177

CON POROS

Carne blanda
VEASE p. 184

Carne tenaz
VEÁSE p. 202

Otros hongos: tipos principales

En esta parte de la clave figuran hongos que no presentan la combinación de cabeza y pie, y que por tanto no muestran en su mayoría la tradicional forma de "seta". La mejor manera de identificarlos consiste en decidir sobre su forma y apariencia, seguidas por otros rasgos tales como textura o dónde crecen (véase p. 27). Compare su espécimen con las formas que aquí se ilustran y escoja el ejemplo más próximo, teniendo en cuenta que hay muchas variaciones, algunas de las cuales pueden verse en la parte final de la clave en la p. 27. No espere ver la réplica exacta de lo que encuentre ilustrado aquí y no se deje disuadir por las diferencias en el color y los detalles. Diríjase a las páginas indicadas.

A modo de ménsula o de piel
VEASE p. 27

Sombrero sin pie
VEASE p. 178

Claviforme
VEASE p. 27

En forma de asta o de coral
VEASE p. 248
En forma de asta o de coral y con espinas
VEASE p. 239

Redondeado
VEASE p. 27

En forma de pera o de mano de mortero
VEASE p. 260

En forma de copa o de disco
VEASE p. 27

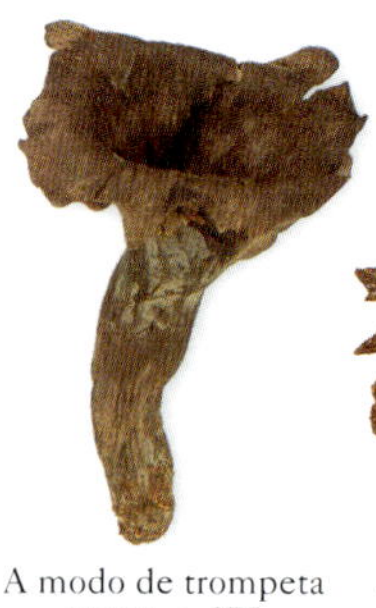

A modo de trompeta
VEASE p. 275

A modo de estrella
VEASE p. 277

A modo de jaula
VEASE p. 277

A modo de cerebro o de oreja
VEASE p. 281

OTROS HONGOS: OTRAS CARACTERISTICAS

Las secciones que contienen muchas formas se dividen en varias subsecciones. Las subsecciones para los hongos que no tienen la forma familiar con sombrero y pie se ilustran a continuación. Escoja la ilustración más similar a los carpóforos que ha encontrado y diríjase a la página indicada. Utilizar una lupa de bolsillo para comprobar si la cara inferior de la ménsula es lisa o si tiene miles de poros. Nota: las ilustraciones no están a escala natural.

A MODO DE MENSULA O DE PIEL

Con poros
VEASE p. 211

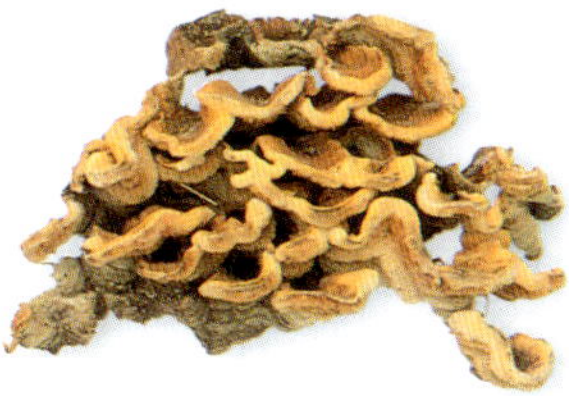

Arrugado o liso por debajo
VEASE p. 228

A modo de piel, plano o como costra
VEASE p. 232

CLAVIFORME

Liso o peloso
VEASE p. 240

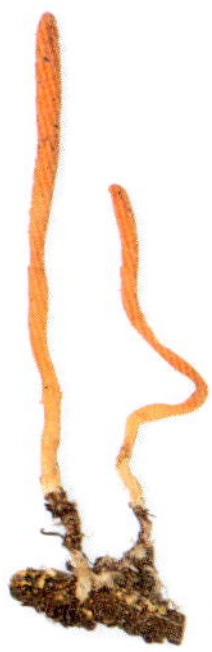

Con superficie granulosa o pulverulenta
VEASE p. 244

A modo de falo
VEASE p. 246

REDONDEADO

Por encima del suelo
VEASE p. 253

Bajo tierra
VEASE p. 258

EN FORMA DE COPA O DE DISCO

Sin "huevos"
VEASE p. 264

Caliciforme que contiene "huevos"
VEASE p. 274

HONGOS CON SOMBRERO Y PIE, CON LAMINAS DECURRENTES

Los hongos que tienen sombrero, pie y láminas bajo el sombrero se denominan agáricos. Esta sección versa sobre los agáricos con láminas "decurrentes", es decir que se extienden por el pie.

INFUNDIBILIFORME, CON CARNE FIBROSA

EN ESTA SUBSECCION figuran agáricos con el sombrero en forma de embudo y con la carne fibrosa, muy distinta de la carne desmenuzable de los lactarios (ver pp. 43-55) o rúsulas (ver pp. 120-31). La combinación de carne fibrosa y sombrero en forma de embudo también se da en otras familias.

Familia	Especie	Estación
CANTHARELLACEAE	*Cantharellus cibarius*	Verano-otoño

REBOZUELO, CABRILLA

Cat: Rossinyol; Eusk: Zizahori, Susa; Gal: Cantarela

Coloración muy variable, pero a menudo amarillo con un matiz rojizo; huelen a albaricoque seco y es un excelente comestible. Sombrero con depresión en el centro y a menudo margen ondulado; venas tipo lámina, gruesas y decurrentes. La carne pálida del sombrero vira a anaranjado o rojo.

• **HABITAT** Forma micorrizas con pinos y abetos; también con latifolias como robles. Muy difundido por zonas frías y templadas cálidas del hemisferio N; de muy común a raro.

• **ESPECIES SIMILARES** *Hygrophoropsis aurantiaca* (p. 29) no forma micorrizas. *Omphalotus olearius* (p. 29) es fosforescente y crece sobre madera muerta.

SECCION

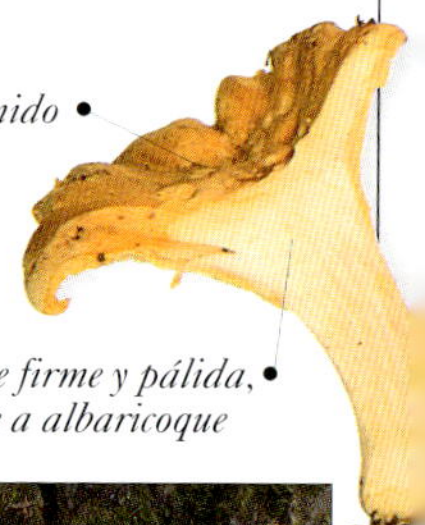

FRUCTIFICACION Grupos densos; suelos drenados.

△ *CANTHARELLUS SUBALBIDUS* Esta especie de los bosques del NO de América es carnosa y de blanquecina a crema.

Dimensiones	Esporas	Comest.
SOMBRERO ⊕ 2–12cm | PIE ↕ 2–10cm ↔ 0,4–2cm	Crema pálido	

Familia PAXILLACEAE	Especie *Omphalotus olearius*	Estación Verano-otoño

OMPHALOTUS OLEARIUS

Esta especie anaranjado brillante tiene láminas que brillan en la oscuridad. Sombrero liso, brillante, de ligeramente deprimido a forma de embudo, pie algo más pálido, y carne firme y amarilla pálida. Provoca envenenamientos graves. Las especies tropicales y subtropicales también son fosforescentes.

• HABITAT Crece sobre árboles y tocones muertos, a menudo sobre olivos, encinas o robles; provoca una podredumbre blanca. En zonas meridionales del hemisferio N y en los trópicos.

• ESPECIES SIMILARES Las especies comestibles de *Cantharellus* (pp. 28, 30, 275-276) suelen formar micorrizas, y tienen "láminas" más gruesas.

FRUCTIFICACION Céspedes de carpóforos; árboles muertos.

Dimensiones SOMBRERO ⊕ 6–14cm | PIE ↕ 6–15cm ↔ 0,8–2cm	Esporas Blanquecinas	Comest. ☠

Familia PAXILLACEAE	Especie *Hygrophoropsis aurantiaca*	Estación Verano-invierno

FALSO REBOZUELO, REBOZUELO ANARANJADO

Cat: Fals rossinyol; Eusk: Zizahori faltsu

El sombrero de naranja rojizo a amarillo anaranjado de esta seta similar al rebozuelo es convexo o deprimido, está cubierto de un fino fieltro o tomento y a menudo tiene el margen incurvado. El pie se vuelve negro al envejecer. La carne, de escaso grosor, es blanca a anaranjada pálida, y de olor fungoide.

• HABITAT Crece entre pinaza de coníferas, en madera descompuesta o serrín. Zonas templadas norteñas.

• ESPECIES SIMILARES *Cantharellus cibarius* (p. 28). *Omphalotus olearius* (arriba).

FRUCTIFICACION Grupos densos; terrenos arbolados.

Dimensiones SOMBRERO ⊕ 2–8cm | PIE ↕ 2–5cm ↔ 3–8mm	Esporas Blanquecinas	Comest. 🍴

Familia	Especie	Estación
CANTHARELLACEAE	*Cantharellus cinnabarinus*	Verano-otoño

REBOZUELO CINABRIO

Esta especie de color brillante tiene un sombrero muy convexo que, cuando madura, adquiere forma de embudo, con el margen incurvado y ondulado. El sombrero es rojo cinabrio cuando emerge y al envejecer cambia a rojo rosado. El pie es bastante corto y varía de rosa a rojo. Las venas, decurrentes, rosadas y en forma de láminas, son bifurcadas y con el borde grueso. La carne, comestible y fibrosa, es delgada y de roja a blanquecina en el pie.

• **HABITAT** Forma micorrizas, especialmente con robles, y a menudo aparece en el musgo. E de Norteamérica.

• **ESPECIES SIMILARES** *Hygrocybe cantharellus* tiene láminas no bifurcadas, con el borde afilado.

FRUCTIFICACION Grandes grupos de conspicuos carpóforos; suelo de senderos en terrenos arbolados.

Dimensiones	Esporas	Comest.
SOMBRERO ↔ 1–4cm | PIE ↕ 1,5–4cm ↔ 0,3–1cm	Crema rosáceo	

Familia	Especie	Estación
CANTHARELLACEAE	*Cantharellus tubaeformis*	Verano-invierno

REBOZUELO ATROMPETADO

Cat: Camagroc; Eusk: Saltsa-perretxiko horilum
Gal: Trompeta pregada

El sombrero de esta especie es abovedado cuando es joven y luego adquiere forma de embudo, con el margen ondulado, al envejecer. El sombrero presenta varios tonos de pardo; el pie es amarillo cromo pero se vuelve amarillo apagado en los especímenes maduros. Tiene venas tipo lámina. Su carne delgada tiene un sabor amargo y un olor aromático.

• **HABITAT** Forma micorrizas con árboles, tanto de hoja ancha como coníferas, sobre todo en viejos bosques y plantaciones de piceas. Zonas templadas norteñas.

• **ESPECIES SIMILARES** *Cantharellus lutescens* (p. 275) carece de venas en la parte inferior.

SECCION

FRUCTIFICACION Grupos densos; terrenos arbolados.

Dimensiones	Esporas	Comest.
SOMBRERO ↔ 1–6cm | PIE ↕ 3–8cm ↔ 3–8mm	Crema	

Familia	Especie	Estación
TRICHOLOMATACEAE	*Lepista flaccida*	Verano-princ. invierno

LEPISTA FLACCIDA

Sombrero en forma casi de embudo, con el margen enrollado. Es pardo leonado y puede adquirir marcas más oscuras al envejecer. Las láminas, muy decurrentes, recubren parte del pie, que puede ser liso o finamente fibriloso. Es comestible pero no es muy sabroso.

• HABITAT En terrenos arbolados, especialmente cerca de coníferas. Difundido y común en Europa; su distribución mundial se desconoce.

• ESPECIES SIMILARES Se distingue de otras especies similares como las de *Clitocybe* (pp. 31, 33-34, 39-40) y de *Tricholoma* (pp. 59-64, 81) por caracteres microscópicos tales como la pared áspera de las esporas. *Clitocybe gibba* (abajo) es menos carnoso y deja unas esporas más pálidas. *L. gilva* es más amarillo, con el margen distintivamente moteado.

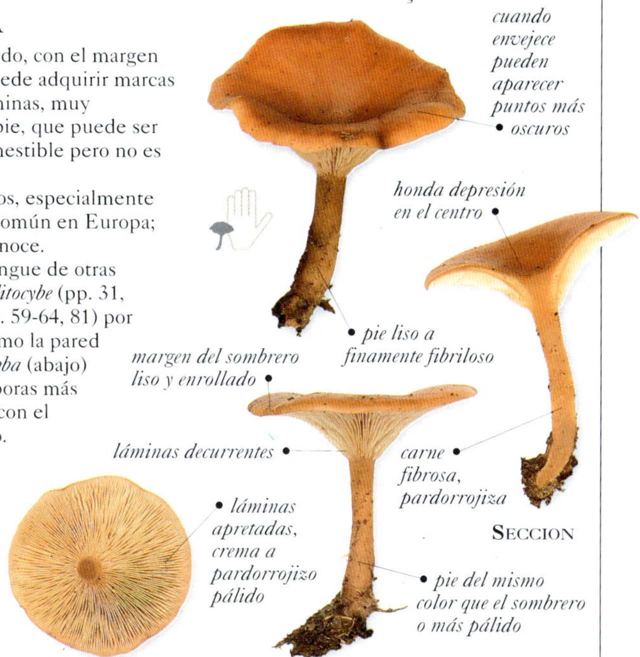

FRUCTIFICACION Grupos densos; sobre hojarasca.

Dimensiones	Esporas	Comest.
SOMBRERO ↔ 4–12cm | PIE ↕ 3–7cm ↔ 0,5–1cm	Crema	🍽

Familia	Especie	Estación
TRICHOLOMATACEAE	*Clitocybe gibba*	Fin. verano-fin. invierno

CLITOCYBE GIBBA

Cat: Tassa de bruc, Orella de conill

El sombrero de esta especie es de color ocráceo pálido, con un matiz rosáceo, y está marcadamente deprimido en el centro. El pie es liso y más pálido. Las láminas, muy decurrentes, son de un blanco casi puro. Esta seta es comestible pero no es recomendable porque puede ser confundida con otros miembros del género (v. Especies similares).

• HABITAT Crece en hábitats boscosos, desde tierras bajas hasta alpinas. Zonas templadas norteñas.

• ESPECIES SIMILARES *Lepista flaccida* (arriba). *L. gilva* es más carnoso y más pálido.

FRUCTIFICACION Grupos densos; sobre hojarasca.

Dimensiones	Esporas	Comest.
SOMBRERO ↔ 3–8cm | PIE ↕ 2,5–6cm ↔ 0,5–1cm	Crema blanquecino	🍽

Familia TRICHOLOMATACEAE	Especie *Pseudoclitocybe cyathiformis*	Estación Fin. otoño-princ. invierno

CLITOCIBE ACOPADO

Cat: Tassa de bruc fosca

Sombrero con marcada forma de embudo, coloración muy oscura y pie elevado. El sombrero pasa de pardogrisáceo oscuro a ocre grisáceo al secarse, y tiene el margen enrollado. Carne aromática y de sabor suave; aunque comestible, no es recomendable. *Pseudoclitocybe* difiere de *Clitocybe* (pp. 31-34, 39-40) porque sus esporas producen una reacción azul en los reactivos a base de yodo.

• **HABITAT** En terrenos arbolados y zonas verdes de poblaciones, sobre la hojarasca o en troncos de latifolias descompuestos. Zonas templadas norteñas; bastante común.

• **ESPECIES SIMILARES** Las otras especies de *Pseudoclitocybe*, menores y más pálidas, están en hábitats más abiertos. Las especies de *Omphalina* (p. 36) son más pequeñas.

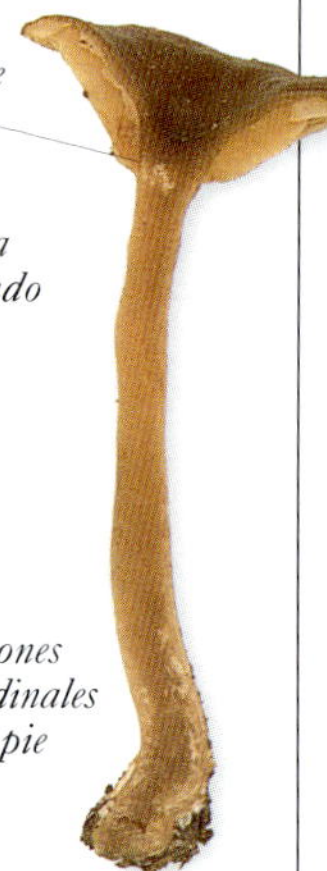

SECCION

FRUCTIFICACION Solitario o en grupos; muchos hábitats.

Dimensiones SOMBRERO ⊕ 3–7cm | PIE ↕ 6–10cm ↔ 0,5–1cm	Esporas Blancas crema	Comest.

Familia TRICHOLOMATACEAE	Especie *Leucopaxillus giganteus*	Estación Fin. verano-otoño

LEUCOPAXILLUS GIGANTEUS

Eusk: Bitigar erraldoi

El sombrero grande y en forma de embudo –aunque plano cuando joven– es característico de esta especie. El sombrero, las láminas, la carne y el pie corto varían del blanquecino al crema. Las esporas viran a azul en presencia de reactivos con yodo. Es comestible pero puede causar trastornos estomacales.

• **HABITAT** Se desarrolla a partir de micelios que pueden tener cientos de años de edad. Los carpóforos se encuentran en terrenos herbáceos y bosques abiertos. Difundido por Europa.

• **ESPECIES SIMILARES** *Clitocybe geotropa* (p. 33) tiene el pie más largo.

FRUCTIFICACION Corros de brujas que pueden ser enormes; praderas y pastos ricos en nutrientes.

Dimensiones SOMBRERO ⊕ 12–40cm | PIE ↕ 4–8cm ↔ 2–4cm	Esporas Crema blancuzco	Comest.

Familia TRICHOLOMATACEAE	Especie *Clitocybe geotropa*	Estación Otoño-princ. invierno

PLATERA

Cat: Pampa, Candela de bruc; Eusk: San Martin ziza, Urril-ziza

El sombrero en forma de embudo, bastante carnoso y con un umbón central, el pie elevado y de color ocráceo pálido, y una tendencia a crecer en corros de brujas, permiten que esta especie buena comestible sea fácil de identificar. Ello es inusitado en *Clitocybe* cuyas especies son difíciles de identificar.

• **HABITAT** Suele crecer en terrenos arbolados, sobre todo bajo árboles latifolios, pero también prospera en algunos tipos de bosques de coníferas. Muy difundido y común en Europa, aunque no en las regiones más frías.

• **ESPECIES SIMILARES** *Clitocybe nebularis* (p. 40), que se encuentra en hábitats similares, es mucho más gris y tiene el sombrero en forma de bollo. *Leucopaxillus giganteus* (p. 32) tiene el pie más corto y suele fructificar en herbazales ricos en nutrientes.

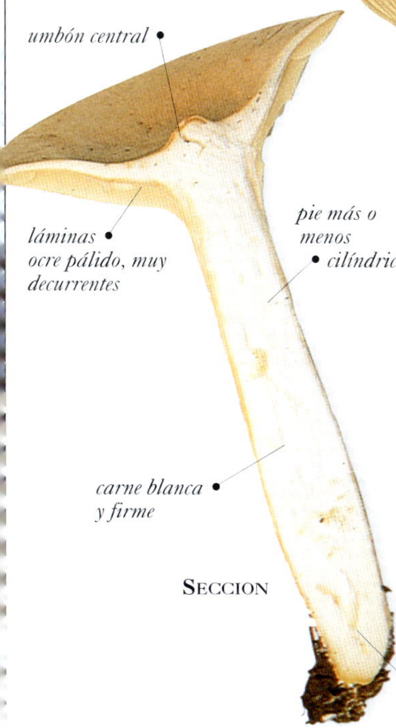

SECCION

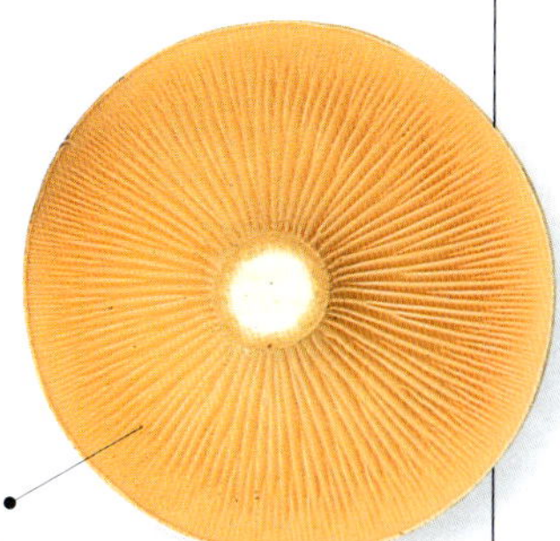

FRUCTIFICACION Corros de brujas; sobre hojarasca.

Dimensiones SOMBRERO ↔ 5–20cm | PIE ↕ 8–20cm ↔ 1–3cm	Esporas Blancas	Comest.

Familia	Especie	Estación
TRICHOLOMATACEAE	*Clitocybe metachroa*	Otoño-invierno

CLITOCYBE METACHROA

Esta seta de color pardogrisáceo pálido es difícil de identificar. Un olor muy indistinto, que no es harinoso como el de muchas especies de *Clitocybe*, es quizás su característica más evidente. El sombrero, de aplanado a muy deprimido, se seca al envejecer y continúa siendo oscuro en el centro, con el margen estriado.

• **HABITAT** Entre la hojarasca, en terrenos arbolados de coníferas y de latifolias. Difundido y común por toda Europa. La distribución mundial se desconoce.

• **ESPECIES SIMILARES** *Clitocybe vibecina* tiene un olor y un sabor fuertes, como de harina rancia.

SECCION

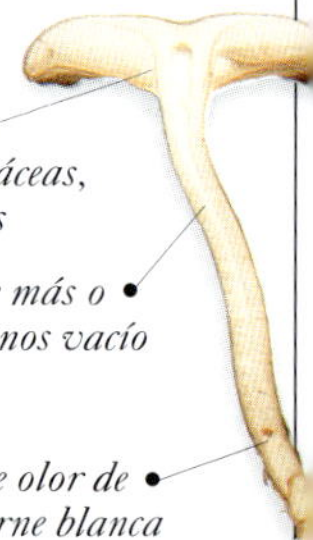

FRUCTIFICACION Grupos densos; suelos pobres.

Dimensiones	Esporas	Comest.
SOMBRERO ↔ 2,5–6cm | PIE ↕ 3–6cm ↔ 3–7mm	Blanquecinas	☠

Familia	Especie	Estación
TRICHOLOMATACEAE	*Clitocybe dealbata*	Verano-otoño

CLITOCIBE BLANQUEADO

Cat: Clitocibe blanc; Eusk: Errotari faltsu

Seta muy venenosa que se clasifica como dos especies: *Clitocybe rivulosa*, de coloración parda y *C. deealbata*, de un blanco casi puro. El sombrero, de convexo a forma de embudo, tiene una superficie harinosa, a menudo con puntos oscuros dispuestos en anillos concéntricos. El pie es de blanquecino a marrón pálido. La carne, de blanca a ocrácea, tiene un olor algo harinoso.

• **HABITAT** En zonas herbáceas: céspedes y campos deportivos; a veces crece junto con el comestible *Marasmium oreades* (p. 117), que se diferencia por sus láminas, de anejas a casi libres. Difundido en zonas templadas norteñas.

FRUCTIFICACION Corros de brujas; entre la hierba.

Dimensiones	Esporas	Comest.
SOMBRERO ↔ 2–6cm | PIE ↕ 1,5–4cm ↔ 3–6mm	Blancas	☠

Familia	Especie	Estación
PAXILLACEAE	*Paxillus involutus*	Verano-otoño

PAXILO ENROLLADO

Eusk: Orri-onddo hiltzaile

Sombrero muy enrollado, amarillo a pardorrojizo, con el margen velloso y con el centro levemente deprimido. Especie muy venenosa y muy común. También lo son las láminas blandas, apretadas y amarillas que se tiñen de pardo al tocarlas y que pueden arrancarse con la punta del cuchillo. El pie es corto y está cubierto de fieltro o tomento; la carne varía de amarillo pálido a marrón pálido y se oscurece cuando se corta.

• **HABITAT** Micorrizas con coníferas y abedules, en terrenos arbolados. Zonas templadas norteñas.

• **ESPECIES SIMILARES** *Paxillus filamentosus* tiene el margen menos incurvado, la carne amarilla y crece bajo alisos.

FRUCTIFICACION Grupos densos o corros; bajo árboles.

Dimensiones	Esporas	Comest.
SOMBRERO ↔ 6–15cm | PIE ↕ 4–8cm ↔ 1–2cm	Pardoamarillentas	☠

Familia	Especie	Estación
POLYPORACEAE	*Lentinus tigrinus*	Verano-otoño

LENTINUS TIGRINUS

Eusk: Katamotz-belarri

El sombrero en forma de embudo y blanquecino tiene escamas pardas en el centro y el margen incurvado; el pie también es blanquecino, con escamas pardas. Las láminas blanquecinas son tenaces y decurrentes. En una de las formas, el velo que cubre las láminas no llega a romperse y parece estar parasitado por un moho.

• **HABITAT** Sobre árboles planifolios en los que causa una podredumbre blanca. Difundido y común en Europa.

• **ESPECIES SIMILARES** *Lentinus lepideus* suele aparecer en solitario sobre coníferas, y produce una podredumbre parda y desmenuzable.

FRUCTIFICACION En céspedes, sobre ramas viejas y tocones de álamos y sauces.

Dimensiones	Esporas	Comest.
SOMBRERO ↔ 1–10cm | PIE ↕ 1,5–8cm ↔ 0,5–1cm	Blancas	🍴

Familia TRICHOLOMATACEAE	Especie *Omphalina umbellifera*	Estación Primavera-fin. otoño

OMPHALINA UMBELLIFERA

El sombrero pardoamarillento de esta pequeña especie tiene una depresión central y estriaciones radiales, cada una se corresponde por debajo con una lámina. El delgado pie es liso, pardoamarillento, con un matiz violeta grisáceo en el ápice. La carne es muy delgada y blanquecina a ocre.

• **HABITAT** Es tanto un hongo, como un liquen, ya que vive con un simbionte algal. La energía que el alga produce le permite colonizar ambientes adversos, como páramos fríos y ácidos, brezales y algunos terrenos arbolados ácidos. Se le encuentra sobre céspedes o musgos *Sphagnum*, a grandes altitudes pero también en tierras bajas. Regiones más frías de las zonas templadas norteñas.

• **ESPECIES SIMILARES** *Omphalina alpina*, que se encuentra en zonas alpinas y árticas, es de un amarillo más brillante.

FRUCTIFICACION Solitario o grupos reducidos.

Dimensiones SOMBRERO ⊕ 0,5–1,5cm | PIE ↕ 1–2cm ↔ 1–2mm	Esporas Blancas	Comest.

Familia TRICHOLOMATACEAE	Especie *Rickenella fibula*	Estación Verano-otoño

RICKENELLA FIBULA

De anaranjada a amarillo pálido, esta diminuta especie tiene un sombrero semiesférico con una depresión en el centro y estriaciones radiales. Pie largo y delgado, y escamas muy decurrentes. Una lupa de bolsillo revela una fina pilosidad que cubre todo el carpóforo. Ésta y *Rickenella setipes* (recuadro, derecha) son las dos especies más comunes del género. Las especies de *Rickenella* han sido clasificadas en los géneros *Mycena*, *Omphalina* y *Gerronema*.

• **HABITAT** Parásito del musgo en una gran variedad de hábitats herbáceos crece en los céspedes herbáceos. Difundido y común en zonas templadas norteñas.

△ ***RICKENELLA SETIPES*** Esta especie es gris pálida a pardogrisácea; el centro del sombrero (ombligo) es casi negro. Ápice del pie teñido de violeta oscuro.

FRUCTIFICACION Solitario o pequeños grupos.

Dimensiones SOMBRERO ⊕ 0,3–1cm | PIE ↕ 3–5cm ↔ 1–2mm	Esporas Blancas	Comest.

CON SOMBRERO CONVEXO Y CARNE FIBROSA

ESTAS ESPECIES tienen el sombrero semiesférico, convexo o umbonado, y muy rara vez desarrollan un sombrero deprimido. Su carne es fibrosa. Algunas especies (pp. 43-55) tienen el sombrero convexo, que a menudo se deprime al envejecer, pero se distinguen por su carne desmenuzable, tipo queso.

Familia GOMPHIDIACEAE	Especie *Chroogomphus rutilus*	Estación Otoño

GONFIDIO RELUCIENTE, GONFIDIO VISCOSO

Cat: Cama de perdiu; Eusk: Lerdeki marroi

Sombrero convexo o umbonado, pardo-herrumbroso con una tonalidad roja vino; contrariamente a *Gomphidius* (p. 38), su sombrero sólo es viscoso con tiempo húmedo. Pie anaranjado herrumbroso con restos del velo filamentosos y pardorrojizos. La carne es anaranjada a rojo vino, o amarillo cromo en la base del pie.

• HABITAT Forma micorrizas con pinos. Zonas templadas norteñas.

FRUCTIFICACION Pequeños grupos; suelos arenosos.

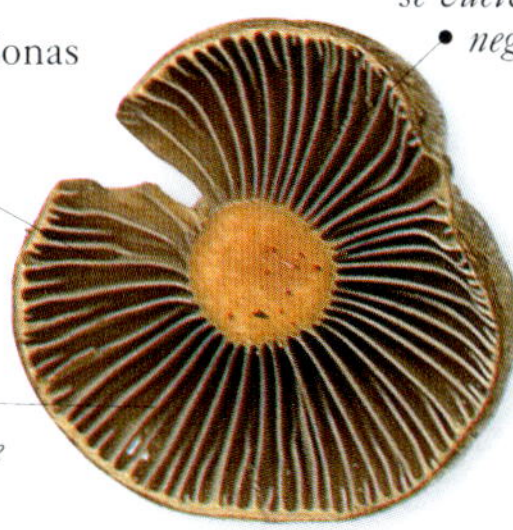

Dimensiones SOMBRERO ⊕ 4–8cm | PIE ↕ 4–12cm ↔ 0,5–1,5cm	Esporas Casi negras	Comest.

Familia HYGROPHORACEAE	Especie *Hygrophorus hypothejus*	Estación Fin. otoño-princ. invierno

HIGROFORO DE LAMINAS AMARILLAS

Especie de fructificación tardía con sombrero de convexo a infundibiliforme, viscoso y pardo o pardoliváceo, pie delgado y láminas decurrentes y amarillas. La forma anaranjada recibe el nombre de *Hygrophorus aureus*.

• HABITAT Forma micorrizas con pinos, en suelos arenosos; brota después de las primeras heladas. Difundido en zonas templadas norteñas.

• ESPECIES SIMILARES *H. lucorum* es amarillo brillante y crece con alerces. Otras especies de *Hygrophorus* se distinguen de *H. hypothejus* por su coloración.

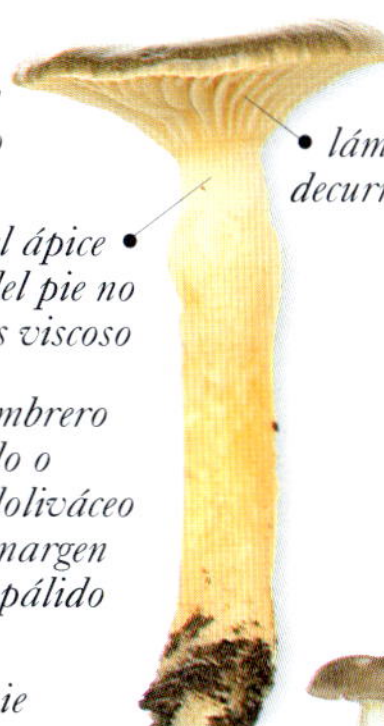

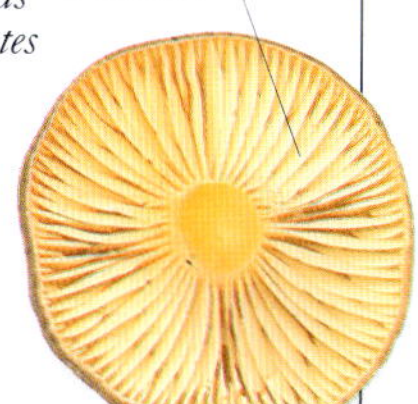

FRUCTIFICACION Pequeños grupos; musgos y líquenes.

Dimensiones SOMBRERO ⊕ 3–5cm | PIE ↕ 4–7cm ↔ 0,5–1cm	Esporas Blancas	Comest.

Familia GOMPHIDIACEAE	Especie *Gomphidius roseus*	Estación Fin. verano-otoño

GONFIDIO ROSADO

Eusk: Lerdeki arrosa

Especie inconfundible con sombrero rojo coral, convexo y margen enrollado cuando es joven, más aplanado al envejecer. El pie tiene forma de huso y lleva los restos del velo viscoso e incoloro, que se mancha de negro por las esporas. La carne es blanquecina, con un matiz rojo coral, y no tiene un olor o un sabor particular. Es comestible pero no recomendado.

• **HABITAT** Bajo pinos sobre suelo arenoso, entre musgo, líquenes y pinaza. Difundido en las zonas templadas norteñas.

△ ***GOMPHIDIUS GLUTINOSUS*** (Gonfidio mucoso; Cat: Cama de perdiu mucosa; Eusk: Lerdeki hankahori). Pardogrisácea recubierta de un velo incoloro y viscoso. Pie con manchas negras por las esporas.

FRUCTIFICACION Con *Suillus bovinus*; carpóforos.

Dimensiones SOMBRERO ↔ 1,5–5cm | PIE ↕ 2–4cm ↔ 0,5–1cm	Esporas Casi negras	Comest.

Familia HYGROPHORACEAE	Especie *Hygrocybe pratensis*	Estación Todo el otoño

HYGROCYBE PRATENSIS

Esta seta anaranjada tiene el sombrero de seco a viscoso, carnoso y convexo, que se aplana con la edad. Tiene el margen ondulado y algunas veces un umbón central. El pie levemente estriado es más pálido que el sombrero y puede ahusarse hacia la base. Es un buen comestible, con la carne ocre, densa, de olor fungoide y de sabor agradable. Junto con *Hygrocybe virginea* (p. 39), se le clasifica a menudo en los géneros *Camarophyllus* o *Cuphophyllus*.

• **HABITAT** En herbazales inalterados, más rara vez en bosques húmedos. Zonas templadas norteñas.

• **ESPECIES SIMILARES** *Hygrophorus nemoreus* tiene el sombrero seco y crece en robledales.

FRUCTIFICACION Corros de brujas; musgo y hierba.

Dimensiones SOMBRERO ↔ 2–6cm | PIE ↕ 2–6cm ↔ 0,5–1,5cm	Esporas Blancas	Comest.

Familia HYGROPHORACEAE | Especie *Hygrocybe virginea* | Estación Otoño

HYGROCYBE VIRGINEA

Se caracteriza por ausencia de mucosidad, sombrero blanco marfil, de seco a graso, que puede ser estriado y translúcido en el margen, y láminas decurrentes y bien separadas. El pie blanco a menudo tiene la base rosada debido a una infección que puede desprender un olor a coco. Existen dos variedades: *fuscescens* tiene el centro ocre amarillento a pardo; *ochraceopallida* tiene el sombrero de color ocráceo pálido. Los especímenes de pequeño tamaño se clasifican a veces como *Hygrocybe nivea*.

• **HABITAT** En prados, donde es vulnerable a las prácticas agrícolas modernas; rara vez en terrenos arbolados. Difundido y común en zonas templadas norteñas.

• **ESPECIES SIMILARES** *H. russocoriacea* huele a cuero, sándalo o virutas de sacapuntas. También está ampliamente difundido por las zonas templadas norteñas.

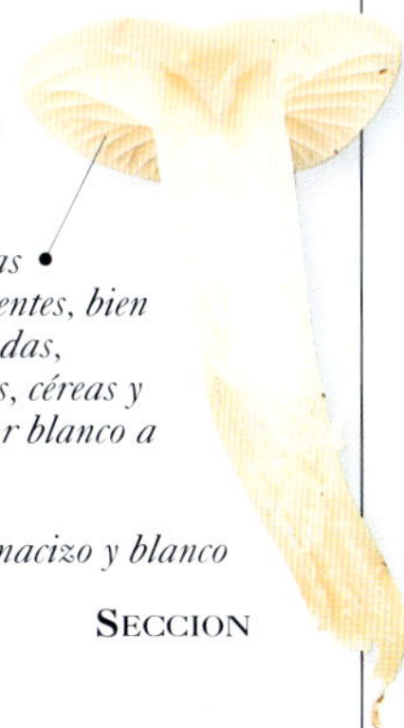

SECCION

FRUCTIFICACION Corros de brujas; entre la hierba.

Dimensiones SOMBRERO ↔ 1,5–5cm | PIE ↕ 2–7cm ↔ 0,3–1cm | Esporas Blancas | Comest.

Familia TRICHOLOMATACEAE | Especie *Clitocybe odora* | Estación Verano-otoño

ANISADA

Cat: Anisat; Eusk: Anis-klitozibe berde; Gal: Anises

El sombrero es convexo o umbonado y rara vez en forma de embudo, pasa del verde azulado al gris o pardogrisáceo al madurar. También existe una rara forma blanca. Las láminas adnatas o sólo levemente decurrentes son inusuales, pero el fuerte olor a anís de la carne jaspeada es común a varias *Clitocybe*. Es comestible (v. Especies similares).

• **HABITAT** Entre la hojarasca o la pinaza, en terrenos arbolados. Zonas templadas norteñas.

• **ESPECIES SIMILARES** Un cierto número de especies con un olor similar, entre ellas *C. fragrans*, son menores, blancas u ocráceas, y tienen láminas decurrentes. No son comestibles.

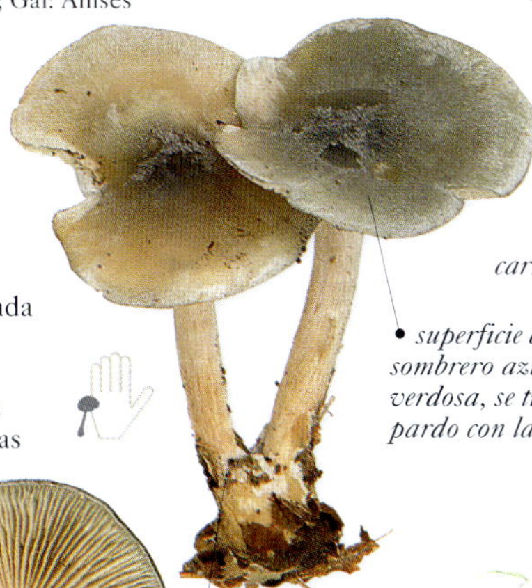

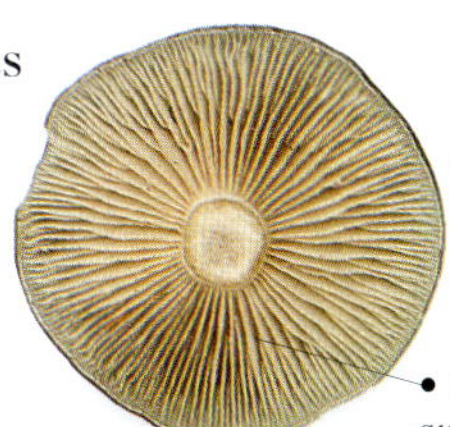

SECCION

FRUCTIFICACION Grupos densos; suelos fértiles.

Dimensiones SOMBRERO ↔ 3–6cm | PIE ↕ 3–6cm ↔ 0,4–1cm | Esporas Rosado apagado | Comest.

Familia	Especie	Estación
TRICHOLOMATACEAE	*Clitocybe nebularis*	Otoño-princ. invierno

PARDILLA

Eusk: Ilarraka

Esta especie tiene el sombrero convexo, aplanado o deprimido, de pardogrisáceo oscuro a gris con una superficie tomentosa y el margen enrollado. El pie, hinchado hacia la base, es más pálido que el sombrero. Es carnosa y de aroma intenso, comestible pero causa trastornos estomacales en muchas personas (v. Especies similares).

• **HABITAT** En una amplia gama de hábitats boscosos, en zonas templadas norteñas.

• **ESPECIES SIMILARES** *Entoloma sinuatum* (p. 68) es venenosa.

SECCION

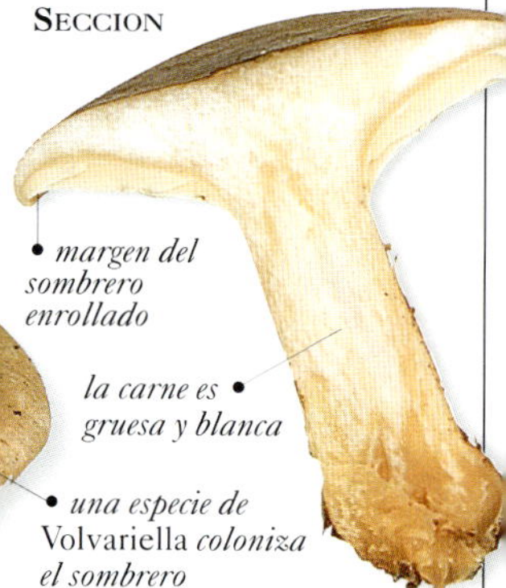

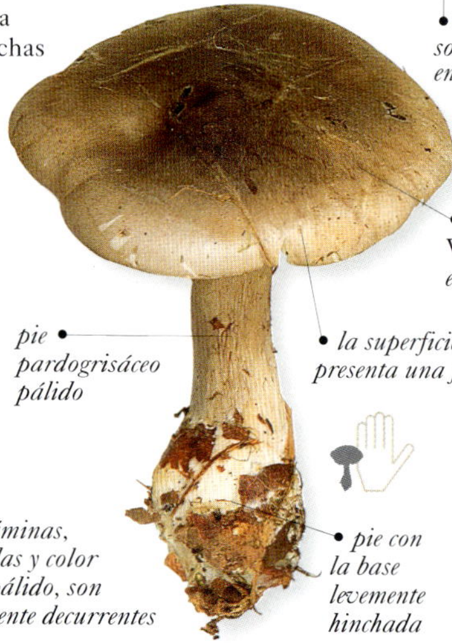

FRUCTIFICACION Corros de brujas; suelos fértiles.

Dimensiones	Esporas	Comest.
SOMBRERO ⊕ 8–20cm | PIE ↕ 5–10cm ↔ 1,5–4cm	Crema	

Familia	Especie	Estación
TRICHOLOMATACEAE	*Clitocybe clavipes*	Fin. verano-otoño

CLITOCIBE DE PIE EN CLAVA

Eusk: Klitozibe zolalodi

Se identifica por su pie claviforme, hinchado en la base y ahusado hacia el ápice, y por sus láminas grandes y blandas, de color crema. El sombrero es casi plano y de tacto graso; es pardogrisáceo, con un margen pálido. La carne, de blanca a crema, tiene un olor fuerte y dulce, y es blanda y esponjosa; el carpóforo puede contener grandes cantidades de agua. Aunque comestible, causa trastornos digestivos.

• **HABITAT** Bajo coníferas pero también en bosques de latifolias, y bajo abedules. Difundido y generalmente común en zonas templadas norteñas.

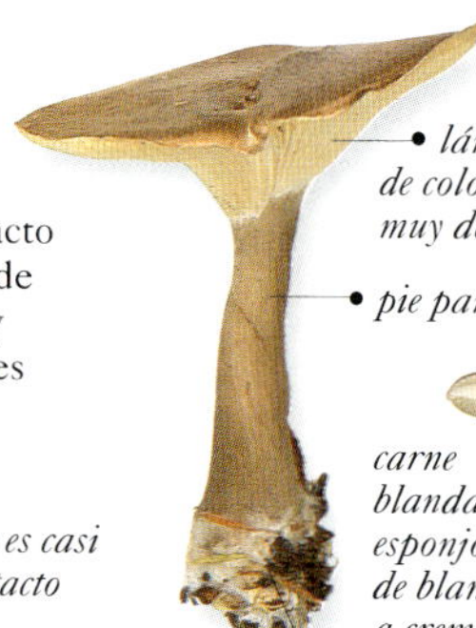

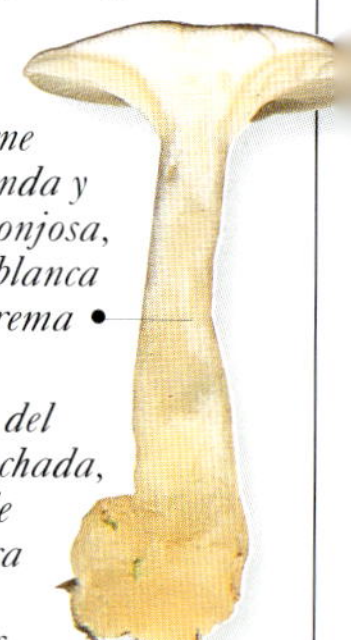

SECCION

FRUCTIFICACION Grupos pequeños; suelos ácidos.

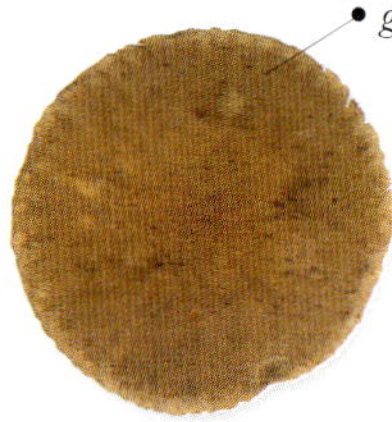

Dimensiones	Esporas	Comest.
SOMBRERO ⊕ 4–8cm | PIE ↕ 3–10cm ↔ hasta 2cm	Blancas	

Familia ENTOLOMATACEAE	Especie *Clitopilus prunulus*	Estación Otoño

MOJARDON, MOLINERA

Cat: Moixernó blanc de tardor; Eusk: Errotari

Sombrero blanco grisáceo pálido y láminas decurrentes, de color rosa pálido, un intenso olor a harina fresca y húmeda. El sombrero varía de convexo a infundibiliforme; el pie es central o excéntrico. Es un excelente comestible, con la carne blanda y blanca (v. Especies similares).

• **HABITAT** En terrenos arbolados ácidos; también crece en herbazales abiertos, pero siempre cerca de árboles. Zonas templadas norteñas.

• **ESPECIES SIMILARES** Varias especies de *Clitocybe* y *Entoloma* son venenosas.

superficie del sombrero seca y mate

el sombrero, de convexo a forma de embudo, puede tener el margen enrollado

láminas rosa claro a gris rosáceo

SECCION

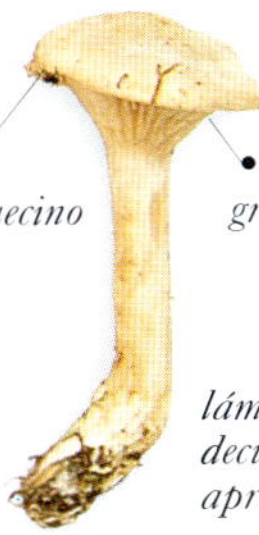

pie blanquecino

sombrero blanco grisáceo

láminas decurrentes y apretadas

FRUCTIFICACION Grupos densos; suelos con humus.

Dimensiones SOMBRERO ↔ 3–9cm | PIE ↕ 2–6cm ↔ 0,4–1cm	Esporas Rosa pálido	Comest.

Familia TRICHOLOMATACEAE	Especie *Lyophyllum decastes*	Estación Otoño, sobre todo fin.

LYOPHYLLUM DECASTES

Cat: Gírgola de bruc, Pom de terra; Eusk: Ziza zauli; Gal: Tortullo apiñado

Una de las especies carnosas de *Lyophyllum* relacionadas y difíciles de diferenciar. Su sombrero pardogrisáceo, de convexo a aplanado, tiene un margen liso que se vuelve ondulado al envejecer. Pie blanquecino o pardogrisáceo pálido, del mismo modo que las láminas decurrentes y apretadas. No tiene un olor o un sabor distintivos, pero es un buen comestible (no debe confundirse con Entoloma lívido, p. 68).

• **HABITAT** Junto a veredas de terrenos arbolados, y en jardines y parques. Zonas templadas norteñas.

• **ESPECIES SIMILARES** *L. fumosum* fusionan los pies en tronco.

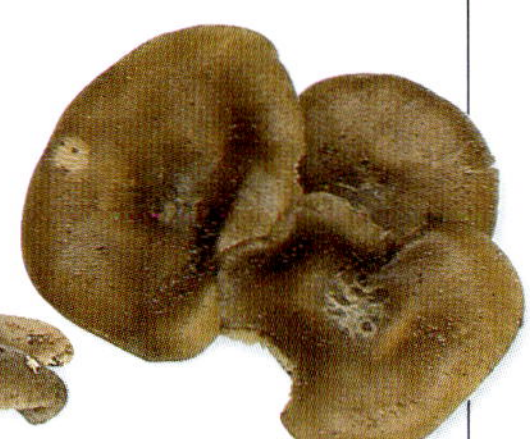

el sombrero, tiene el margen liso

pie gris pálido o blanquecino

SECCION

las láminas varían del blanco al gris pálido

carne fibrosa, pardogrisácea pálida

FRUCTIFICACION Grupos densos, pies fusionados.

Dimensiones SOMBRERO ↔ 5–10cm | PIE ↕ 4–10cm ↔ 0,5–3cm	Esporas Blancas	Comest.

Familia TRICHOLOMATACEAE | Especie *Lyophyllum connatum* | Estación Otoño

LYOPHYLLUM CONNATUM

El sombrero es convexo, a menudo con un margen ondulado, y el pie se ahúsa hacia la base. Las láminas bastante apretadas, blancas a grises pálidas, son decurrentes; se tiñen de violeta cuando entran en contacto con sulfato ferroso ($FeSO_4$) sólido o disuelto. La carne es blanca y también se tiñe de violeta con $FeSO_4$.

• **HABITAT** En suelos alterados de márgenes de bosques. Difundido en zonas templadas norteñas, incluidas las alpinas.

• **ESPECIES SIMILARES** Algunas de las especies blancas de *Clitocybe* tienen un aspecto similar. Se diferencian porque no cambian de color con $FeSO_4$.

FRUCTIFICACION Solitario o céspedes de carpóforos; márgenes terrenos arbolados.

Dimens. SOMBRERO 3–10cm | PIE 5–12cm ↔ 0,5–1,5cm | Esporas Blancas | Comest.

Familia TRICHOLOMATACEAE | Especie *Armillaria tabescens* | Estación Otoño

ARMILLARIA SIN ANILLOS

Gal: Palotes da madeira

Sombrero seco, pardoamarillento y de convexo a plano o deprimido, con escamas pardas y erguidas centrales. El pie, fibroso y blanquecino, a menudo está fusionado. En el sustrato se observan filamentos negros del micelio. Su carne blanquecina es comestible después de una cocción prolongada.

• **HABITAT** Adherido a raíces o cerca de árboles. Raro en Europa; común en el E de Norteamérica.

• **ESPECIES SIMILARES** *Armillaria mellea* (p. 80) tiene un anillo en el pie. Las especies de *Clitocybe* (pp. 31, 33-34, 39-40) carecen de escamas en el sombrero y de los filamentos negros del micelio.

FRUCTIFICACION Céspedes o suelo cerca de árboles; mata al árbol huésped.

Dimens. SOMBRERO 3–10cm | PIE 7,5–20cm ↔ 0,5–1,5cm | Esporas Crema pálido | Comest.

Familia BOLETACEAE | Especie *Phylloporus rhodoxanthus* | Estación Verano-otoño

PHYLLOPORUS RHODOXANTHUS

Esta especie tiene un sombrero seco y pardorrojizo. El pie varía del rojo al amarillo rojizo. Es un boleto con láminas emparentado con los boletos porosos, como *Boletus pascuus* (p. 192).

• **HABITAT** Forma micorrizas con robles; también se le encuentra bajo coníferas. Difundido en zonas templadas norteñas, excepto en el extremo norte (en la España mediterránea sólo crece en montaña).

• **ESPECIES SIMILARES** *Phylloporus leucomycelinus* tiene un micelio blanco en la base.

FRUCTIFICACION Solitario o en carpóforos dispersos.

Dimens. SOMBRERO 2,5–7,5cm | PIE 4,5–10cm ↔ 0,5–1cm | Esporas Amarillo ocráceas | Comest.

CON CARNE DESMENUZABLE, EXUDAN LECHE

TODAS LAS ESPECIES pertenecen al género *Lactarius*, tienen láminas ligeramente decurrentes y formas de sombrero variables, y casi todas rezuman un fluido blanco o coloreado por la carne recién cortada. Esta "leche" cambia de color al exponerse al aire y es un buen rasgo de identificación; la mejor manera de verlo es dejar caer una o dos gotas sobre un pañuelo blanco.

Familia RUSSULACEAE	Especie *Lactarius piperatus*	Estación Verano-princ. otoño

LACTARIO PIMENTERO

Cat: Pebràs lleter; Eusk: Esneki zuri-orribildu

Esta especie de gran tamaño y carne desmenuzable tiene un carpóforo blanquecino, láminas muy apretadas y un sombrero casi liso, deprimido en el centro. Aunque la leche blanca, que al secarse se vuelve verde oliva, tiene un sabor muy pimentado, llega a ser comestible mediante una salazón seguida de un adobo o mediante una fritura prolongada.

• **HABITAT** Forma micorrizas con latifolias y coníferas, en suelos bien drenados, de terrenos arbolados. Zonas templadas norteñas.

• **ESPECIES SIMILARES** La leche de *Lactarius glaucescens* se vuelve verde azulada al secarse. *L. vellereus* (p. 44) se diferencia por su sombrero tomentoso y por sus láminas ampliamente espaciadas y verdes.

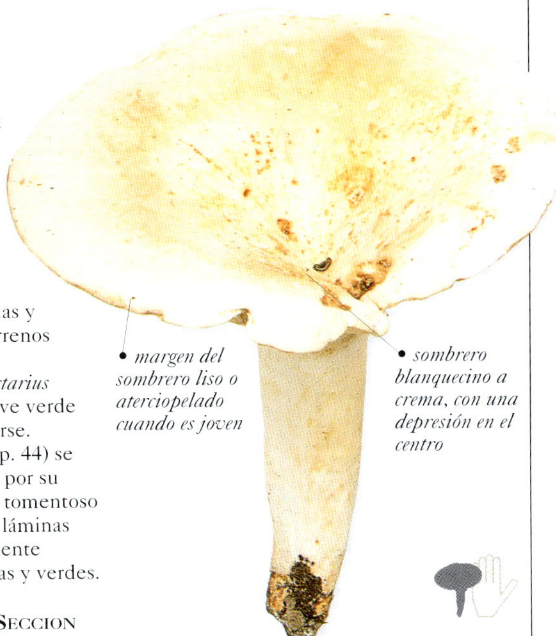

SECCION

FRUCTIFICACION Corros de brujas y grupos densos; terrenos arbolados.

△ ***HYPOMYCES LACTIFLUORUM***
Este hongo frasco (y el similar *H. lateritius*) parasita a varias especies de *Lactarius* (pp. 45-55) y *Russula* (pp. 120-31). |◎|

Dimensiones SOMBRERO ⊕ 8–20cm | PIE ↕ 8–15cm ↔ 2–4cm	Esporas Blanquecinas	Comest. |◎|

Familia RUSSULACEAE	Especie *Lactarius vellereus*	Estación Otoño

LACTARIO ATERCIOPELADO

Cat: Pebràs lleter vellutat, Tarrandòs; Eusk: Esneki zuri-orrizabal; Gal: Pimenteiro veludo

El sombrero blanco a crema de esta especie de gran tamaño es tomentoso y tiene una depresión central. Láminas apretadas y pie corto y ahusado. La leche blanca que rezuma su carne blanca y desmenuzable es copiosa y adquiere un color pardo al secarse; no cambia de color con hidróxido potásico (KOH).

• **HABITAT** Forma micorrizas con latifolias como hayas, pero también se le encuentra bajo varias coníferas. Difundido por zonas templadas norteñas.

• **ESPECIES SIMILARES** La leche de *Lactarius bertillonii* vira a amarillo y luego a anaranjado con KOH y tiene un sabor picante. *L. piperatus* (p. 43) tiene las láminas apretadas, pie largo y sombrero liso.

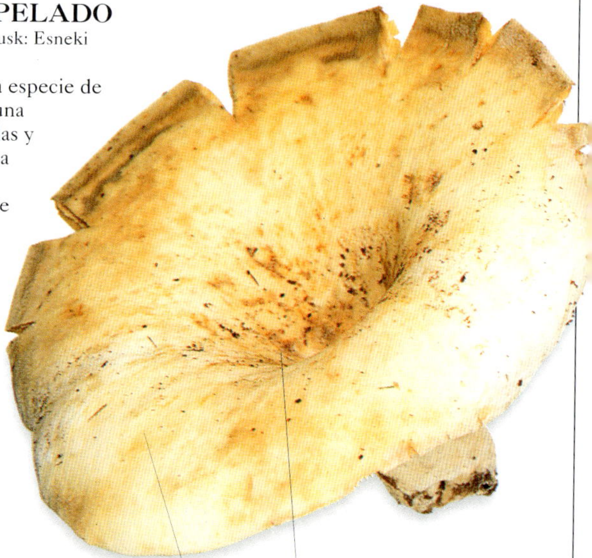

FRUCTIFICACION Corros de brujas; hojarasca o pinaza.

Dimensiones SOMBRERO ⊕ 10–25cm | PIE ↕ 4–8cm ↔ 2–5cm	Esporas Blanquecinas	Comest.

Familia	Especie	Estación
RUSSULACEAE	*Lactarius controversus*	Otoño

PEBRAZO ROSADO

Cat: Pebràs de riberada; Eusk: Esneki zuri-orriarrosa

Las láminas rosa salmón distinguen a ésta de otras especies de *Lactarius*. Es blanquecina, con tenues bandas rosadas o grises en un sombrero de convexo a deprimido y el margen enrollado. El corto pie es blanco o matizado de rosado a gris; la carne exuda una leche blanca que no cambia de color al secarse.

• HABITAT Forma micorrizas con álamos y sauces, en bosques y dunas de arena. Difundido en zonas templadas norteñas.

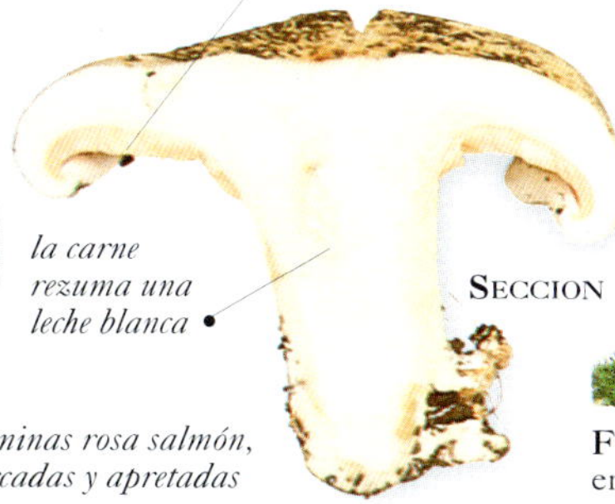

FRUCTIFICACION Solitario, en corros o grupos densos.

Dimensiones	Esporas	Comest.
SOMBRERO ↔ 7–20cm | PIE ↕ 2–7cm ↔ 1,5–4cm	Blanquecinas	

Familia	Especie	Estación
RUSSULACEAE	*Lactarius torminosus*	Verano-otoño

NISCALO FALSO

Cat: Rovelló de cabra; Eusk: Esnegorri faltsu

Sombrero deprimido con la superficie hirsuta y el margen enrollado. Las apretadas láminas, de blanquecinas a rosadas pálidas, son ligeramente decurrentes. Su carne blanca y desmenuzable produce una miel blanca picante, amarilla pálida; no cambia de color al secarse.

• HABITAT Forma micorrizas con abedules y se le encuentra en lugares herbosos y abiertos. Zonas templadas norteñas.

• ESPECIES SIMILARES *Lactarius pubescens* es más pálido y con sombrero menos hirsuto. *L. scoticus* es pálido y más pequeño.

FRUCTIFICACION Grupos densos; suelos húmedos.

Dimensiones	Esporas	Comest.
SOMBRERO ↔ 5–15cm | PIE ↕ 3–6cm ↔ 1–3cm	Crema amarillento	

Familia RUSSULACEAE	Especie *Lactarius deliciosus*	Estación Fin. verano-otoño

NISCALO, NIZCALO

Cat: Pinetell; Eusk: Esnegorri; Gal: Fungo da muña

Especie pardoanaranjada con sombrero deprimido y tenues bandas concéntricas y el margen enrollado; su corto pie está cubierto de depresiones anaranjadas. Su carne gruesa, desmenuzable y amarilla exuda una leche naranja zanahoria que no cambia de color. Es un muy buen comestible que tiene el efecto inofensivo de teñir de rojo la orina.

• **HABITAT** Forma micorrizas con pinos, sobre suelos arenosos y alcalinos. Muy difundido en zonas templadas norteñas, pero su distribución no está muy clara.

• **ESPECIES SIMILARES** *Lactarius deterrimus* (recuadro, abajo izquierda). *L. hemicyaneus* tiene la carne azul y leche en el sombrero. Crece bajo abetos (*Abies*). *L. salmonicolor*, que crece bajo piceas, es de mayor tamaño. *L. sanguifluus* (recuadro, abajo derecha).

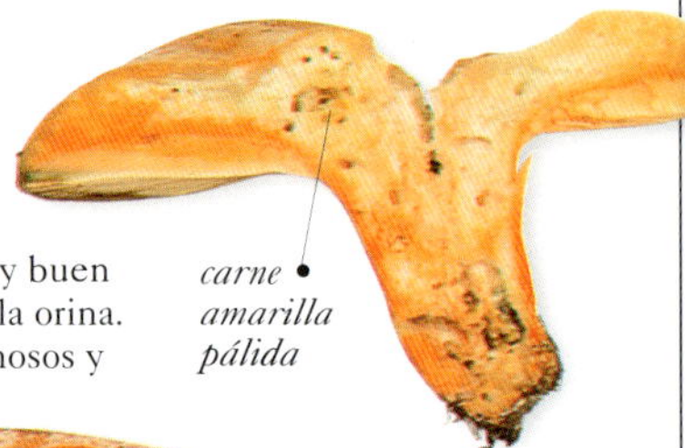

SECCION

△ *LACTARIUS DETERRIMUS* Crece bajo piceas; pie liso y leche que se tiñe de verde. Es común y difundida en Europa, aunque no en la península Ibérica.

△ *LACTARIUS SANGUIFLUUS* Comestible excelente (Níscalo de sangre vinosa; Cat: Rovelló; Eusk: Esneardotsu). Su leche roja vira a verde al secarse.

FRUCTIFICACION Grupos densos; hierba o pinaza.

Dimensiones SOMBRERO ⊕ 5–15cm	PIE ↕ 3–7cm ↔ 1–3cm	Esporas Blanquecinas	Comest.

Familia RUSSULACEAE	Especie *Lactarius necator*	Estación Verano-otoño

LACTARIO PLOMIZO

Coloración verde oliva oscuro con un sombrero pegajoso de centro deprimido y margen tomentoso, enrollado en los especímenes jóvenes. La carne blanca y desmenuzable produce una leche blanca que al secarse forma puntos pardoverdosos sobre láminas de blanquecinas a verdes pálidas. Aunque se consume salado, puede causar cáncer.

• **HABITAT** Forma micorrizas con abedules y piceas, en bosques, parques y jardines. Ampliamente difundido desde Europa hasta Asia oriental, aunque ausente de Norteamérica.

• **ESPECIES SIMILARES** *Lactarius blennius* (abajo) y *L. fluens* son más pálidos y con el sombrero moteado o zonado.

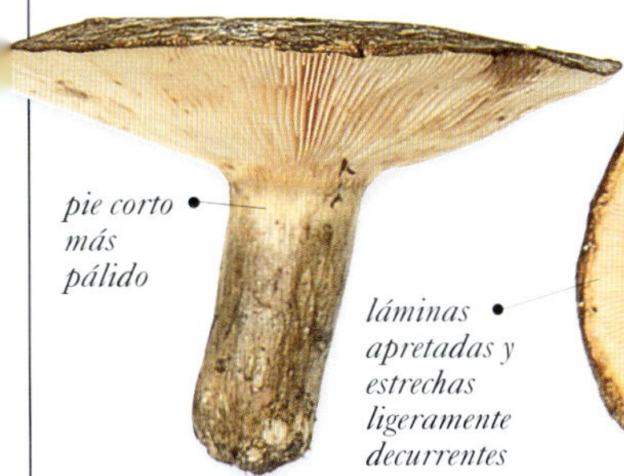

FRUCTIFICACION Solitario o en grupos.

Dimensiones SOMBRERO ⊕ 6–15cm | PIE ↕ 4–7cm ↔ 1–2,5cm	Esporas Blanquecinas	Comest. ☠

Familia RUSSULACEAE	Especie *Lactarius blennius*	Estación Verano-otoño

LACTARIO MUCOSO

Eusk: Pagadi-esneki berde

Esta especie tiene el sombrero liso, con una depresión en el centro. De tonos variados, por lo general una mezcla de pardo, gris y oliváceo, presenta anillos de pintas oscuras cerca del margen del sombrero. Su carne firme y blanca produce una leche blanca que, al secarse, mancha de gris oliváceo las láminas blancas.

• **HABITAT** Forma micorrizas con hayas. Difundido y muy común en Europa y en regiones adyacentes de Asia.

• **ESPECIES SIMILARES** *Lactarius circellatus* crece bajo carpes y tiene las láminas ocres, más oscuras. *L. fluens* es mayor y más verde, con láminas crema y sombrero zonado con margen casi blanco. *L. hortensis* (p. 48). *L. trivialis* (p. 49).

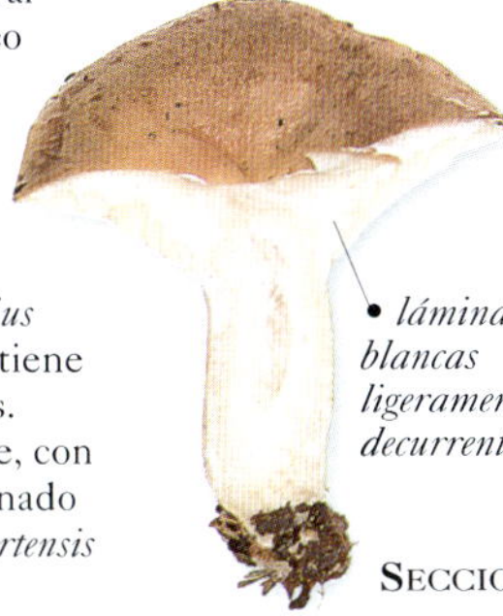

SECCION

FRUCTIFICACION Grupos densos; hojarasca de hayas.

Dimensiones SOMBRERO ⊕ 4–9cm | PIE ↕ 3–7cm ↔ 1–2,5cm	Esporas Amarillo pálido	Comest. 🍴

Familia RUSSULACEAE	Especie *Lactarius fuliginosus*	Estación Otoño

LACTARIO FULIGINOSO

Cat: Lleterola fosca; Eusk: Esnearrosakor (rak)

Sombrero pardo, aterciopelado y con una depresión en el centro; ahusado, marrón pálido a casi blanco. La carne, firme y blanquecina, se vuelve pardorrosada al exponerse al aire. Las láminas ocres se vuelven pardorrosáceas al dañarse. Esporas esféricas, con crestas y superficie reticulada.

• **HABITAT** Forma micorrizas con latifolias tales como robles y hayas, en terrenos arbolados. Se encuentra en Europa.

• **ESPECIES SIMILARES** *Lactarius* cuya leche blanca se vuelve rosada se diferencia por la rapidez con que esto ocurre, el color del sombrero y la ornamentación de las esporas: *L. acris* es pálida y vira rápidamente; *L. lignyotus* crece bajo coníferas, es oscura, aterciopelada y reacciona lentamente; *L. pterosporus* tiene el sombrero de color más claro y esporas aladas.

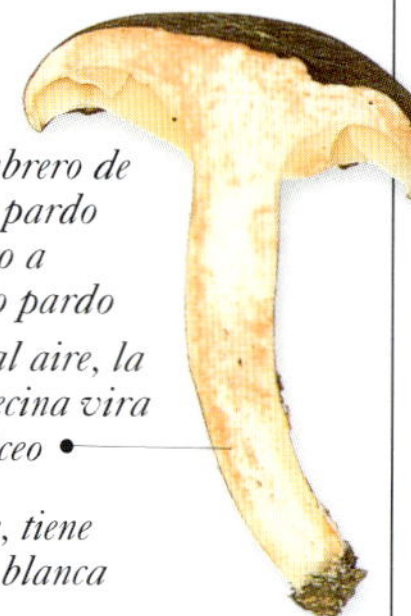

SECCION

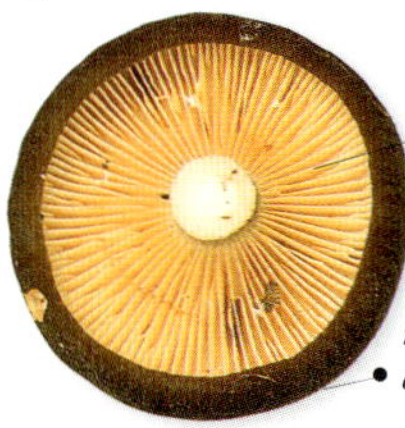

FRUCTIFICACION
Solitario o en grupos.

Dimensiones SOMBRERO ↔ 6–10cm | PIE ↕ 4–7cm ↔ 1–1,5cm	Esporas Ocre pálido	Comest.

Familia RUSSULACEAE	Especie *Lactarius hortensis*	Estación Verano-otoño

LACTARIUS HORTENSIS

El sombrero pardogrisáceo pálido tiene el margen ondulado y el centro deprimido; zonación concéntrica y levemente untuoso. Las láminas ocres están inusualmente bien separadas por tratarse de un *Lactarius*. Una simple gota de la leche exudada produce un sabor ardiente que dura horas.

• **HABITAT** Forma micorrizas con avellanos en terrenos arbolados y jardines. Difundido y bastante común en Europa y partes adyacentes de Asia.

• **ESPECIES SIMILARES** *L. circellatus* crece bajo carpes: láminas más apretadas y bandas más densas y mejor marcadas.
L. vietus crece bajo abedules, es más gris violáceo, menos zonado, y tiene láminas blanco amarillentas, moteadas de gris al envejecer. Su leche blanca se vuelve gris plomo al secarse.

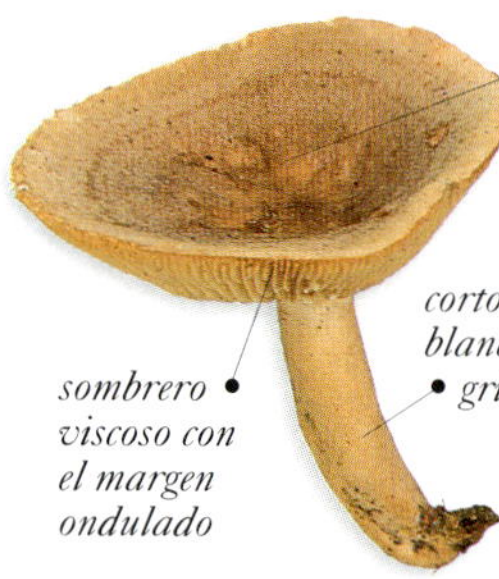

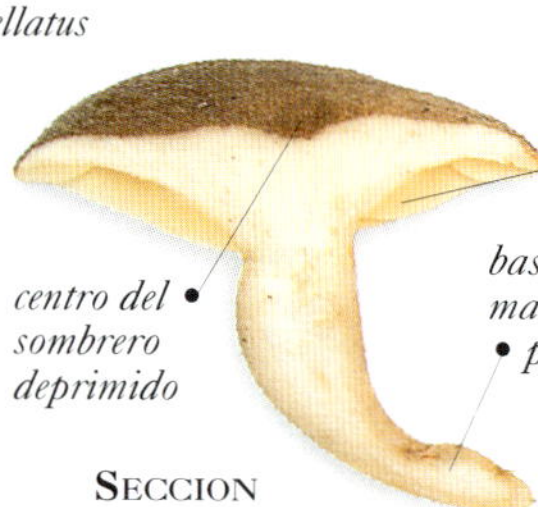

SECCION

FRUCTIFICACION Grupos; suelos fértiles.

Dimensiones SOMBRERO ↔ 4–10cm | PIE ↕ 3–7cm ↔ 0,5–2cm	Esporas Amarillo ocre pálido	Comest.

Familia RUSSULACEAE | Especie *Lactarius trivialis* | Estación Verano-otoño

LACTARIUS TRIVIALIS

Esta especie tiene un sombrero grande y carnoso, moteado o con tenues bandas concéntricas; varía del violeta al gris amarillento. La carne blanca y desmenuzable exuda una leche blanca y acre que vira a beige verdoso cuando se seca. Es muy sabroso después de la salazón y el encurtido.

• **HABITAT** Forma micorrizas con coníferas y abedules, en terrenos arbolados húmedos. Localmente común en zonas templadas norteñas.

• **ESPECIES SIMILARES** *Lactarius flexuosus* tiene láminas menos apretadas y el pie es más grueso y compacto.

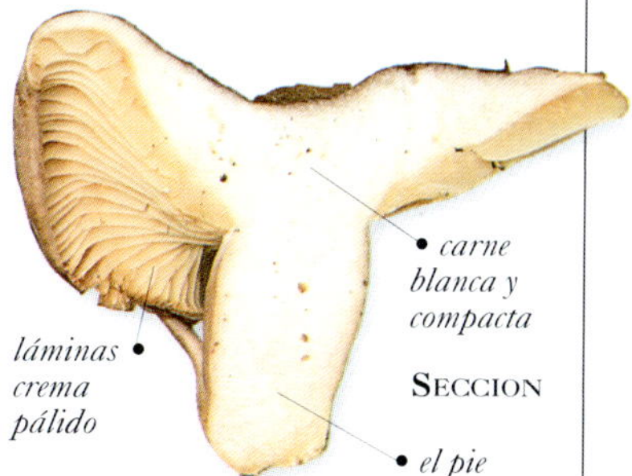

FRUCTIFICACION Grupos densos o carpóforos juntos.

Dimensiones SOMBRERO ⊕ 6–20cm | PIE ↕ 4–10cm ↔ 1–3cm | Esporas Amarillo pálido | Comest.

Familia RUSSULACEAE | Especie *Lactarius pallidus* | Estación Otoño

LACTARIO PALIDO

Cat: Lleterola pàl.lida; Eusk: Esneki argi

El sombrero y el pie son de color amarillo gamuza pálido con un matiz rosado claro. El sombrero tiene unas bandas concéntricas muy tenues y es de convexo a deprimido en el centro. Su abundante leche blanca no se tiñe y la carne, gruesa y blanca, tiene un sabor suave.

• **HABITAT** Forma micorrizas con hayas en bosques y parques. Difundido en Europa; raro en Norteamérica.

• **ESPECIES SIMILARES** *Lactarius blennius* (p. 47). *L. curtus* tiene una leche picante. *L. musteus* es más oscuro; bajo coníferas.

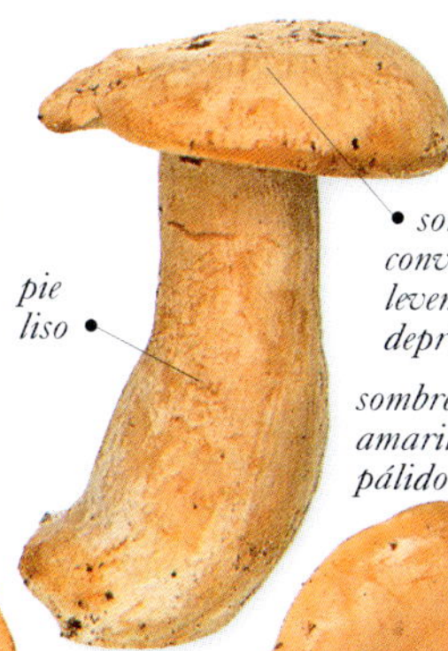

FRUCTIFICACION Carpóforos juntos.

Dimensiones SOMBRERO ⊕ 5–12cm | PIE ↕ 3–8cm ↔ 0,5–2cm | Esporas Ocre pálido | Comest.

Familia RUSSULACEAE	Especie *Lactarius mitissimus*	Estación Otoño

LACTARIUS MITISSIMUS

Tiene un sombrero anaranjado y convexo que adquiere una depresión central al envejecer. Su carne desmenuzable, de color naranja amarillento pálido, tiene un sabor suave y una leche copiosa y blanca que no se tiñe.

• **HABITAT** Forma micorrizas con latifolias y coníferas, y se le encuentra con musgo. Difundido por Europa; en otras zonas templadas norteñas se encuentran formas similares.

• **ESPECIES SIMILARES** Son más oscuras, de un naranja menos brillante, o con una leche de sabor picante. *Lactarius ichoratus* es mayor, anaranjado rojizo, y su sabor es desagradable y nauseabundo. *L. volemus* (p. 54) es de mayor tamaño.

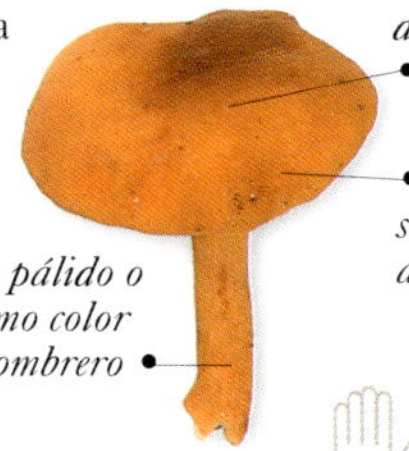

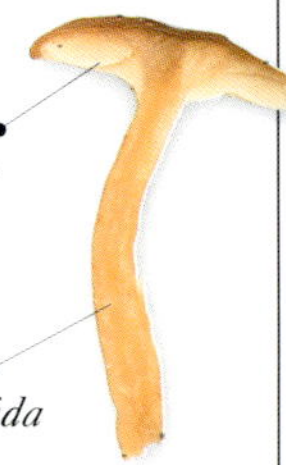

SECCION

FRUCTIFICACION Algunos carpóforos juntos.

Dimensiones SOMBRERO ↔ 2–6cm | PIE ↕ 2–5cm ↔ 3–8mm	Esporas Rosado crema	Comest.

Familia RUSSULACEAE	Especie *Lactarius theiogalus*	Estación Otoño

LACTARIUS THEIOGALUS

El sombrero pardogrisáceo y teñido de anaranjado pálido de esta especie tiene un umbón central; el margen es asurcado. La carne delgada y pálida tiene un sabor suave, y la leche blanca tiñe de amarillo el pañuelo blanco en 30 segundos. El pie es apreciablemente largo y de color similar al del sombrero. La forma más arrugada y de mayor tamaño se considera a veces como una especie distinta, *Lactarius tabidus*.

• **HABITAT** Forma micorrizas con latifolias y coníferas, sobre suelos ácidos y húmedos, entre la hojarasca. Difundido y común en muchas localidades de las zonas templadas norteñas.

• **ESPECIES SIMILARES** *L. lacunarum* también tiñe de amarillo; sombrero menos arrugado, no estriado y más oscuro.

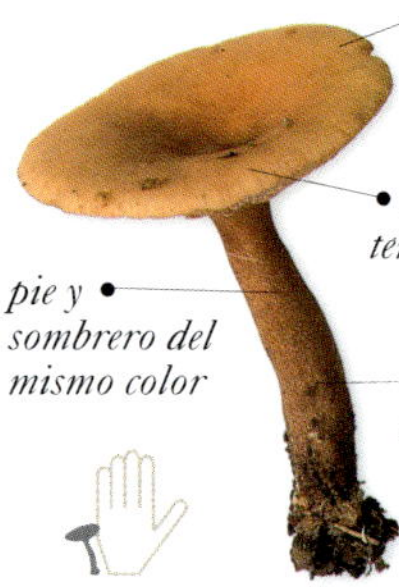

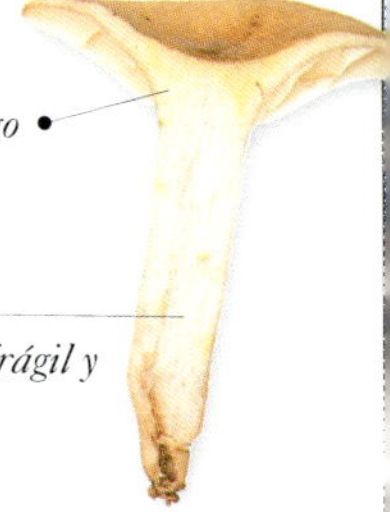

SECCION

FRUCTIFICACION Grupos densos o carpóforos juntos.

Dimensiones SOMBRERO ↔ 2–5cm | PIE ↕ 3–8cm ↔ 0,4–1cm	Esporas Blanquecinas	Comest.

Familia RUSSULACEAE	Especie *Lactarius hepaticus*	Estación Otoño

LACTARIUS HEPATICUS

Eusk: Esneki gibelkolore

Sombrero liso deprimido o umbonado y de tono marrón hígado apagado. El pie tiene un color similar. La carne, desmenuzable, de marrón pálida a crema, exuda una leche blanca que se vuelve amarilla; tiene un sabor picante y su consumo no es recomendable.

• **HABITAT** Forma micorrizas con pinos en bosques y plantaciones, sobre suelos ácidos y arenosos. En algunas regiones de las zonas templadas norteñas.

• **ESPECIES SIMILARES** *Lactarius badiosanguineus* es más brillante y pardorrojizo; su leche produce una leve reacción amarilla. *L. rufus* (p. 53) tiene una leche que no vira. *L. theiogalus* (p. 50) tiene una leche que también amarillea pero es mucho más pálido.

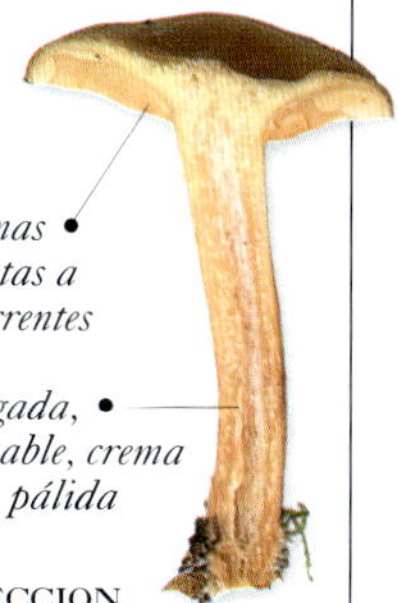

SECCION

FRUCTIFICACION Grupos o carpóforos; pinaza.

Dimensiones SOMBRERO ↔ 3–6cm | PIE ↕ 4–6cm ↔ 0,6–1cm	Esporas Crema	Comest.

Familia RUSSULACEAE	Especie *Lactarius subdulcis*	Estación Verano-otoño

LACTARIO DULCIAMARGO

Cat: Lleterola (petita); Eusk: Esneki erdigozo

La leche blanca no vira a amarillo, y la carne delgada y blanca no es picante. El sombrero pardoocráceo a apagado es convexo, con un centro que está deprimido o umbonado. El color del pie es similar al del sombrero y las láminas decurrentes son blanquecinas al principio y luego marrón pálido.

• **HABITAT** Forma micorrizas con latifolias, sobre todo hayas. Ampliamente difundido y común en Europa; la distribución mundial es desconocida.

SECCION

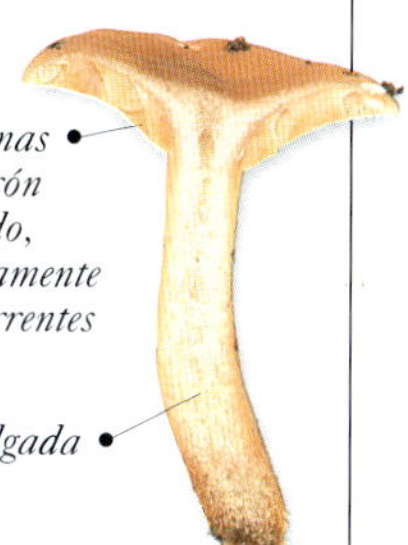

FRUCTIFICACION Algunos carpóforos juntos.

Dimensiones SOMBRERO ↔ 3–7cm | PIE ↕ 3–6cm ↔ 0,5–1cm	Esporas Crema a rosado	Comest.

Familia RUSSULACEAE	Especie *Lactarius hygrophoroides*	Estación Verano-otoño

LACTARIUS HYGROPHOROIDES

Especie pardoanaranjada con sombrero de convexo a plano o deprimido, sin zonación alguna. Tanto el sombrero como el pie tienen una superficie seca. La carne, desmenuzable, es blanca y exuda una leche blanca de sabor suave que no cambia de color.

• **HABITAT** Forma micorrizas, con robles en terrenos arbolados. Difundido y común en el E de Norteamérica.

• **ESPECIES SIMILARES** *Lactarius corrugis*: sombrero pardorrojizo con margen arrugado, láminas ocres y leche que se tiñe de pardo. *L. volemus* (p. 54). Ambos son excelentes comestibles y las tres especies crecen en la misma zona y época del año.

FRUCTIFICACION Grupos densos y esparcidos; suelo de zonas boscosas abiertas.

Dimensiones SOMBRERO ⊕ 3–10cm | PIE ↕ 3–5cm ↔ 0,5–1,5cm	Esporas Blancas	Comest.

Familia RUSSULACEAE	Especie *Lactarius quietus*	Estación Verano-otoño

LACTARIO DE LOS ROBLES

Eusk: Esneki arrunt

El sombrero presenta zonación variable, coloración de pardorrojiza a pardogrisácea apagada, y leve depresión cuando madura. Carne desmenuzable, marrón pálida, que exuda una leche escasa de color crema que no cambia de color. Su olor característico se compara al de las chinches de campo "apestosas".

• **HABITAT** Micorrízico con robles, en terrenos arbolados ácidos. Muy común en Europa y partes adyacentes de Asia.

• **ESPECIES SIMILARES** *Lactarius chrysorrheus* forma micorrizas con robles pero es más pálido y amarillo; su abundante leche blanca vira rápidamente a amarillo azufre. El olor de *L. serifluus* es similar, pero más fuerte, y su sombrero mucho más oscuro.

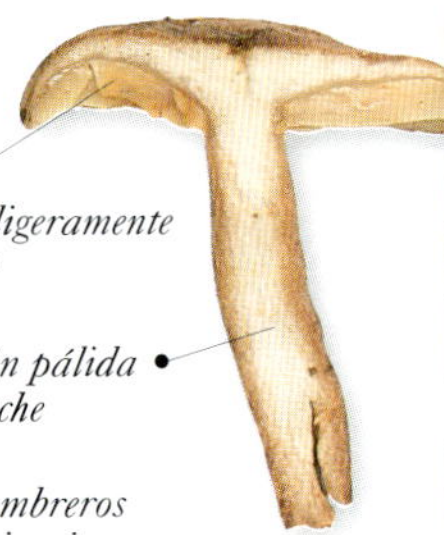

SECCION

FRUCTIFICACION Grupos densos de carpóforos.

Dimensiones SOMBRERO ⊕ 4–8cm | PIE ↕ 3–7cm ↔ 0,5–1,5cm	Esporas Crema a rosado	Comest.

Familia RUSSULACEAE	Especie *Lactarius camphoratus*	Estación Otoño

LACTARIO ALCANFORADO

Eusk: Kanfor-esneki

Especie pardorrojiza oscura con el centro del sombrero deprimido o umbonado y el pie fino, con una base pardo vinosa. Su fuerte olor químico o picante, que recuerda al alcanfor o al levístico, se intensifica a medida que se seca; en la seta fresca es similar al del *Lactarius quietus* (p. 52). La carne, desmenuzable y de color pardo herrumbre pálido, deja un sabor amargo en el paladar. La leche es de un blanco desleído y no cambia de color.

• **HABITAT** Forma micorrizas con coníferas o latifolias, y prefiere los suelos ácidos y bien drenados. También se le encuentra sobre tocones musgosos y descompuestos. Muy difundido y común en zonas templadas norteñas.

• **ESPECIES SIMILARES** *L. helvus* (p. 55) tiene un olor similar.

FRUCTIFICACION Grupos densos; bajo árboles.

Dimensiones SOMBRERO ⊕ 3–6cm | PIE ↕ 3–6cm ↔ 4–8mm	Esporas Blancas o crema	Comest.

Familia RUSSULACEAE	Especie *Lactarius rufus*	Estación Verano-otoño

LACTARIO ROJIZO

Eusk: Esneki teilamin

La mayoría de especímenes tienen una depresión central con umbón en el sombrero. El carpóforo es pardorrojizo y las láminas de color marrón pálido. La carne marrón pálida es desmenuzable y exuda una leche blanca que no vira; la carne tiene un sabor muy picante 30 segundos después de probarla, pero es comestible después de la salazón y el encurtido.

• **HABITAT** Forma micorrizas con coníferas y abedules en suelos ácidos. Es una de las especies de *Lactarius* más comunes en las zonas templadas norteñas.

• **ESPECIES SIMILARES** *L. hepaticus* (p. 51) exuda una leche blanca que amarillea al secarse.

FRUCTIFICACION Grupos densos o carpóforos.

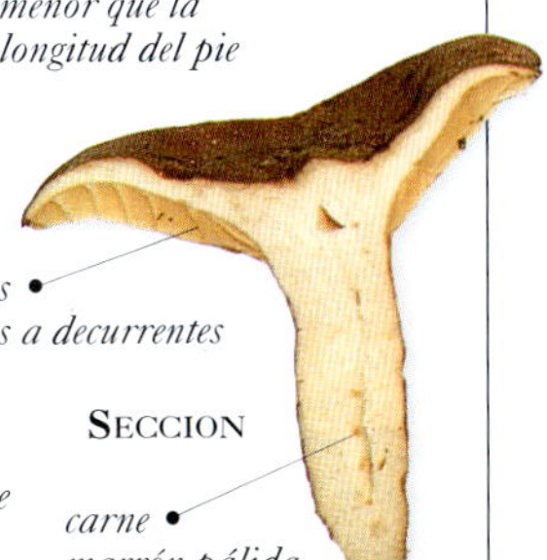

Dimensiones SOMBRERO ⊕ 3–10cm | PIE ↕ 5–10cm ↔ 0,5–2cm	Esporas Blanquecinas	Comest.

Familia RUSSULACEAE	Especie *Lactarius glyciosmus*	Estación Verano-otoño

LACTARIO PERFUMADO

Exhala un olor como de pasteles de coco recién salidos del horno; sutil coloración gris a ocre, con las láminas crema pálido y matizadas de rosa. El sombrero presenta una depresión en el centro y una forma embudada. La carne, delgada y blanca, produce escasas cantidades de una leche blanca suave o acre, que no se tiñe al exponerse al aire.

• **HABITAT** Forma micorrizas con abedules, en lugares muy húmedos. Difundido y común en muchas áreas de las zonas templadas norteñas.

• **ESPECIES SIMILARES** *Lactarius mammosus*, es más raro, tiene la misma fragancia a coco, pero es más oscuro y crece bajo coníferas.

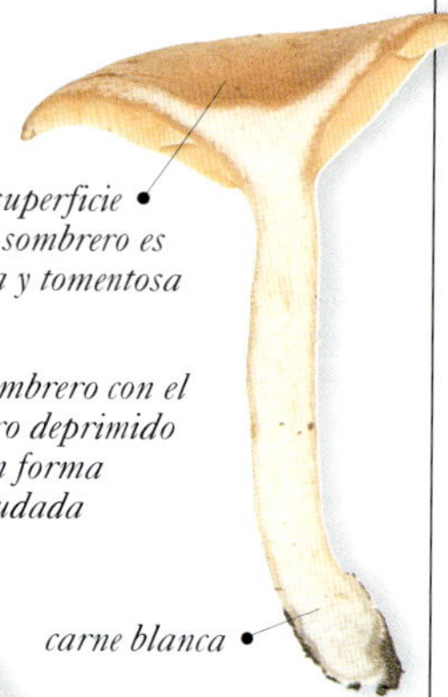

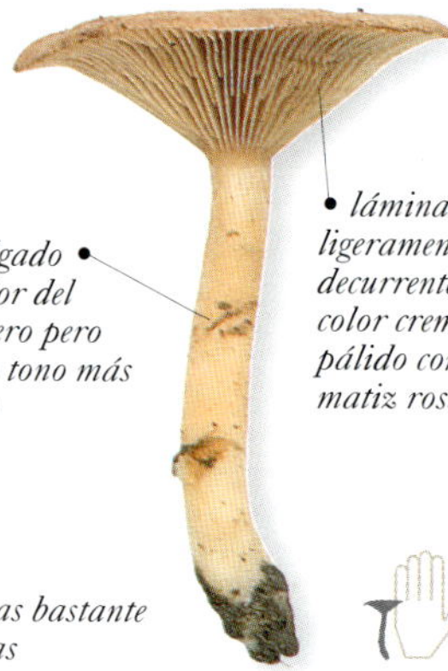

FRUCTIFICACION Grupos densos; hojarasca.

Dimensiones SOMBRERO ↔ 2–6cm | PIE ↕ 2–7cm ↔ 0,5–1cm	Esporas Amarillo pálido	Comest.

Familia RUSSULACEAE	Especie *Lactarius volemus*	Estación Otoño

LACTARIO ANARANJADO

Cat: Lleterola roja, Sastre; Eusk: Esnato

Esta especie es muy carnosa, anaranjada mate, piel agrietada en su sombrero convexo, y pie de un anaranjado más pálido con una superficie aterciopelada. Al cortarla, su carne blanquecina produce una abundante leche blanca que se tiñe de marrón pálido, y su olor recuerda al marisco. Sus láminas apretadas y decurrentes son amarillas doradas pálidas; sabor suave.

• **HABITAT** Forma micorrizas con latifolias. Difundido aunque poco común en zonas templadas norteñas.

• **ESPECIES SIMILARES** *Lactarius mitissimus* (p. 50) y las especies emparentadas son menores y sin piel agrietada en el sombrero ni superficie aterciopelada en el pie.

FRUCTIFICACION Grupos densos o pocos carpóforos bajo latifolias, más rara vez coníferas.

Dimensiones SOMBRERO ↔ 6–12cm | PIE ↕ 4–12cm ↔ 1–4cm	Esporas Blanquecinas	Comest.

Familia RUSSULACEAE	Especie *Lactarius helvus*	Estación Verano-otoño

LACTARIO PARDO

Un olor fuerte y como de especies, similar al del curry, caracteriza a esta especie de ocre a pardogrisácea. De tamaño bastante grande, adquiere forma de embudo y un umbón central cuando madura. Su carne desmenuzable es amarilla, blanca o rosa pálido, y su leche suave es más escasa y acuosa que en la mayoría de *Lactarius*.

• **HABITAT** Forma micorrizas con abedules, pinos y piceas, y a menudo crece entre esfagnos. Zonas templadas norteñas.

• **ESPECIES SIMILARES** *L. aquifluus* tiene un aspecto muy parecido y se encuentra en Norteamérica.

pie liso, algo más pálido que el sombrero o con un matiz rojo

sombrero grande y convexo, en forma de embudo al envejecer

láminas ligeramente decurrentes

SECCION

umbón central en una superficie de sombrero tomentosa

el pie puede estar inmerso en césped herbáceo o en musgos Sphagnum

la leche que exudan las láminas y la carne es escasa y acuosa

láminas espaciadas, ocres amarillentas, matizadas de rosado

FRUCTIFICACION Grupos densos; bajo árboles.

Dimensiones SOMBRERO ⊕ 5–16cm	PIE ↕ 5–13cm ↔ 0,7–3cm	Esporas Amarillo a rosáceo	Comest. ☠

HONGOS CON SOMBRERO Y PIE, CON LAMINAS ANEJAS A ADNATAS

Esta sección incluye los agáricos en los que la superficie de unión de las láminas al pie varía de muy estrecha (anejas) a muy ancha (adnatas). Algunas láminas tienen una denticulación afilada cerca del pie; se denominan indentadas o escotadas (v. p. 15). El borde de la lámina es recto o curvo (sinuado).

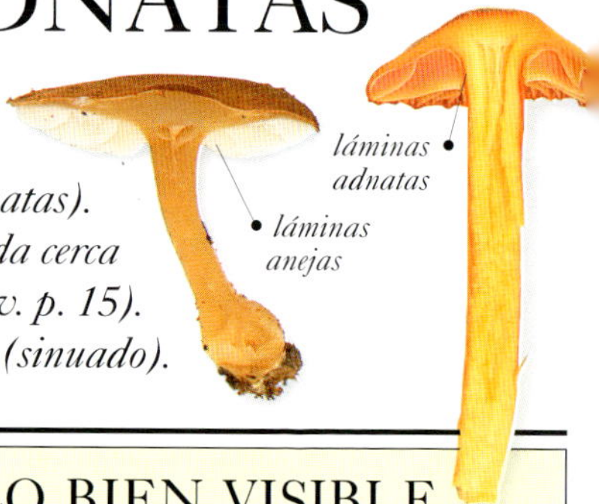

CARNOSOS, SIN UN VELO BIEN VISIBLE

EN ESTA SUBSECCION aparecen agáricos con carpóforos carnosos pero que, contrariamente a otras especies carnosas, no tienen restos apreciables del velo en el sombrero, en el margen o en el pie (pp. 69-97). Incluye las lepistas, la mayoría de los tricolomas que forman micorrizas y otros grupos.

Familia	Especie	Estación
HYGROPHORACEAE	*Hygrocybe punicea*	Otoño

HIGROFORO ROJO

Eusk: Ezko gorri-handi

Hongo carnoso y de gran tamaño con sombrero rojo carmín, húmedo, de cónico a casi plano, con láminas de color carmín pálido a anaranjado. Pie amarillo rojizo, con superficie seca y finas fibras longitudinales. Carece de un olor y un sabor conspicuos. No debería consumirse.

• **HABITAT** Herbazales no mejorados, siempre con *Hygrocybe*, *Geoglossum* y *Clavulinopsis*. Localizado, y en algunos lugares amenazado de extinción, en zonas templadas norteñas.

• **ESPECIES SIMILARES** *H. coccinea* (p. 105). *H. splendidissima* es de un rojo vermellón más brillante, con sombrero seco y olor dulce y nauseabundo. Sus poblaciones también están en declive.

SECCION

FRUCTIFICACION Grupos pequeños o densos.

Dimensiones	Esporas	Comest.
SOMBRERO ⊕ 4–12cm | PIE ↕ 5–12cm ↔ 0,5–2,5cm	Blancas	

Familia TRICHOLOMATACEAE	Especie *Lepista irina*	Estación Otoño

LEPISTA IRINA

Cat: Pimpinella olorosa

Esta especie es pardogrisácea, a excepción de las láminas maduras teñidas de rosa. El sombrero convexo se aplana con la edad y el pie tiene una superficie fibrilosa. La carne, perfumada y blanquecina,es comestible pero hace falta experiencia para identificar a este hongo.

• **HABITAT** Sobre suelos alcalinos, en la hojarasca acumulada o en fructificaciones masivas avanzada la estación. Difundido y común en Europa; la distribución mundial no está clara.

• **ESPECIES SIMILARES** *Lepista nuda* (abajo) y *L. personata* (p. 58) presentan matices violetas o lilas y olor más tenue.

FRUCTIFICACION Corros; terrenos de latifolias y coníferas.

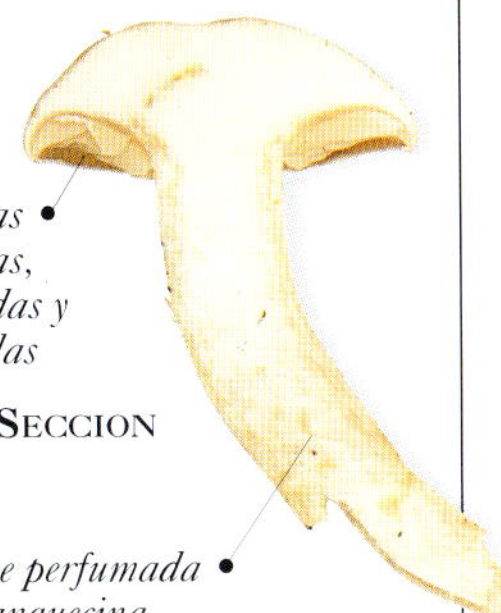

Dimensiones SOMBRERO ↔ 5–15cm | PIE ↕ 5–10cm ↔ 1–2cm	Esporas Rosa sucio	Comest.

Familia TRICHOLOMATACEAE	Especie *Lepista nuda*	Estación Principalmente otoño

PIE AZUL

Cat: Pimpinella morada; Gal: Pe azul

Fácilmente identificable y buen comestible el sombrero pardo violáceo emerge oscuro y en forma de bollo y se vuelve convexo y luego aplanado; palidece a partir del margen al secarse la superficie. El pie fibriloso, con una base claviforme, es de un color similar, mientras que las láminas sinuadas son de un violeta más brillante, pardoocráceo al envejecer, y la carne firme y perfumada está jaspeada de azul liláceo. Se cultiva pero no es fácil de conseguir.

• **HABITAT** En jardines y terrenos arbolados ricos, como "compost" y hojarasca espesa. Zonas templadas norteñas.

• **ESPECIES SIMILARES** *Lepista personata* (p. 58). *L. sordida* es más pequeño y también es comestible. *Calocybe ionides* (p. 116).

FRUCTIFICACION Grupos pequeños y corros de brujas.

Dimensiones SOMBRERO ↔ 5–20cm | PIE ↕ 4–10cm ↔ 1,5–3cm	Esporas Rosa sucio	Comest.

Familia TRICHOLOMATACEAE	Especie *Lepista personata*	Estación Otoño

LEPISTA PERSONATA

Este agárico carnoso tiene un sombrero de color anteado pálido, convexo o en forma de bollo y con el margen liso, que se aplana al envejecer, y el pie fibriloso lila brillante. La carne, perfumada y firme, es lila pálida. Es un buen comestible y fácil de identificar.

• **HABITAT** En suelos ricos y alcalinos, prados y pastos abiertos, parques y márgenes de caminos, así como en suelos desnudos de terrenos arbolados. Difundido y bastante común en Europa y Norteamérica.

• **ESPECIES SIMILARES** *L. nuda* (p. 57) es menos rechoncho y prefiere los bosques.

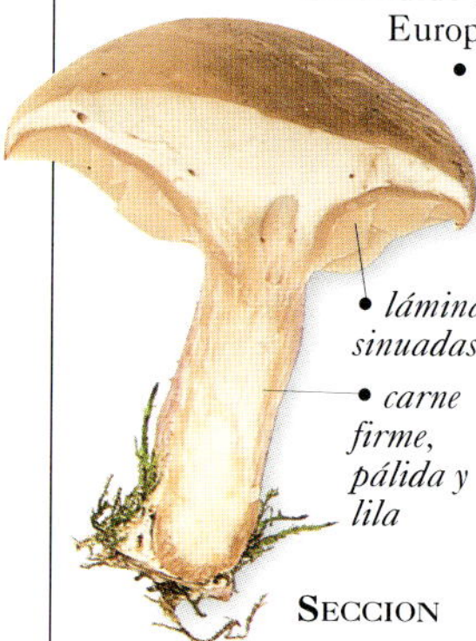

SECCION

FRUCTIFICACION Grupos o en corros de brujas.

Dimensiones SOMBRERO ↔ 5–20cm | PIE ↕ 3–7cm ↔ 1,5–4cm	Esporas Rosa pardusco	Comest.

Familia TRICHOLOMATACEAE	Especie *Calocybe gambosa*	Estación Fin. primavera-verano

SETA DE SAN JORGE, SETA FINA

Cat: Moixernó; Eusk: Udaberriki zizazuri, Perretxiko

Hongo muy carnoso blanco crema, si bien existe una forma marrón pálida a pardoanaranjada. El sombrero es carnoso, de redondeado a convexo, con el borde enrollado. Pie liso y láminas anejas y apretadas. Tiene unos intensos olor y sabor harinosos y una carne firme; comestible excelente.

• **HABITAT** En prados, pastos, setos vivos, bosques y en parques y jardines. Difundido y común en Europa y partes adyacentes de Asia. La distribución mundial no está clara.

• **ESPECIES SIMILARES** *Entoloma* que fructifican en primavera y tienen carpóforos blancos se diferencian por dejar un depósito de esporas rosadas.

SECCION

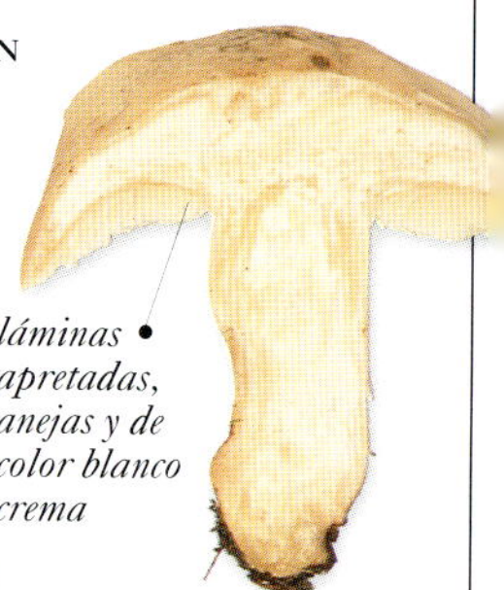

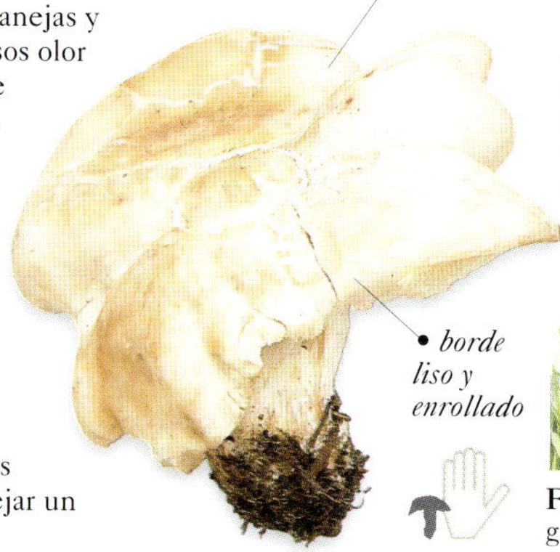

FRUCTIFICACION Corros o grupos; suelos alcalinos y ricos.

Dimensiones SOMBRERO ↔ 3–12cm | PIE ↕ 2–7cm ↔ 1–2,5cm	Esporas Blanco crema	Comest.

Familia TRICHOLOMATACEAE	Especie *Tricholoma terreum*	Estación Otoño

RATON, NEGUILLA

Cat: Fredolic, Negret, Brunet; Eusk: Ziza arre

Sus colores sutiles se confunden con el suelo. Tiene el sombrero umbonado, gris oscuro, con fibras radiales y el borde liso, y pie fibroso y sedoso, blanco grisáceo. Las láminas son sinuadas, escotadas y de color gris pálido; contrariamente a *Tricholoma scalpturatum* (abajo), no se amarillean con la edad. Carne pálida de olor y sabor suaves. Es un comestible muy apreciado (v. Especies similares).

• **HABITAT** Micorrizas con coníferas en suelos ricos y alcalinos. Zonas templadas norteñas.

• **ESPECIES SIMILARES** *T. pardinum* (p. 60) es mayor, presenta escamas y desprende un olor harinoso: levemente venenoso. *T. scalpturatum* (abajo).

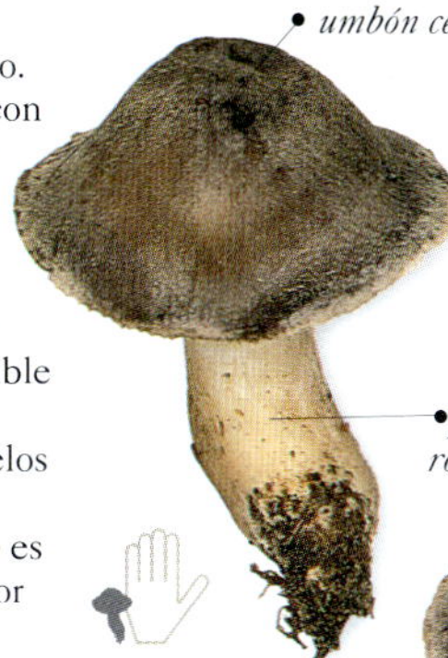

FRUCTIFICACION Grupos densos; entre la pinaza.

Dimensiones SOMBRERO ⊕ 3–7cm | PIE ↕ 2–5cm ↔ 0,5–1,5cm	Esporas Blancas	Comest.

Familia TRICHOLOMATACEAE	Especie *Tricholoma scalpturatum*	Estación Princ. verano-fin. otoño

TRICHOLOMA SCALPTURATUM

Eusk: Ziza horikor

Su pertenencia a un grupo complejo de especies relacionadas, dificulta su identificación; la forma más pálida se clasifica como *Tricholoma argyraceum*. Sombrero pálido, de convexo a umbonado: escamas grises aplanadas contra la superficie (adpresionadas). El pie, de blanquecino a gris pálido, es fibriloso; las láminas son escotadas y sinuadas. Comestible, pero véanse Especies similares.

• **HABITAT** Forma micorrizas con coníferas y latifolias, a menudo con abedules, en terrenos arbolados y parques. En Europa.

• **ESPECIES SIMILARES** El venenoso *T. pardinum* (p. 60). *T. terreum* (arriba).

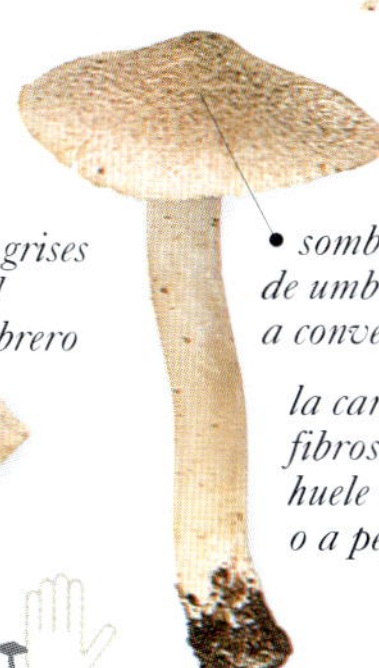

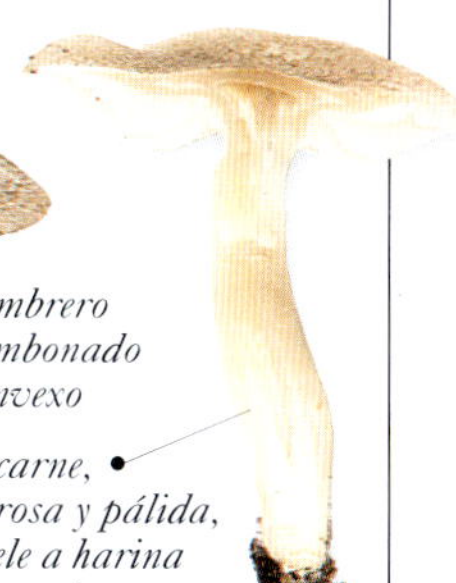

FRUCTIFICACION Grupos densos de varios centenares.

Dimensiones SOMBRERO ⊕ 2–8cm | PIE ↕ 3–7cm ↔ 0,5–1cm	Esporas Blancas	Comest.

Familia TRICHOLOMATACEAE	Especie *Tricholoma atrosquamosum*	Estación Otoño-fin. otoño

TRICHOLOMA ATROSQUAMOSUM

Cat: Fredolic escamós; Eusk: Ziza ezkatabeltz

Sombrero gris pálido, de convexo a umbonado, con escamas fibrosas, filiformes, oscuras, vueltas hacia arriba y dispuestas radialmente, y con el borde enrollado. Pálido pie cubierto de escamas negras y carne pálida y fibrosa, con una fragancia que recuerda a los geranios (*Pelargonium*). Es difícil de identificar; no es recomendable su consumo.

• **HABITAT** Forma micorrizas con latifolias y coníferas. Europa.

• **ESPECIES SIMILARES** *Tricholoma orirubens* tiñe de verde y rosado. *T. pardinum* (recuadro, derecha) es venenoso. *T. squarrulosum* es más escamoso.

△ ***TRICHOLOMA PARDINUM*** Sombrero con escamas oscuras; la carne tiene olor y sabor harinosos. Crece bajo latifolias y coníferas. ☠

FRUCTIFICACION Solitario o en grupos; suelos alcalinos.

Dimensiones SOMBRERO ⊕ 3–12cm | PIE ↕ 4–8cm ↔ 1-2cm	Esporas Blancas	Comest.

Familia TRICHOLOMATACEAE	Especie *Tricholoma sciodes*	Estación Otoño

TRICHOLOMA SCIODES

Esta especie tiene un sombrero blanquecino que ocultan las escamas oscuras aplanadas contra su superficie (adpresionadas); umbón prominente. Las láminas tienen unos distintivos puntos negros y el pie, pálido y más o menos cilíndrico, está envuelto de escamas grises en forma de pelo; ambos pueden estar difundidos de rosado. Desprende un olor terroso, la carne tiene un sabor acerbo y es incomestible.

• **HABITAT** Forma micorrizas con latifolias, a menudo con hayas, en suelos fértiles. En Europa excepto en las regiones boreo-árticas.

• **ESPECIES SIMILARES** *Tricholoma orirubens* tiñe de verde y rosado. *T. virgatum* es gris plateado y cónico.

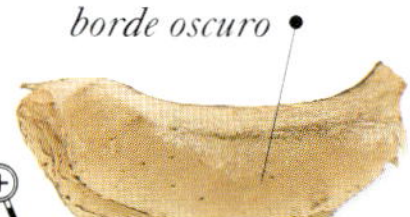

FRUCTIFICACION Grupos reducidos; entre la hojarasca.

Dimensiones SOMBRERO ⊕ 4–8cm | PIE ↕ 4–10cm ↔ 1–2cm	Esporas Blancas	Comest.

Familia TRICHOLOMATACEAE | Especie *Tricholoma saponaceum* | Estación Fin. verano-fin. otoño

TRICOLOMA SAPONACEO

Eusk: Ziza xaboiusain

Especie muy variable, se divide en una serie de variedades. Todas las formas son carnosas y huelen a jabón. Algunas tienen escamas oscuras en el pie. Las láminas crema a gris verdoso se tiñen de tonos de rojo o se vuelven verdes pálidas con la edad. El sombrero, de aplanado a umbonado, es verde grisáceo pero tiene una coloración variable y carece de las listas de *Tricholoma portentosum* (abajo) y de *T. sejunctum* (p. 63). La superficie es viscosa con tiempo húmedo, y escamosa con tiempo seco.

• **HABITAT** Micorrizas con latifolias, también se encuentra bajo coníferas. Difundido por las zonas templadas norteñas.

FRUCTIFICACION Solitario o en grupos densos.

Dimensiones SOMBRERO ↔ 4–10cm | PIE ↕ 4–10cm ↔ 1–3cm | Esporas Blancas | Comest.

Familia TRICHOLOMATACEAE | Especie *Tricholoma portentosum* | Estación Otoño-fin. otoño

TRICOLOMA PORTENTOSO

Cat: Fredolic gros; Eusk: Ziza ilun-hankahoriska; Gal: Tortullo

Lo que mejor identifica a esta especie de color gris es la combinación del sombrero brillante, de color gris bastante claro y radialmente fibriloso, con el pie gris teñido de amarillo; el borde del sombrero y las láminas pueden teñirse de amarillo con la edad. Sombrero convexo que se vuelve umbonado, pegajoso cuando es joven o con tiempo húmedo. Es un comestible muy bueno con un sabor y un olor harinosos.

• **HABITAT** Forma micorrizas con coníferas. Difundido y común en zonas templadas norteñas.

• **ESPECIES SIMILARES** El sombrero de *Tricholoma sejunctum* (p. 63) tiene matices verdes o pardos.

FRUCTIFICACION Solitario o en grupos; suelos arenosos.

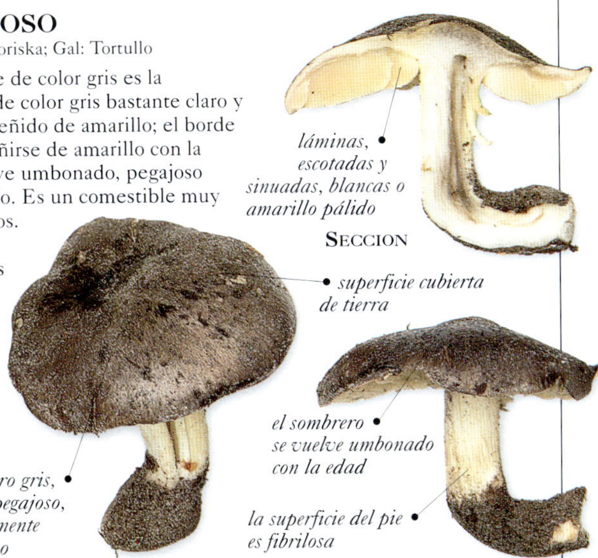

Dimensiones SOMBRERO ↔ 5–12cm | PIE ↕ 5–10cm ↔ 1–3cm | Esporas Blancas | Comest.

Familia TRICHOLOMATACEAE	Especie *Tricholoma ustale*	Estación Otoño-fin. otoño

TRICOLOMA QUEMADO

Eusk: Ziza marroi-usaingabe

Carece de rasgos de identificación específicos. Sombrero marrón, primero convexo y luego plano; pie marrón pálido con marcas pardorrojizas, y láminas blanquecinas que se tiñen de pardorrojizo.

• **HABITAT** Forma micorrizas con latifolias, en suelos neutros a alcalinos; con abedules en suelos fértiles. En todas las regiones templadas de Europa.

• **ESPECIES SIMILARES** *Tricholoma populinum* crece junto a álamos. *T. ustaloides* tiene una zona pálida en el ápice del pie.

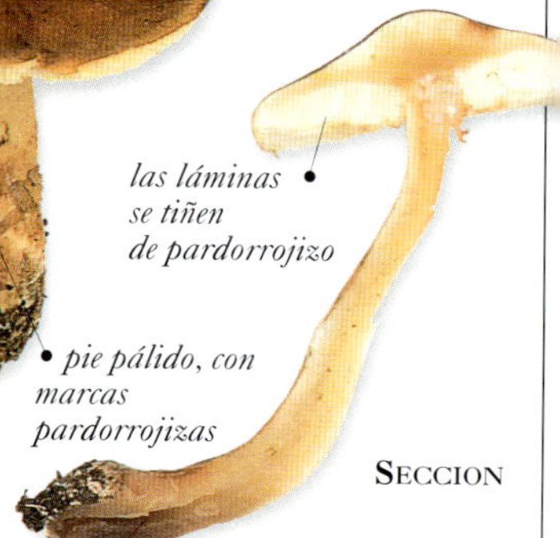

△ *TRICHOLOMA AURANTIUM*
Se encuentra bajo coníferas; es anaranjada y algo blanca en el pie. El sombrero puede ser pegajoso o casi aterciopelado, según el clima.

FRUCTIFICACION Solitario o en grupos de carpóforos.

Dimensiones SOMBRERO ↔ 3–10cm | PIE ↕ 4–10cm ↔ 0,5–2cm	Esporas Blancas	Comest.

Familia TRICHOLOMATACEAE	Especie *Tricholoma lascivum*	Estación Otoño-fin. otoño

TRICHOLOMA LASCIVUM

Esta especie pequeña o mediana de *Tricholoma* se reconoce por su preferencia por un hábitat particular y por su olor dulce, harinoso o de gas ciudad, para algunos agradable mientras que a otros no les gusta. Tiene un sombrero convexo, luego aplanado, color anteado pálido, y un pie cilíndrico, macizo y blanquecino que luego se vuelve marrón claro. Puede ser venenoso.

• **HABITAT** Forma micorrizas con robles, hayas y carpes en terrenos arbolados. Difundido y común en gran parte de Europa.

• **ESPECIES SIMILARES** Entre otras pálidas de *Tricholoma*, *T. album* es casi blanco sólo junto con abedules. *Calocybe gambosa* (p. 58) aparece sobre todo en primavera.

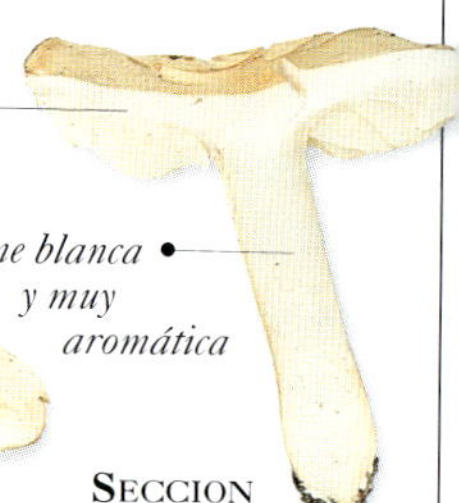

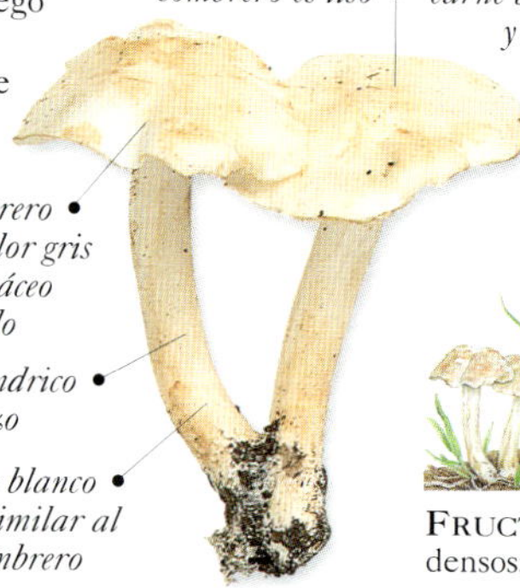

FRUCTIFICACION Grupos densos; suelo ácido o neutro.

Dimensiones SOMBRERO ↔ 4–8cm | PIE ↕ 5–8cm ↔ 1–1,5cm	Esporas Blancas	Comest.

Familia	Especie	Estación
TRICHOLOMATACEAE	*Tricholoma sejunctum*	Otoño

TRICOLOMA AMARILLO

Eusk: Ziza berde-beltz

El sombrero verde o pardo es húmedo y abovedado y se aplana. Su superficie tiene fibrillas oscuras y es viscosa con tiempo húmedo. El pie blanco adquiere matices amarillos con la edad y la carne blanquecina se tiñe de amarillo. Es comestible pero puede producir náuseas (v. Especies similares).

• **HABITAT** Forma micorrizas con latifolias como hayas, y con coníferas. En bosques y en plantaciones, sobre suelos ácidos; la forma de la haya en suelos alcalinos. Regiones templadas norteñas.

• **ESPECIES SIMILARES** *Tricholoma portentosum* (p. 61). La venenosísima *Amanita phalloides* (p. 151) se distingue por tener volva, anillo en el pie y láminas libres.

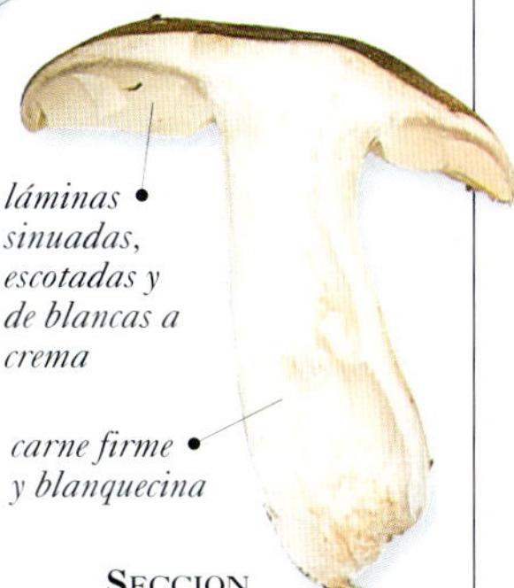

SECCION

FRUCTIFICACION Grupos pequeños o densos.

Dimensiones		Esporas	Comest.
SOMBRERO ⊕ 5–10cm	PIE ↕ 5–8cm ↔ 1–1,5cm	Blancas	

Familia	Especie	Estación
TRICHOLOMATACEAE	*Tricholoma auratum*	Otoño-princ. invierno

SETA DE LOS CABALLEROS, TRICOLOMA ECUESTRE

Cat: Verderol, Groguet; Eusk: Zaldun-ziza orrihori

Las formas de esta especie, que también se clasifica como *Tricholoma equestre*, son amarillas, con el sombrero convexo y expandido y el pie amarillo pálido, pero difieren por el tamaño del carpóforo y son más esbeltas o menos según donde crecen. La carne amarilla blancuzca tiene un olor harinoso de tenue a bastante fuerte. Es muy buen comestible pero la forma que crece bajo los pinos puede ser difícil de limpiar por la incrustada tierra.

• **HABITAT** La forma robusta en bosques de pinos; las más esbeltas bajo piceas y álamos temblones. Difundida por todas las zonas templadas norteñas.

FRUCTIFICACION Grupos densos; pinos, sobre suelos arenosos, picea o álamo temblón.

Dimensiones		Esporas	Comest.
SOMBRERO ⊕ 5–14cm	PIE ↕ 5–10cm ↔ 1,5–2,5cm	Blancas	

Familia TRICHOLOMATACEAE	Especie *Tricholoma sulphureum*	Estación Otoño-fin. otoño

TRICOLOMA AZUFRADO

Cat: Groguet pudent; Eusk: Kirats-ziza hori

Esta especie venenosa puede reconocerse por su carpóforo amarillo azufre y por el olor nauseabundo que desprende. Similar al del gas ciudad, que produce un compuesto químico denominado escatol. El sombrero es convexo a umbonado, con el margen liso. La superficie del pie es fibrilosa, con una base blanquecina que se hincha. Algunos micólogos distinguen una especie de menor tamaño, *Tricholoma bufonium*, con el centro del sombrero rojo zorruno.

• **HABITAT** Forma micorrizas con árboles, en coníferas y latifolias. Zonas templadas norteñas.

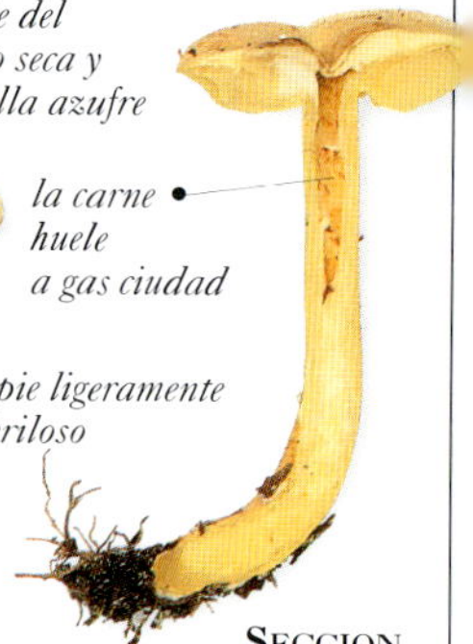

SECCION

FRUCTIFICACION Solitario o en grupos de carpóforos

Dimensiones SOMBRERO ↔ 2–8cm | PIE ↕ 4–10cm ↔ 0,5–2cm	Esporas Blancas	Comest. ☠

Familia TRICHOLOMATACEAE	Especie *Tricholoma fulvum*	Estación Otoño

TRICOLOMA PARDOAMARILLO

Eusk: Ziza hori-marroi

Especie de alto porte de color pardoanaranjado cálido y carne amarilla brillante sabor amargo y olor harinoso. El sombrero es convexo, umbonado y con el margen estriado. Sus láminas, primero amarillas y luego moteadas de pardo, son sinuadas y escotadas, rasgo típico del género *Tricholoma* Puede ser venenoso.

• **HABITAT** Forma micorrizas con abedules y con piceas. Zonas templadas norteñas.

• **ESPECIES SIMILARES** *Tricholoma albobrunneum* bajo coníferas; tiene la carne blanca o teñida de pardo. *T. ustale* (p. 62).

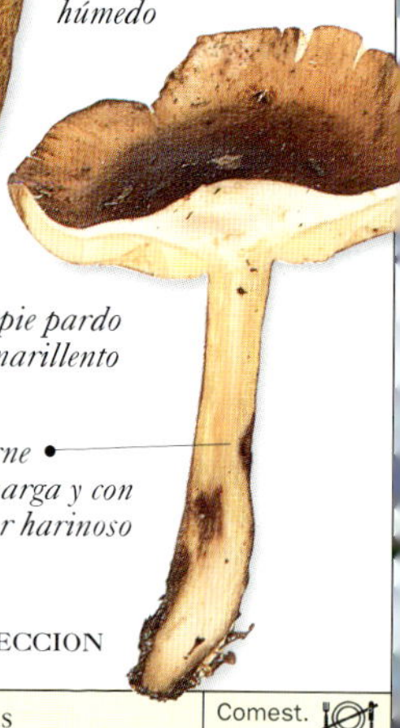

SECCION

FRUCTIFICACION Grupos densos; terrenos húmedos.

Dimensiones SOMBRERO ↔ 4–10cm | PIE ↕ 7–15cm ↔ 1–2,5cm	Esporas Blancas	Comest. 🍴

Familia TRICHOLOMATACEAE	Especie *Melanoleuca polioleuca*	Estación Otoño

MELANOLEUCA POLIOLEUCA

Eusk: Ugatz-ziza

Tiene el sombrero umbonado, pardogrisáceo oscuro, y el pie harinoso y oscuro, en contraste con las láminas blancas a gris pálido. La carne blanca se tiñe de marrón muy oscuro desde la base del pie hacia arriba. Es inodoro e insípido y su valor culinario es nulo.

• HABITAT En el suelo; en gran cantidad en jardines, parques y junto a carreteras en terrenos arbolados. Difundido y común en zonas templadas norteñas.

• ESPECIES SIMILARES *Melanoleuca melaleuca* se considera como un raro miembro del género. Crece en pinos. Hay muchas otras especies similares de *Melanoleuca*.

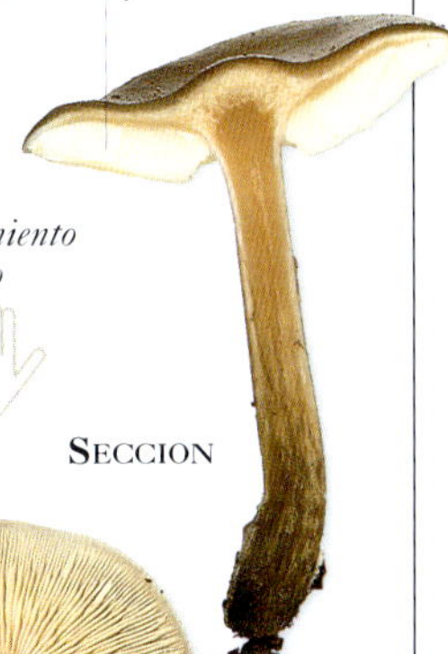

FRUCTIFICACION Grupos densos; suelos alterados.

Dimensiones SOMBRERO ⊕ 4–7cm	PIE ↕ 3–8cm ↔ 0,5–1cm	Esporas Crema muy pálido	Comest.

Familia TRICHOLOMATACEAE	Especie *Melanoleuca cognata*	Estación Primavera-otoño

MELANOLEUCA DE COLOR COÑAC

Eusk: Ugatz-ziza

Se encuentra en verano, cuando fructifican muy pocos hongos con láminas, lo que, combinado con sus láminas amarillas a ocres, matizadas de rosado, ayuda a identificarla. Las especies de *Melanoleuca* suelen ser difíciles de distinguir pero el examen microscópico ayuda. Casi todas tienen el sombrero umbonado y las láminas muy apretadas; son comestibles, o por lo menos inocuas pero sin valor culinario.

• HABITAT En tierras arboladas o parques, sobre suelos desnudos, entre la hierba o la hojarasca. Difundido y común en zonas templadas norteñas.

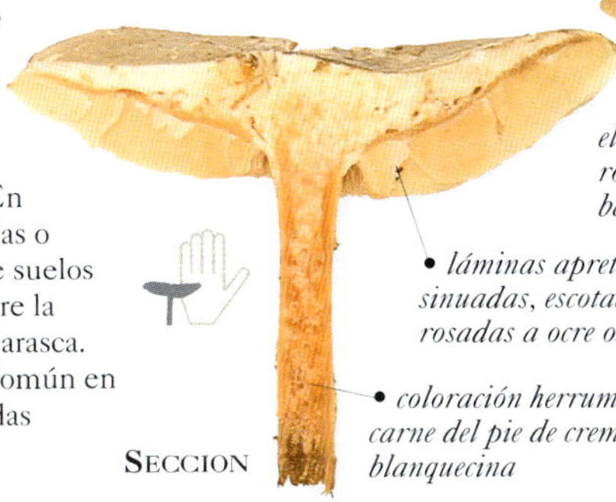

FRUCTIFICACION Grupos densos de carpóforos; suelo.

Dimensiones SOMBRERO ⊕ 5–12cm	PIE ↕ 3–8cm ↔ 0,5–1,2cm	Esporas Crema	Comest.

Familia TRICHOLOMATACEAE	Especie *Megacollybia platyphylla*	Estación Verano-otoño

COLIBIA DE SOMBRERO ESTRIADO

Eusk: Kolibia sutraitsu

El sombrero marrón, de tono medio a claro es convexo a umbonado, con láminas anchas, y el pie marrón pálido tiene fibras longitudinales. En la base del pie los rizoides fuertes, gruesos y en forma de cordel se extienden por el sustrato. Sabor amargo, olor indistinto; puede causar trastornos estomacales.

• **HABITAT** Sobre ramas de latifolias y tocones enterrados en el suelo sobre hojarasca o tocones de latifolias muy podridos. Por zonas templadas norteñas.

• **ESPECIES SIMILARES** Las de *Collybia* (pp. 67, 111-113), más pequeñas y sin rizoides.

FRUCTIFICACION Solitario o en pequeños grupos.

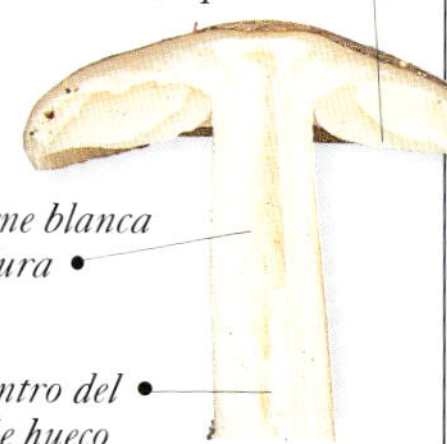

Dimensiones SOMBRERO ↔ 6–15cm | PIE ↕ 5–12cm ↔ 1–2,5cm	Esporas Crema pálido	Comest.

Familia TRICHOLOMATACEAE	Especie *Tricholomopsis rutilans*	Estación Fin. verano-fin. otoño

TRICOLOMA RUTILANTE

Cat: Fals carlet rutilant, Gírjola vermella; Eusk: Pinu-ziza arrunt; Gal: Tortullo da madeira

Sombrero amarillo, manchado de púrpura, y contrastadas láminas amarillo yema de huevo. El sombrero es convexo, con una depresión en el centro. Pie pulverulento y hueco, con finas escamas púrpura a amarillo.

• **HABITAT** Contrariamente a las especies similares de *Tricholoma*, *T. rutilans* causa descomposición en la madera de coníferas. Se encuentra en bosques y plantaciones y prefiere los pinos. Difundido en zonas templadas norteñas.

• **ESPECIES SIMILARES** *T. decora* carece de los tonos rojizos; finos pelos negros en el sombrero.

FRUCTIFICACION Céspedes de carpóforos; madera descompuesta.

Dimensiones SOMBRERO ↔ 5–10cm | PIE ↕ 4–10cm ↔ 1–2,5cm	Esporas Blancas	Comest.

Familia TRICHOLOMATACEAE	Especie *Collybia maculata*	Estación Otoño

COLIBIA MANCHADA

Eusk: Kolibia herdoildu

Cuando emergen, los carpóforos son blancos puros o blanquecinos y muy tenaces. Al madurar aparecen pintas herrumbrosas sobre el sombrero liso y convexo, y sobre el pie. Es muy distinta a las otras especies de *Collybia* y tiene un porte más similar a las de *Tricholoma* (p. 59-64). Ello, junto con el depósito de esporas anaranjado crema, ha suscitado la propuesta de crear el género *Rhodocollybia*.

• **HABITAT** En bosques, bajo latifolias o coníferas, sobre suelos ácidos y ricos en humus. A veces fructifica en masa, lo que dificulta encontrar otras setas; está difundido y es común en zonas templadas norteñas.

• **ESPECIES SIMILARES** *C. distorta* y *C. prolixa* tienen una estatura similar pero tienen el sombrero más oscuro. *Tricholoma album* tiene una carne más blanda y con un olor fuerte.

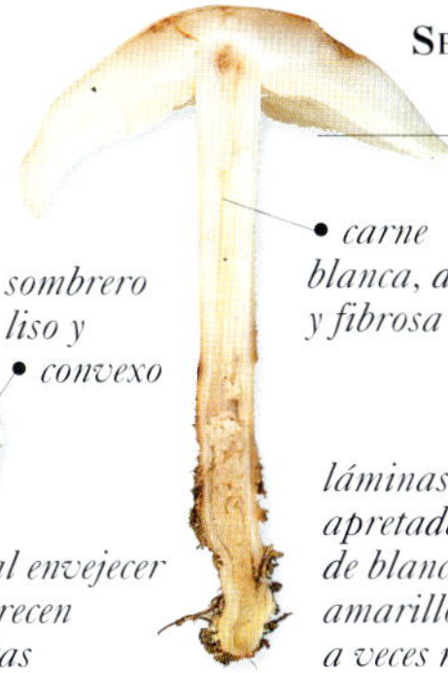

FRUCTIFICACION Grupos de carpóforos grandes.

Dimensiones SOMBRERO ⊕ 4–10cm | PIE ↕ 6–12cm ↔ 1–2,5cm	Esporas Anaranjado crema	Comest.

Familia CORTINARIACEAE	Especie *Hebeloma crustuliniforme*	Estación Verano-otoño

HEBELOMA LLORON

Cat: Hebeloma arrodonit, Carlet bord; Eusk: Arbiki argi

Esta especie tiene el sombrero convexo, ocráceo y algo carnoso. El pie es blanquecino, con una superficie harinosa, y se ensancha hacia la base. De los bordes de las láminas rezuman gotas de un líquido transparente, en las que quedan atrapadas esporas maduras, lo que crea unos puntos oscuros. La piel blanca y gruesa huele a rábano y es venenosa.

• **HABITAT** Forma micorrizas con latifolias y coníferas, en parques y terrenos arbolados. Junto con otras especies emparentadas, en zonas templadas norteñas.

• **ESPECIES SIMILARES** Las especies emparentadas, tales como *Hebeloma edurum*, *H. leucosarx* y *H. sinapizans*, tienen un olor a rábano similar, o a veces a cacao, y se diferencian el tamaño y la forma de las esporas, por sus reacciones con compuestos de yodo y sutiles diferencias en el tamaño.

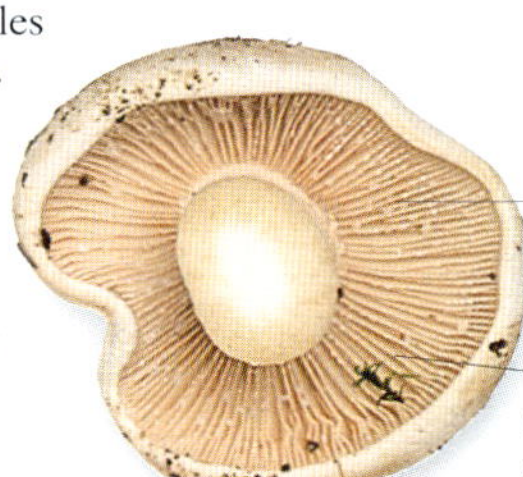

FRUCTIFICACION Grupos densos o corros; hierba.

Dimensiones SOMBRERO ⊕ 4–9cm | PIE ↕ 3–8cm ↔ 0,8–2cm	Esporas Pardas	Comest. ☠

Familia ENTOLOMATACEAE	Especie *Entoloma sinuatum*	Estación Otoño

ENTOLOMA LIVIDO, SETA ENGAÑOSA

Cat: Fals carlet, Carlet bord; Eusk: Maltzur

Sombrero convexo, pardogrisáceo pálido a ocre crema, y láminas espaciadas, sinuadas, escotadas, de color amarillo pálido cuando jóvenes y que adquieren el típico rosado de *Entoloma* con la edad. Pie blanco a crema grisáceo y olor de harinoso a nauseabundo. Es importante familiarizarse con este hongo similar a un *Lepista* ya que es responsable de un gran porcentaje de envenenamientos.

• **HABITAT** En bosques maduros de latifolias, sobre suelos arcillosos. Difundido pero localizado en Europa.

• **ESPECIES SIMILARES** *Lepista irina* (p. 57) tiene un olor intenso y su pie pardogrisáceo es fibriloso.

FRUCTIFICACION Pequeños grupos; bajo árboles de hoja ancha, robles o hayas, en bosques.

Dimensiones SOMBRERO 8–20cm | PIE ↕ 10–18cm ↔ 2–4cm	Esporas Rosa pálido	Comest. ☠

Familia ENTOLOMATACEAE	Especie *Entoloma rhodopolium*	Estación Otoño-fin. otoño

ENTOLOMA RHODOPOLIUM

Especie muy variable difícil de identificar. El sombrero gris o pardogrisáceo es convexo, umbonado o ligeramente deprimido. El pie gris es largo y delgado, con una carne gris pálida a marrón clara. Es inodora o tiene un olor nitroso. La forma con olor nitroso es más esbelta y antes se consideraba como otra especie, *Entoloma nidorosum*. Todas son venenosas.

• **HABITAT** En terrenos arbolados de latifolias, hayedos, sobre suelos ricos. Difundida y localmente común en zonas templadas norteñas; distribución mundial poco clara.

• **ESPECIES SIMILARES** Todas difieren sutilmente por la coloración y por características microscópicas.

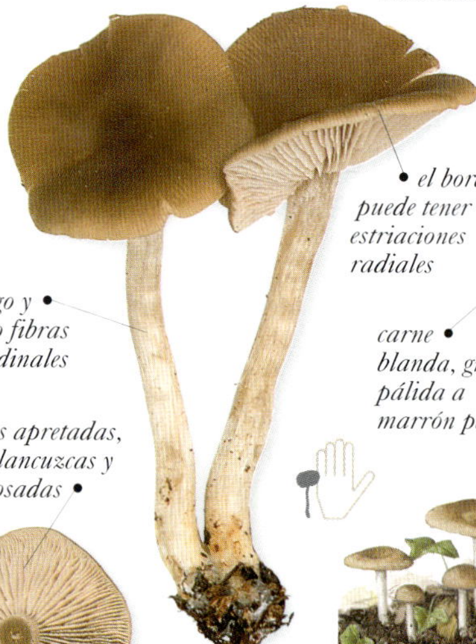

△ *ENTOLOMA CLYPEATUM*
El Rodófilo en escudo tiene el sombrero pardogrisáceo, pie blanco y pardo, y láminas sinuadas, escotadas, grises pálidas.

FRUCTIFICACION Grupos densos; entre la hojarasca.

Dimensiones SOMBRERO 4–12cm | PIE ↕ 6–15cm ↔ 0,5–2cm	Esporas Rosado sucio	Comest. ☠

Familia ENTOLOMATACEAE	Especie *Entoloma porphyrophaeum*	Estación Verano-otoño

ENTOLOMA PORPHYROPHAEUM

La coloración gris purpúrea y la estatura alta, junto con su hábitat herbáceo, hacen que esta especie sea fácil de reconocer. El sombrero es umbonado y se vuelve cónico con la edad. Tiene la carne blanca e inodora, y puede ser venenosa.

• HABITAT En herbazales inalterados, a menudo asociado con *Hygrophoraceae* y *Clavariaceae*; también en zonas alpinas y en terrenos arbolados con arbustos o sotos. Difundido aunque poco común en Europa; ha sufrido el impacto de utilizar fertilizantes comerciales en pastos. Distribución poco clara.

FRUCTIFICACION Solitario o en grupos de carpóforos.

Dimensiones SOMBRERO ↔ 4–8cm | PIE ↕ 7–14cm ↔ 0,5–2cm	Esporas Rosa pálido	Comest.

CON UN VELO TIPO TELARAÑA

LAS ESPECIES DE *CORTINARIUS* que se reseñan son muy variables de forma y tamaño. Pero todas tienen un velo parcial que recuerda a una telaraña fina y que protege a las láminas jóvenes, así como un depósito de esporas pardorrojizo que a menudo aparece como una mancha herrumbrosa en los restos del velo.

Familia CORTINARIACEAE	Especie *Cortinarius bolaris*	Estación Otoño

CORTINARIO OCRE ROJO

Las distintivas escamas rojas que cubren el sombrero y el pie caracterizan a esta especie. El pie relativamente corto hace que parezca rechoncha y el sombrero carnoso es convexo, con restos del velo visibles como delgados filamentos en el margen. La carne del sombrero, gruesa y blanquecina, se torna amarilla o anaranjada hacia la base.

• HABITAT Forma micorrizas con latifolias, especialmente robles y abedules, sobre suelos bastante ácidos. Difundida y localmente común en zonas templadas norteñas.

FRUCTIFICACION Grupos pequeños; sitios arbolados.

Dimensiones SOMBRERO ↔ 3–6cm | PIE ↕ 3–6cm ↔ 0,8–1,5cm	Esporas Pardoherrumbrosa	Comest.

Familia CORTINARIACEAE	Especie *Cortinarius pholideus*	Estación Otoño

CORTINARIUS PHOLIDEUS

Un sombrero con escamas pardas y un pie largo y anillado con bandas pardas del velo caracterizan a este cortinario. Sombrero convexo cuando es joven, plano y con un umbón central al madurar. Cuando es joven, las láminas adnatas son de un azul violáceo; con la edad pasan a pardoviloláceo. Un tenue olor a mandarinas frescas se desprende de la carne marrón clara, teñida de violeta.

• **HABITAT** Habitualmente forma micorrizas con abedules pero también puede encontrársele con otros árboles en zonas arboladas mixtas. Prefiere los suelos ácidos. Difundido y común en zonas templadas norteñas.

FRUCTIFICACION Grupos pequeños; suelos musgosos.

Dimensiones SOMBRERO ⊕ 3–8cm | PIE ↕ 5–12cm ↔ 0,5–1cm	Esporas Pardoherrumbrosas	Comest.

Familia CORTINARIACEAE	Especie *Cortinarius semisanguineus*	Estación Otoño

CORTINARIO DE LAMINAS ROJAS

Eusk: Sare orrigorri

La coloración pardorrojiza uniforme y las láminas rojo sangre identifican a esta especie. El sombrero convexo, de pardorrojizo a oliváceo, se vuelve umbonado el pie, más pálido, muestra los restos filiformes del velo. La carne del sombrero es más pálida que la del pie. Contiene un pigmento que se utiliza para teñir la lana.

• **HABITAT** Micorrícico con coníferas, bajo jóvenes piceas en plantaciones. Difundido en zonas templadas norteñas.

• **ESPECIES SIMILARES** *Cortinarius phoeniceus* tiene el sombrero más rojo y unas bandas rojas del velo más aparentes en torno al pie.

FRUCTIFICACION Grupos densos; coníferas.

△ ***CORTINARIUS CINNAMOMEUS*** Bajo latifolias y coníferas. Las láminas jóvenes son anaranjadas o amarillentas y se vuelven de un pardo canela con la edad. ☠

Dimensiones SOMBRERO ⊕ 2–7cm | PIE ↕ 4–10cm ↔ 0,5–1cm	Esporas Pardoherrumbrosas	Comest. ☠

Familia CORTINARIACEAE	Especie *Cortinarius paleaceus*	Estación Verano-otoño

CORTINARIUS PALEACEUS

Unas finas escamas de velo blanquecinas sobre un sombrero marrón oscuro, umbonado o puntiagudo y una fragancia que recuerda a los *Pelargonium* (geranios) ayudan a identificar a esta especie. A veces las escamas están casi ausentes o el borde del sombrero puede ser estriado. El borde también suele presentar restos del velo, y el delgado pie tiene un anillo fino y bandas blancas del velo (las formas con lila en el pie se clasifican a veces como *Cortinarius paleifer*). Las láminas ampliamente separadas, teñidas de violeta cuando la seta es joven, viran a marrón canela con la edad.

• **HABITAT** Forma micorrizas con coníferas, en bosques húmedos, pero también se le encuentra bajo latifolias en una amplia gama de hábitats arbóreos. En zonas templadas norteñas.

• **ESPECIES SIMILARES** Hay una amplia serie de especies pequeñas de *Cortinarius* muy similares a ésta.

FRUCTIFICACION Grupos densos; musgo o pinaza.

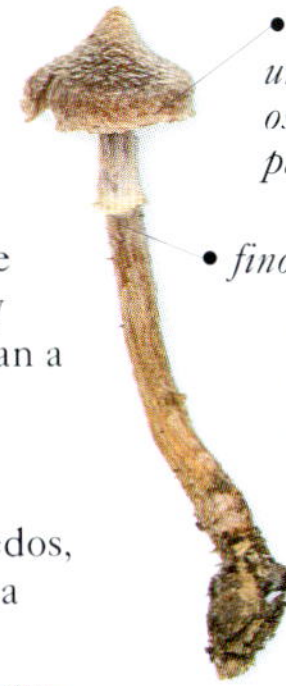

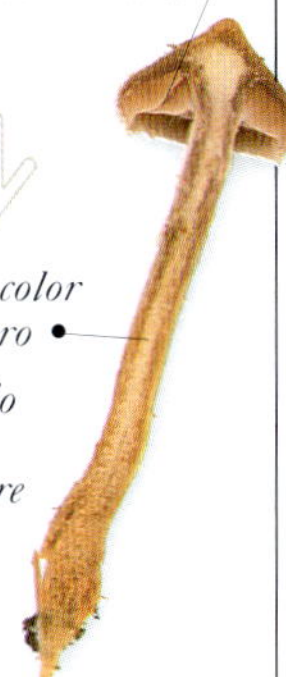

Dimensiones SOMBRERO ⊕ 1–3cm	PIE ↕ 4–7cm ↔ 3–5mm	Esporas Pardoherrumbrosas	Comest.

Familia CORTINARIACEAE	Especie *Cortinarius violaceus*	Estación Verano-otoño

CORTINARIO VIOLACEO

Cat: Cortinari violaci, Blava

La coloración violeta azulada lo identifica. El sombrero convexo a umbonado tiene delgadas fibras radiales; el pie lleva los restos "telarañosos" del velo en el ápice de las fibras longitudinales. Las láminas gruesas son anejas y se vuelven pardoviolaceas cuando maduran las esporas pardoherrumbrosas. Existen dos formas que se distinguen por sus asociaciones micorrícicas (v. Hábitat); ambas son raras y, aunque comestibles, no son recomendables por esta razón.

• **HABITAT** Forma micorrizas con coníferas y latifolias; la forma que crece bajo coníferas se clasifica a veces como *Cortinarius hercynicus*. Localizado en zonas templadas norteñas.

FRUCTIFICACION Grupos pequeños; bosques húmedos.

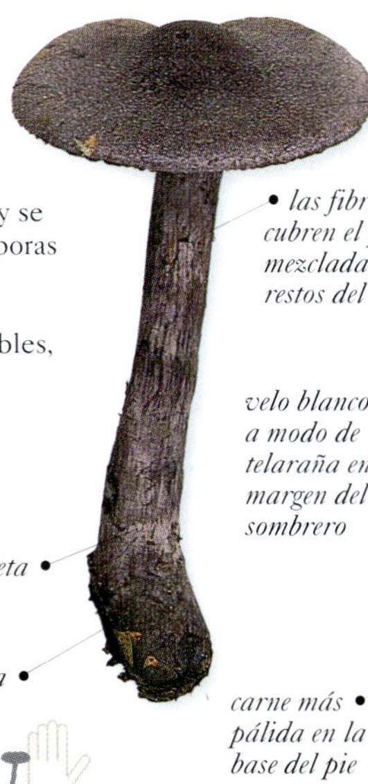

Dimensiones SOMBRERO ⊕ 6–15cm	PIE ↕ 6–14cm ↔ 1–2,5cm	Esporas Pardoherrumbrosas	Comest.

Familia CORTINARIACEAE	Especie *Cortinarius armillatus*	Estación Verano-otoño

CORTINARIO ANILLADO

Eusk: Sare marragorri

Sombrero grande, de carne gruesa, convexo y pardoanaranjado, cuya superficie está recubierta de delgadas fibras. El pie, alto y grueso, está zonado con destacados restos del velo rojo cinabrio. El margen del sombrero también lleva restos del velo.

• **HABITAT** Forma micorrizas con abedules y otros árboles, en zonas arboladas húmedas y cenagosas. Relativamente común en zonas templadas norteñas.

• **ESPECIES SIMILARES** *Cortinarius paragaudis* es algo menor, con las bandas del pie de un rojo más sucio. Está asociado con coníferas.

SECCION

FRUCTIFICACION Grupos densos o de pocos carpóforos.

Dimensiones SOMBRERO ↔ 5–12cm | PIE ↕ 7–15cm ↔ 1–3cm	Esporas Pardoherrumbrosas	Comest.

Familia CORTINARIACEAE	Especie *Cortinarius rubellus*	Estación Verano-otoño

CORTINARIUS RUBELLUS

Este cortinario mortalmente venenoso que huele a rábano es anaranjado rojizo con un sombrero puntiagudo y umbonado que está cubierto de fibrillas. El pie pardoanaranjado, de cilíndrico a claviforme, tiene bandas amarillas a ocres. Las láminas espaciadas, adnatas a anejas, son de color pardocráceo pálido y se oscurecen a pardoherrumbroso intenso con la edad.

• **HABITAT** Forma micorrizas con latifolias, sobre suelos ácidos. Localmente común en Europa y parte de Asia.

• **ESPECIES SIMILARES** *Cortinarius limonius*, también venenoso, tiene una coloración anaranjada más viva. *C. orellanus* (p. 73) tiene el sombrero menos cónico.

FRUCTIFICACION Solitario o grupos densos; suelo ácido.

Dimensiones SOMBRERO ↔ 3–8cm | PIE ↕ 5–11cm ↔ 0,8–1,5cm	Esporas Pardoherrumborosas	Comest. ☠

Familia CORTINARIACEAE	Especie *Cortinarius orellanus*	Estación Otoño

CORTINARIO DE MONTAÑA

Cat.: Cortinari metzinós; Eusk: Sare hiltzaile

Esta especie mortalmente venenosa tiene un sombrero pardorrojizo, de umbonado a aplanado, con una superficie muy fibrilosa. Las láminas gruesas, de anejas a adnatas, son amarillo herrumbrosas y están bien separadas, mientras que el pie cilíndrico es pardoamarillento pálido. El pie también lleva trazas más oscuras y filiformes del velo universal pero no tiene bandas, contrariamente a *Cortinarius rubellus* (p. 72). Los síntomas de su ingestión suelen aparecer un largo tiempo después del consumo.

• **HABITAT** Principalmente asociado con latifolias en suelos ácidos. Difundido en zonas templadas cálidas de Europa; ausente en Norteamérica.

FRUCTIFICACION Pequeños grupos de carpóforos; sobre suelos ácidos, bajo latifolias.

Dimensiones SOMBRERO ↔ 3–6cm | PIE ↕ 4–9cm ↔ 1–2cm	Esporas Pardoherrumbrosas	Comest. ☠

Familia CORTINARIACEAE	Especie *Cortinarius alboviolaceus*	Estación Otoño

CORTINARIO BLANCO VIOLACEO

Eusk: Sare zuri-ubel

Sombrero convexo a umbonado, carnoso y violeta plateado. El pie, torcido y en forma de maza, también es violeta plateado, y a veces queda marcado de pardorrojizo en torno a la zona del velo por las esporas depositadas. Las láminas bastante anchas, sinuadas y escotadas son de color azul grisáceo a pardo canela.

• **HABITAT** Forma micorrizas con latifolias pero también con coníferas, sobre suelos ácidos. Localmente común en zonas templadas norteñas.

• **ESPECIES SIMILARES** *Cortinarius malachius* tiene el sombrero ligeramente escamoso. Crece bajo coníferas, al igual que *C. camphoratus* y *C. traganus*; el olor de la primera recuerda a patatas medio podridas y el de la segunda es dulce y nauseabundo.

FRUCTIFICACION Solitario o pequeños grupos; hojarasca.

Dimensiones SOMBRERO ↔ 5–8cm | PIE ↕ 5–12cm ↔ 1–2cm	Esporas Pardoherrumbrosas	Comest. 🍴

Familia CORTINARIACEAE	Especie *Cortinarius torvus*	Estación Otoño-fin. otoño

CORTINARIUS TORVUS

El color pálido, junto con la "media" que lleva en el pie y el sombrero carnoso con láminas muy espaciadas ayudan a identificarlo. El sombrero tiene forma de bollo y es pardogrisáceo, con restos blancos del velo (violetas cuando es joven) en el margen, y fibras radiales en la superficie. La carne pardocrácea puede estar teñida de violeta en el ápice del pie.

• **HABITAT** Forma micorrizas con hayas, en terrenos arbolados, sobre una gran variedad de suelos. Difundido en Europa y en el E de Norteamérica.

• **ESPECIES SIMILARES** *Cortinarius subtorvus* es más oscuro, y crece con sauces y con la planta perenne y leñosa *Dryas octopetala* en zonas de montaña. Otras especies similares difieren sobre todo por la coloración o por los hábitats preferidos.

FRUCTIFICACION Solitario o pocos especímenes; hojarasca.

Dimensiones	SOMBRERO ↔ 4–8cm	PIE ↕ 4–9cm ↔ 0,5–1,5cm	Esporas Pardoherrumbrosas	Comest.

Familia CORTINARIACEAE	Especie *Cortinarius anserinus*	Estación Otoño

CORTINARIUS ANSERINUS

Esta carnosa especie tiene un sombrero convexo y pardoamarillento, y un pie robusto con una base bulbosa. Huele a ciruelas y es incomestible; la carne lila a blanquecina tiene un sabor suave pero la piel del sombrero es amarga.

• **HABITAT** Forma micorrizas con hayas en suelos alcalinos. Difundido y localmente común en Europa.

• **ESPECIES SIMILARES** Una larga serie de especies similares, tales como *Cortinarius calochrous* (abajo) crecen en hábitats similares.

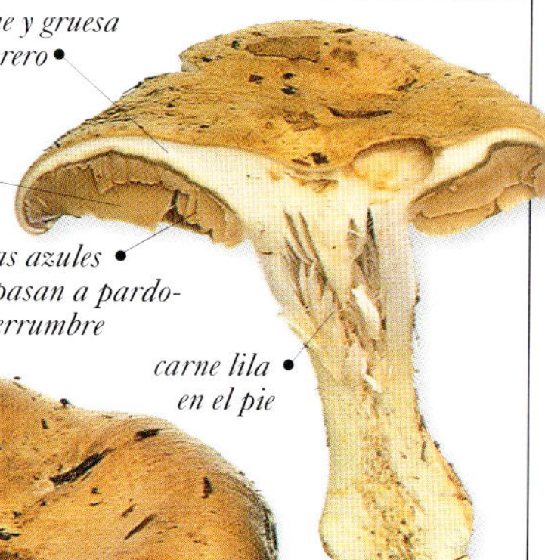

△ ***CORTINARIUS CALOCHROUS*** Sombrero amarillo con el centro oscuro, láminas lilas y un bulbo en el pie. El sombrero tiene una carne de sabor suave.

FRUCTIFICACION Solitario o en pequeños grupos.

Dimensiones	SOMBRERO ↔ 6–12cm	PIE ↕ 6–12cm ↔ 1–2,5cm	Esporas Pardoherrumbrosas	Comest.

Familia CORTINARIACEAE	Especie *Cortinarius triumphans*	Estación Verano-otoño

CORTINARIO TRIUNFANTE

Sombrero viscoso, convexo, amarillo anaranjado, a menudo con restos del velo en el borde y destacadas bandas amarillas del velo en torno al robusto pie. La carne, gruesa y amarillo crema, tiene un sabor amargo y un olor tenue y agradable.

• **HABITAT** Forma micorrizas con abedules, en bosques y en céspedes húmedos de parques y jardines. Difundido aunque localizado en toda Europa y parte de Asia.

• **ESPECIES SIMILARES** *Cortinarius cliduchus*: sombrero más oscuro y crece sobre suelos alcalinos, entre latifolias. *C. olidus*: sombrero más oscuro y un velo de color pardoliváceo. Huele fuertemente a tierra y se distingue porque no crece con abedules. *C. saginus*: sombrero más rojo y crece entre los pinos.

FRUCTIFICACION Grupos densos; hierba bajo abedules.

Dimensiones SOMBRERO ↔ 8–15cm | PIE ↕ 10–15cm ↔ 1–3cm	Esporas Pardoherrumbrosas	Comest.

Familia CORTINARIACEAE	Especie *Cortinarius mucosus*	Estación Verano-otoño

CORTINARIO MUCOSO

Eusk: Muki-sare marroi

Un sombrero rojizo oscuro a pardoanaranjado, convexo o con el borde ondulado, y un pie robusto y blanco lo identifican. Tanto el sombrero como el blanco pie están cubiertos con los viscosos restos del velo. La carne es gruesa y blanca y las láminas son grises a pardo canela.

• **HABITAT** Forma micorrizas con pinos de dos agujas, sobre suelos arenosos. Difundido y localmente común en zonas templadas norteñas.

• **ESPECIES SIMILARES** *Cortinarius collinitus* crece bajo piceas y presenta una viscosidad teñida de azul en el pie. Otras crecen bajo otros árboles.

FRUCTIFICACION Solitario o unos pocos; bajo pinos.

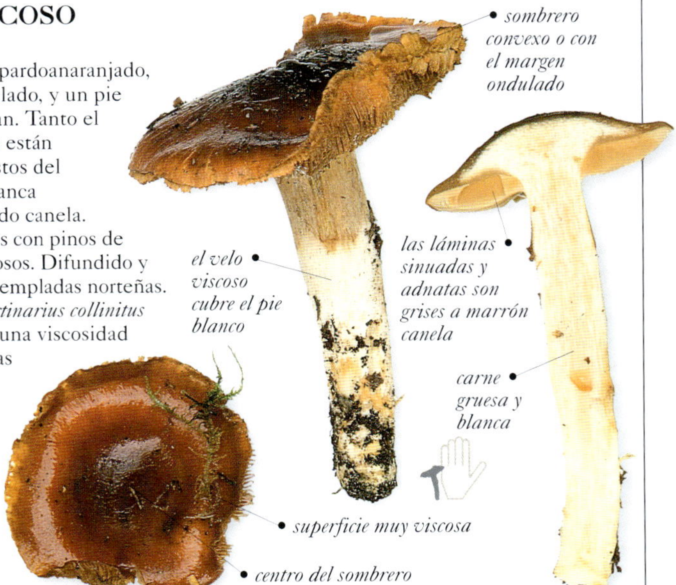

Dimensiones SOMBRERO ↔ 6–10cm | PIE ↕ 7–12cm ↔ 1–2,5cm	Esporas Pardoherrumbrosas	Comest.

Familia CORTINARIACEAE	Especie *Cortinarius sodagnitus*	Estación Otoño

CORTINARIUS SODAGNITUS

El sombrero convexo es violeta brillante, como el delgado pie, que tiene un bulbo prominente en la base. Al envejecer, la coloración se vuelve ocre gamuza a partir del centro del sombrero. Aunque la piel del sombrero tiene un sabor amargo, la carne es suave; pero no es recomendable comerlo.

• **HABITAT** Forma micorrizas con hayas. Difundido aunque localmente común en zonas templadas norteñas.

• **ESPECIES SIMILARES** *Cortinarius dibaphus* es algo mayor y se distingue por su coloración aún más viva. Tiene una distribución similar.

SECCION

FRUCTIFICACION Solitario o unos pocos; suelos alcalinos.

Dimensiones SOMBRERO ↔ 4–10cm	PIE ↕ 6–10cm ↔ 0,5–2cm	Esporas Pardoherrumbrosas	Comest.

Familia CORTINARIACEAE	Especie *Cortinarius rufoolivaceus*	Estación Otoño

CORTINARIUS RUFOOLIVACEUS

Esta gran especie pertenece al subgénero *Phlegmacium*. Su sombrero de convexo a umbonado es de un color cobre intenso, con un tono rosa ruibarbo o verde oliváceo en el margen. El pie, típicamente largo y delgado aunque bulboso, tiene muchos colores; las láminas pueden estar teñidas de verde oliva o de lila. La carne blanca está teñida de púrpura en el sombrero y en la parte superior del pie.

• **HABITAT** Forma micorrizas con hayas y robles. Difundido aunque localizado en Europa.

• **ESPECIES SIMILARES** Otras especies del subgénero *Phlegmacium* tienen una coloración olivácea, entre ellas *Cortinarius atrovirens*, que tiene un sombrero carnoso, oliva oscuro, un pie amarillo azufre, y unas láminas oliváceas a pardoherrumbrosas.

△ *CORTINARIUS CAERULESCENS* Sombrero y pie azul grisáceos, con parches del velo blanco, y láminas púrpura. Ocre amarillenta al envejecer.

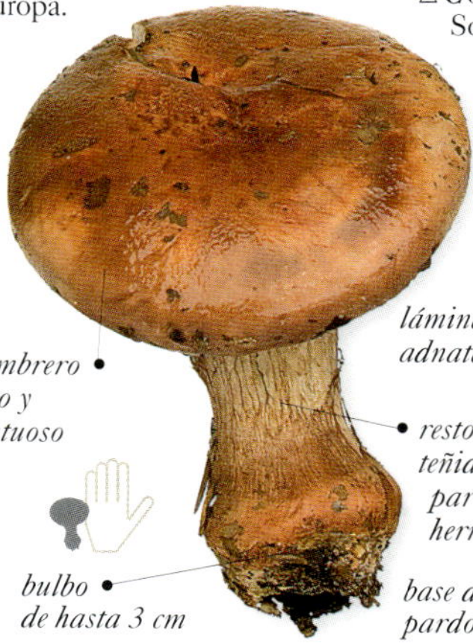

SECCION

FRUCTIFICACION Grupos pequeños; suelos alcalinos.

Dimensiones SOMBRERO ↔ 6–10cm	PIE ↕ 7–12cm ↔ 1,5–2cm	Esporas Pardoherrumbrosa	Comest.

Familia CORTINARIACEAE	Especie *Cortinarius splendens*	Estación Otoño

CORTINARIUS SPLENDENS

Eusk: Sarehori hiltzaile

Sombrero convexo, amarillo y con el margen ondulado. El pie tiene restos del velo fibrosos y de color amarillo azufre, y una base bulbosa. El hidróxido de potasio (KOH) hace que la carne amarilla se vuelva rosa rojiza. Es un miembro relativamente pequeño del subgénero *Phlegmacium*.

• **HABITAT** Micorrizas con hayas. Difundido y localmente común en Europa.

• **ESPECIES SIMILARES** *Cortinarius citrinus* tiene un matiz amarillo más verdoso. Las especies comestibles de *Tricholoma* (pp. 63-4) tienen una esporada de color blanco y carecen del velo a modo de telaraña.

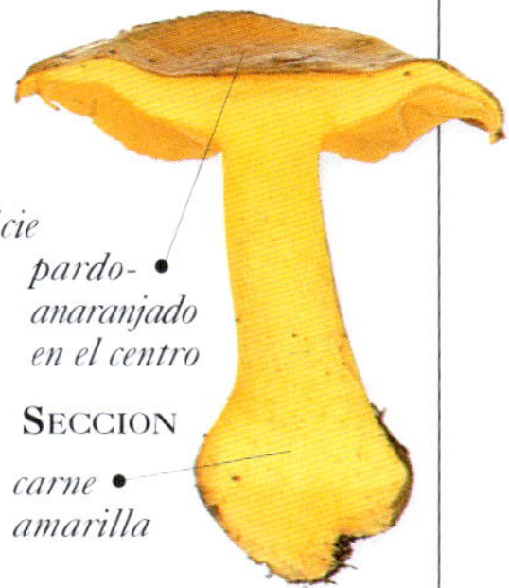

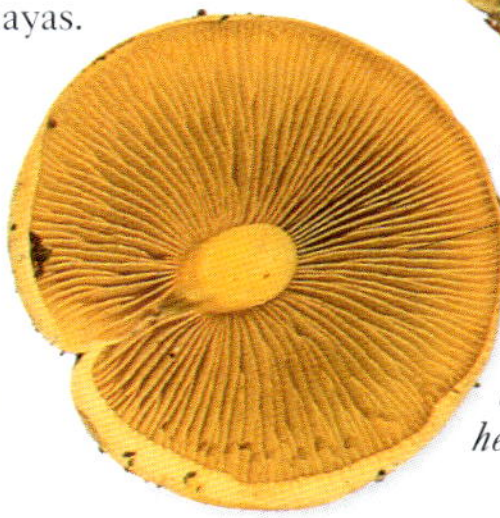

FRUCTIFICACION Solitario o pocos juntos; suelos alcalinos.

Dimensiones	SOMBRERO ↔ 3–7cm | PIE ↕ 4–9cm ↔ 0,7–1,4cm	Esporas Pardoherrumbrosas	Comest. ☠

Familia CORTINARIACEAE	Especie *Cortinarius elegantissimus*	Estación Otoño

CORTINARIUS ELEGANTISSIMUS

El sombrero convexo y amarillo anaranjado es untuoso, como en otras especies del subgénero *Phlegmacium*. El pie es amarillo y liso, aunque está recubierto de restos filiformes del velo. La carne es de un amarillo muy pálido, con un matiz azul en la parte superior del pie, y de un amarillo más oscuro en la base bulbosa del pie. Olor afrutado.

• **HABITAT** Forma micorrizas con hayas. Difundido aunque localizado en Europa.

• **ESPECIES SIMILARES** *Cortinarius aureofulvus* y *C. osmophorus* difieren en cuanto a olor y sabor, y por la proporción de verde en el sombrero.

FRUCTIFICACION Solitario o pocos; suelos alcalinos.

Dimensiones	SOMBRERO ↔ 6–10cm | PIE ↕ 6–10cm ↔ 2–3cm	Esporas Pardoherrumbrosas	Comest. ☠

CON ANILLO O ZONA ANULAR EN EL PIE

ESTOS HONGOS tienen un velo que protege las láminas jóvenes. Cuando el sombrero se expande al madurar, el velo, o parte de él, permanece adherido al pie, como un anillo diferenciado en torno al pie o como una zona fibrilosa. (Véanse también pp. 69-77 para las especies con restos del velo tipo telaraña.) Tanto los anillos como las zonas anulares se manchan a menudo con las esporas caídas y el verdadero color del velo puede ser difícil de ver. Figuran aquí agáricos de la familia Tricholoamataceae, generalmente de esporas blancas, y familias de esporas coloreadas como Strophariaceae, Cortinariaceae y Coprinaceae.

Familia STROPHARIACEAE	Especie *Pholiota aurivellus*	Estación Otoño, rara vez primavera

FOLIOTA DE PIEL DORADA

Sombrero amarillo brillante, viscoso, de convexo a muy umbonado, con un llamativo dibujo de escamas del velo pardoherrumbroso oscuro y margen enrollado hacia dentro con restos del velo. El pie también es viscoso y escamoso. La carne, incomestible aunque de olor agradable, es muy pálida en el sombrero y más oscura en el pie.

• **HABITAT** Suele crecer a cierta altura en árboles dañados aunque vivos. Muestra preferencia por las hayas, aunque también crece sobre tilos y sauces. Difundido en zonas templadas norteñas.

• **ESPECIES SIMILARES** *Pholiota jahnii* con escamas del sombrero más involutas y poros más pequeños (5,5 x 3,5 μm frente a 9 x 5,5 μm en *P. aurivellus*. *P. limonella* también tiene esporas menores (7 x 4,5 μm).

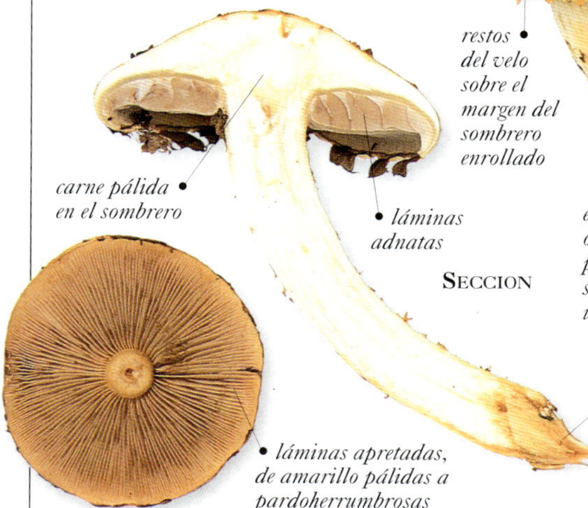

SECCION

FRUCTIFICACION En céspedes de carpóforos.

Dimensiones SOMBRERO ⊕ 7–15cm	PIE ↕ 5–15cm ↔ 1–2cm	Esporas Pardas	Comest.

Familia	Especie	Estación
STROPHARIACEAE	*Pholiota squarrosa*	Otoño-princ. invierno

FOLIOTA ESCAMOSA

Cat: Moixernó d´escames;
Eusk: Esur-ziza ezkatatsu

Especie de piel seca con densas escamas involutas en su sombrero de convexo a umbonado. Hay restos visibles del velo en el margen del sombrero. La carne amarilla pálida es incolora e inodora o bien huele a rábanos.

• HABITAT Crece en lugares urbanizados y en bosques en la base de latifolias. Difundido en zonas templadas norteñas.

• ESPECIES SIMILARES *Pholiota squarrosoides* es más pequeña, más pálida y muy viscosa-pegajosa entre las escamas. También crece sobre latifolias, pero es rara en Europa. *Gymnopilus junonius* (p. 83) carece de las distintivas escamas en el sombrero.

FRUCTIFICACION En céspedes; tocones vivos.

Dimensiones	Esporas	Comest.
SOMBRERO ↔ 5–15cm | PIE ↕ 6–15cm ↔ 1–2cm	Pardas	

Familia	Especie	Estación
TRICHOLOMATACEAE	*Oudemansiella mucida*	Otoño, rara vez verano

MUCIDULA VISCOSA

Eusk: Kolibia lingirdatsu

Esta inconfundible especie tiene un sombrero convexo, viscoso, de color gris pálido a blanco marfil, y un anillo gris a pardogrisáceo en el pie blanquecino. Por encima del anillo, el pie es seco: por debajo, es viscoso y gris. Combinados con su hábitat, estos rasgos facilitan la identificación. Es comestible pero sin valor culinario.

• HABITAT Sobre hayas o, más rara vez, sobre robles. Sobre árboles vivos, a menudo aparece a gran altura allí donde el árbol ha sido dañado. Difundido y común en zonas templadas norteñas.

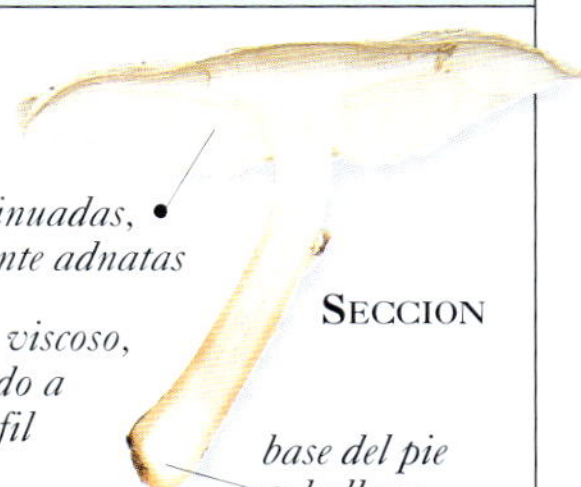

FRUCTIFICACION Solitario o céspedes; árboles caídos.

Dimensiones	Esporas	Comest.
SOMBRERO ↔ 2–15cm | PIE ↕ 3–8cm ↔ 0,3–1cm	Crema pálido	

Familia TRICHOLOMATACEAE	Especie *Armillaria mellea*	Estación Otoño

ARMILLARIA DE COLOR DE MIEL

Cat: Pollancró, Alzinoi; Eusk: Pago-ziza; Gal: Palotes da madeira

Este agárico de gran tamaño tiene un sombrero convexo, aplanado u ondulado, pardoamarillento pálido teñido de oliva, con el centro más oscuro y escamas pálidas y aisladas. El pie amarillo ocráceo pálido, delgado, largo y puntiagudo, tiene un anillo blanco con el margen amarillo. Las láminas, espaciadas y adnatas, blancas, se vuelven pardorrosáceas. Aunque *Armillaria mellea* incluía una serie de especies, éstas han sido reclasificadas (v. *A. cepistipes*, debajo). Es comestible pero puede causar trastornos estomacales.

• **HABITAT** Crece en terrenos arbolados, principalmente con hayas, a menudo sobre tocones caídos. Difundido aunque localizado en zonas templadas norteñas.

el pie es largo y acabado en punta • *el centro del sombrero es más oscuro que el borde* • *sombrero pardo-amarillento pálido con matices ocres* •

pies unidos en grupos por sus bases •

el anillo blanco tiene el margen amarillo •

sombrero convexo, aplanado u ondulado •

FRUCTIFICACION Casi siempre crece en densos céspedes con los pies unidos por la base.

Dimensiones SOMBRERO ⊕ 3–10cm | PIE ↕ 8–10cm ↔ 1–2cm	Esporas Blancas	Comest.

Familia TRICHOLOMATACEAE	Especie *Armillaria cepistipes*	Estación Otoño

ARMILLARIA CEPISTIPES

Esta especie tiene un pie robusto y fibroso, con un anillo fino y colgante, de blanco a gris pálido, y un sombrero convexo a umbonado, de leonado a ocre, con escamas fibrosas y dispersas. Las láminas adnatas varían del amarillo pálido al canela pálido y están bien espaciadas. Una serie de especies similares se clasificaban antiguamente junto con ésta como *Armillaria mellea* (arriba). Es comestible, pero puede causar trastornos de estómago.

• **HABITAT** Latifolias muertas o moribundas; también sobre coníferas, en bosques, parques y jardines. Difundido y común en zonas templadas norteñas.

• **ESPECIES SIMILARES** El sombrero joven de *A. gallica* tiene un centro pálido y el anillo del pie de blanco a amarillo. *A. ostoyae* tiene un pie más grueso, pardo desde la base, y un anillo grande y de bordes pardos.

FRUCTIFICACION Céspedes o carpóforos diseminados; latifolias.

escamas oscuras, finas y puntiagudas en el sombrero ocre leonado •

• *el anillo fino, de blanco a gris pálido, es colgante y efímero*

base del pie hinchada •

SECCION

carne • *gruesa y blanca*

Dimensiones SOMBRERO ⊕ 3–12cm | PIE ↕ 4–12cm ↔ 1–3cm	Esporas Blanco	Comest.

Familia TRICHOLOMATACEAE	Especie *Tricholoma caligatum*	Estación Fin. verano-otoño

MATSUTAKE PARDO

Sombrero convexo a plano con superficie seca y escamas pardas. El delgado pie es blanco por encima del anillo membranoso y tiene bandas y parches del velo pardo por debajo de éste. La carne es blanca. Este nombre agrupa un conjunto ampliamente difundido de hongos similares, que varían desde comestibles excelentes, fragantes y con sabor a nueces, hasta formas que huelen mal e incomestibles.

• HABITAT La especie verdadera crece bajo cedros del Atlas *(Cedrus atlantica)* en el sur de Europa y en el norte de África. Otras formas crecen bajo coníferas en el norte de Europa. En el E de Norteamérica se encuentra bajo latifolias y en la costa NO del Pacífico bajo coníferas.

FRUCTIFICACION En solitario o en unos pocos carpóforos juntos, bajo latifolias y coníferas.

Dimensiones SOMBRERO ⊕ 5–12,5cm	PIE ↕ 5–10cm ↔ 2–3cm	Esporas Blancas	Comest.

Familia TRICHOLOMATACEAE	Especie *Tricholoma magnivelare*	Estación Fin. verano-otoño

MATSUTAKE BLANCO

Comestible excelente, con la carne firme y blanca, y un distintivo olor a canela y pino. Su sombrero convexo y blanco tiene un margen enrollado hacia dentro y es pegajoso cuando está húmedo. Se vuelve aplanado con la edad y desarrolla escamas y pintas de amarillas a pardoherrumbrosas. Un anillo membranoso envuelve el pie, que es blanco por encima de dicho anillo y envejece a marrón claro por debajo de él.

• HABITAT Bajo coníferas. Es especialmente común en la costa NO del Pacífico.

• ESPECIES SIMILARES *Amanita smithiana* (p. 148) carece del olor fragante y tiene las láminas libres. Esta especie también tiene parches sueltos del velo en el sombrero.

FRUCTIFICACION Aparece en solitario o en grupos de unos pocos carpóforos juntos; bajo coníferas.

Dimensiones SOMBRERO ⊕ 5–20cm	PIE ↕ 5–15cm ↔ 2–4cm	Esporas Blancas	Comest.

Familia CORTINARIACEAE	Especie *Hebeloma radicosum*	Estación Otoño

HEBELOMA RADICOSUM

Eusk: Arbiki errodun

El sombrero convexo, de color crema a pardoamarillento, está cubierto de escamas pardas y netamente diferenciadas que se disponen planas contra su superficie (adpresionadas). El pie, igualmente escamoso, tiene una “raíz” que se hunde bajo tierra. El prominente anillo del pie es inusual en este género. La carne, que es blanca y firme, tiene un fuerte olor a mazapán o a almendras amargas, y un sabor amargo, rasgos que ayudan a su identificación.

• **HABITAT** Forma micorrizas con árboles, pero también crece en asociación con nidos y letrinas subterráneos de topillos, en suelos bien drenados de terrenos arbolados de latifolias. Difundido en zonas templadas norteñas.

• **ESPECIES SIMILARES** Algunas especies pequeñas y no escamosas de *Hebeloma*, incluida *H. pallidoluctuosum*, tienen un olor dulce. Las especies de *Pholiota* (pp. 78-9, 91-2) tienen un aspecto similar pero ninguna huele a mazapán y se asocian con madera muerta.

FRUCTIFICACION Solitario; arraigado en suelos bien drenados cerca de árboles.

Dimensiones SOMBRERO ⊕ 5–12cm | PIE ↕ 6–20cm ↔ 1–2,5cm	Esporas Marrón tabaco	Comest.

Familia TRICHOLOMATACEAE	Especie *Phaeolepiota aurea*	Estación Verano-otoño

FEOLEPIOTA DORADA

Este agárico grande y amarillo dorado que huele a almendras amargas tiene un sombrero convexo con el margen festoneado y la superficie granulosa, y un anillo infundibuliforme por debajo del cual el pie está muy arrugado. Las láminas anejas están apretadas, son blanquecinas y luego se vuelven pardorrojizas. A veces se le clasifica dentro de la familia Cortinariaceae debido a su esporada pardocrácea. Puede causar algunos trastornos de estómago.

• **HABITAT** En terrenos boscosos junto a senderos, a menudo acompañado de ortigas; prefiere suelos ricos. Difundido y localmente bastante común en zonas templadas norteñas.

• **ESPECIES SIMILARES** *Gymnopilus junonius* (abajo) crece sobre madera podrida y tiene el sombrero y el pie listados.

FRUCTIFICACION Grupos densos de carpóforos; sobre suelos ricos en nutrientes.

Dimensiones SOMBRERO ⊕ 10–25cm	PIE ↕ 10–30cm ↔ 1–4cm	Esporas Pardocráceas	Comest.

Familia CORTINARIACEAE	Especie *Gymnopilus junonius*	Estación Otoño

GYMNOPILUS JUNONIUS

Eusk: Egur-ziza

La tendencia a formar céspedes, el prominente anillo en el pie y el velo filiforme en el margen del sombrero convexo a umbonado pueden ayudar a identificarla. El sombrero es seco y amarillo anaranjado, con un velo filiforme en el margen; el pie, fibriloso, es de color similar pero está teñido de más oscuro cerca del anillo. Es la especie más carnosa del g. *Gymnopilus*; amarga e incomestible, contiene alucinógenos.

• **HABITAT** Crece sobre latifolias en descomposición, a menudo sobre tocones o árboles moribundos. Difundido en zonas templadas norteñas.

• **ESPECIES SIMILARES** *Phaeolepiota aurea* (arriba) tiene un recubrimiento pulverulento-granuloso y crece en el suelo. También *Pholiota squarrosa* (p. 79).

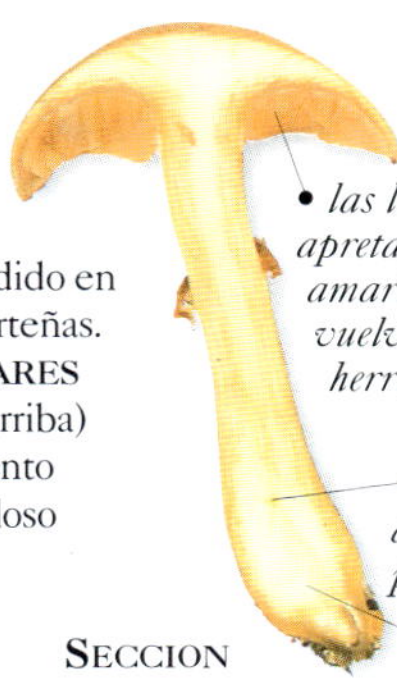

SECCION

FRUCTIFICACION En céspedes; madera muerta.

Dimensiones SOMBRERO ⊕ 5–15cm	PIE ↕ 5–15cm ↔ 1–3,5cm	Esporas Pardoherrumbrosas	Comest. ☠

Familia	Especie	Estación
Strophariaceae	*Psilocybe cubensis*	Todo el año

Psilocibe de San Isidro

De gran tamaño con un sombrero pardoamarillento, pegajoso, de campanulado a umbonado, cuya superficie puede estar cubierta de pequeñas escamas blancas (los restos del velo). El pie es blanquecino, con un anillo colgante que pronto se vuelve negro por las esporas caídas. La carne, blanca a crema, vira a azul al cortarla. Las láminas, bastante apretadas y adnatas, son pardo purpúreas con los bordes blancos cuando maduran. Es un peligroso alucinógeno.

• **Habitat** En herbazales subtropicales y tropicales, donde pacen los animales. Difundido y común en el Caribe. Ha sido introducido en Europa, donde puede cultivarse.

• **Especies similares** *Panaeolus semiovatus* (p. 95) no se tiñe de azul.

Fructificacion Solitario o en pequeños grupos; sobre bostas de caballo o de vaca.

Dimensiones		Esporas	Comest.
Sombrero ↔ 2–12cm	Pie ↕ 5–15cm ↔ 0,5–1cm	Marrón púrpura	☠

Familia	Especie	Estación
Strophariaceae	*Psilocybe squamosa*	Otoño-fin. otoño

Psilocybe squamosa

Eusk: Sorgin hankaezkatasu

Unas escamas concéntricas y efímeras en el sombrero, y un distintivo anillo en el pie, caracterizan a este psilocibe. El sombrero de campanulado a umbonado es blanco amarillento con láminas grises a pardopurpúreas y de borde blanco que se vuelven pardoamarillentas. No es comestible; la carne marrón pálida tiene un ligero aroma y un sabor de suave a amargo.

• **Habitat** En terrenos arbolados, donde emerge de serrín, astillas o detritos de madera. Difundido y bastante común en zonas templadas norteñas.

• **Especies similares** *Stropharia* (pp. 88-90) difiere solamente por sus rasgos microscópicos.

Fructificacion Solitario o en pequeños grupos.

Dimensiones		Esporas	Comest.
Sombrero ↔ 2–5cm	Pie ↕ 10–15cm ↔ 3–5mm	Marrón púrpura	🍽

Familia BOLBITIACEAE	Especie *Agrocybe cylindracea*	Estación Fin. primavera-otoño

SETA DE CHOPO

Cat: Pollancró; Eusk: Makal-ziza

Muy carnoso con sombrero convexo, blanco y teñido de ocre; la superficie lisa se agrieta con tiempo seco. El pie tiene un anillo bien desarrollado, es blanquecino y se vuelve pardo con la edad. Cultivado y/o consumido en el sur de Europa, tiene una carne pálida con sabor y olor fuertes y harinosos.

• **HABITAT** Sobre o dentro de sauces desmohados y álamos muertos. Difundido en zonas templadas norteñas cálidas y subtropicales.

• **ESPECIES SIMILARES** *A. praecox* (abajo) crece sobre astillas de madera o hierba y suele ser menor.

FRUCTIFICACION En céspedes o solitario.

Dimensiones SOMBRERO ↔ 6–15cm | PIE ↕ 8–15cm ↔ 1–3cm	Esporas Pardo arcilla	Comest.

Familia BOLBITIACEAE	Especie *Agrocybe praecox*	Estación Primavera-verano

AGROCIBE PRECOZ

Eusk: Landaburu goitziar

Suele tener un anillo, pero a veces el velo está unido al margen del sombrero en vez de al pie. El sombrero de convexo a umbonado se seca muy rápidamente, pasando de marrón claro a blanco grisáceo amarillento; su lisa superficie a veces se agrieta. La base del pie puede estar hinchada. La carne pálida y de olor harinoso es comestible.

• **HABITAT** En bosques, parques y jardines, entre astillas de madera o en la hierba. Difundido y común en zonas templadas norteñas.

• **ESPECIES SIMILARES** *Agrocybe elatella* es más elegante y crece en marjales.

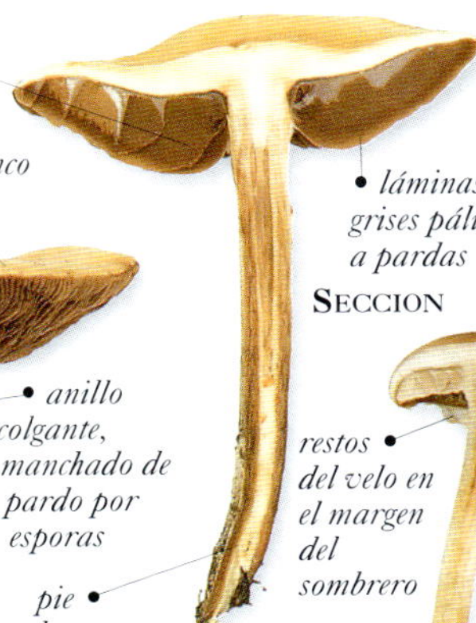

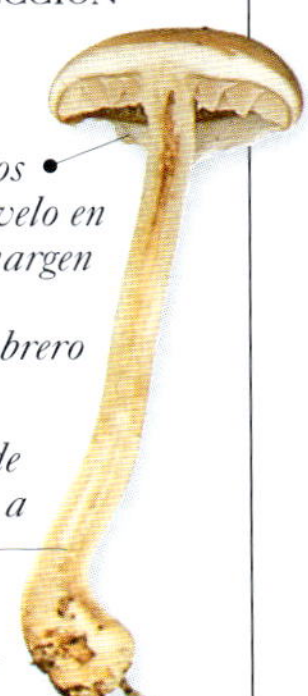

FRUCTIFICACION Grupos pequeños o densos de carpóforos.

Dimensiones SOMBRERO ↔ 3–7cm | PIE ↕ 4–10cm ↔ 0,6–1cm	Esporas Marrón tabaco	Comest.

Familia STROPHARIACEAE	Especie *Hypholoma capnoides*	Estación Todo el año

HIFOLOMA DE LAMINAS GRISES

Eusk: Suge-ziza gozo

Sombrero convexo, anaranjado amarillento, pardoanaranjado pálido al secarse. Es untuoso cuando está húmedo. El pie es amarillo pálido en la parte superior y pardoherrumbroso en la inferior. Carne amarillo pálido sabor suave.

• HABITAT Se encuentra durante casi todo el año, excepto en los inviernos muy fríos, sobre tocones de coníferas descompuestos. Difundido y común en zonas templadas norteñas.

• ESPECIES SIMILARES *Hypholoma radicosum* es mucho más raro. Pie radicante y olor fuerte y aromático.

FRUCTIFICACION Solitario o en céspedes de carpóforos.

Dimensiones SOMBRERO ↔ 3–7cm	PIE ↕ 5–8cm ↔ 0,5–1cm	Esporas Pardovinosas	Comest.

Familia STROPHARIACEAE	Especie *Hypholoma fasciculare*	Estación Todo el año en climas suaves

HIFOLOMA DE LAMINAS VERDES

Cat: Bolet de pi; Eusk: Suge-ziza mingots

Una tendencia a formar céspedes sobre madera muerta, así como las láminas amarillo verdosas lo identifican. Tiene el sombrero convexo, amarillo pálido y más oscuro en el centro, y el pie de color similar. Los restos del velo blanco pueden ser visibles en el margen del sombrero. La carne amarillo azufre tiene un olor fungoide pero es incomestible; tiene un sabor muy picante.

• HABITAT Sobre latifolias en proceso de descomposición, tales como tocones y raíces vueltas hacia arriba. Difundido y común en zonas templadas norteñas.

FRUCTIFICACION Aparece en céspedes.

Dimensiones SOMBRERO ↔ 3–7cm	PIE ↕ 4–10cm ↔ 0,3–1cm	Esporas Pardopurpúreas	Comest.

Familia	Especie	Estación
Familia STROPHARIACEAE	Especie *Hypholoma sublateritium*	Estación Otoño-fin. otoño

HIFOLOMA DE COLOR LADRILLO

Cat: Bolet de pi rogenc; Eusk: Suge-ziza teilakolore

Se identifica por su gran tamaño, la falta de verde en las láminas y el color del sombrero rojo ladrillo. El sombrero es convexo y el pie fibroso, amarillo pálido en el ápice y pardorrojizo en la base. La carne, de amarilla a pardorrojiza, tiene un sabor amargo.

• **HABITAT** Tocones o raíces de latifolias. En zonas templadas norteñas.

• **ESPECIES SIMILARES** *Hypholoma udum* y *H. elongatum* crecen en lugares pantanosos, en musgos *Sphagnum*. *H. marginatum* crece en grupos densos, sobre lechos de ortigas o restos de coníferas.

SECCION

FRUCTIFICACION En céspedes de carpóforos.

Dimensiones	Esporas	Comest.
Dimensiones SOMBRERO ⟷ 5–10cm | PIE ↕ 5–10cm ↔ 0,5–2cm	Esporas Pardopurpúreas	Comest.

Familia	Especie	Estación
Familia CORTINARIACEAE	Especie *Rozites caperatus*	Estación Verano-otoño

ROCITES ARRUGADO

Eusk: Errozite

De forma ovoide cuando emerge, el sombrero se vuelve convexo a umbonado con la edad. Es pardoamarillento, con una superficie asurcada o arrugada y con restos del velo blanco a violeta pálido en el centro. Pie liso con un anillo estrecho y envolvente.

• **HABITAT** Forma micorrizas con coníferas y también se encuentra con latifolias. Difundido en algunas áreas de las zonas templadas norteñas.

• **ESPECIES SIMILARES** *Cortinarius* (pp. 69-77) sin verdaderos anillos; esporas pardoherrumbrosas.

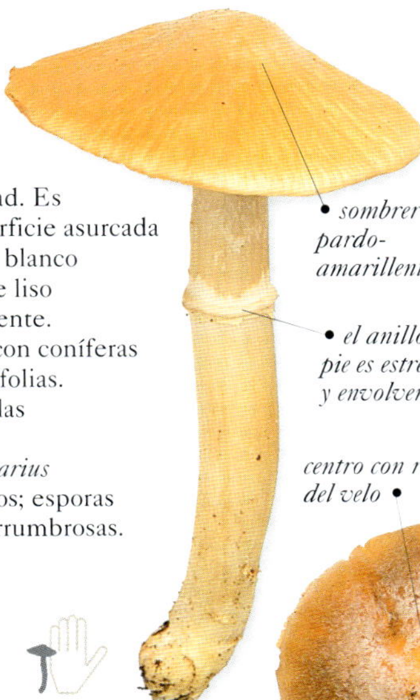

SECCION

FRUCTIFICACION Grupos densos o pequeños; suelos ácidos.

Dimensiones	Esporas	Comest.
Dimensiones SOMBRERO ⟷ 5–12cm | PIE ↕ 5–15cm ↔ 1–2cm	Esporas Marrón pálido	Comest.

Familia	Especie	Estación
Strophariaceae	*Stropharia cyanea*	Otoño

Stropharia cyanea

Se distingue de otras especies verde azuladas de *Stropharia* por su esporada de un pardo pálido y por sus láminas sin bordes blancos. El sombrero convexo y untuoso es verde azulado, aunque pronto adquiere puntos amarillos. El margen tiene restos del velo pálido pero el anillo es inconspicuo sobre el pie escamoso, fibroso y verde azulado. La carne blanquecina tiene un olor indistinto.

• **Habitat** Entre hojarasca, en suelos fértiles de terrenos arbolados; a menudo en hayedos, sobre suelos alcalinos. Difundido en zonas templadas norteñas.

• **Especies similares** *S. aeruginosa* tiene esporas más oscuras y láminas más oscuras con los bordes blancos. *S. pseudocyanea* tiene un olor inequívoco de pimienta negra recién molida.

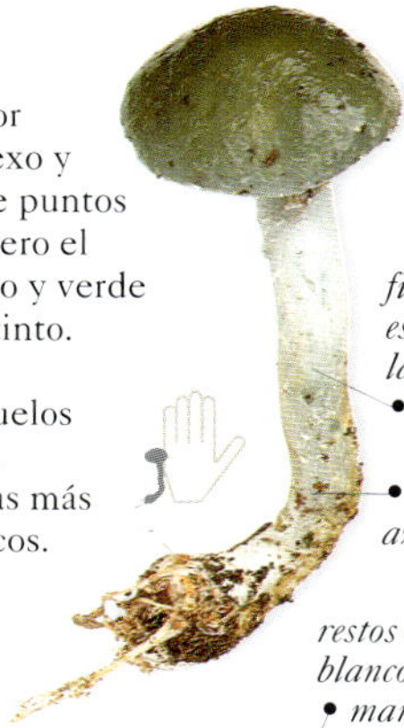

Fructificacion Grupos pequeños o en solitario.

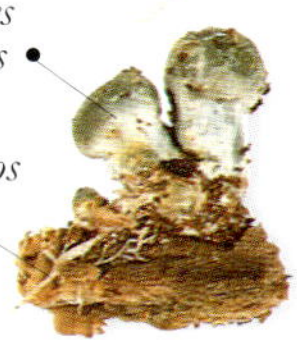

Dimensiones		Esporas	Comest.
Sombrero ⊕ 3–7cm	Pie ↕ 4–8cm ↔ 0,4–1cm	Marrón oscuro	

Familia	Especie	Estación
Strophariaceae	*Stropharia aurantiaca*	Verano-otoño

Stropharia aurantiaca

Se diferencia por sus carpóforos robustos, con un sombrero anaranjado brillante, y por crecer sobre astillas de madera. El sombrero varía de convexo a plano. El pie es blanquecino, con una sustancia fibrosa, y es a menudo hueco. La carne es blanquecina y tiene un olor indistinto; su comestibilidad se desconoce.

• **Habitat** Sobre astillas de madera o serrín en descomposición mezclados con tierra. Difundido y con un área de distribución en aumento, por lo menos en Europa.

• **Especies similares** Una variedad anaranjada de *Psilocybe squamosa* (var. *thrausta*) es más elegante, tiene un sombrero umbonado y una carne más delgada.

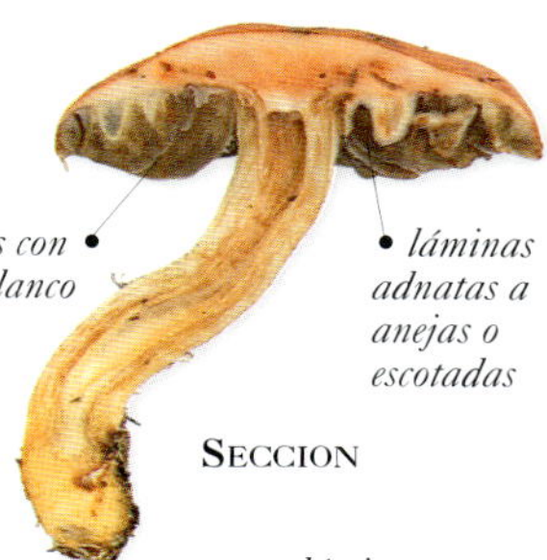

Fructificacion Grupos densos; arriates de flores.

Dimensiones		Esporas	Comest.
Sombrero ⊕ 1,5–6cm	Pie ↕ 2–6cm ↔ 2–8mm	Pardopurpúreas	

Familia STROPHARIACEAE	Especie *Stropharia rugoso-annulata*	Estación Primavera y otoño

STROPHARIA RUGOSO-ANNULATA

El sombrero liso y seco, del rojo al canela, según su exposición a la luz, es campanulado y se vuelve convexo a plano con la edad. El pie blanquecino tiene un anillo con líneas oscuras encima y con unas estructuras a modo de rueda dentada debajo. La base del pie está ensanchada y tiene un conspicuo micelio a modo de cordones. La carne es blanca y tiene buen sabor cuando se come joven.

• **HABITAT** En astillas de madera. Difundido en el sur de Europa, raro más al norte.

• **ESPECIES SIMILARES** *Stropharia aurantiaca* (p. 88) es más pequeña y de un rojo anaranjado más brillante. *Agaricus* (pp. 156-163) tiene láminas libres.

FRUCTIFICACION Abundantes grupos densos; dos estaciones de fructificación bien diferenciadas.

Dimensiones SOMBRERO ⊕ 5–15cm | PIE ↕ 10–15cm ↔ 1–2cm	Esporas Negro grisáceo	Comest.

Familia STROPHARIACEAE	Especie *Stropharia coronilla*	Estación Otoño

ESTROFARIA CORONITA

Eusk: Sorgin horiska

Esta especie bastante pequeña aunque robusta tiene una carne blanca y extremadamente gruesa, especialmente en el sombrero convexo y ocre amarillento. El estrecho anillo está extensamente adherido al blanco pie. Las láminas son de un gris violáceo y viran a pardopurpúreo oscuro. Esta especie huele fuertemente a rábanos. Recientes informes sugieren que podría ser venenosa.

• **HABITAT** Zonas herbosas, en lugares bastante secos, incluidos jardines, parques, brezales y dunas de arena. Zonas templadas norteñas.

• **ESPECIES SIMILARES** Algunas formas que tienen distintos tamaños y coloraciones de esporas se consideran especies distintas, como *Stropharia halophila* y *S. melasperma*.

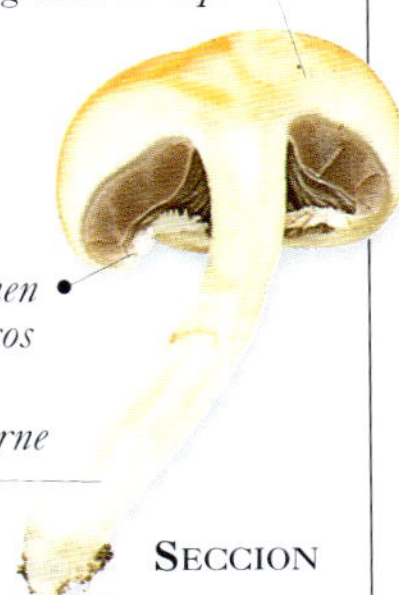

FRUCTIFICACION En solitario o pocos juntos; hierba o en el suelo arenoso.

Dimensiones SOMBRERO ⊕ 1,5–6cm | PIE ↕ 2,5–4cm ↔ 0,4–1cm	Esporas Pardopurpúreo oscuro	Comest.

Familia STROPHARIACEAE	Especie *Stropharia semiglobata*	Estación Fin. primavera-otoño

ESTROFARIA SEMIGLOBULOSA

Cat: Bolet de femer anellat;
Eusk: Gorotz-sorgin txiki

Especie elegante y de tamaño variable; sombrero liso, amarillo claro y a menudo hemisférico, y pie largo, delgado, viscoso y blanquecino. Sombrero viscoso cuando está húmedo y anillo diminuto, apenas visible, teñido de negro por las esporas depositadas. La carne es delgada, pálida e incomestible y tiene un olor harinoso.

• **HABITAT** En herbazales y pastos sobre estiércol viejo de caballo, vaca y oveja. Una serie de hongos fructifican sobre las boñigas de herbívoros en diferentes estadios de descomposición. Difundido en zonas templadas norteñas.

• **ESPECIES SIMILARES** *Stropharia umbonatescens* con umbón en el centro del sombrero y basidios sólo con 2 esporas; los de *S. semiglobata* con 4.

FRUCTIFICACION Grupos pequeños; estiércol.

Dimensiones SOMBRERO ⊕ 0,5–4cm | PIE ↕ 2–8cm ↔ 2–5mm	Esporas Negro parduzco	Comest.

Familia STROPHARIACEAE	Especie *Kuehneromyces mutabilis*	Estación Casi todo el año

FOLIOTA CAMBIANTE

Cat: Pollatenc

Esta especie tiene un sombrero umbonado, de pardo miel a amarillo ocráceo, que se seca a partir del centro en dos tonos. Más pálido que el sombrero, el pie tiene un anillo inequívoco, manchado de pardoocráceo por las esporas caídas; por debajo del anillo, el pie está recubierto de escamas puntiagudas. Es un comestible muy bueno.

• **HABITAT** Sobre madera descompuesta de latifolias, y más rara vez de coníferas, en bosques y parques. Zonas templadas norteñas.

• **ESPECIES SIMILARES** Una serie de especies venenosas del g. *Galerina*, *G. unicolor* (p. 91) y *G. marginata* tienen fibras en vez de escamas por debajo del anillo.

FRUCTIFICACION Densos grupos de céspedes.

Dimensiones SOMBRERO ⊕ 2–7cm | PIE ↕ 3–7cm ↔ 0,4–1cm	Esporas Pardoocráceas	Comest.

Familia CORTINARIACEAE	Especie *Galerina unicolor*	Estación Verano-invierno

GALERINA UNICOLOR

El sombrero de convexo a extensamente umbonado, con el margen ondulado, es de color marrón intenso; al secarse cambia de color al pardoamarillento pálido. El pie, de blanquecino a pardo, tiene un anillo hacia el ápice y es fibroso por debajo. Las estrechas láminas son de adnatas a decurrentes y están espaciadas. Las especies de *Galerina* requieren una identificación cuidadosa; hay otras siete que pueden causar una grave intoxicación.

• **HABITAT** Sobre tocones y troncos muertos y descompuestos, sobre musgo y hojarasca en bosques pantanosos de latifolias. Difundido en zonas templadas norteñas.

• **ESPECIES SIMILARES** El comestible *Kuehneromyces mutabilis* (p. 90) tiene escamas en lugar de fibras por debajo del anillo.

FRUCTIFICACION Sobre todo en densos céspedes.

Dimensiones SOMBRERO ↔ 1–5cm | PIE ↕ 3–7cm ↔ 3–7mm	Esporas Pardoherrumbrosas	Comest. ☠

Familia STROPHARIACEAE	Especie *Pholiota alnicola*	Estación Otoño

FOLIOTA DE LOS ALISOS

El sombrero amarillo –o con algo de verde entremezclado– y la tendencia a formar densos céspedes son sus dos rasgos distintivos. El sombrero escamoso es típico del género, pero las escamas son conspicuas y se ven más claramente en los especímenes jóvenes como escamas del velo en el margen del sombrero. El pie ondulado es casi liso, más fibroso en la base. La pálida carne tiene un olor agradable y un sabor suave.

• **HABITAT** Sobre maderas de latifolias muertas o moribundas, como alisos y abedules, rara vez sobre coníferas; a menudo en lugares húmedos. Difundida por las zonas templadas norteñas.

• **ESPECIES SIMILARES** Tres formas de *Pholiota alnicola* se clasifican por separado: *P. salicicola* crece sobre sauces y tiene un sabor amargo; *P. flavida* y *P. pinicola* crecen sobre coníferas.

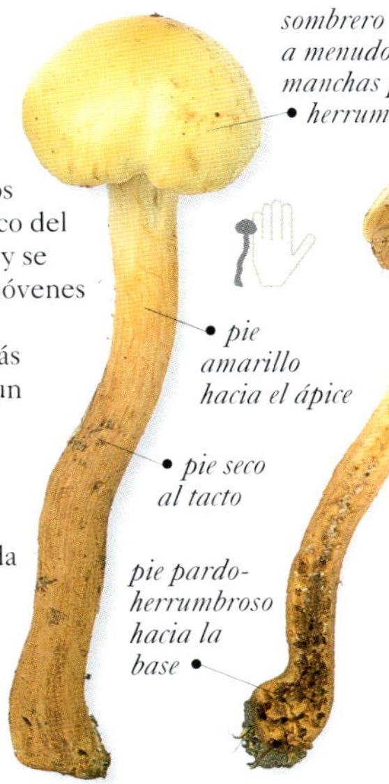

FRUCTIFICACION Céspedes de carpóforos.

Dimensiones SOMBRERO ↔ 3–7cm | PIE ↕ 8–15cm ↔ 0,6–1cm	Esporas Pardas	Comest. 🍴

Familia	Especie	Estación
STROPHARIACEAE	*Pholiota gummosa*	Otoño-fin. otoño

PHOLIOTA GUMMOSA

Eusk: Egur-ziza bidairai

Los puntos clave para la identificación son: un sombrero convexo y luego aplanado con una superficie escamosa, amarillo pajiza y difundida de verde ocráceo pálido; láminas amarillas a pardas; y un pie escamoso, de amarillo sucio a blanquecino. Carne de blanca a amarilla; pardoherrumbrosa en la base del pie.

• **HABITAT** Junto a caminos; desechos leñosos. Difundido en zonas templadas norteñas.

• **ESPECIES SIMILARES** *Pholiota scamba* es más pequeña y crece sobre coníferas.

SECCION

FRUCTIFICACION Grupos o céspedes; madera.

Dimensiones		Esporas	Comest.
SOMBRERO ⊕ 2–6cm	PIE ↕ 4–9cm ↔ 0,4–1cm	Pardas	

Familia	Especie	Estación
STROPHARIACEAE	*Pholiota lenta*	Fin. otoño

FOLIOTA FLEXIBLE

Láminas de amarillas pálidas a pardas y un sombrero untuoso que se vuelve viscoso con tiempo húmedo, con escamas del velo blanco diseminadas. El sombrero es convexo, blanquecino, amarillo pálido o gris pálido, y tiene una superficie completamente lisa. La carne es incomestible y pálida, con un olor a paja y un sabor suave.

• **HABITAT** Sobre detritos leñosos, típicamente en hayedos pero también con otras latifolias y bajo coníferas. Difundido en zonas templadas norteñas.

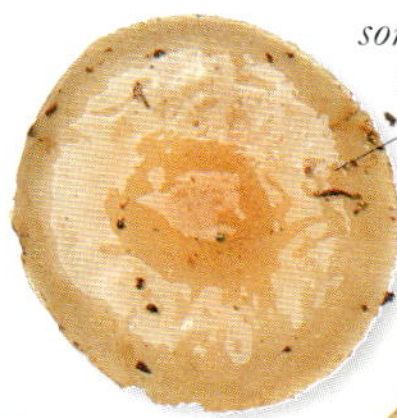

SECCION

FRUCTIFICACION Solitario o en grupos; hojarasca.

Dimensiones		Esporas	Comest.
SOMBRERO ⊕ 4–8cm	PIE ↕ 5–8cm ↔ 0,7–1,2cm	Pardas	

Familia STROPHARIACEAE	Especie *Pholiota highlandensis*	Estación Casi todo el año

FOLIOTA PIROFILA

Cat: Foliota carbonària; Eusk: Baso erretako egur-ziza

Aparte de su distintivo hábitat –en lugares quemados–, este hongo es notable por su carpóforo bastante carnoso, pardoanaranjado, y un sombrero viscoso, de convexo a ondulado. El pie seco es fibroso hacia la base, y la incomestible carne es amarilla pálida a pardo-herrumbrosa, con un sabor suave; el olor no es distintivo.

• **HABITAT** En lugares de hogueras o en terrenos arbolados y plantaciones recién asolados por incendios. Zonas templadas norteñas.

• **ESPECIES SIMILARES** *Mycena galopus* (p. 137) y *Tephrocybe anthracophilum* son de menor tamaño; *Myxomphalia maura* tiene un tono más oscuro.

SECCION

FRUCTIFICACION Grupos densos o en céspedes.

Dimensiones SOMBRERO ↔ 2–6cm | PIE ↕ 2–6cm ↔ 0,4–1cm	Esporas Pardas	Comest.

Familia CORTINARIACEAE	Especie *Hebeloma mesophaeum*	Estación Otoño-fin. otoño

HEBELOMA DE CENTRO PARDO

Eusk: Arbiki

Tiene un sombrero pardogrisáceo, convexo a umbonado, con el margen más pálido, y un pie marrón pálido. Con velo, puede mostrar finos filamentos y parches blanquecinos del velo cerca del margen del sombrero y en la parte superior del pie. La carne es marrón pálida y, como en la mayoría de especies de *Hebeloma*, huele a rábanos.

• **HABITAT** Forma micorrizas con árboles en terrenos arbolados mixtos, parques y jardines; algunas veces crece sobre suelos quemados. Difundido y muy común en zonas templadas norteñas.

• **ESPECIES SIMILARES** Con *H. candidipes* se diferencia al microscopio.

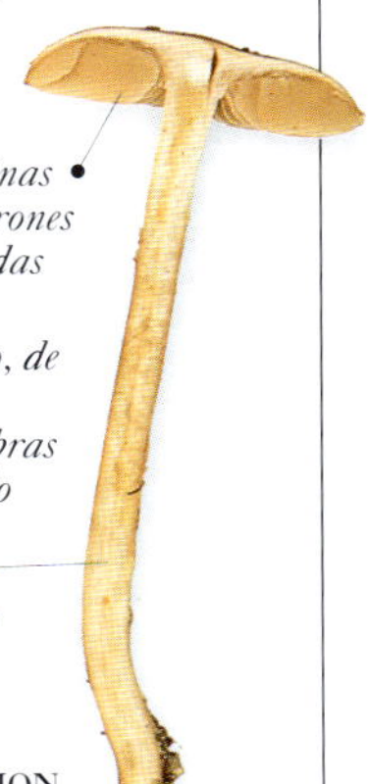

SECCION

FRUCTIFICACION Grupos densos; latifolias y coníferas

Dimensiones SOMBRERO ↔ 2–5cm | PIE ↕ 2–6cm ↔ 3–7mm	Esporas Marrón tabaco	Comest.

Familia CORTINARIACEAE	Especie *Gymnopilus penetrans*	Estación Otoño

GIMNOPILO PENETRANTE

Esta especie de coloración pardoanaranjada bastante uniforme tiene un sombrero umbonado, de convexo a aplanado, y un pie más pálido con una zona de velo indistinta. Las láminas de color amarillo pálido tienen el borde herrumbroso. Algunas veces se subdivide en dos especies: *Gymnopilus hybridus* y *G. sapinus*. Todas crecen sobre madera muerta o restos vegetales, contrariamente a las del género *Cortinarius* (pp. 69-77) que forman micorrizas.

• **HABITAT** Madera muerta, coníferas, en terrenos arbolados y plantaciones. Zonas templadas norteñas.

• **ESPECIES SIMILARES**

G. picreus: pie oscuro y láminas amarillo vivo.

FRUCTIFICACION Grupos pequeños o en solitario.

Dimensiones SOMBRERO ⟷ 3–8cm | PIE ↕ 4–7cm ↔ 0,4–1cm	Esporas Pardoherrumbrosas	Comest.

Familia COPRINACEAE	Especie *Psathyrella piluliformis*	Estación Otoño

PSATIRELA HIDROFILA

Eusk: Enbor-drosophila

En el género *Psathyrella*, que incluye hongos pardos pequeños –los HPP– difíciles de distinguir, esta especie tiene algunas características útiles: crece en céspedes y su velo blanco es visible, manchado de pardo por las esporas en el margen del sombrero. El sombrero convexo a umbonado es de color pardorrojizo oscuro cuando está húmedo y amarillo al secarse. El tamaño de espora asegura una correcta identificación.

• **HABITAT** En terrenos arbolados, sobre latifolias en descomposición, tocones, rara vez coníferas. Zonas templadas norteñas.

FRUCTIFICACION Céspedes densos; tocones de latifolias.

Dimensiones SOMBRERO ⟷ 1,5–6cm | PIE ↕ 3–10cm ↔ 3–9mm	Esporas Pardopurpúreo	Comest.

Familia COPRINACEAE | Especie *Psathyrella candolleana* | Estación Fin. primavera-otoño

PSATIRELA BLANCA

Especie de fructificación temprana y quizás una de las más comunes de este difícil género de hongos, *Psathyrella candolleana* tiene un sombrero convexo a umbonado, de color pardoamarillento que rápidamente pasa a blanco marfil al secarse, y un velo filiforme que desaparece con la edad dejando una superficie casi lisa. El carpóforo es extremadamente quebradizo cuando está seco. A medida que maduran las esporas, las láminas cambian del blanco al lila y luego al pardo.

• **HABITAT** En jardines, parques y terrenos arbolados; cerca de madera descompuesta. Difundido y común en zonas templadas norteñas.

• **ESPECIES SIMILARES** La mucho más oscura *P. spadiceogrisea* se encuentra junto a veredas forestales o lugares similares, a finales de primavera y principios de verano.

FRUCTIFICACION Grupos densos; madera descompuesta.

Dimensiones SOMBRERO ↔ 1,5–7cm | PIE ↕ 3–9cm ↔ 2–6mm | Esporas Púrpura pardusco | Comest.

Familia COPRINACEAE | Especie *Panaeolus semiovatus* | Estación Fin. primavera-otoño

PANEOLO ANILLADO

Eusk: Orribeltz arrautzerdi

Un rasgo distintivo de esta especie es su sombrero, viscoso cuando está húmedo, y brillante, con arrugas, cuando seco. De blanco a marfil o beige, es ovoide o campanulado y tiene el margen liso o con restos del velo blanco. El pie tiene un anillo blanco manchado de negro por las esporas que caen. La carne, de blanca a amarilla pajiza pálida, podría contener un alucinógeno.

• **HABITAT** En pastizales costeros, sobre estiércol o arena mezclada con estiércol. Difundido en zonas templadas norteñas.

• **ESPECIES SIMILARES** *Panaeolus antillarum* carece de anillo en el pie.

FRUCTIFICACION Solitario o carpóforos; estiércol.

Dimensiones SOMBRERO ↔ 1–6cm | PIE ↕ 6–10cm ↔ 3–5mm | Esporas Negras | Comest.

Familia Bolbitiaceae	Especie *Conocybe arrhenii*	Estación Fin. verano-fin. otoño

Conocybe arrhenii

Es uno de los miembros más comunes de un subgrupo de especies de *Conocybe* que se clasifican como *Pholiotina*. Dada su similitud, es mejor diferenciarlos por sus esporas. Tienen restos escamosos del velo en el margen del sombrero o bien un anillo. El anillo está suelto y se desprende. Las láminas son bastante apretadas y anejas, a menudo con un margen blanco. Todos los miembros son venenosos cuando menos sospechosos.

• **Habitat** Sobre suelos ricos en nutrientes, en lugares alterados. A menudo con otras especies de *Conocybe* y con especies de *Lepiota* y de *Psathyrella*. Difundido en Asia y Europa.

• **Especies similares** *C. blattaria* y *C. percincta* tienen basidios de 2 esporas; los de *C. arrhenii* tienen 4 esporas.

Fructificacion Solitario o pocos carpóforos; junto a caminos y senderos.

Dimensiones Sombrero ↔ 1–3cm | Pie ↕ 1,5–5cm ↔ 1,5–3mm	Esporas Marrón herrumbroso	Comest. ☠

Familia Tricholomataceae	Especie *Cystoderma terrei*	Estación Otoño

Cystoderma terrei

Eusk: Galanperna zinabriokolore

Un sombrero convexo a umbonado, rojo ladrillo, con una superficie harinosa y un pie claviforme con escamas rojas en la parte inferior, son los rasgos principales de esta especie. Tiene unas láminas pálidas, anejas y apretadas. Con una lente de bolsillo, se observa que las láminas son fimbriadas. El microscopio revela cistidios (células estériles especiales) en los bordes de las láminas.

• **Habitat** En zonas arboladas y plantaciones, sobre suelos ácidos y ricos en humus. La distribución mundial no está muy clara, pero está difundida por Europa y se encuentra en Japón.

• **Especies similares** Varias especies de *Cystoderma* se encuentran en hábitats similares. *C. granulosum* tiene una coloración pardorrojiza más sucia. *C. adnatifolium* carece de cistidios y su coloración es más brillante.

Fructificacion Solitario o pocos carpóforos juntos.

Dimensiones Sombrero ↔ 2–8cm | Pie ↕ 3–7cm ↔ 4–8mm	Esporas Blanquecinas	Comest. 🍴

Familia TRICHOLOMATACEAE	Especie *Cystoderma amianthinum*	Estación Otoño

CISTODERMA AMIANTINA

Eusk: Galanperna zokusian

Especie de color amarillo ocráceo brillante que tiene un sombrero de campanulado a plano, una superficie harinosa y un margen deshilachado. Por debajo del anillo, la superficie del pie es harinosa. Las láminas, apretadas y anejas, adquieren un tono amarillo cremoso con la edad, mientras que la carne de olor mohoso es delgada y amarilla pálida. Lo que mejor identifica a las especies de *Cystoderma* es la comparación microscópica del tamaño de esporas: las de *C. amianthinum* miden 6 x 3 µm en promedio.

• **HABITAT** Variados: musgo en terrenos arbolados, sauces, hierba o helechos. Zonas templadas norteñas.

• **ESPECIES SIMILARES** *C. jasonis* es más oscuro, con la superficie del sombrero tosca; esporas mayores (7 x 4 µm). Otras especies se distinguen por tener un anillo más robusto y permanente, o un color liláceo en el ápice del pie.

FRUCTIFICACION Solitario o en carpóforos juntos; musgos, en terrenos arbolados ácidos y húmedos.

Dimensiones SOMBRERO ⊕ 1–4cm | PIE ↕ 2,5–6cm ↔ 3–7mm	Esporas Blanquecinas	Comest.

Familia TRICHOLOMATACEAE	Especie *Cystoderma carcharias*	Estación Otoño-fin. otoño

CISTODERMA DENTICULADA

Eusk: Galanperna arrosa

Sombrero y pie gris rosáceo, anillo prominente, gris rosado y en forma de puño; superficies de sombrero y pie pulverulentas; láminas anejas blancas y espaciadas. La carne blanca tiene un olor rancio y desagradable.

• **HABITAT** Terrenos arbolados de coníferas y de latifolias, y brezales. Difundido en partes de las zonas templadas norteñas pero no tan común como *C. amianthinum* (arriba).

• **ESPECIES SIMILARES** *C. ambrosii*: carpóforos de un blanco casi puro que se vuelven ligeramente pardos al envejecer; los de *C. fallax* son pardoamarillentos.

FRUCTIFICACION Pequeños grupos o en solitario, suelos ácidos y humus, musgo y hojarasca.

Dimensiones SOMBRERO ⊕ 2–5cm | PIE ↕ 4–8cm ↔ 2–7mm	Esporas Blanquecinas	Comest.

CON SOMBRERO FIBROSO Y ESCAMAS OSCURAS

ESTA SUBSECCION comprende agáricos que, además de tener láminas adnatas a anejas (v. p. 56), tienen la superficie del sombrero fibrosa o escamosa. Las esporadas de todas las especies adoptan varios tonos de pardo, aunque no el de la herrumbre (v. pp. 69-77 para las especies con esporas pardoherrumbrosas). Las especies que pertenecen a esta subsección son miembros de los géneros *Inocybe* y *Lacrymaria*; algunas tienen velo y otras no. Las especies de *Inocybe* que carecen de velo tienen unos pelos muy finos que cubren todo el pie. Para ver estos pelos que se denominan cistidios, hace falta una lupa de bolsillo.

Familia CORTINARIACEAE	Especie *Inocybe haemacta*	Estación Otoño

INOCYBE HAEMACTA

Carpóforos de tonos verdosos, caso raro en este género de colores apagados. El sombrero convexo a umbonado, de pardogrisáceo a pardoverdoso, tiene un centro fibroso o escamoso. Tanto el sombrero como la carne gris pálida se vuelven más rojos al envejecer. El pie gris verdoso es fibroso hacia la base y tiene un revestimiento harinoso en la parte superior más pálida. Este hongo huele a orina o a establo.

• **HABITAT** Forma micorrizas con latifolias sobre suelos ricos, en parques y bosques o en bordes de carreteras. Difundido aunque de localizado a raro en Europa; se desconoce su distribución mundial.

• **ESPECIES SIMILARES** *Inocybe corydalina*, que tiene un olor a sidra tonos verdes.

el sombrero gris o pardoverdoso se • *enrojece con la edad*

• *sombrero convexo o umbonado*

pie gris verdoso, • *más pálido en la parte superior*

las láminas anejas, pardogrisáceas, se vuelven rosadas y luego pardas • *con la edad*

la carne gris • *pálida adquiere un matiz rojizo al envejecer*

SECCION

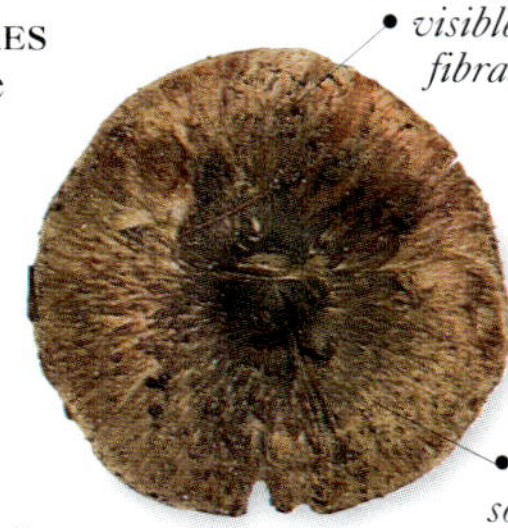

carne más pálida • *visible bajo las fibras*

• *centro del sombrero fibroso o escamoso*

• *revestimiento harinoso en la parte alta del pie*

las láminas están bastante apretadas •

FRUCTIFICACION Solitario o en unos pocos carpóforos.

Dimensiones SOMBRERO ↔ 3–6,5cm | PIE ↕ 2–8cm ↔ 4–6mm	Esporas Marrón tabaco	Comest. ☠

Familia CORTINARIACEAE	Especie *Inocybe erubescens*	Estación Primavera-otoño

INOCYBE ERUBESCENS

La aparición temprana de esta carnosa especie, que ha causado varios envenenamientos (v. Especies similares), es una característica notable, así como que sus carpóforos se tiñan de rojo al manipularlos. Tiene un sombrero de campanulado a extensamente cónico o umbonado, cuya superficie tiene las marcadas fibras radiales comunes al género. El pie, bastante rechoncho y rara vez más largo que el diámetro del sombrero, tiene un revestimiento harinoso.

• **HABITAT** Forma micorrizas con árboles como hayas y tilos, sobre suelos arcillosos o alcalinos. En Europa y partes de Asia.

• **ESPECIES SIMILARES** Ha sido confundido con hongos comestibles como *Calocybe gambosa* (p. 58). *Inocybe pudica* se tiñe de rojo pero tiene carpóforos más delgados y blancos.

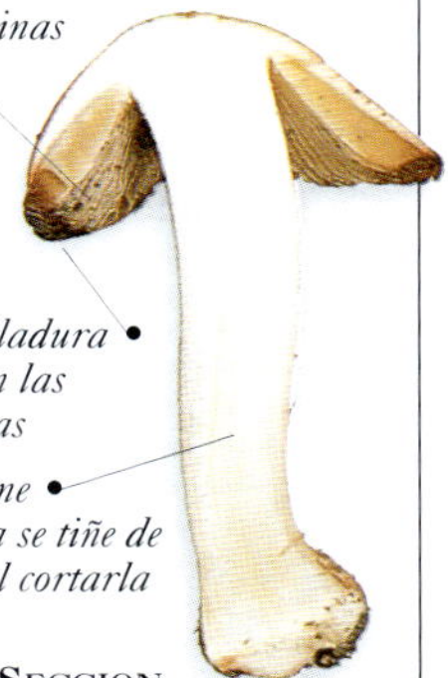

SECCION

FRUCTIFICACION Grupos de carpóforos; suelos ricos.

Dimensiones SOMBRERO ↔ 3–9cm | PIE ↕ 4–7cm ↔ 1–2cm	Esporas Marrón rapé	Comest.

Familia CORTINARIACEAE	Especie *Inocybe godeyi*	Estación Otoño

INOCYBE GODEYI

El sombrero cónico a campanulado varía del blanco crema al ocre pálido y pronto vira al rojo anaranjado brillante. El pie blanquecino tiene un fino revestimiento harinoso y una base bulbosa; también adquiere tonos rojos con la edad, del mismo modo que la carne de olor tenue.

• **HABITAT** Forma micorrizas con latifolias, especialmente con hayas, en suelos alcalinos. Difundido aunque bastante localizado en Europa; distribución mundial desconocida.

• **ESPECIES SIMILARES** *Inocybe pudica* es blanca pero carece de bulbo en el pie.

SECCION

FRUCTIFICACION Grupos reducidos; caminos.

Dimensiones SOMBRERO ↔ 1,5–5cm | PIE ↕ 2–7cm ↔ 3–6mm	Esporas Marrón tabaco	Comest.

Familia CORTINARIACEAE	Especie *Inocybe geophylla*	Estación Otoño

INOCIBE TERRESTRE

Eusk: Inozibe zuri

Esta especie de fuerte olor espermático tiene un sombrero sedoso, rayado, de cónico a umbonado. La parte superior del pie tiene un revestimiento harinoso; la inferior es más fibrosa. Pie sin bulbo. Aparece en dos formas cromáticas distintas: blanca, con matices ocre, y lila con láminas pardas. Es una de las especies más comunes del g. *Inocybe*.

• **HABITAT** Forma micorrizas con latifolias y coníferas, entre la pinaza o sobre suelos ricos, desnudos y alterados, por ejemplo en cunetas y zanjas o junto a carreteras. Difundido y común en zonas templadas norteñas.

• **ESPECIES SIMILARES** *I. sindonia* también es blanco, pero es más robusto. Se encuentra bajo latifolias. Otras especies son mayores o tienen el sombrero más fibriloso o escamoso.

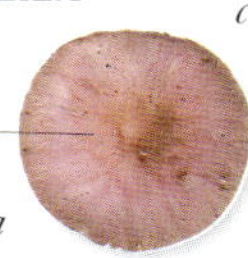

FRUCTIFICACION Grupos densos; árboles.

Dimensiones SOMBRERO ↔ 1–4cm | PIE ↕ 2–5cm ↔ 3–5mm	Esporas Pardas	Comest. ☠

Familia CORTINARIACEAE	Especie *Inocybe rimosa*	Estación Verano-otoño

INOCYBE RIMOSA

Tiene el sombrero puntiagudo, con fibras toscas y radiales y, al envejecer, con un margen involuto que se desgarra con gran facilidad. El carpóforo es amarillo. La parte superior del pie es finamente harinosa; la base es más ancha pero no bulbosa. Las láminas están difundidas de amarillo.

• **HABITAT** Forma micorrizas, con latifolias, sobre suelos fértiles y a menudo alterados, junto a veredas de terrenos arbolados. Difundido y común en zonas templadas norteñas.

• **ESPECIES SIMILARES** El también común *Inocybe maculata* tiene un sombrero pardorrojizo más oscuro con parches del velo blanquecino. Su pálido pie presenta a veces un pequeño bulbo basal. Los otros centenares de especies sólo pueden identificarse con exactitud empleando bibliografía.

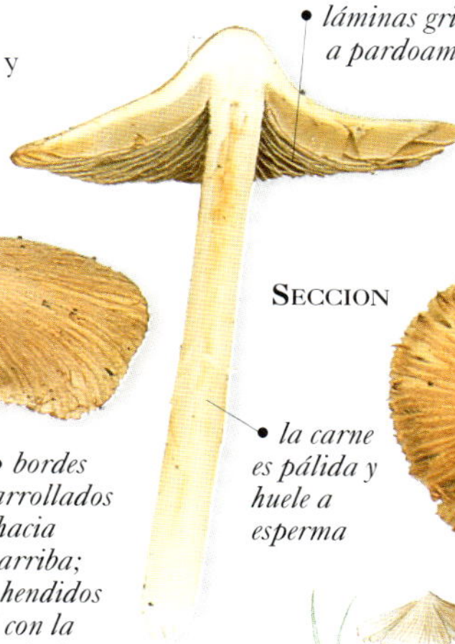

FRUCTIFICACION Pequeños grupos; suelo.

Dimensiones SOMBRERO ↔ 3–7cm | PIE ↕ 6–10cm ↔ 0,5–1cm	Esporas Marrón tabaco	Comest. ☠

Familia CORTINARIACEAE	Especie *Inocybe griseolilacina*	Estación Otoño

INOCIBE GRIS LILA

Unas pequeñas escamas marrones cubren el sombrero convexo y pardocráceo. El pie, escamoso y fibroso, es de color lila pálido, y el sombrero presenta un matiz liláceo. El pie no tiene bulbo basal.

• **HABITAT** Forma micorrizas con latifolias en suelos más fértiles; en bordes de caminos, como otras especies muy emparentadas. Difundido en zonas templadas norteñas; se desconoce su distribución exacta.

• **ESPECIES SIMILARES** *Inocybe cincinnata* tiene el sombrero más oscuro y el color lila del pie es más intenso hacia el ápice. *I. pusio* también tiene el pie lila pero es menos escamoso en el sombrero.

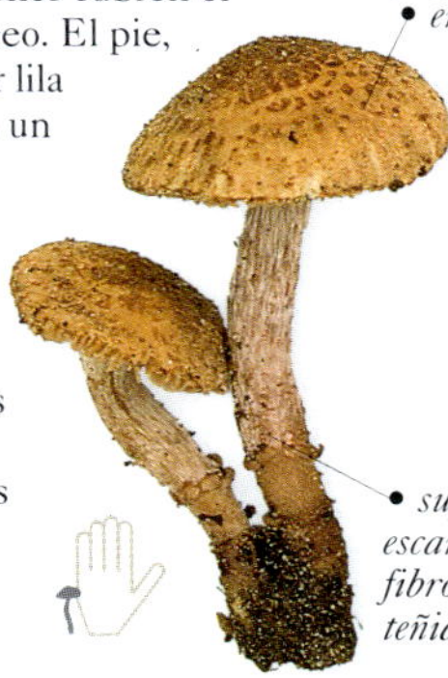

pequeñas escamas marrones • en el sombrero convexo

• superficie escamosa, fibrosa y teñida de lila

sombrero pálido bajo las escamas •

• sombrero pardocráceo, teñido de lila en el borde

pie de coloración • más oscura hacia la base

SECCION

la carne pálida tiene un matiz lila •

• las láminas adnatas, de ocre a beige, tienen los bordes blancos

FRUCTIFICACION Grupos densos o poco numerosos.

Dimensiones SOMBRERO ↔ 0,8–4cm	PIE ↕ 4–7cm ↔ 2–6mm	Esporas Pardas	Comest. ☠

Familia CORTINARIACEAE	Especie *Inocybe lacera*	Estación Primavera-otoño

INOCIBE LACERADO

Finas fibras y escamas cubren el sombrero convexo de esta especie pardo apagado a marrón oscuro. Los especímenes jóvenes muestran un velo en el borde del sombrero. El pie pardo y fibroso no tiene bulbo basal. La carne, que tiene un olor espermático, es pálida en el sombrero y más oscura hacia la base del pie. Especie variable el examen microscópico revela unas esporas lisas y cilíndricas, y unos cistidios de pared gruesa, que ayudan a identificarla.

• **HABITAT** Forma micorrizas con distintos árboles, entre ellos sauces y coníferas. Difundido y común en zonas templadas norteñas.

• **ESPECIES SIMILARES** *Inocybe lanuginosa* tiene el pie más lanudo y esporas con nódulos.

• superficie cubierta de escamas y de finas fibras

• fibras pardas en la superficie del pie

la carne es pálida en el sombrero •

carne oscura en la base del pie •

SECCION

• sombrero convexo, pardo apagado a marrón oscuro

• láminas anejas pardogrisáceas; bordes blancos

FRUCTIFICACION Grupos de carpóforos; suelos pobres.

Dimensiones SOMBRERO ↔ 1–4,5cm	PIE ↕ 2,5–6cm ↔ 2–6mm	Esporas Marrón tabaco	Comest. ☠

Familia CORTINARIACEAE	Especie *Inocybe asterospora*	Estación Otoño

INOCIBE DE ESPORAS ESTRELLADAS

Bulbo aplanado y distintivo en la base de un pie delgado y harinoso, y un sombrero pálido, umbonado, con toscas fibras radiantes pardorrojizas. El examen microscópico revela unas esporas en forma de estrella, las esporas de las especies del g. *Inocybe* son lisas o tienen nódulos; la forma en estrella es un caso extremo de este último tipo.

• **HABITAT** Forma micorrizas con latifolias, avellanos o hayas, y crece sobre suelos desnudos. Difundido en zonas templadas norteñas.

• **ESPECIES SIMILARES** *I. margaritispora* tiene esporas en forma de estrella pero el sombrero es más amarillo y pálido. *I. napipes* tiene un bulbo menos marcado, es de menor tamaño y tiene esporas noduladas ordinarias.

FRUCTIFICACION Solitario o en grupos de carpóforos.

Dimensiones SOMBRERO ↔ 3–7cm | PIE ↕ 4–9cm ↔ 0,5–1,2cm	Esporas Marrón tabaco	Comest. ☠

Familia COPRINACEAE	Especie *Lacrymaria velutina*	Estación Otoño

PSATIRELA ATERCIOPELADA

El sombrero convexo o umbonado es gris pardusco a ocre, con superficie tomentosa. El pie es fibriloso y frágil. Láminas, primero grises y luego negras, bien espaciadas y adnatas. En los bordes de las láminas de los especímenes jóvenes pueden verse gotas de leche; llenas de esporas, se secan como puntos negros.

• **HABITAT** Saprófito; en suelos alterados y ricos en nutrientes. Difundido en zonas templadas norteñas.

• **ESPECIES SIMILARES** *Lacrymaria glareosa* y *L. pyrotricha*. Se distinguen por su tamaño, el color del sombrero y las características de sus esporas.

FRUCTIFICACION Grandes grupos de carpóforos; junto a caminos y senderos, cerca de ortigas.

Dimensiones SOMBRERO ↔ 2–10cm | PIE ↕ 4–12cm ↔ 0,5–2cm	Esporas Negras	Comest. 🍽

DE TAMAÑO MEDIANO, CON EL SOMBRERO LISO

EN ESTA SUBSECCION se han agrupado especies con láminas adnatas, anejas o escotadas (v. pp. 15 y 56), según su tamaño y las características del sombrero. El tamaño mediano se refiere a los carpóforos, cuyo sombrero suele tener un diámetro entre 1,5-6 cm. La superficie lisa del sombrero es una de las características más facilmente visibles. El color de la esporada de las especies que aquí figuran varía extensamente del blanco, que es común a muchas especies de *Hygrocybe*, al crema, que se encuentra en algunos *Collybia*, al rosa producido por los *Entoloma*, y al negro que se encuentra en muchas especies del g. *Psathyrella*.

Familia HYGROPHORACEAE	Especie *Hygrocybe calyptraeformis*	Estación Durante todo el otoño

HYGROCYBE CALYPTRAEFORMIS

Los elegantes y frágiles carpóforos rosáceos son bastante inconfundibles. Cada uno tiene un sombrero que empieza cónico, se abre al madurar y luego se escinde radialmente. Pie quebradizo y difícil de arrancar del sustrato. Carne de rosada pálida a blanca, de sabor suave, no se recomienda su consumo para proteger la especie y porque su comestibilidad no está bien documentada.

• **HABITAT** Pastizales y prados sin fertilizantes comerciales; sobre suelos alcalinos. En toda Europa, incluidas algunas islas del Atlántico norte.

• **ESPECIES SIMILARES** *Hygrocybe citrinovirens* es verde amarillento y anaranjado. Otras especies de *Hygrocybe* tienen el sombrero cónico pero *H. calyptraeformis* y *H. citrinovirens* se escinden de un modo extremo. *H. conica* (p. 104) se ennegrece con la edad. *H. spadicea*: sombrero oscuro y láminas amarillas; no se ennegrece.

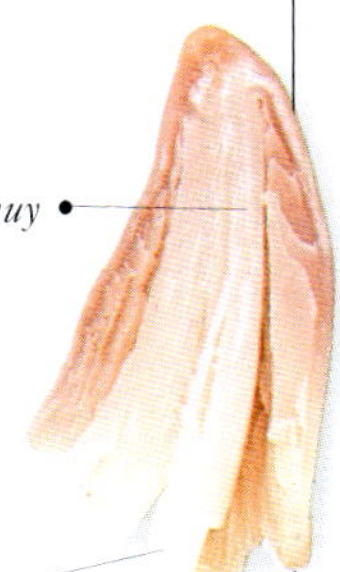

SECCION

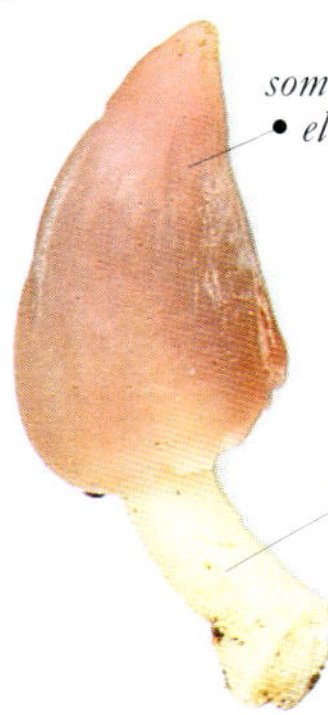

FRUCTIFICACION Pequeños grupos; hierbas y musgos.

Dimensiones SOMBRERO ↔ 3–7cm | PIE ↕ 5–10cm ↔ 0,5–1cm	Esporas Blancas	Comest.

Familia HYGROPHORACEAE	Especie *Hygrocybe conica*	Estación Verano-fin. otoño

HYGROCYBE CONICA

Cat: Pixaconill

El sombrero cónico es seco y fibriloso; el pie varía de amarillo a rojo, con líneas longitudinales. Esta especie es muy variable y, de entre las especies de *Hygrocybe*, es la que tiene una gama más amplia de hábitats (se ha sugerido que se trata de una serie de especies y variedades). Se ennegrece con la edad o cuando se manipula. Puede ser levemente venenosa.

• **HABITAT** En zonas herbosas, excepto en las intensamente fertilizadas. Zonas templadas norteñas.

• **ESPECIES SIMILARES** *H. persistens* tiene a menudo un sombrero más brillante y no se tiñe de negro.

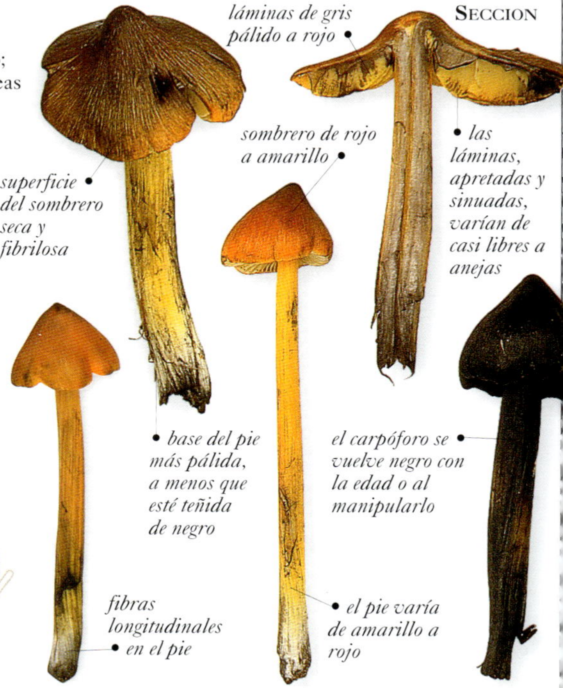

FRUCTIFICACION Pequeños grupos de carpóforos.

Dimensiones SOMBRERO ↔ 1–5cm	PIE ↕ 2–10cm ↔ 0,4–1,5cm	Esporas Blancas	Comest. ☠

Familia HYGROPHORACEAE	Especie *Hygrocybe chlorophana*	Estación Otoño-fin. otoño

HIGROFORO AMARILLO

Esta especie bastante grande, que varía de amarillo anaranjado intenso a pálido, tiene un sombrero viscoso, de convexo a aplanado, que se vuelve amarillo grisáceo al envejecer y tiene un margen estriado. El pie viscoso suele tener el ápice pulverulento. Es comestible aunque no recomendable; carne suave, amarilla pálida.

• **HABITAT** En herbazales no abonados, con otras especies de *Hygrocybe*. Zonas templadas norteñas.

• **ESPECIES SIMILARES** *H. ceracea* es más pequeño y menos viscoso en el sombrero, con láminas adnatas o decurrentes. *H. glutinipes*, aún más pequeño, es muy viscoso tanto en el sombrero como en el pie, y tiene láminas adnatas o decurrentes.

FRUCTIFICACION Grupos densos y en corros de brujas.

Dimensiones SOMBRERO ↔ 1,5–7cm	PIE ↕ 3–10cm ↔ 3–8mm	Esporas Blancas	Comest. 🍽

Familia HYGROPHORACEAE	Especie *Hygrocybe coccinea*	Estación Fin. verano-fin. otoño

HYGROCYBE COCCINEA

Una superficie ligeramente granulosa sobre un sombrero campanulado, que es seco pero se vuelve pegajoso con tiempo húmedo, y unas láminas adnatas, ayudan a diferenciar a este hongo de otras especies rojas de *Hygrocybe*. Es comestible, con sabor y olor tenues. Las formas pequeñas y más anaranjadas son difíciles de diferenciar y deben estudiarse con microscopio utilizando bibliografía muy especializada.

• **HABITAT** En varios tipos de herbazales no abonados. Difundido y bastante común en zonas templadas norteñas.

• **ESPECIES SIMILARES** *H. punicea* (p. 56) y *H. splendidissima* son más carnosos y tienen láminas anejas. El último tiene un pie casi liso y un olor que recuerda a la miel.

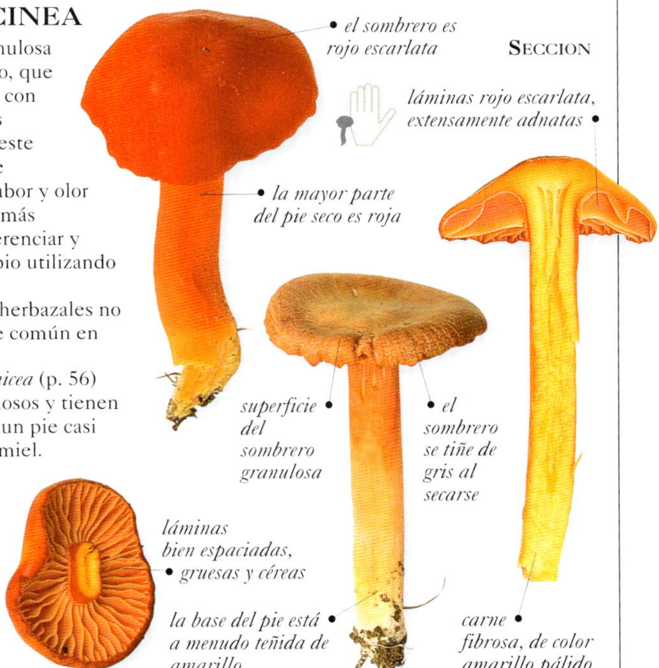

FRUCTIFICACION Grupos densos o pequeños.

Dimensiones SOMBRERO ⊕ 1,5–6cm | PIE ↕ 4–8cm ↔ 0,4–1cm	Esporas Blancas	Comest.

Familia HYGROPHORACEAE	Especie *Hygrocybe psittacina*	Estación Verano-fin. otoño

HIGROFORO VERDE

Cat: Pixacà verd

Esta espectacular especie es difícil de identificar por la amplia variedad de colores de los especímenes. Cuando es joven, el sombrero convexo o campanulado es de un intenso verde botella; con la edad, adquiere tonos púrpura, anaranjados y amarillos. Pie amarillo, teñido de verde azulado. Carpóforo con superficie viscosa, especialmente cuando es joven; casi inodoro. Es incomestible.

• **HABITAT** En prados no abonados, bordes de carreteras y bosques, sobre suelos ricos, con especies de *Geoglossum* (p. 242) y *Clavulinopsis* (p. 240), y otros miembros de Clavariaceae. Zonas templadas norteñas.

• **ESPECIES SIMILARES** *Hygrocybe psittacina* var. *perplexa* se clasifica a veces como una especie distinta. Sus carpóforos son más o menos de color rojo ladrillo.

FRUCTIFICACION Pequeños grupos; prados.

Dimensiones SOMBRERO ⊕ 1–4cm | PIE ↕ 3–7cm ↔ 4–8mm	Esporas Blancas	Comest.

Familia HYGROPHORACEAE	Especie *Hygrophorus eburneus*	Estación Otoño-princ. invierno

HIGRÓFORO MARFILEÑO

Cat: Llenega blanca, Mocosa blanca;
Eusk: Ezko zuri lingirdatsu

El sombrero blanco reluciente, de convexo a aplanado, gotea mucosidad con tiempo húmedo. El pie también es viscoso y blanco. Ambos se amarillean con la edad. Las láminas son gruesas y céreas, y la blanca carne tiene un olor aromático. Buen comestible.

• HABITAT Forma micorrizas con hayas en suelos fértiles. Difundido y común en zonas templadas norteñas en las que crecen hayas.

• ESPECIES SIMILARES *Hygrophorus discoxanthus* se tiñe de anaranjado oscuro.

FRUCTIFICACION Pequeños racimos; entre hojarasca.

Dimensiones SOMBRERO ↔ 3–8cm | PIE ↕ 4–10cm ↔ 0,5–1cm	Esporas Blancas	Comest.

Familia BOLBITIACEAE	Especie *Agrocybe pediades*	Estación Verano-otoño

AGROCYBE PEDIADES

Eusk: Landaburu

Esta especie que normalmente es lisa, con el sombrero convexo, ocre amarillento y sin velo, no es distintiva. El pie es macizo, cilíndrico y recto, y la carne es pálida, con un olor y un sabor harinosos. Algunos expertos dividen a *Agrocybe pediades* en varias especies, hábitat y rasgos microscópicos como el tamaño de las esporas.

• HABITAT En céspedes y otros tipos de herbazales, también en paja que contiene estiércol de caballo. Zonas templadas norteñas.

• ESPECIES SIMILARES *A. arvalis* tiene un pie velloso que brota de esclerocios negros. El emparentado *A. dura* es de color más pálido y más carnoso, con un velo en el borde del sombrero.

FRUCTIFICACION Solitario o en densos carpóforos.

Dimensiones SOMBRERO ↔ 1–3,5cm | PIE ↕ 2,5–5cm ↔ 3–5mm	Esporas Marrón tabaco	Comest.

Familia COPRINACEAE	Especie *Panaeolus papilionaceus*	Estación Verano-fin. otoño

PANAEOLUS PAPILIONACEUS

Eusk: Orribeltz nabar

Se observan restos triangulares del velo en el borde del sombrero; éste es convexo o campanulado y su color varía del oscuro al gris pardusco; los especímenes más viejos pueden tener el sombrero pálido, en contraste con el pie marrón oscuro. El jaspeado de las láminas, causado por las diferencias temporales en la maduración de las esporas, es típico del g. *Panaeolus*. La carne es marrón oscura en el pie, más pálida en el sombrero, y no tiene un olor particular. *P. retirugis* se consideraba otra especie. Esta especie no debería consumirse.

• **HABITAT** Sobre boñigas viejas o en campos pastados y abonados con estiércol. Zonas templadas norteñas.

FRUCTIFICACION Solitario o grupos reducidos; estiércol.

Dimensiones SOMBRERO ⊕ 1–4cm | PIE ↕ 4–10cm ↔ 2–3mm	Esporas Negras	Comest. ☠

Familia STROPHARIACEAE	Especie *Psilocybe cyanescens*	Estación Otoño-princ. invierno

PSILOCYBE CYANESCENS

Agárico alucinógeno con sombrero aplanado y margen ondeado; pardorrojizo, pasa a ocre crema al secarse y mancha de azul oscuro. Se vuelve viscoso con tiempo húmedo. El pie, blanquecino a gris, y que tiñe de azul, no posee anillo. Carne blanca de olor harinoso.

• **HABITAT** En lugares alterados, como estiércol para arrietes de flores que contiene astillas (especialmente astillas de coníferas). Difundido pero bastante localizado en zonas templadas norteñas.

• **ESPECIES SIMILARES** *Psilocybe caerulipes* tiene esporas más pequeñas –8,5 × 5 µm; las de *P. cyanescens* miden 11,5 × 7 × 6µm. *Hypholoma myosotis* no destiñe.

FRUCTIFICACION Céspedes o grupos; lugares alterados.

Dimensiones SOMBRERO ⊕ 2–4cm | PIE ↕ 3–6cm ↔ 3–8mm	Esporas Pardopurpúreo oscuro	Comest. ☠

Familia TRICHOLOMATACEAE	Especie *Macrocystidia cucumis*	Estación Fin. verano-otoño

MACROCISTIDIO DE OLOR DE PEPINO

Tiene un olor fuerte y rancio que recuerda al pepino o a los arenques en adobo. Sombrero marrón oscuro o pardoanaranjado con el margen amarillo pálido y la superficie aterciopelada. El pie, tenaz, también está aterciopelado; es oscuro en la base y más pálido hacia el ápice. La esporada ocre rojiza oscura es inusual.

• **HABITAT** En jardines o parques, o en zanjas y cunetas y junto a caminos de terrenos arbolados, en suelos ricos mezclados con hojarasca o serrín. Difundido pero localizado en zonas templadas norteñas; ampliamente difundido en Europa pero más localizado en Norteamérica.

FRUCTIFICACION Carpóforos juntos o grupos densos.

Dimens. SOMBRERO ↔ 1–5cm	PIE ↕ 3–7cm ↔ 2–5mm	Esporas Ocre herrumbre o blanco	Comest.

Familia COPRINACEAE	Especie *Psathyrella multipedata*	Estación Otoño

PSATIRELA APRETADA

El sombrero gris o pardorrojizo, de campanulado a cónico, tiene estriaciones en toda su mitad externa. Al secarse, pasa a pardoamarillento pálido y no tiene un velo aparente. Los céspedes de hasta 25 m lisos y blancos están unidos por la base y se extienden por el suelo como si fueran raíces. Ésta es una de las pocas especies del g. *Psathyrella* con rasgos de identificación claros, lo que la distingue de la mayoría de hongos pequeños y pardos (HPP).

• **HABITAT** Sobre suelos ricos, margosos arcillosos, en zonas urbanas como bordes de carreteras y parques de ciudades. Difundido en Europa; la distribución mundial no está clara.

• **ESPECIES SIMILARES** *P. piluliformis* (p. 94). *Lyophyllum decastes* (p. 41) y otras especies de *Lyophyllum* (p. 132), todas con esporadas blancas.

FRUCTIFICACION Céspedes apretados; hierba.

Dimensiones SOMBRERO ↔ 0,8–4cm	PIE ↕ 8–14cm ↔ 2–4mm	Esporas Negro pardusco	Comest.

Familia COPRINACEAE	Especie *Psathyrella conopilus*	Estación Fin. verano-fin. otoño

PSATHYRELLA CONOPILUS

Esta distintiva aunque frágil especie es conocida por su elegante porte y por su sombrero pardorrojizo oscuro que, al secarse, cambia a amarillo ocráceo. El sombrero, liso y cónico, tiene estriaciones en el borde. Al microscopio se observan unos pelos oscuros de paredes gruesas en la superficie del sombrero y en la piel delgada, característica única del género.

• **HABITAT** En bordes de carreteras, senderos forestales, y en parques sobre suelos alterados, entre virutas y detritos. Difundido y común en Europa; distribución mundial desconocida.

• **ESPECIES SIMILARES** Son más pequeñas, más pálidas y tienen matices rosados. En las dunas de arena, uno de los hongos con escamas más comunes es *P. ammophila* sobre *Ammophila arenaria*.

FRUCTIFICACION Carpóforos aislados; grupos densos.

Dimensiones SOMBRERO ↔ 2–6cm | PIE ↕ 9–19cm ↔ 2–3mm	Esporas Negras	Comest.

Familia ENTOLOMATACEAE	Especie *Entoloma cetratum*	Estación Princ. verano-fin. otoño

RODOFILO CETRADO

Eusk: Azpiarroza ugatzurgi

Es identificable por su coloración pardoocrácea cálida, las estriaciones claras del sombrero y su elevada estatura. Sombrero de forma campanulada a convexa, y pie fibriloso. El examen con microscopio revela unos basidios de dos esporas. Ésta y otras especies de *Entoloma* del tipo *Collybia* también se clasifican en un género o subgénero separado, *Nolanea*.

• **HABITAT** Bajo coníferas, en suelos ricos en humus, también en terrenos arbolados ácidos de latifolias, brezales y ciénagas. Difundido y común en Europa; distribución mundial poco clara.

• **ESPECIES SIMILARES** *E. lanuginosipes* y *E. pallescens*: superficies muy pulverulentas del pie y basidios de cuatro esporas.

FRUCTIFICACION Carpóforos juntos o aislados.

Dimensiones SOMBRERO ↔ 0,5–3cm | PIE ↕ 5–8cm ↔ 2–4mm	Esporas Rosado pálido	Comest.

Familia ENTOLOMATACEAE	Especie *Entoloma conferendum*	Estación Primavera-fin. otoño

ENTOLOMA CONFERENDUM

Pese a su pie plateado y fibriloso, no es fácil de identificar. El microscopio revela su rasgo de identificación clave: las esporas en forma de estrella. El sombrero, pardorrojizo a pardogrisáceo, tiende a ser cónico y pasa a convexo o umbonado con la edad; las estriaciones más oscuras de la superficie se descoloran cuando pasa a pardogrisáceo al secarse. Láminas apretadas adnatas, y carne pálida que huele y sabe a harina.

• **HABITAT** En lugares herbosos, parques y campos deportivos, en hierba o musgo de bosques abiertos. Zonas templadas norteñas.

• **ESPECIES SIMILARES** *E. cetratum* (p. 109) es de un pardoocráceo más cálido, y *E. sericeum* (recuadro, derecha). Todas estas especies de *Entoloma* tienen esporas angulosas, aunque no en forma de estrella.

△ *ENTOLOMA SERICEUM*
Pie corto, sombrero marrón sepia oscuro a gris hueso; es común en Europa y tiene un olor a harina rancia. Las esporas angulosas no tienen forma de estrella. ☠

FRUCTIFICACION Solitario o en pequeños grupos.

Dimensiones SOMBRERO ⊕ 2–4cm | PIE ↕ 3–6cm ↔ 3–7mm	Esporas Rosado pálido	Comest. ☠

Familia ENTOLOMATACEAE	Especie *Entoloma nitidum*	Estación Otoño

ENTOLOMA NITIDUM

Es una de las pocas especies grandes y carnosas de *Entoloma*. Es de un gris azulado muy oscuro, con el sombrero convexo a umbonado, de liso a fibriloso, y el pie delgado y retorcido. Las láminas, adnatas y bien espaciadas, son blancas y se vuelven rosa pálido al envejecer. La blanca carne del sombrero tiene un matiz azul cerca de la piel y un olor tenue. No es comestible.

• **HABITAT** Entre el musgo, en bosques o plantaciones húmedos y ácidos de coníferas. Ampliamente difundido, pero sobre todo en Europa y partes adyacentes de Asia; distribución mundial desconocida.

• **ESPECIES SIMILARES** *E. bloxamii* es más carnosa y prefiere los herbazales alcalinos. *E. euchroum* es más pequeña, más azul, y crece sobre latifolias.

FRUCTIFICACION Solitario o en carpóforos; terrenos arbolados húmedos.

Dimensiones SOMBRERO ⊕ 1–2,5cm | PIE ↕ 2–6cm ↔ 2–4mm	Esporas Rosado pálido	Comest.

Familia TRICHOLOMATACEAE	Especie *Collybia fusipes*	Estación Verano-otoño

COLIBIA DE PIE FUSIFORME

Cat: Flota de roure; Eusk: Kolibia marroi

Forma céspedes y tiene un pie que se enraíza profundamente, con fibras retorcidas; para poderlo sacar del suelo entero hace falta un instrumento de cavar. La forma del sombrero pardorrojizo varía de convexa a umbonada o irregular. El pie pardozorruno, más pálido en el ápice, es muy tenaz y tiene una carne pálida y fibrosa, de sabor suave y olor indistinto.

• HABITAT Parásito débil, se encuentra adherido a raíces enterradas, viejos robles, en parques y también en bosques antiguos. Común y ampliamente difundido en las zonas con roble de Europa.

FRUCTIFICACION
Céspedes; raíces de robles.

Dimensiones SOMBRERO ↔ 4–8cm	PIE ↕ 4–8cm ↔ 0,5–1,5cm	Esporas Blancas	Comest.

Familia TRICHOLOMATACEAE	Especie *Collybia dryophila*	Estación Verano-princ. otoño

COLIBIA DE LOS ROBLES

Cat: Cama-sec de bosc; Eusk: Haritz-marasmio

Sombrero viscoso, convexo a plano, ocráceo pálido, que distorsiona un parásito fúngico gelatinoso *(Christiansenia tumefaciens)*. Pie liso de color similar, más pálido hacia el ápice. Aunque comestible, la delgada carne tiene un sabor suave e insípido y un olor indistinto.

• HABITAT En terrenos arbolados o lugares herbosos abiertos, sobre la hojarasca y los suelos ricos en humus. Zonas templadas norteñas.

• ESPECIES SIMILARES *Collybia aquosa* tiene rizoides rosa pálido, y *C. ocior* un sombrero oscuro y láminas amarillas oscuras. Ambos fructifican a fines de primavera o en verano y *Marasmius oreades* (p. 117) en corros de brujas en la hierba.

FRUCTIFICACION Grupos densos; hojarasca y humus.

Dimensiones SOMBRERO ↔ 2–6cm	PIE ↕ 3,5–7cm ↔ 3–5mm	Esporas Crema	Comest.

Familia TRICHOLOMATACEAE	Especie *Collybia erythropus*	Estación Otoño-fin. otoño

COLLYBIA ERYTHROPUS

Cat: Cama-sec de cama fosca; Eusk: Marasmio hankagorri

El sombrero, crema a ocráceo claro, de convexo a plano, está estriado y tiene una superficie viscosa. El pie liso es de un color rojo zorruno. La carne es blanca en el sombrero y pardorrojiza en el pie. Tiene un sabor y un olor insípidos, y no tiene valor culinario.

• **HABITAT** En terrenos arbolados de latifolias, donde crece sobre troncos cubiertos de musgo o emerge de la madera medio enterrada y descompuesta. Bastante común y difundido en Europa; probable difusión mundial.

• **ESPECIES SIMILARES** *C. acervata* crece en céspedes o carpóforos sueltos, en o bajo coníferas. *C. dryophila* (p. 111). Las especies de *Marasmius* (pp. 114, 117, 138, 177) son similares.

SECCION

FRUCTIFICACION Céspedes o en solitario.

Dimensiones SOMBRERO ↔ 1–4cm | PIE ↕ 3–7cm ↔ 2–5cm	Esporas Crema pálido	Comest.

Familia TRICHOLOMATACEAE	Especie *Collybia butyracea*	Estación Fin. verano-princ. invierno

COLIBIA BUTIRACEA

Eusk: Kolibia gurinkara

Esta especie se reconoce por su sombrero viscoso y umbonado, que cambia de color al secarse, creando zonas oscuras y claras, y por la base de su pie, claviforme. La carne es tenaz y fibrosa, y es hueca o tiene una médula floja en el pie; aunque es comestible, no tiene valor culinario.

• **HABITAT** En terrenos arbolados de latifolias, en suelos ricos en humus y entre la hojarasca. Difundido y de común a abundante en zonas templadas norteñas.

• **ESPECIES SIMILARES** Una forma más oscura crece en terrenos arbolados ácidos, y se la considera como otra especie, *C. filamentosa*.

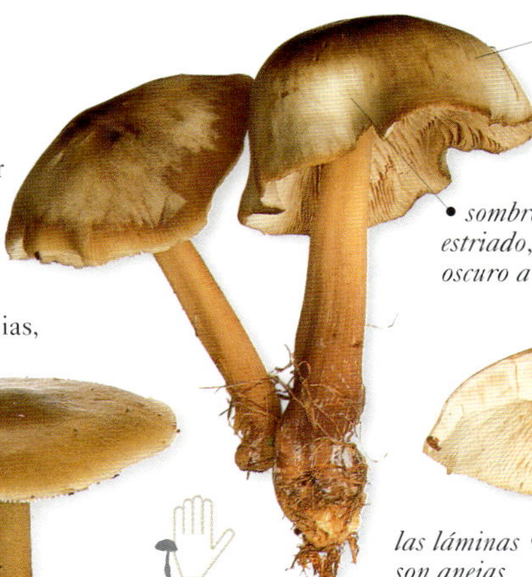

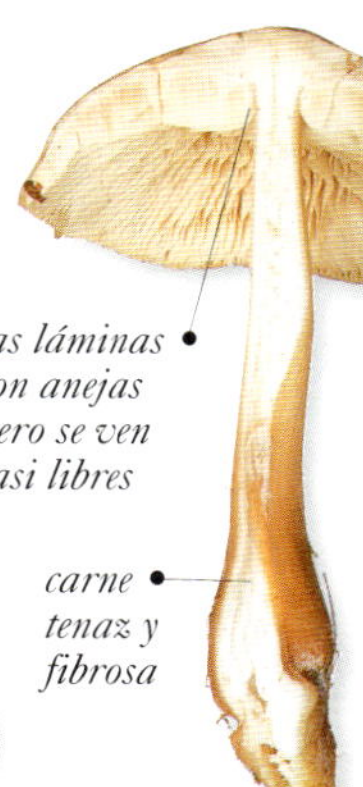

SECCION

FRUCTIFICACION Grupos densos; hojarasca y suelo.

Dimensiones SOMBRERO ↔ 3–6cm | PIE ↕ 4–7cm ↔ 0,5–2cm	Esporas Crema pálido	Comest.

Familia TRICHOLOMATACEAE	Especie *Collybia confluens*	Estación Otoño

COLIBIA AGRUPADA

Esta especie produce densos céspedes de carpóforos; tiene un tallo alto y fino, cubierto de un tomento blanco grisáceo, y un sombrero blanco, redondeado y de un blanco grisáceo muy pálido, menor que el de la mayoría de especies del g. *Collybia*. Tiene un olor tenue y aromático, pero no se le atribuye valor culinario y tiene poca carne.

• **HABITAT** En terrenos arbolados de latifolias o coníferas, sobre espesa hojarasca; es más común en suelos ricos y fértiles. Difundido y común en zonas templadas norteñas.

• **ESPECIES SIMILARES** *C. acervata* se caracteriza por una coloración rojiza, el pie es tomentoso en la mitad inferior, y está siempre asociado a coníferas.

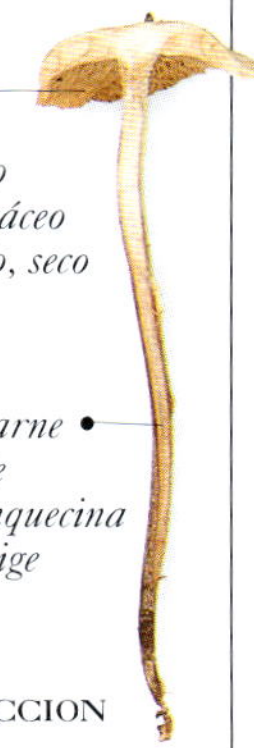

SECCION

FRUCTIFICACION Densos céspedes o corros de brujas.

Dimensiones SOMBRERO ↔ 1–3cm | PIE ↕ 5–9cm ↔ 3–7mm	Esporas Crema pálido	Comest.

Familia TRICHOLOMATACEAE	Especie *Collybia peronata*	Estación Otoño-fin.otoño

MARASMIO ARDIENTE

Eusk: Marasmio zolahori

El sombrero ocráceo varía de acampanulado a casi plano y tiene unas estriaciones marrones oscuras, radiales e irregulares. El pie amarillo pálido está cubierto de fibras tomentosas amarillas en la base, y se vuelve velloso hacia el ápice, mientras que la carne, incomestible y de sabor acre, es blanca a amarillo azufre, tenaz y fibrosa. Sus láminas muy espaciadas también resultan muy útiles para la identificación.

• **HABITAT** En terrenos arbolados de latifolias y coníferas, sobre la hojarasca. Zonas templadas norteñas; muy común en Europa, raro en Norteamérica.

• **ESPECIES SIMILARES** Tanto *Collybia alcalivirens* como *C. fuscopurpurea* tienen el sombrero más oscuro y el tomento de su pie no es amarillo; sabor suave.

SECCION

FRUCTIFICACION Grupos densos o céspedes de carpóforos.

Dimensiones SOMBRERO ↔ 2,5–6cm | PIE ↕ 4–8cm ↔ 3–5mm	Esporas Crema pálido	Comest.

Familia TRICHOLOMATACEAE	Especie *Marasmius alliaceus*	Estación Fin. verano-otoño

MARASMIO ALIACEO

Cat: Allet; Eusk: Marasmio barratxuri

Un olor acre que recuerda al ajo rancio, el sombrero de un tono ocráceo pálido y el pie negro y casi liso identifican a esta gran especie. El sombrero es convexo o umbonado, y su superficie puede tener estriaciones más oscuras, en el margen, o más rara vez casi en el centro que desaparecen con la edad. Pese a su sabor rancio, se utiliza como sucedáneo del ajo.

• **HABITAT** En ramas o troncos enterrados, en bosques de hayas. Difundido en las regiones de hayas de Europa y partes adyacentes de Asia.

• **ESPECIES SIMILARES** *M. scorodonius* es más pequeño y más pálido pero tiene un olor similar. En praderas y pastos.

FRUCTIFICACION Solitario o grupos; bosques de hayas.

FORMA ENANA

Dimensiones SOMBRERO ↔ 1,5–4cm | PIE ↕ 7–15cm ↔ 3–6mm	Esporas Blanquecinas	Comest.

Familia TRICHOLOMATACEAE	Especie *Flammulina velutipes*	Estación Fin. otoño-primavera

COLIBIA DE PIE ATERCIOPELADO

Eusk: Kolibia zolabeltz; Gal: Cogumelo de pe veludo

Sombrero pardoanaranjado y aterciopelado, y pie marrón oscuro. Sobrevive a las heladas. Las láminas son anejas, apretadas y de blancas a amarillas pálidas. La carne, delgada y amarilla pálida, es suave; en Japón se cultiva para cocinar.

• **HABITAT** Sobre árboles de hoja ancha vivos aunque enfermos, sauces o álamos; en los puntos más debilitados, como en el de ruptura de una rama. Zonas templadas norteñas.

• **ESPECIES SIMILARES** *F. fennae* y *F. ononidis*.

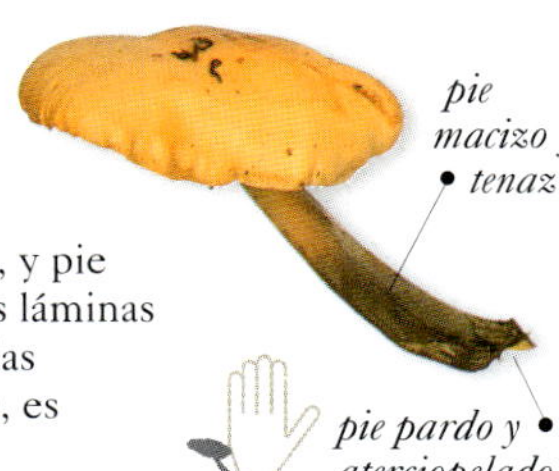

SYZYGITES MEGALOCARPUS △ Esta especie blanco, grisácea, parasita a diversos agáricos, como *Flammulina*.

FRUCTIFICACION Densos grupos de carpóforos.

Dimensiones SOMBRERO ↔ 1–6cm | PIE ↕ 2–7cm ↔ 0,3–1cm	Esporas Blancas	Comest.

Familia HYDNANGIACEAE	Especie *Laccaria amethystina*	Estación Otoño

LACARIA AMATISTA

Cat: Pimpinella morada petita; Eusk: Lakaria ubel

Cuando es joven, esta especie es identificable por su color amatista, combinada con unas láminas gruesas; se decolora con la edad, por ello, los especímenes más viejos son difíciles de distinguir de las especies más rojas de *Laccaria*. El sombrero, seco y tomentoso, tiene un ombligo inconspicuo y pálidas estriaciones en el margen. Sus láminas gruesas y bien espaciadas son típicas; el examen microscópico revela unas esporas diminutas (9,5 µm de diámetro). Es comestible y, si bien no tiene un olor ni un sabor fuertes, contiene una elevada concentración de arsénico.

• **HABITAT** Forma micorrizas con árboles, como hayas y coníferas. Zonas templadas norteñas.

FRUCTIFICACION Grupos densos; entre la hojarasca.

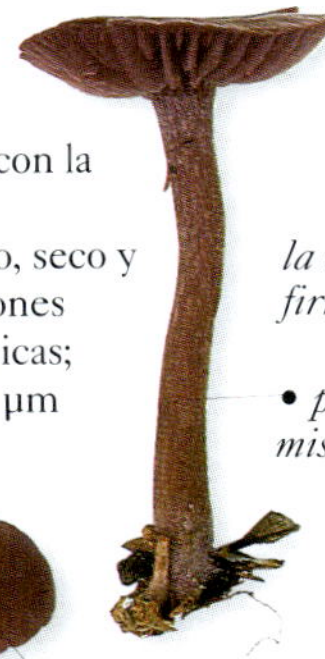

cavidad central en el pie

la carne pálida es firme y fibrilosa

pie fibriloso del mismo color que el sombrero

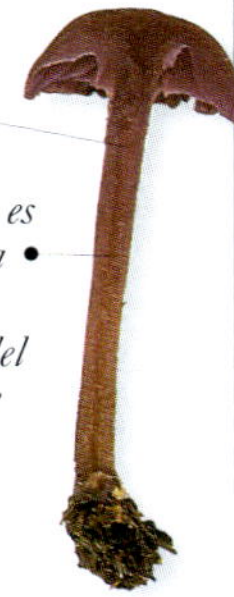

SECCION

borde del sombrero estriado

la base del pie tiene un micelio blanquecino y tomentoso

láminas adnatas, gruesas y bien espaciadas

Dimensiones SOMBRERO ↔ 2–5cm	PIE ↕ 3–7cm ↔ 4–8mm	Esporas Violeta a blanco	Comest.

Familia HYDNANGIACEAE	Especie *Laccaria laccata*	Estación Verano-princ. invierno

LACARIA LACADA

Cat: Pimpinella rosada; Eusk: Lakaria arrunt

Coloración muy variable, aparece en una serie de tonos pardorrosáceos y se descolora con la edad. Tiene un sombrero seco, tomentoso o escamoso, denticulado en el margen y deprimido en el centro, un pie fibriloso, y unas láminas gruesas y bien espaciadas. Tiene esporas espinosas, esféricas, de 9 x 8 µm y basidios de 4 esporas. Comestible, la carne delgada y pardorrojiza es inodora e insípida.

• **HABITAT** Forma micorrizas con árboles en bosques y parques; también en lugares cenagosos, bajo sauces. Difundido y abundante en zonas templadas norteñas.

• **ESPECIES SIMILARES** *L. bicolor*: escamas contrastadas azules pálidas. *L. fraterna*: basidios de 2 esporas, del mismo modo que el más pequeño y de esporas mayores *L. pumila*. *L. proxima*: mayor tamaño, y pie más fibriloso. *L. purpureobadia* es pardopurpúreo oscuro. *L. maritima* crece sobre dunas y tiene esporas elipsoidales, casi lisas.

sombrero seco, pardorrojizo, puede adoptar varios tonos de pardorrosado

borde del sombrero denticulado

pie robusto y fuertemente fibriloso

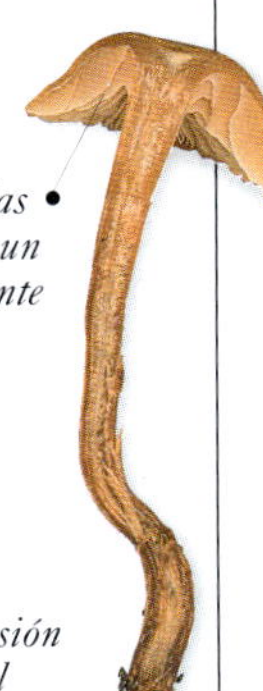

cada una de las láminas tiene un diente decurrente

SECCION

FRUCTIFICACION Grupos densos; suelos húmedos.

láminas rosadas, bien espaciadas

ligera depresión en el centro del sombrero

Dimensiones SOMBRERO ↔ 1–5cm	PIE ↕ 2–6cm ↔ 2–6mm	Esporas Blancas	Comest.

Familia TRICHOLOMATACEAE	Especie *Calocybe carnea*	Estación Mediados-fin. otoño

CALOCYBE CARNEA

Se identifica por su sombrero y su pie rosados, en contraste con sus láminas apretadas, sinuadas, escotadas y blancas, aunque, por preferir los hábitats herbáceos, no siempre es fácil de descubrir. Inodora e insípida, es una buena comestible pero es tan pequeña que apenas vale la pena recolectarla.

• **HABITAT** Herbazales, incluidos pastos agrícolas fertilizados y parterres. Difundido en zonas templadas norteñas; bastante común.

• **ESPECIES SIMILARES** *Callocybe persicolor*, posiblemente la misma especie, es más apagado y tiene la base del pie peluda, unida en céspedes. *C. obscurissima* es aún más apagado y crece sobre suelos alcalinos, en terrenos arbolados. *Entoloma rosea* es más brillante, con una esporada rosada.

△ *CALOCYBE IONIDES* Coloración lila sombrero de umbonado a deprimido, con borde ondulado, pie claviforme, y láminas blanco crema.

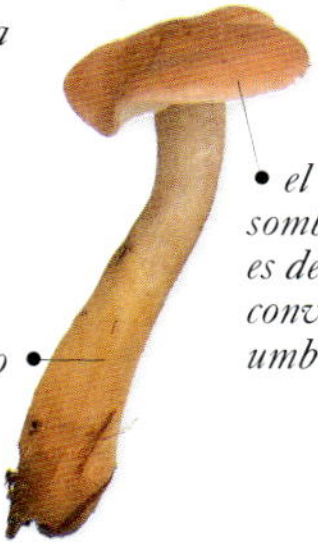

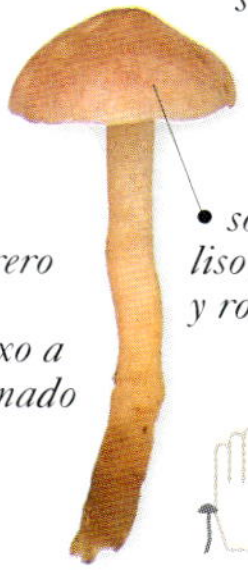

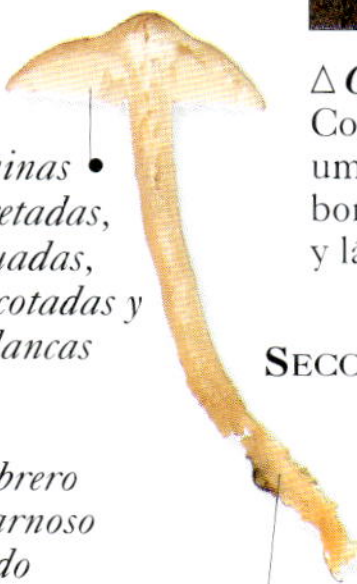

SECCION

FRUCTIFICACION Solitario o en grupos de carpóforos.

Dimensiones SOMBRERO ↔ 1–4cm	PIE ↕ 2–4cm ↔ 3–8mm	Esporas Blanco crema	Comest.

Familia TRICHOLOMATACEAE	Especie *Mycena galericulata*	Estación Verano-princ. invierno

MICENA EN FORMA DE CASCO

Eusk: Kanpaitxo errotari

Dos rasgos distintivos de este agárico común son su tenacidad, inusual en comparación con otras especies de *Mycena*, y la tendencia de las láminas para adquirir un tono rosa pálido con la edad. El sombrero varía de campanulado a convexo y pardoamarillento o pardogrisáceo. El pie, de color similar, es hueco pero muy tenaz y puede retorcerse sin llegar a romperse. La carne tiene un olor harinoso y rancio, y un sabor similar.

• **HABITAT** En terrenos arbolados, se halla sobre troncos, tocones y también ramas caídas de latifolias. Difundido y común en zonas templadas norteñas; se extiende hacia el sur.

SECCION

FRUCTIFICACION Grupos de carpóforos y césped.

Dimensiones SOMBRERO ↔ 1–6cm	PIE ↕ 3–8cm ↔ 2–7mm	Esporas Crema pálido	Comest.

Familia TRICHOLOMATACEAE	Especie *Marasmius oreades*	Estación Princ. verano-mediados otoño

SENDERUELA

Cat: Cama-sec, Carrereta, Carmanyola; Eusk: Marasmio jangarri; Gal: Sendeiriña

Esta especie tiene un sombrero campanulado a convexo, más plano y con un umbón ancho al envejecer; emerge de color canela y se seca a ocráceo pálido a partir del centro. El pie, de blanquecino a ocráceo pálido, es tenaz y macizo. Tiene un sabor excelente y un olor almendras amargas (v. Especies similares antes de consumirlo).

• **HABITAT** En herbazales, incluidos céspedes. Zonas templadas norteñas.

• **ESPECIES SIMILARES** El venenoso *Clytocibe dealbata* (p. 34) se encuentra en los mismos hábitats. Se distingue por sus esporas decurrentes.

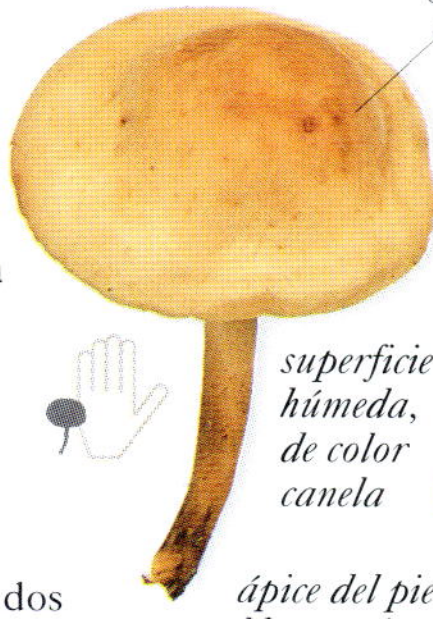

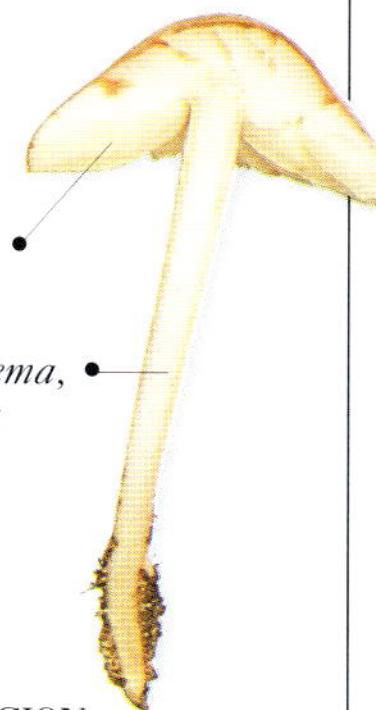

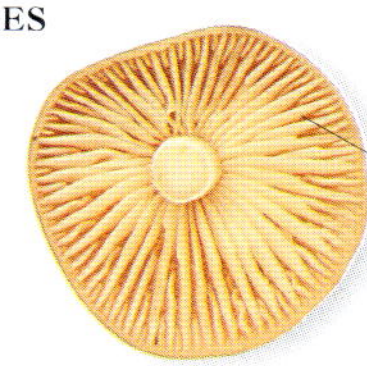

FRUCTIFICACION Corros de brujas; entre la hierba.

Dimensiones SOMBRERO ↔ 1–5cm	PIE ↕ 3–6cm ↔ 3–7mm	Esporas Blanquecinas	Comest.

Familia TRICHOLOMATACEAE	Especie *Oudemansiella radicata*	Estación Verano-fin. otoño

MUCIDULA RADICANTE

Cat: Cama-sec radicant; Eusk: Kolibia erroluze

Sombrero viscoso, de umbonado a aplanado, de pardogrisáceo a pardoamarillento, y pie retorcido y surcado, blanco en el ápice y pardo hacia la base. El pie se extiende 5-15 cm por debajo del suelo y del sustrato leñoso enterrado, y otros 5-15 cm por encima. Ésta y otras pocas especies se clasifican a veces en el género *Xerula*.

• **HABITAT** En parques y bosques, cerca de árboles y tocones. Zonas templadas norteñas; común en algunas regiones.

• **ESPECIES SIMILARES** *Oudemansiella pudens* y *O. caussei* tienen el sombrero seco y el pie muy aterciopelado.

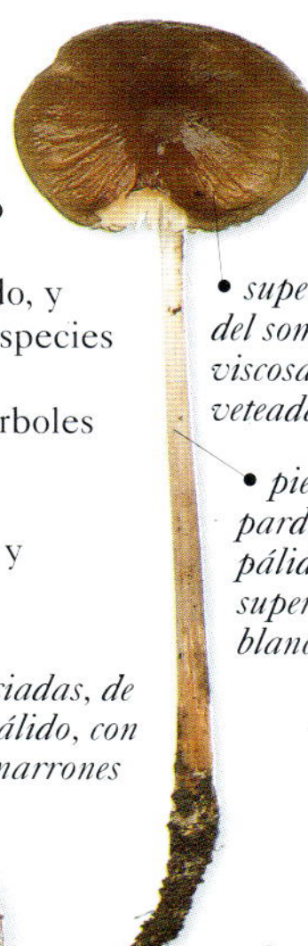

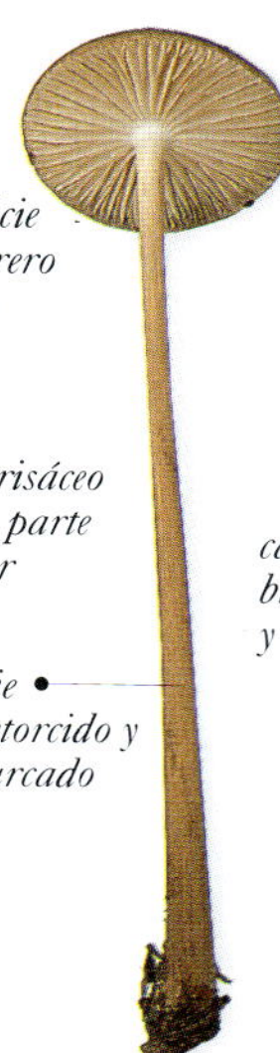

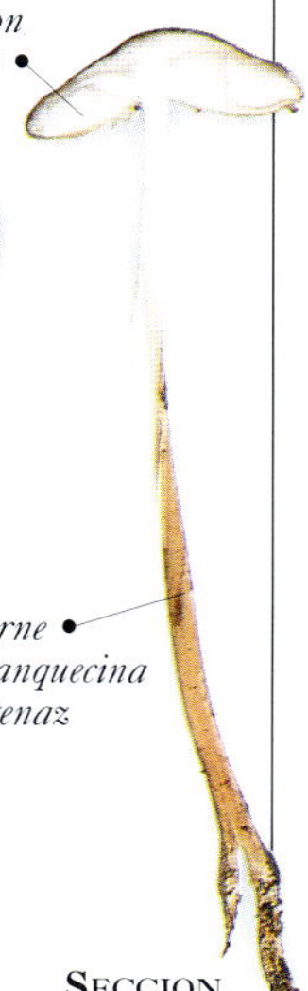

FRUCTIFICACION Solitario o en grupos dispersos.

Dimensiones SOMBRERO ↔ 3–10cm	PIE ↕ 5–15cm ↔ 0,5–1cm	Esporas Crema pálido	Comest.

Familia TRICHOLOMATACEAE	Especie *Mycena pelianthina*	Estación Verano-otoño

MYCENA PELIANTHINA

Eusk: Kanpaitxo azpilun

Este agárico de coloración sombría tiene el sombrero grande. Convexo a plano, es gris purpúreo, húmedo, y gris lavanda pálido, seco. Láminas medianamente espaciadas, anchas y púrpura grisáceas con borde serrado casi negro. El olor a rábanos es similar al de *M. pura* (abajo). En conjunto es como un *Collybia* (pp. 111-113) pero rasgos microscópicos como esporas amiloides y enormes cistidios coloreados lo sitúan en el g. *Mycena*.

• HABITAT Principalmente en terrenos alcalinos y ricos, sobre espesa hojarasca sobre todo de hayas. Difundido en Europa y partes adyacentes de Asia.

SECCION

FRUCTIFICACION Solitario o en pocos carpóforos juntos.

Dimensiones SOMBRERO ↔ 3–6cm | PIE ↕ 4–8cm ↔ 4–8mm	Esporas Blancas	Comest. ☠

Familia TRICHOLOMATACEAE	Especie *Mycena pura*	Estación Fin. verano-princ. invierno

MICENA PURA

Eusk: Kanpaitxo arbiusain

Adopta distintos colores con matices purpúreos; huele a rábanos. Una forma rosada y grande, *Mycena rosea*, ha sido causa de envenenamientos. Sombrero, de convexo a umbonado, margen estriado. Pie hueco y seco con un matiz amarillo o más pálido aunque con el color del sombrero.

• HABITAT En hábitats arbolados y abiertos; suelos ricos en humus. Zonas templadas norteñas; su área se extiende hacia el sur.

• ESPECIES SIMILARES *M. diosma*: un sombrero oscuro que seco cambia de color, huele a madera de cedro y crece sobre suelos alcalinos.

SECCION

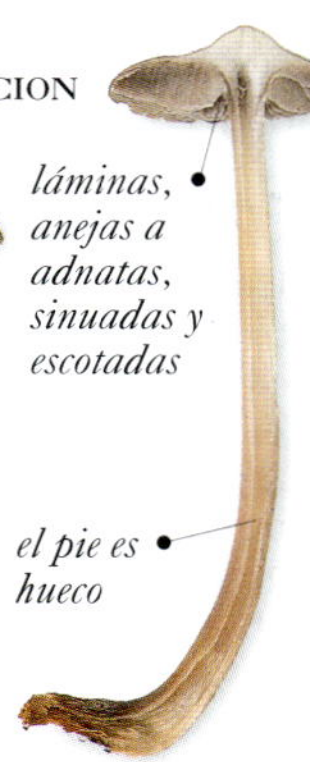

FRUCTIFICACION Solitario o en pequeños grupos; suelos.

Dimensiones SOMBRERO ↔ 2–6cm | PIE ↕ 3–9cm ↔ 0,3–1cm	Esporas Blancas	Comest. ☠

Familia TRICHOLOMATACEAE	Especie *Mycena crocata*	Estación Fin. verano-otoño

MICENA DE LECHE AZAFRANADA

El sombrero, convexo y umbonado, es gris pardusco, con un margen y unas estriaciones más pálidos. El pie exuda un líquido naranja azafrán al cortarlo o romperlo, origen del nombre vulgar. La parte más baja también es naranja azafrán; la parte superior es más pálida. Las láminas, bien espaciadas, son blancas y se tiñen de amarillo.

• **HABITAT** Asociado con hayas, se le encuentra sobre ramas caídas medio enterradas o entre espesa hojarasca. Difundido en las regiones de hayas de Europa y localmente muy común; también en Japón.

• **ESPECIES SIMILARES** Otras especies *Mycena* producen un líquido coloreado o blanco cuando se dañan. *M. haematopus* (p. 136) tiene un jugo rojo sangre, del mismo modo que *M. sanguinolenta*; *M. galopus* (p. 137) exuda un líquido blanco.

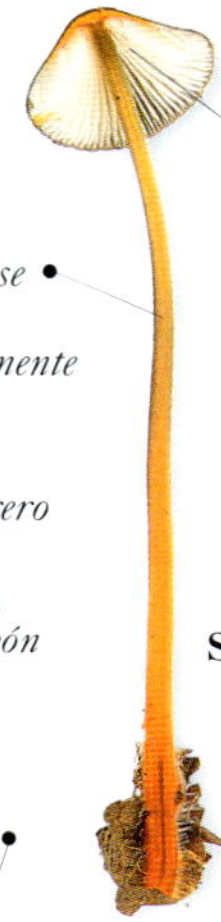

SECCION

FRUCTIFICACION Grupos densos o carpóforos juntos.

Dimensiones SOMBRERO ↔ 1–3cm | PIE ↕ 5–12cm ↔ 1–3mm	Esporas Crema pálido	Comest.

Familia TRICHOLOMATACEAE	Especie *Mycena polygramma*	Estación Otoño-princ. invierno

MICENA ESTRIADA

Esta especie bastante grande y de carne tenaz tiene un pie plateado con estriaciones en toda su longitud. El sombrero, gris pálido a pardogrisáceo, es umbonado, con arrugas radiales en su seca superficie. La blanquecina carne es casi incolora. Ocasionalmente se encuentran formas blancas.

• **HABITAT** En terrenos arbolados, adherido a leña enterrada de latifolias y en torno a tocones, pero también en la base de árboles vivos; raro sobre coníferas. Difundido y común en Europa y en partes adyacentes de Asia; también se le encuentra en Japón.

• **ESPECIES SIMILARES** *M. vitilis* es menor, con el pie tenaz, liso y brillante. Crece en los mismos hábitats y es más común. *M. galericulata* (p. 116) es incluso más tenaz y tiene el pie liso.

SECCION

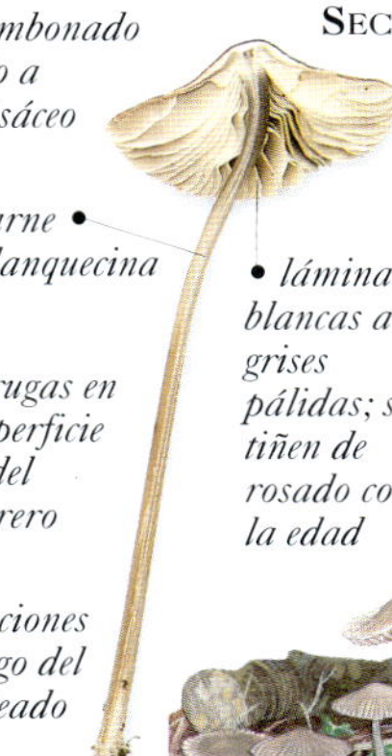

FRUCTIFICACION Solitario o en pequeños grupos.

Dimensiones SOMBRERO ↔ 1–4cm | PIE ↕ 5–12cm ↔ 2–4mm	Esporas Blancas	Comest.

CON LA CARNE DESMENUZABLE

TODAS LAS ESPECIES que se incluyen pertenecen al género *Russula*. Todas tienen láminas anejas a adnatas y la carne desmenuzable debido a unas células redondas que se agrupan en "nidos" dentro de la carne. Las rúsulas son muy similares a los lactarios (*Lactarius*, pp. 43-55), que también tienen la carne desmenuzable. Los lactarios, no obstante, exudan leche cuando se les corta y suelen tener láminas decurrentes. La mayoría de especies de *Russula* tienen carpóforos de colores más brillantes que los lactarios.

Todas las especies de *Russula* forman micorrizas (v. pp. 18-19) con árboles o, en unos pocos casos, con arbustos y plantas herbáceas. Como norma, las rúsulas de sabor suave son comestibles, mientras que las que tienen sabor picante se consideran venenosas.

Familia RUSSULACEAE	Especie *Russula delica*	Estación Verano-otoño

RUSULA BLANCA

Cat: Pebràs, Pebrassa blanca, Tarrandós, Forta; Eusk: Gibelzuri orrizabal

Es una especie de gran tamaño; sombrero en forma de embudo, pie robusto y carne firme y blanca. Las láminas son blancas y tienen un brillo turquesa; bien espaciadas.

• **HABITAT** Forma micorrizas con latifolias y coníferas; suelos drenados. Difundido en zonas templadas norteñas.

• **ESPECIES SIMILARES** *Russula chloroides:* láminas apretadas y brillo turquesa más fuerte y a menudo también con una zona turquesa en torno al ápice. *Lactarius vellereus* (p. 44) es de mayor tamaño, sombrero tomentoso y exuda leche blanca.

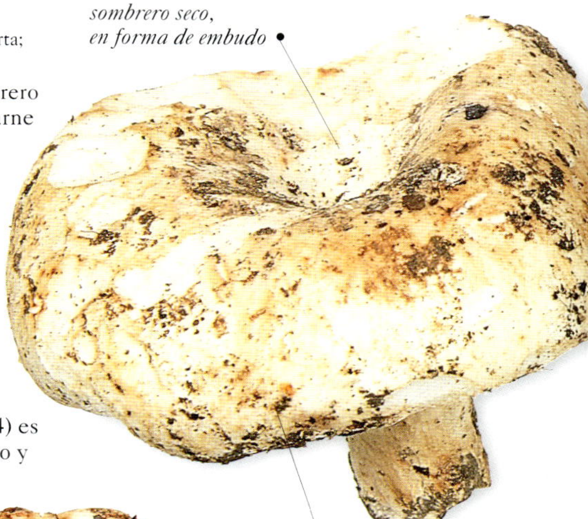

FRUCTIFICACION
Carpóforos; terrenos arbolados.

Dimensiones SOMBRERO ↔ 5–15cm | PIE ↕ 2–5cm ↔ 1,5–3cm	Esporas Blancas o crema	Comest.

Familia RUSSULACEAE	Especie *Russula foetens*	Estación Verano-otoño

RUSULA FETIDA

Cat: Cualbra pudent, Cualbra abellera, Cuagra pudent;
Eusk: Gibelokre kirastun

Olor rancio; sombrero carnoso, convexo y pardoanaranjado, viscoso al tacto y con borde surcado. Su blanco pie, manchado de pardo en la base, es corto y en forma de barril. La carne desmenuzable y picante es blanquecina.

• **HABITAT** Micorrizas con latifolias y coníferas en terrenos arbolados. Zonas templadas norteñas.

• **ESPECIES SIMILARES** *Russula laurocerasi* huele a almendras amargas. *R. illota* tiene un olor rancio y los bordes de las láminas oscuros. La carne de *R. subfoetens* amarillea con hidróxido potásico (KOH). (*R. foetens* no reacciona.)

superficie del pie viscosa, especialmente con tiempo húmedo

margen con surcos pronunciados

pie mucho más pálido que el sombrero, aunque se tiñe de pardo a partir de la base

carne blanquecina o manchada de pardo

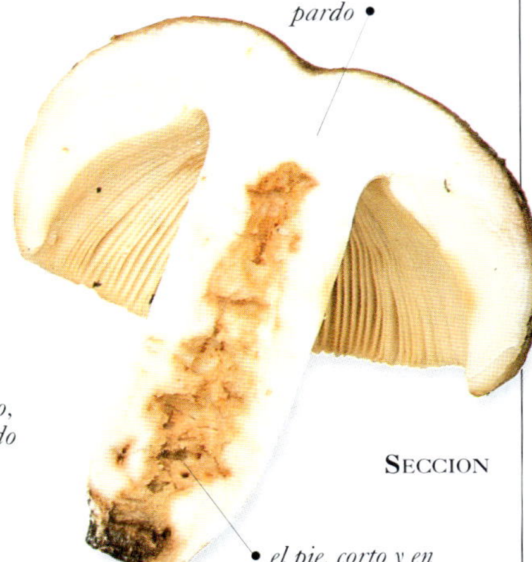

SECCION

el pie, corto y en forma de barril, tiene cámaras en su interior

láminas frágiles, anejas, blancas a crema y manchadas de pardo

láminas apretadas

FRUCTIFICACION Solitario o en grupos; lugares boscosos.

Dimensiones SOMBRERO ↔ 8–15cm | PIE ↕ 6–12cm ↔ 1,5–3cm	Esporas Crema	Comest.

Familia RUSSULACEAE | Especie *Russula nigricans* | Estación Verano-otoño

RUSULA ENNEGRECIDA

Cat: Carboner gros; Eusk: Gibelilun orrizabal;
Gal: Netorra negra

Especie de gran tamaño con sombrero de blanquecino a marrón hollinoso, centro deprimido y pie robusto. La carne, desmenuzable pero firme, es blanquecina al cortarla, pasa a rojo y luego a negra; sabor de suave a amargo. Las láminas son de distintas longitudes.

• **HABITAT** Micorrizas con latifolias, sobre suelos bien drenados, también con coníferas. Zonas templadas norteñas.

• **ESPECIES SIMILARES** *R. albonigra* se tiñe directamente de negro; *R. adusta* es rojizo y luego gris. *R. anthracina* y *R. acrifolia* tienen láminas de sabor picante. *R. densifolia:* láminas apretadas; tamaño más pequeño.

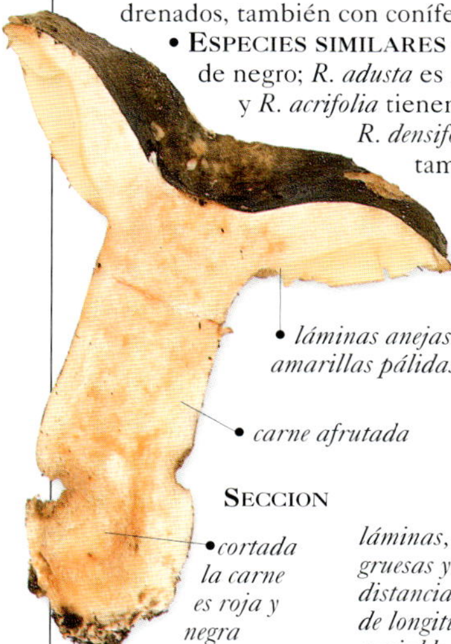

SECCION

FRUCTIFICACION Grupos densos o en corros de brujas.

Dimensiones SOMBRERO ↔ 5–20cm | PIE ↕ 3–8cm ↔ 1–4cm | Esporas Blancas | Comest.

Familia RUSSULACEAE | Especie *Russula fellea* | Estación Verano-otoño

RUSULA DE HIEL

Eusk: Gibelokre konpotausain

Es de color ocráceo anaranjado; pie liso y robusto, hinchado hacia la base, sombrero convexo y carne firme con surcos indistintos en el margen; sabor muy amargo. Las láminas y el pie son de un ocráceo más pálido.

• **HABITAT** Micorrizas con latifolias, especialmente con hayas, en suelos de bosque drenados y ácidos. Difundido en Europa; en Norteamérica le sustituye *R. simillima*.

• **ESPECIES SIMILARES**
R. farinipes tiene láminas más pálidas, surcos marginales más marcados y la superficie del pie pulverulenta.

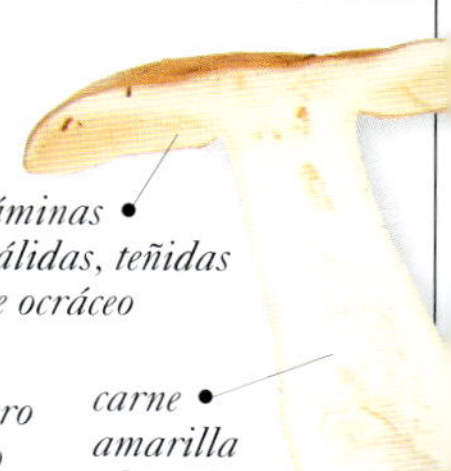

FRUCTIFICACION Solitario o en grupos de carpóforos.

Dimensiones SOMBRERO ↔ 3–6cm | PIE ↕ 3–7cm ↔ 1–2cm | Esporas Blanquecinas | Comest. ☠

Familia RUSSULACEAE | Especie *Russula claroflava* | Estación Verano-otoño

RUSULA AMARILLA

Eusk: Gibelhori hankagris

Esta especie tiene el sombrero de convexo a plano, amarillo vivo, y una carne firme y comestible, de sabor suave. Láminas amarillas pálidas hasta el pie. La carne y el pie liso, blanco, de cilíndrico a forma de barril, se vuelven grises con la edad o cuando reciben un golpe.

• **HABITAT** Micorrizas con abedules en montes arbolados muy húmedos o cenagosos, donde el musgo *Sphagnum* recubre el suelo. Difundido y común en zonas templadas norteñas.

• **ESPECIES SIMILARES** *Russula ochroleuca* (abajo). *R. helodes*, *R. raoultii*, *R. risigallina* y *R. solaris:* esporas más oscuras y no cambian de color; algunas tienen sabor picante. *R. violeipes:* se caracteriza por tener un tono lila en el pie.

FRUCTIFICACION Solitario o en grupos de carpóforos.

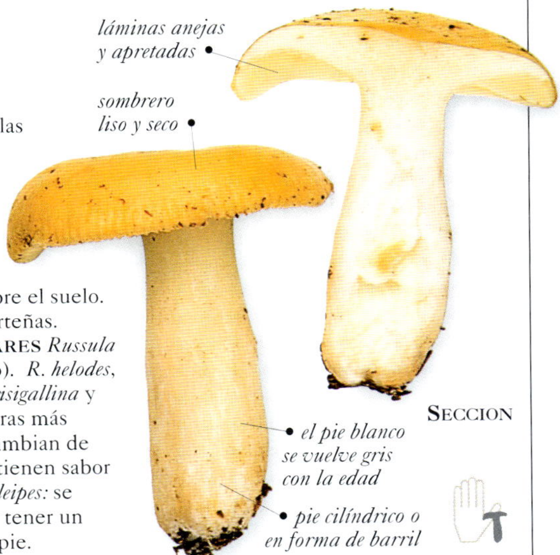

Dimensiones SOMBRERO 5–10cm | PIE ↕ 4–10cm ↔ 1–2cm | Esporas Ocres | Comest.

Familia RUSSULACEAE | Especie *Russula ochroleuca* | Estación Verano-otoño

RUSULA BLANCO OCRACEA

Eusk: Gibelokre hankazuri

Es uno de los agáricos de bosque más comunes; coloración amarilla ocrácea mate de su sombrero convexo y sus láminas blancas. El pie en forma de barril es blanco, base ocrácea; carne desmenuzable y blanca con sabor muy suave.

• **HABITAT** Forma micorrizas con latifolias y coníferas en suelos drenados de terrenos arbolados. Difundido en zonas templadas norteñas; común en Europa.

• **ESPECIES SIMILARES** *Russula fellea* (p. 122) y *R. claroflava* (arriba).

FRUCTIFICACION Solitario o grupos; terrenos arbolados.

Dimensiones SOMBRERO 5–12cm | PIE ↕ 3–8cm ↔ 1–2,5cm | Esporas Blancas | Comest.

Familia RUSSULACEAE	Especie *Russula cyanoxantha*	Estación Verano-otoño

CARBONERA

Cat: Puagra llora, Blavet, Llora aspra; Eusk: Urritx; Gal: Netorra

Esta especie de gran tamaño tiene un sombrero de convexo a plano o deprimido, verde a rojo vino, láminas blanquecinas, y un pie blanquecino y robusto. La carne es firme, aunque quebradiza, y las láminas no son desmenuzables sino viscosas. Es un comestible muy apreciado y se come crudo.

• **HABITAT** Forma micorrizas con latifolias, hayas y también con coníferas; prefiere suelos ácidos. Zonas templadas norteñas.

• **ESPECIES SIMILARES** *Russula integra* y *R. vinosa* (v. recuadros, abajo).

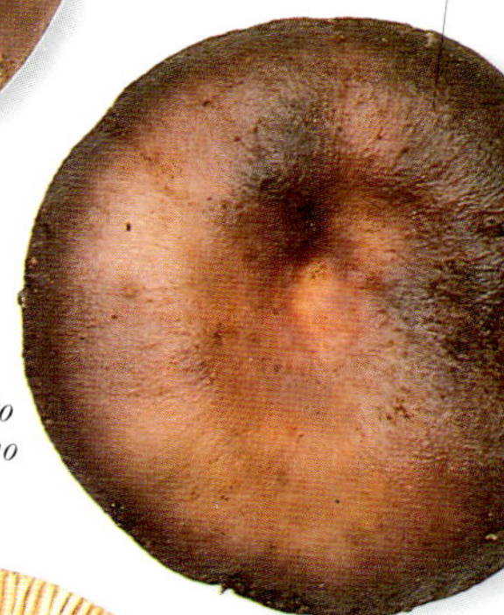

SECCION

FRUCTIFICACION Solitario o en grupos; terrenos arbolados.

△ *RUSSULA VINOSA*
Bajo pinos; sombrero rojo vino, moteado de pardo. La carne, de sabor agradable, y el pie blanco se vuelven grises al cortarlos o al envejecer. Las láminas, apretadas y anejas, crema, se tiñen de gris con la edad.

△ *RUSSULA INTEGRA*
Especie propia de las coníferas que se distingue por su esporada ocre amarillenta. Láminas gruesas, bien espaciadas y casi libres. Pie blanco y moteado pardo al envejecer. Carne firme; sabe a almendras.

Dimensiones SOMBRERO ⊕ 5–15cm	PIE ↕ 5–10cm ↔ 1–3cm	Esporas Blancas	Comest.

Familia RUSSULACEAE	Especie *Russula vesca*	Estación Verano-otoño

RUSULA COMESTIBLE

Cat: Llora; Eusk: Gibelarrosa goitziar

Láminas blancas visibles en el borde del sombrero de aplanado convexo a deprimido, rojo vino pálido, mezclado de pardo; manchas pardoherrumbrosas marcan el pie puntiagudo y blanquecino. La carne, comestible, firme y blanca, tiene un sabor a nueces. Puede comerse cruda.

• **HABITAT** Micorrizas con latifolias y coníferas en terrenos arbolados bien drenados. Difundido en zonas templadas norteñas; común en Europa.

FRUCTIFICACION Solitario o en grupos de carpóforos.

Dimensiones SOMBRERO ↔ 5–10cm	PIE ↕ 3–6cm ↔ 1,5–2,5cm	Esporas Blancas	Comest.

Familia RUSSULACEAE	Especie *Russula aeruginea*	Estación Verano-otoño

RUSULA COLOR CARDENILLO

Eusk: Gibelberde orrikrema

Sombrero verde, de convexo a deprimido, marcado con manchas pardorrojizas y con surcos en el margen. Láminas apretadas y casi libres, blancas, como el pie cilíndrico. Carne firme aunque desmenuzable; sabor picante.

• **HABITAT** Forma micorrizas con abedules, en montes arbolados húmedos; entre coníferas. Zonas templadas norteñas.

• **ESPECIES SIMILARES** *Russula heterophylla* tiene la carne más firme; el sombrero de *R. virescens* (p. 131) tiene unas escamas pequeñas. Ambos tienen un sabor suave. Existe una forma verde de *R. xerampelina* (p. 127).

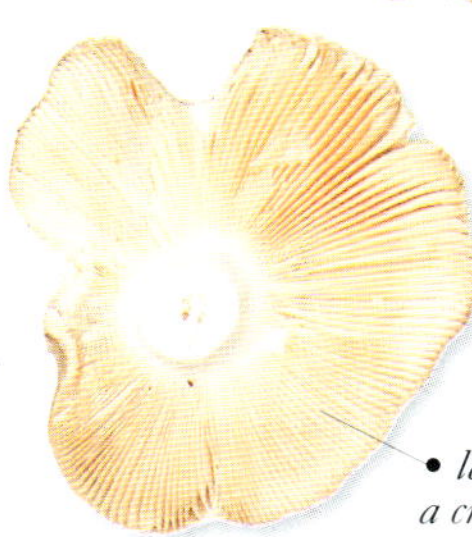

FRUCTIFICACION Grupos densos; hierba y hojarasca.

Dimensiones SOMBRERO ↔ 4–9cm	PIE ↕ 4–7cm ↔ 1–2,5cm	Esporas Crema	Comest.

Familia RUSSULACEAE	Especie *Russula puellaris*	Estación Verano-otoño

RUSSULA PUELLARIS

Eusk: Gibelarrosa horikor

El sombrero convexo a deprimido varía de purpúreo a pardorrojizo, incluso negro en el centro con un margen más pálido, pero adquiere tonos amarillos ocráceos con la edad o en las fracturas. La piel se monda desde el margen del sombrero hasta el centro. Comestible, su carne inodora, suave y blanca es mediocre.

• **HABITAT** Forma micorrizas con coníferas y latifolias. Difundido en la mayoría de zonas templadas norteñas, como Europa y el O de Norteamérica.

• **ESPECIES SIMILARES** *Russula odorata*: olor fuerte y afrutado; crece especialmente bajo robles. *R. versicolor*: tiene un sabor picante; cambia ligeramente de color.

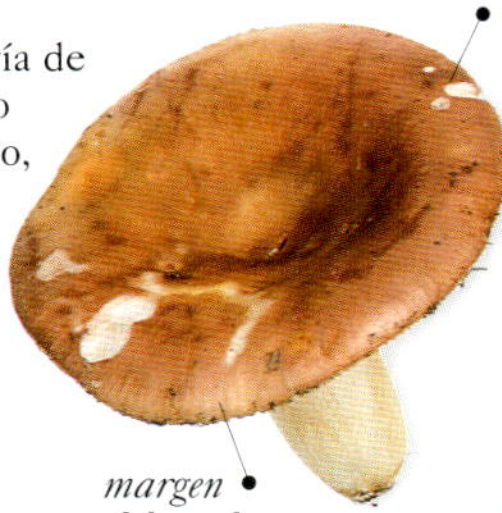

SECCION

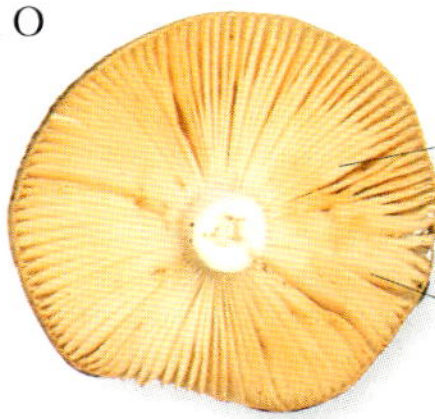

FRUCTIFICACION Grupos; terrenos arbolados húmedos.

Dimensiones SOMBRERO ↔ 3–6cm | PIE ↕ 3–6cm ↔ 0,7–1,5cm	Esporas Crema oscuro	Comest.

Familia RUSSULACEAE	Especie *Russula rosea*	Estación Verano-otoño

RUSULA GRACIOSA

Eusk: Gibelarrosa lirain

Carne muy dura y sombrero de color rojo muy diluido, con piel muy fina y que no se pela. Tiene un pie bastante corto, cilíndrico y claviforme, blanco o un poco como el sombrero convexo a plano. Su sabor recuerda a la madera de un lápiz. Muchos especialistas prefieren denominarla *R. lepida*.

• **HABITAT** Forma a menudo micorrizas con hayas, sobre suelos bien drenados, en terrenos arbolados de latifolias. Difundido y común en los bosques de hayas de Europa.

• **ESPECIES SIMILARES** *R. velutipes* se caracteriza por tener la piel del sombrero pelable y la carne más frágil.

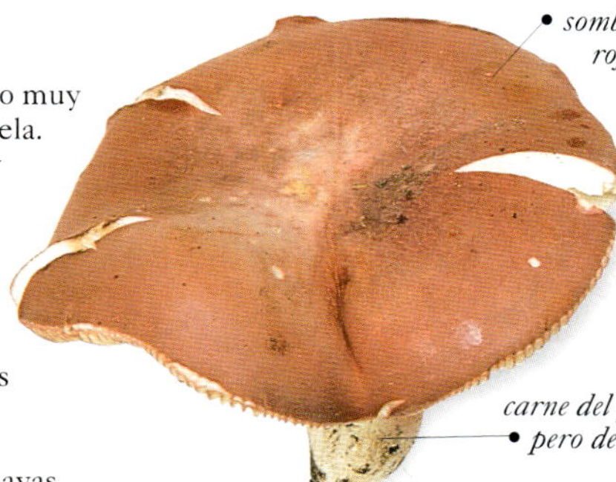

FRUCTIFICACION Solitario o en grupos; terrenos arbolados.

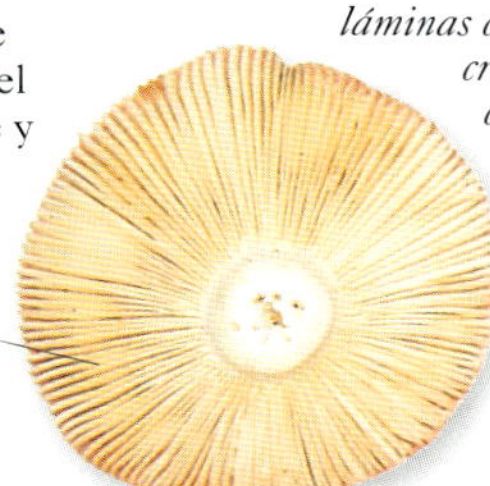

Dimensiones SOMBRERO ↔ 4–12cm | PIE ↕ 3–8cm ↔ 1–3cm	Esporas Crema pálido	Comest.

Familia Russulaceae	Especie *Russula turci*	Estación Verano-otoño

Russula turci

Eusk: Gibelubel iodousain

El sombrero tiene el centro deprimido y el liso margen puede tener un revestimiento fino y pulverulento. Muestra varios tonos de rojo vinoso, mezclados con verde, negro o anaranjado. Marcado olor a yodo, especialmente en la base del pie claviforme, y esporada ocre pálida, que ayuda mucho en la identificación. Carne desmenuzable, blanca y suave.
• **Habitat** Forma micorrizas con pinos (especies de dos agujas) y posiblemente con piceas. Difundido en Europa y también se encuentra en el norte de Norteamérica.

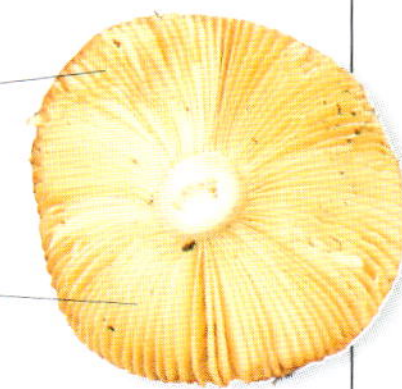

Fructificacion Grupos densos o carpóforos juntos.

Dimensiones Sombrero 3–10cm | Pie ↕ 3–7cm ↔ 1–2,5cm	Esporas Ocre pálido	Comest.

Familia Russulaceae	Especie *Russula xerampelina*	Estación Verano-otoño

Rusula color hoja seca

Cat: Cuagra roja; Eusk: Gibel karramarro

Russula xerampelina puede dividirse en una serie de especies relacionadas, todas con un olor a marisco que se intensifica con la edad y con una carne que se vuelve verde oscura en contacto con sulfato de hierro ($FeSO_4$). El sombrero es liso y varía del rojo oscuro al verde, y el pie cilíndrico tiene manchas pardoherrumbrosas; el carpóforo entero puede teñirse de pardo al madurar. Buen comestible cuando está fresco, tiene una carne blanca y firme aunque desmenuzable, que se vuelve parda con la edad.
• **Habitat** Montes arbolados y dunas de arena, en diversas asociaciones micorrícicas con coníferas y latifolias. Difundido en zonas templadas norteñas.

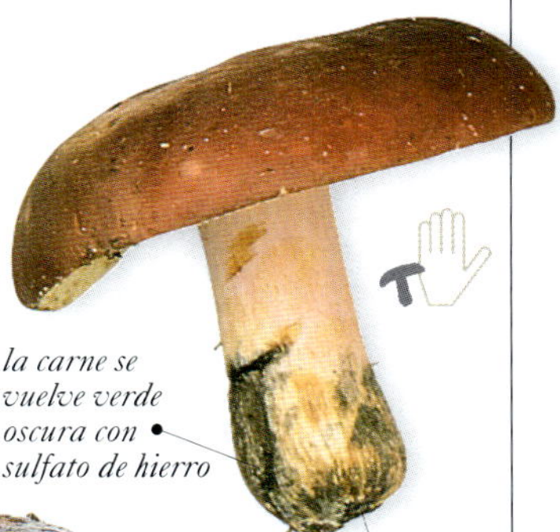

Seccion

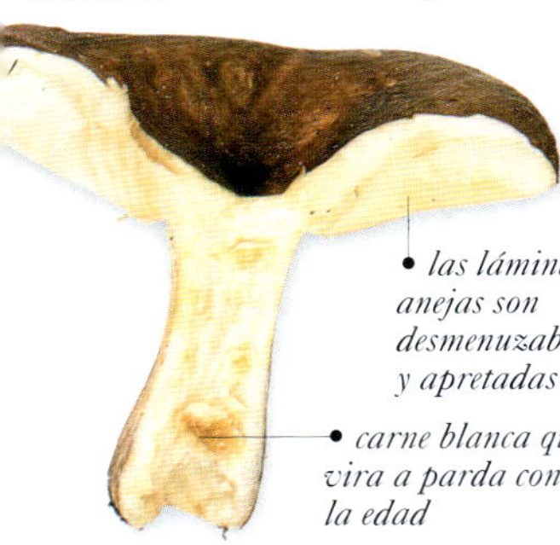

Fructificacion Grupos densos; sauces o pinos.

Dimensiones Sombrero 6–15cm | Pie ↕ 4–8cm ↔ 1,5–3cm	Esporas Ocre	Comest.

Familia RUSSULACEAE	Especie *Russula paludosa*	Estación Verano-otoño

RUSSULA PALUDOSA

Esta grande y atractiva especie tiene un sombrero convexo a deprimido, rojo anaranjado, con una decoloración amarilla en el centro y una superficie pegajosa cuando está húmedo. Láminas apretadas y anejas amarillas doradas pálidas. Bordes de las láminas y margen del sombrero rojos. El pie, cilíndrico a claviforme, es blanco, matizado de rosado, y se vuelve gris con la edad. Es un buen comestible, con una carne firme, desmenuzable y suave (v. Especies similares).

• **HABITAT** Forma micorrizas con coníferas. En zonas templadas norteñas.

• **ESPECIES SIMILARES** La venenosa *R. emetica* (abajo), de un sabor picante, no tiene el sombrero amarillo.

FRUCTIFICACION Grupos densos o en carpóforos diseminados; sobre suelos arenosos.

Dimensiones SOMBRERO ↔ 8–16cm | PIE ↕ 10–15cm ↔ 1–3cm	Esporas Ocre pálido	Comest.

Familia RUSSULACEAE	Especie *Russula emetica*	Estación Verano-otoño

RUSULA EMETICA

Cat: Pebrassa vermella, Escaldabec
Eusk: Gibelgorri okaagarri; Gal: Netorra pimenta

Sombrero de convexo a deprimido, rojo escarlata, con una superficie lisa, brillante y pegajosa cuando está húmeda. El pie, blanco y claviforme, tiene una piel casposa. La carne, desmenuzable e inodora, muy picante, no es muy venenosa.

• **HABITAT** Micorrizas, con árboles de hoja ancha, en lugares húmedos. Zonas templadas norteñas.

• **ESPECIES SIMILARES** *Russula betularum*, más pequeña, se vuelve blanca al envejecer y crece en ciénagas. *R. fageticola:* bajo hayas. *Amanita muscaria* (p. 146): fragmentos del velo en el sombrero, anillo y bulbo en el pie.

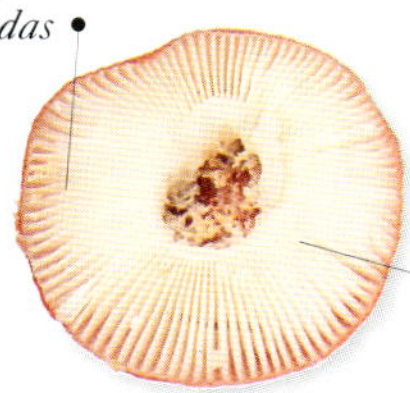

FRUCTIFICACION Grupos o en solitario; en lugares húmedos.

Dimensiones SOMBRERO ↔ 3–8cm | PIE ↕ 5–8cm ↔ 1–2cm	Esporas Blancas	Comest.

Familia RUSSULACEAE	Especie *Russula mairei*	Estación Verano-otoño

RUSULA DE MAIRE

Eusk: Gibelgorri orriurdinska

El sombrero liso, mate y de un intenso rojo escarlata es de convexo a plano, y es pegajoso cuando está húmedo. El pie blanquecino y claviforme es firme y blanco y tiene un tenue olor a coco o a miel.

• **HABITAT** Micorrizas con hayas en terrenos arbolados. Difundido y común en las zonas de hayas de Europa así como en partes adyacentes de Asia.

• **ESPECIES SIMILARES** *Russula emetica* (p. 128). *R. velenovskyi*, comestible, es más pequeña y crece cerca de abedules.

FRUCTIFICACION Grupos densos o solitario; bosques drenados.

Dimensiones SOMBRERO ↔ 3–7cm | PIE ↕ 3–5cm ↔ 0,7–2cm	Esporas Blancas	Comest. ☠

Familia RUSSULACEAE	Especie *Russula fragilis*	Estación Verano-otoño

RUSULA FRAGIL

Cat: Escaldabec frágil; Eusk: Gibelmore hauskor

Especie de pequeño tamaño, se identifica con una lupa de mano, que revela los bordes serrados de sus láminas blancas a crema. El sombrero, convexo a deprimido, mezcla de rojos y púrpuras, con un toque de verde oliva; más oscuros en el centro. El pie es blanco y claviforme. La carne, desmenuzable y blanca, tiene un sabor picante y es venenosa.

• **HABITAT** Forma micorrizas con abedules y robles, en terrenos arbolados. Difundido y localmente común en zonas templadas norteñas.

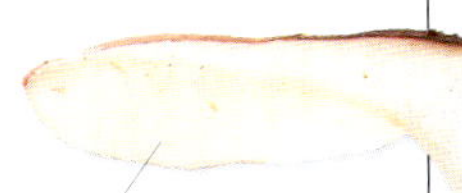

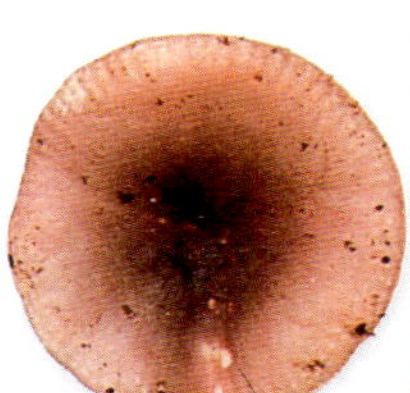

FRUCTIFICACION Grupos densos o en agrupaciones.

Dimensiones SOMBRERO ↔ 2–5cm | PIE ↕ 3–7cm ↔ 0,5–2cm	Esporas Blancas	Comest. ☠

Familia RUSSULACEAE	Especie *Russula sanguinaria*	Estación Verano-otoño

RUSULA SANGUINEA

Cat: Marieta, Cualbra sanguínia;
Eusk: Pinudi-gibelgorri

Esta especie ligeramente venenosa tiene un sombrero rojo sangre, de convexo a deprimido, y un pie con listas rojas, rosa grisáceo al envejecer. Carne blanca y desmenuzable, sabor moderadamente picante esporada ocre pálido.

• **HABITAT** Forma micorrizas con coníferas, pinos. Zonas templadas norteñas; muy común en la P. Ibérica.

• **ESPECIES SIMILARES** *Russula helodes* tiene un pie más claro, que se vuelve gris al envejecer; crece entre esfagnos.

FRUCTIFICACION Solitario o en grupos; suelos ácidos.

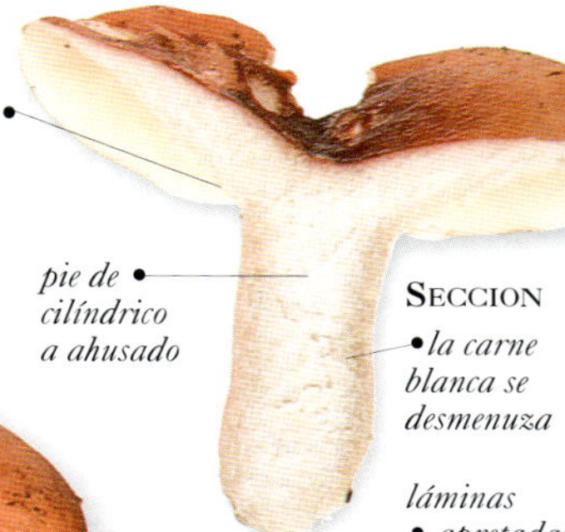

Dimensiones SOMBRERO ↔ 5–10cm | PIE ↕ 4–7cm ↔ 1–2cm	Esporas Ocre pálido	Comest. ☠

Familia RUSSULACEAE	Especie *Russula undulata*	Estación Verano-otoño

RUSSULA UNDULATA

Esta especie bastante carnosa tiene un sombrero convexo, con el centro casi negro y deprimido; el resto de la superficie del sombrero es púrpura o violeta, moteada de amarillo. El color del sombrero contrasta con el pie y las láminas de blancas a crema. Pie bastante corto y claviforme; láminas anejas y apretadas. Carne, de blanca a gris, picante e incomestible.

• **HABITAT** Forma micorrizas con robles y rara vez se le encuentra con otros árboles. Difundido en zonas templadas norteñas.

• **ESPECIES SIMILARES** *Russula brunneoviolacea* tiene una esporada más oscura, como *R. romellii*.

FRUCTIFICACION Grupos densos; bajo robles, en suelos ácidos, y en terrenos arbolados.

Dimensiones SOMBRERO ↔ 4–10cm | PIE ↕ 3–6cm ↔ 1–2.5cm	Esporas Blancas	Comest.

Familia RUSSULACEAE	Especie *Russula sardonia*	Estación Verano-otoño

RUSULA ACRE

Cat: Cualbra morada; Eusk: Pinudi-gibelubel

Relativamente grande, tiene un sombrero convexo, púrpura oscuro brillante, y unas contrastadas láminas amarillo limón; su pie púrpura a rojo vino tiene forma de maza. Olor afrutado y sabor acre. Las láminas y la carne blanca se vuelven rosas en contacto con vapores amoniacales.

• **HABITAT** Forma micorrizas con pinos. En varias regiones de las zonas templadas norteñas.

• **ESPECIES SIMILARES** *Russula queletii* es menor, con láminas y esporada más pálidas. No reacciona con amoníaco, pero tiene también un sabor igualmente picante como *Russula sardonia*.

FRUCTIFICACION En grupos densos; bajo pinos.

Dimensiones SOMBRERO ↔ 4–10cm	PIE ↕ 4–10cm ↔ 1–2,5cm	Esporas Ocre pálido	Comest. ☠

Familia RUSSULACEAE	Especie *Russula virescens*	Estación Verano-otoño

GORRO VERDE, SETA DE CURA

Cat: Llora verda, Palometa; Eusk: Gibelurdin

Superficie del sombrero, aterciopelada y verde amarillenta o verde azulada, que pronto se agrieta creando una apariencia escamosa. Pie blanco; base con escamas pardas. Las láminas, blancas y quebradizas, están bastante apretadas y anejas. Muy buen comestible, se vuelve rosa anaranjado en contacto con sulfato de hierro ($FeSO_4$).

• **HABITAT** Forma micorrizas con latifolias como hayas. Zonas templadas norteñas.

• **ESPECIES SIMILARES** *Russula cutefracta* es de un verde más oscuro y se agrieta desde el margen. No reacciona con $FeSO_4$.

FRUCTIFICACION Solitario o en pequeños grupos de carpóforos; sobre suelos drenados.

Dimensiones SOMBRERO ↔ 4–10cm	PIE ↕ 4–8cm ↔ 1–3cm	Esporas Blancas	Comest.

MUY PEQUEÑOS, CON EL SOMBRERO LISO

HAY MUCHOS AGARICOS con el sombrero pequeño que pertenecen a una serie amplia de géneros y familias, aunque en este libro son los miembros pequeños y de esporas blancas de la f. Tricholomataceae los que predominan. Las especies que se incluyen pueden tener un fino revestimiento pruinoso en el sombrero pero nunca tienen pelos, fibras toscas o escamas bien aparentes (v. pp. 142-144).

Familia	Especie	Estación
TRICHOLOMATACEAE	*Lyophyllum palustre*	Verano-otoño

LYOPHYLLUM PALUSTRE

Sobre un pie delgado, pardogrisáceo pálido, el sombrero pardogrisáceo es convexo y se expande de plano a deprimido. La superficie está estriada desde el margen hasta el centro, y la carne es delgada, huele ligeramente a harina y no es comestible. Las láminas, de color blanco a gris pálido, son anejas y medianamente espaciadas.

• **HABITAT** En lugares cenagosos, sobre musgo *Sphagnum*, al que destruye. Zonas templadas norteñas.

• **ESPECIES SIMILARES** Otras que se encuentran junto con esfagnos, como *Galerina paludosa*, *G. tibiicystis*, *Omphalina sphagnicola* y *O. philonotis*, suelen tener esporas pardas o mostrar láminas decurrentes.

FRUCTIFICACION Densos carpóforos o en corros; sobre musgo *Sphagnum*, en lugares cenagosos.

Dimensiones	Esporas	Comest.
SOMBRERO ⊕ 1–3cm | PIE ↕ 4–8cm ↔ 1–3mm	Blancas	

Familia	Especie	Estación
TRICHOLOMATACEAE	*Baeospora myosura*	Otoño-fin. otoño

COLIBIA DE LAS PIÑAS

Eusk: Pinotxa-kolibia

Este miembro marrón pálido del g. *Balesoporus* tiene el sombrero seco, de plano a umbonado, y el pie pulverulento. Olor mohoso y sabor insípido. Las láminas son casi libres.

• **HABITAT** En parques y terrenos arbolados, sobre piñas y escamas de piñas de diversas coníferas, tales como piceas y pinos. Difundido y común en zonas templadas norteñas.

• **ESPECIES SIMILARES** *B. myriadophylla* tiene las láminas más brillantes, lilas. Crece principalmente sobre troncos de coníferas. *Strobilurus esculentus* (p. 133). *Mycena seyneii* tiene un llamativo sombrero rosa vino pálido y los bordes de las láminas son de color pardorrojizo oscuro.

FRUCTIFICACION Solitario o en grupos; sobre piña.

Dimensiones	Esporas	Comest.
SOMBRERO ⊕ 0,5–2cm | PIE ↕ 1–4cm ↔ 1–2mm	Blancas	

Familia TRICHOLOMATACEAE	Especie *Strobilurus esculentus*	Estación Fin. otoño-primavera

STROBILURUS ESCULENTUS

Cat: Cama-sec de les pinyes

Pequeño agárico con sombrero pardo y convexo, margen fino, y pie liso y amarillo anaranjado, blanco cerca del ápice. La carne, tenaz y blanca, tiene un olor agradable. Comestible pero de escaso valor culinario por su pequeño tamaño.

• **HABITAT** Sobre piñas de picea, enterrados, aunque también sobre piñas por encima del suelo en zonas húmedas. En zonas de piceas de Europa y de partes adyacentes de Asia.

• **ESPECIES SIMILARES** *Strobilurus stephanocystis* y *S. tenacellus* prefieren las piñas de pino. Las pequeñas especies de *Collybia* se diferencian sobre todo al microscopio.

FRUCTIFICACION Grupos pequeños; bosques de picea.

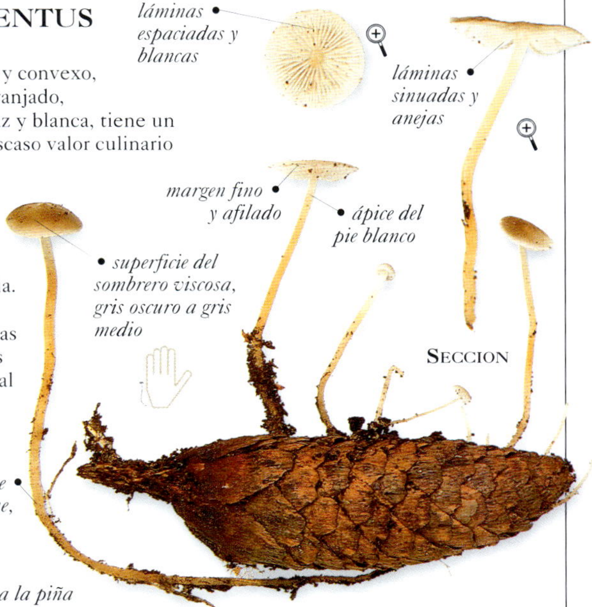

Dimensiones SOMBRERO ↔ 0,5–3cm | PIE ↕ 2–5cm ↔ 1–2,5mm	Esporas Crema pálido	Comest.

Familia TRICHOLOMATACEAE	Especie *Mycena inclinata*	Estación Otoño-princ. invierno

MICENA INCLINADA

El sombrero campanulado tiene un margen denticulado y distintivo y unas estriaciones radiales; pie tenaz con revestimiento pulverulento y blanco sobre una base naranja. Ayuda a la identificación su olor característico de picante a rancio.

• **HABITAT** Árboles maduros en terrenos arbolados antiguos. Sobre tocones o partes muertas de robles en pie; otras latifolias, como castaños. Difundido y común en Europa y Norteamérica.

• **ESPECIES SIMILARES** *Mycena maculata:* olor fungoide, margen del sombrero liso y pie pardopurpúreo; más raro, tiende a pasar inadvertido.

FRUCTIFICACION Céspedes de carpóforos; sobre madera.

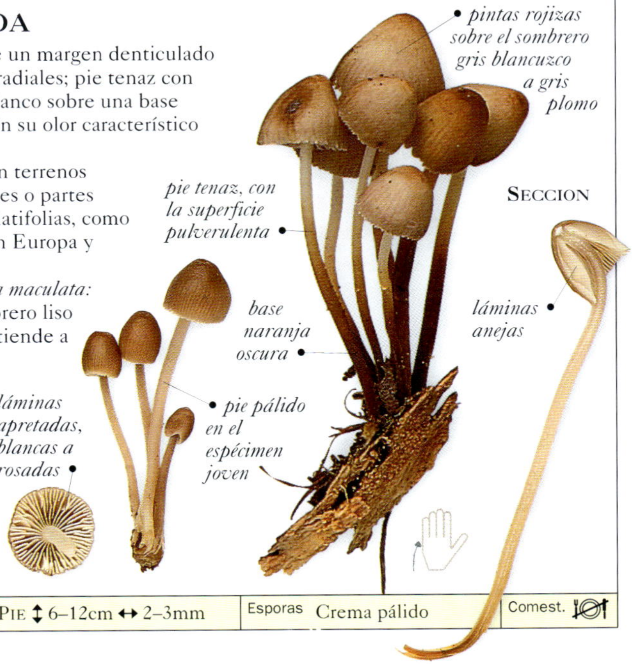

Dimensiones SOMBRERO ↔ 1–4cm | PIE ↕ 6–12cm ↔ 2–3mm	Esporas Crema pálido	Comest.

Familia TRICHOLOMATACEAE	Especie *Mycena arcangeliana*	Estación Otoño-princ. invierno

MYCENA ARCANGELIANA

Esta especie no es fácil de identificar, aunque los jóvenes carpóforos tienen el pie lila. El sombrero adopta cualquier forma, desde convexo hasta campanulado, en varios tonos de gris apagado. Si se le encierra en un recipiente hermético, tras unos minutos se apreciará un fuerte olor antiséptico a yodoformo.

• **HABITAT** En jardines, cementerios, parques y terrenos arbolados fértiles, sobre corteza musgosa en la base de árboles o arbustos vivos, o detritos leñosos como ramas caídas. Especie difundida y común por toda Europa.

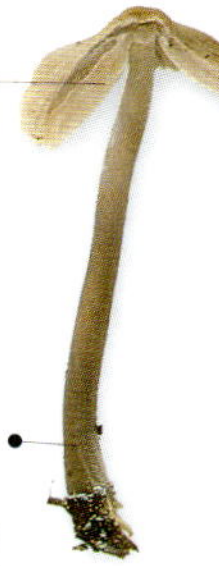

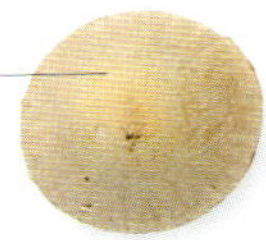

FRUCTIFICACION Grupos densos; diversos escombros leñosos.

Dimensiones SOMBRERO ⟷ 1–2,5cm	PIE ↕ 3–7cm ↔ 2–3mm	Esporas Blancas	Comest.

Familia TRICHOLOMATACEAE	Especie *Mycena olivaceomarginata*	Estación Otoño

MYCENA OLIVACEOMARGINATA

Para identificar a este hongo cuyo sombrero varía en coloración desde el pardogrisáceo al amarillo o con matices de rosado, se utiliza una lupa de bolsillo, que revela el distintivo borde pardoliváceo de las láminas adnatas. Tiene un pie bastante frágil, una carne delgada y huele a rábanos; algunas formas huelen a ácido nítrico.

• **HABITAT** Céspedes musgosos, en terrenos suburbanos y agrarios y en herbazales pastados o cortados. Difundido y común en Europa; la distribución mundial no está clara.

• **ESPECIES SIMILARES** *Mycena* con el borde de las láminas coloreado: rojo, *M. rubromarginata* sobre madera, y *M. seyneii*, piñas; amarillo, *M. citrinomarginata* y *M. flavescens*, que crecen entre la hierba o entre hojarasca de terrenos arbolados.

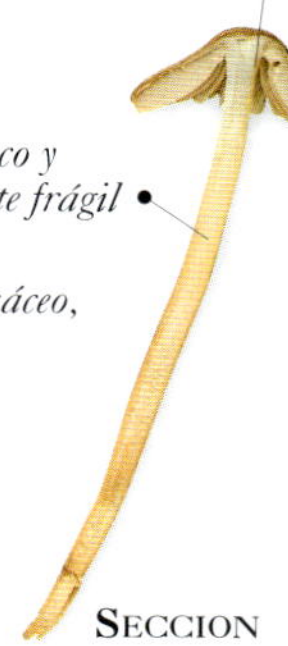

FRUCTIFICACION Solitario o en grupos; entre la hierba.

Dimensiones SOMBRERO ⟷ 0,7–1,5cm	PIE ↕ 3–6cm ↔ 1–2mm	Esporas Blancas	Comest.

Familia TRICHOLOMATACEAE	Especie *Mycena epipterygia*	Estación Verano-princ. invierno

MICENA DE LOS HELECHOS

M. epipterygia, una de las pocas especies esbeltas del g. *Mycena*, se identifica por su pie amarillo vivo, a menudo teñido de pardoherrumbroso, pero es bastante variable en cuanto a tamaño, forma y coloración. Olor harinoso y rancio.

• **HABITAT** Sobre hojarasca, en terrenos arbolados de coníferas; en hábitats más abiertos, sobre suelos ácidos, con zarzas y helechos. Difundido y común en zonas templadas norteñas.

• **ESPECIES SIMILARES** Entre otras especies viscosas del género *Mycena* se incluyen *M. rorida*, que tiene un revestimiento espeso y viscoso en el pie, y *M. belliae*, de pie ligeramente viscoso, sólo crece sobre carrizos y tiene láminas fuertemente decurrentes.

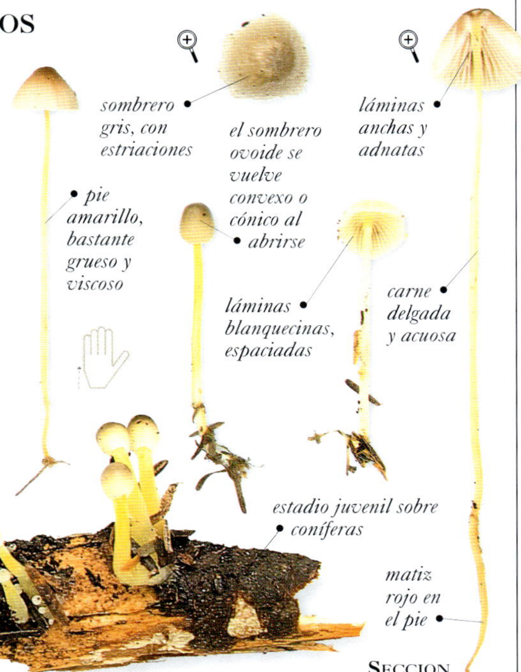

FRUCTIFICACION Grupos densos o en carpóforos.

Dimensiones SOMBRERO ↔ 0,5–2,5cm | PIE ↕ 3–8cm ↔ 1–2,5mm	Esporas Crema	Comest.

Familia TRICHOLOMATACEAE	Especie *Mycena leptocephala*	Estación Verano-invierno

MYCENA LEPTOCEPHALA

El sombrero campanulado a cónico, gris pálido a gris plomo, muestra unas estriaciones marcadas cuando está húmedo. El pie y la acuosa carne son bastante frágiles. Es la más común de las especies de *Mycena* que huelen a ácido nítrico o cloro.

• **HABITAT** En céspedes musgosos y entre hierba alta, hojarasca de terrenos arbolados o zarzas. Difundido y común en zonas templadas norteñas.

• **ESPECIES SIMILARES** *M. abramsii* es mayor y menos viscoso en el sombrero. Crece sobre latifolias. *M. stipata* es más viscoso en el sombrero, más robusto; sobre tocones de coníferas. *M. capillaripes* tiene los bordes de las láminas rojos (con la lupa de bolsillo); sobre escombros de coníferas. Todos huelen a ácido nítrico.

FRUCTIFICACION Solitario o grupos; céspedes musgosos.

Dimensiones SOMBRERO ↔ 0,6–1,5cm | PIE ↕ 3–7cm ↔ 1–2mm	Esporas Blancas	Comest.

Familia TRICHOLOMATACEAE	Especie *Mycena filopes*	Estación Otoño

MYCENA FILOPES

La mejor manera de identificarlo es mediante un microscopio, que muestra sus cistidios espinosos, y por la combinación del pie frágil, la coloración gris y el olor antiséptico, tipo iodoformo. Sombrero y pie con un revestimiento pruinoso y blanco; el sombrero tiene estriaciones en su parte central.

• **HABITAT** En montes arbolados de latifolias, sobre humus o pequeñas extensiones de hojarasca, pero también bajo coníferas, sobre pinaza. Entre las ortigas, junto a los senderos de bosque. Difundido y común en Europa.

• **ESPECIES SIMILARES** *Mycena arcangeliana* (p. 134). *M. metata* tiene matices rosáceos y prefiere suelos más ácidos y terrenos arbolados de coníferas. Ambos huelen a yodoformo y son parecidos bajo el microscopio.

FRUCTIFICACION Solitario o en grupos de carpóforos.

Dimensiones SOMBRERO ↔ 0,8–2cm	PIE ↕ 6–10cm ↔ 1–2mm	Esporas Blancas	Comest.

Familia TRICHOLOMATACEAE	Especie *Mycena haematopus*	Estación Verano-otoño

MICENA DE PIE ROJO

El sombrero campanulado y pardorrojizo de esta especie tiene una superficie finamente pulverulenta y un margen denticulado. Cuando el pie frágil y pardorrojizo, y con un revestimiento pulverulento, se daña o se rompe, la acuosa carne rezuma un líquido de color rojo sangre oscuro.

• **HABITAT** Sobre madera podrida, en la mayoría de terrenos arbolados. Zonas templadas norteñas.

• **ESPECIES SIMILARES** *Mycena crocata* (p. 119): leche anaranjada; *M. inclinata* (p. 133) produce apretados céspedes pero no leche. *M. sanguinolenta*: más pequeño, complexión menor y bordes pardorrojizos; leche roja.

△ *SPINELLUS FUSIGER Parásito de* Mycena; *aspecto de alfileres pinchados sobre un acerico. Emparentado con el moho negro del pan.*

FRUCTIFICACION Céspedes densos de carpóforos.

Dimensiones SOMBRERO ↔ 0,5–3cm	PIE ↕ 3–7cm ↔ 2–4mm	Esporas Crema blanquecino	Comest.

Familia TRICHOLOMATACEAE	Especie *Mycena galopus*	Estación Fin. verano-invierno

MICENA DE LATEX LECHOSO

Lo que mejor identifica a esta especie altamente variable es el copioso líquido blanco que exuda el pie en la mayoría de especímenes (notable en la base del pie), así como sus láminas, bien separadas. Aquí se muestra una forma gris pero también hay otras formas blancas y negras; la negra se clasifica como una especie distinta, *M. leucogala*. El tenue olor recuerda al de los rábanos. Su comestibilidad es desconocida, pero su tamaño le resta todo interés culinario.

• **HABITAT** En todo tipo de hábitats arbóreos, sobre pinaza de coníferas y hojarasca de latifolias; en hábitats semiabiertos, sobre suelos ricos en humus, incluidos los céspedes herbáceos. Difundido y común en Europa.

• **ESPECIES SIMILARES** *M. erubescens* tiene una "leche" acuosa y escasa que pronto se vuelve pardorrojiza; presenta un sabor amargo.

FRUCTIFICACION Solitario o en grupos de carpóforos

Dimensiones SOMBRERO ↔ 0,5–2cm | PIE ↕ 3–7cm ↔ 1–2mm		Esporas Crema pálido	Comest.

Familia TRICHOLOMATACEAE	Especie *Mycena acicula*	Estación Primavera-princ. invierno

MYCENA ACICULA

El sombrero naranja vivo con el margen amarillo y el pie amarillo y translúcido caracterizan a esta especie; entre las diminutas especies de *Mycena* que gustan de la hojarasca, es la más fácil de reconocer. El pie largo y delgado y el sombrero de convexo a umbonado tienen una superficie pulverulenta. Las láminas, amarillo pálidas, anejas y anchas, están medianamente separadas.

• **HABITAT** Sobre trozos diminutos de detritos leñosos, como escamas de corteza, en lugares húmedos, p. ej., bajo ortigas, en terrenos arbolados o setos vivos. Zonas templadas norteñas.

• **ESPECIES SIMILARES** *Rickenella fibula* (p. 36) tiene láminas muy arqueadas y decurrentes.

FRUCTIFICACION Solitario o en pequeños grupos.

Dimensiones SOMBRERO ↔ 0,3–1cm | PIE ↕ 2–6cm ↔ 0,5–1mm	Esporas Blanquecinas	Comest.

Familia TRICHOLOMATACEAE	Especie *Mycena flavoalba*	Estación Otoño

MICENA AMARILLA Y BLANCA

Una característica distintiva es el color amarillo diluido de su sombrero convexo a cónico, que también puede tener una "mancha ocular" oscura y leves estriaciones; las láminas son blancas. El delicado pie es translúcido y blanco amarillento. La carne, delgada y blanca, huele y sabe ligeramente a rábanos.

• **HABITAT** En herbazales musgosos; sobre la pinaza de terrenos arbolados de coníferas. Difundido y común en Europa.

• **ESPECIES SIMILARES** Se confunde con otras especies de color crema, como las que pertenecen al género *Hemimycena*.

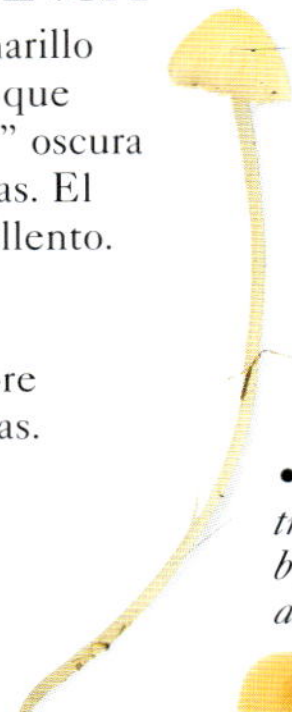

△ ***MYCENA ADONIS*** Fructifica en número reducido; tiene un sombrero rojo coral que se descolora con la edad, y un pie blanco y translúcido.

FRUCTIFICACION En enormes grupos densos.

Dimensiones SOMBRERO ⊕ 0,5–2cm | PIE ↕ 3–5cm ↔ 1–2mm	Esporas Blanquecinas	Comest.

Familia TRICHOLOMATACEAE	Especie *Marasmius androsaceus*	Estación Verano-fin. otoño

MARASMIO AMARGO

Eusk: Marasmio arrosa

Pie delgado, brillante y muy tenaz, y sombrero marrón pálido, convexo, de ápice plano y de centro oscuro, con surcos, estriaciones radiales y arrugas. Las láminas están adheridas al pie, en lugar de a una pequeña rueda en torno al pie como muchas especies de *Marasmius*. Cuando coloniza un nuevo sustrato, desarrolla unos filamentos similares a pelos de caballo de hifas entretejidas, lo que le permite crecer en hábitats inhóspitos. Olor tenue y sabor suave; carece de valor culinario.

• **HABITAT** En pinares, sobre pinaza y otros pequeños trozos de detritos vegetales; en brezales y entre dunas de arena. Difundido y común en zonas templadas norteñas.

• **ESPECIES SIMILARES** *Micromphale perforans* tiene un pie tomentoso y huele a col podrida.

FRUCTIFICACION Grupos densos; diversos hábitats.

Dimens. SOMBRERO ⊕ 0,3–1cm | PIE ↕ 2,5–5cm ↔ 0,3–0,5mm	Esporas Blancas	Comest.

Familia TRICHOLOMATACEAE	Especie *Micromphale foetidum*	Estación Otoño-fin. otoño

MICROMPHALE FOETIDUM

En ciertas ocasiones esta especie ya se detecta por su olor intenso, similar al de la col podrida. Tiene un sombrero pardoanaranjado, convexo y liso, más oscuro en el centro, con estriaciones y surcos y con el margen fino, afilado y arrollado hacia arriba. El pie hueco, negro aterciopelado, se ensancha en el ápice.

• **HABITAT** Sobre ramas caídas en terrenos arbolados de latifolias; zonas de suelo rico y alcalino. Difundido aunque bastante localizado en zonas templadas norteñas.

• **ESPECIES SIMILARES** *Micromphale brassicolens* crece sobre ramas y hojas de haya; láminas más apretadas y más pálidas. *M. perforans*, más pequeño, sobre agujas de pino. Huelen a podrido.

FRUCTIFICACION Densos grupos de carpóforos.

Dimensiones SOMBRERO ↔ 0,5–3cm | PIE ↕ 1–4cm ↔ 2–4mm	Esporas Blanquecinas	Comest.

Familia TRICHOLOMATACEAE	Especie *Marasmiellus ramealis*	Estación Verano-otoño

MARASMIELLUS RAMEALIS

Esta diminuta especie tiene un sombrero crema a ocráceo pálido, convexo y plano con la edad, y que está arrugado y asurcado. El pie, corto, curvo y pálido, está revestido de escamas pálidas en la base. La carne, de color similar, es delgada, tenaz y fibrosa. Las láminas son anchas y bien espaciadas; las lisas esporas, de 9 × 3µm, son de elipsoides a fusiformes.

• **HABITAT** En terrenos arbolados húmedos, sobre palos y ramitas muertos o troncos de *Rubus* (zarzamora). Tolera condiciones bastante secas. Difundido y común en Europa.

• **ESPECIES SIMILARES** *M. candidus* tiene el sombrero más blanco y la base del pie negra. *M. vaillantii* se diferencia al microscopio por sus cistidios y esporas.

FRUCTIFICACION Grupos densos de carpóforos.

Dimens. SOMBRERO ↔ 0,3–2cm | PIE ↕ 0,5–2cm ↔ 0,5–1,5mm	Esporas Blancas	Comest.

Familia CORTINARIACEAE	Especie *Galerina calyptrata*	Estación Verano-otoño

GALERINA CALYPTRATA

Este agárico marrón miel, pequeño y delgado tiene un sombrero convexo y estriado que se vuelve pardocrema más pálido cuando se seca. Tiene la carne y las escamas delgadas, beige, y suele oler a harina. El pie es largo, fino y liso. Para distinguirlo hace falta un examen microscópico: esporas verrugosas y extensamente fusiformes, con una pared externa que se despega.

• **HABITAT** Sobre céspedes o en bosques húmedos. Ampliamente difundido.

• **ESPECIES SIMILARES** *Galerina hypnorum* se diferencia por sus esporas, cuya pared externa no se despega. *G. sphagnorum* crece únicamente sobre esfagnos y tiene un anillo en el pie. Otras especies de *Galerina*, se asocian con distintos musgos o madera podrida.

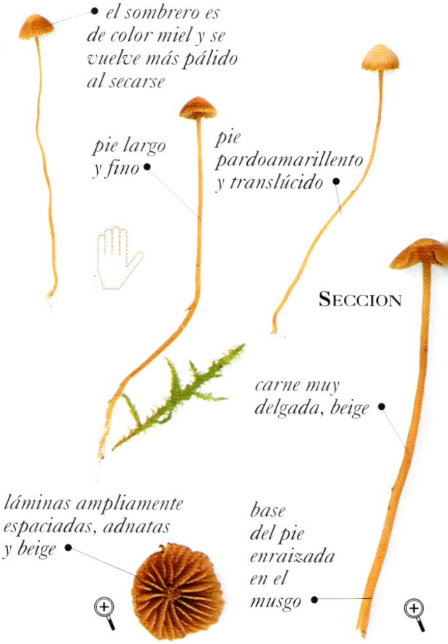

FRUCTIFICACION Solitario o en carpóforos.

sombrero diminuto y convexo, con estriaciones bien marcadas •

láminas ampliamente espaciadas, adnatas y beige •

Dimensiones	SOMBRERO ⊕ 0,3–0,8cm	PIE ↕ 3–5cm ↔ 1–2mm	Esporas Pardoocráceas	Comest.

Familia BOLBITIACEAE	Especie *Conocybe lactea*	Estación Verano-otoño

CONOCIBE BLANCO

El sombrero alargado y la coloración marfil permiten identificarlo sin la ayuda de un microscopio. El sombrero liso está tenuemente estriado y se arruga con la edad; las láminas, apretadas, varían del beige al pardoherrumbroso. La superficie del pie tiene un revestimiento pulverulento y está listada. La carne es delgada y frágil.

• **HABITAT** Entre la hierba, en céspedes, sobre suelos fértiles. En zonas templadas norteñas y otras.

• **ESPECIES SIMILARES** *C. huijsmanii* tiene el sombrero de redondeado a convexo. *Bolbitius lacteus* tiene un sombrero más viscoso y esporas más pequeñas, 9,5 × 5,5 μm; las de *C. lactea* son de 12,5 × 8 μm. Las especies del g. *Galerina* (pp. 91, 140) tienen láminas más distanciadas y adnatas.

FRUCTIFICACION Grupos densos o en carpóforos juntos.

Dimensiones	SOMBRERO ⊕ 1–1,5cm	PIE ↕ 5–11cm ↔ 1–3cm	Esporas Pardoanaranjadas	Comest.

Familia Strophariaceae	Especie *Psilocybe semilanceata*	Estación Verano-otoño

Psilocybe semilanceata

Agárico alucinógeno con sombrero cónico y elegante, y distintivo "grano" en el ápice; estriado y gris oliváceo en los especímenes jóvenes, rápidamente se seca y se vuelve crema, sin estriaciones. El delgado pie tiene el mismo color que el sombrero pero puede tener una base azul. La carne es crema o pálida y tiene un olor mohoso. Su ingesta puede hacer necesaria la hospitalización.

• **Habitat** En herbazales no fertilizados, sobre superficies pastadas o segadas; oculto en matas de hierba. En parte de las zonas templadas norteñas.

• **Especies similares** *Psilocybe fimetaria* tiene un velo blanco en el margen. Generalmente crece sobre estiércol de caballo.

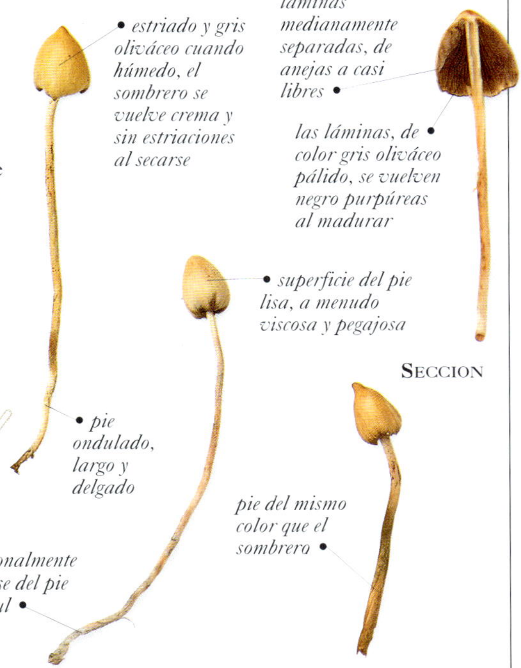

Fructificacion Solitario o en grupos de carpóforos.

Dimensiones Sombrero ↔ 0,5–2cm | Pie ↕ 4–10cm ↔ 2–3mm	Esporas Negro purpúreo	Comest. ☠

Familia Coprinaceae	Especie *Panaeolus foenisecii*	Estación Fin. primavera-otoño

Paneolo del heno

Eusk: Larre orribeltz

Especie muy común en herbazales; sombrero hemisférico a plano, liso y pardorrojizo, y pie similar con superficie pálida y pruinosa. A medida que el sombrero se seca, su coloración se va volviendo zonada y se desmenuza en escamas diminutas y aplanadas. Láminas libres y bien espaciadas. Láminas y esporada pardas; al microscopio revela esporas verrugosas, provistas de poro. Carne de olor agradable, como de especias.

• **Habitat** En zonas húmedas. Extremadamente común en Europa; distribución mundial.

• **Especies similares** *P. ater* tiene láminas negras y esporas lisas.

Fructificacion Grupos densos; sobre suelos ricos en nutrientes, en herbazales, incluidos céspedes.

Dimensiones Sombrero ↔ 1–3cm | Pie ↕ 4–6cm ↔ 2–3mm	Esporas Marrones oscuras	Comest. ☠

MUY PEQUEÑOS, CON EL SOMBRERO NO LISO

LOS AGARICOS DE ESTA SUBSECCION, como en la anterior (pp. 132-141), tienen carpóforos muy pequeños pero se caracterizan por tener la superficie del sombrero muy variable. Están representados por muchas familias y géneros distintos. La superficie del sombrero, fibrosa o escamosa, puede estar recubierta de gránulos sueltos como en *Coprinus disseminatus* (p. 143), que también tiene pelos finos.

Familia TRICHOLOMATACEAE	Especie *Crinipellis scabella*	Estación Verano-otoño

CRINIPELLIS SCABELLA

El pie tiene un denso recubrimiento de pelos rígidos, grises o pardos. El sombrero, convexo a umbonado y a veces deprimido, tiene pelos sedosos beige, dispuestos en bandas concéntricas, y presenta unas rayas radiales. La carne es blanquecina y tenaz y es inodora e insípida.

• **HABITAT** En herbazales secos, como céspedes no fertilizados y campos comunales, y sobre dunas de arena. Difundido y localmente común en zonas templadas norteñas.

• **ESPECIES SIMILARES** Existen pocas especies del g. *Crinipellis* en las zonas templadas. Una especie tropical (*C. perniciosa*) es muy conocida ya que causa graves daños a los árboles de cacao.

FRUCTIFICACION Solitario o grupos; plantas muertas.

Dimens. SOMBRERO ↔ 0,5–1,5cm | PIE ↕ 1,5–3,5cm ↔ 1–2mm	Esporas Blancas	Comest.

Familia TRICHOLOMATACEAE	Especie *Asterophora parasitica*	Estación Otoño

NICTALO PARASITO

Sombrero y pie grises y sedoso-fibrilosos, y láminas bien desarrolladas, gruesas y espaciadas, con dientes decurrentes. Sin valor culinario.

• **HABITAT** Sobre carpóforos podridos de *Russula* y *Lactarius*, habitualmente sobre los del grupo *R. nigricans* (p. 122), en terrenos arbolados. Difundido en zonas templadas norteñas; común.

• **ESPECIES SIMILARES** *Asterophora lycoperdoides*, que recuerda a un pequeño bejín, *Volvariella surrecta* sobre *Clitocybe nebularis* (p. 40) y unas pocas especies de pequeño tamaño del género *Collybia*.

FRUCTIFICACION Céspedes de carpóforos.

Dimensiones SOMBRERO ↔ 0,5–1,5cm | PIE ↕ 1–3cm ↔ 2–4mm	Esporas Blancas	Comest.

Familia Coprinaceae	Especie *Coprinus disseminatus*	Estación Primavera-princ. otoño

Coprino diseminado

De color crema pálido, el sombrero plisado (como un paracaídas) se vuelve gris al envejecer pero, contrariamente a muchas especies de *Coprinus*, produce poca tinta. Con una lupa de bolsillo pueden verse finos pelos y gránulos sobre la superficie. El delicado pie y la delgada carne son blancos.

• **Habitat** Sobre y alrededor de tocones y árboles de hoja ancha moribundos. Zonas templadas norteñas.

• **Especies similares** *Psathyrella pygmaea* no tiene pelos ni granulaciones en la superficie de su sombrero y está menos plisada.

FRUCTIFICACION Grupos densos de carpóforos.

Dimensiones	Sombrero 0,5–1,5cm	Pie ↕ 1–4cm ↔ 1–2mm	Esporas Negras	Comest.

Familia Hygrophoraceae	Especie *Hygrocybe miniata*	Estación Otoño

Hygrocybe miniata

Este hongo es una de las especies pequeñas del g. *Hygrocybe* con sombrero seco y recubierto de pequeñas escamas. Son difíciles de diferenciar a menos que se examinen las esporas con un microscopio: las de *H. miniata* tienen forma de pera. Los carpóforos son escarlata brillante, con sombrero convexo y escamoso y pie liso y brillante. Las láminas son adnatas, y la carne rojo anaranjada tiene un olor y un sabor inconspicuos.

• **Habitat** En herbazales no mejorados, con vellosilla (*Hieracium pilosella*). Difundido en zonas templadas norteñas pero la distribución no se conoce.

• **Especies similares** *H. helobia* fructifica temprano y en suelos menos ácidos, huele a ajo y sus esporas tienen forma elipsoidal y más regular. *H. calciphila* tiene unas esporas más regulares y tiende a crecer sobre suelos alcalinos.

FRUCTIFICACION Grupos densos; suelos ácidos, en herbazales y brezales no mejorados.

Dimensiones	Sombrero 1–3cm	Pie ↕ 1–6cm ↔ 2–8mm	Esporas Blancas	Comest.

Familia ENTOLOMATACEAE	Especie *Entoloma serrulatum*	Estación Fin. verano-otoño

ENTOLOMA SERRULATUM

La superficie convexa, negro azulada oscura, es seca al tacto, con escamas diminutas y erguidas y una depresión central a modo de ombligo. El pie tiene una coloración similar. Las láminas anejas y de color azul pálido tienen el borde serrado, negro azulado.
• HABITAT En herbazales, entre vegetación dispersa de bordes de carretera, o en vertederos de arena. Difundido en Europa y Norteamérica y probablemente en otros lugares.
• ESPECIES SIMILARES Entre los *Entoloma* con los bordes de las láminas coloreados se incluyen *E. caesiocinctum*, con el sombrero más pardo, *E. chalybaeum*, que tiene láminas azules, con el borde pardo y menos serradas, y *E. querquedula*, que tiene el sombrero teñido de oliváceo.

SECCION

FRUCTIFICACION Grupos densos; en todos los suelos.

Dimensiones SOMBRERO ↔ 1–2,5cm | PIE ↕ 2–6cm ↔ 2–4mm	Esporas Rosado pálido	Comest. ☠

Familia ENTOLOMATACEAE	Especie *Entoloma incanum*	Estación Verano-princ. otoño

ENTOLOMA INCANUM

La coloración general es verde o pardoverdosa, pero la carne adopta un color azul cielo al cortarla. El sombrero es convexo, con el centro ligeramente deprimido, y el pie es delgado y hueco. Es probablemente venenosa y tiene un fuerte olor que recuerda a los ratones. Aunque es la más llamativa de su género, su coloración la camufla bien dentro de su hábitat herbáceo.
• HABITAT Sobre el suelo, en herbazales alcalinos o en senderos herbosos de terrenos arbolados. Difundido aunque poco común tanto en Europa como en Norteamérica.

SECCION

FRUCTIFICACION Solitario o en grupos de carpóforos; entre plantas herbáceas.

Dimensiones SOMBRERO ↔ 1–3cm | PIE ↕ 2–6cm ↔ 2–4mm	Esporas Rosado pálido	Comest. ☠

HONGOS CON SOMBRERO Y PIE, CON LÁMINAS LIBRES

Esta sección incluye las familias de agáricos en las que todas las especies tienen láminas que no están adheridas al pie ("libres"). Con frecuencia puede torcerse y arrancarse el pie de la carne del sombrero sin causar daño a las láminas

CARNOSOS CON VOLVA O CON RESTOS DEL VELO

ESTE GRUPO DE AGARICOS comprende especies de los géneros *Amanita* y *Volvariella*. Son proporcionalmente grandes y carnosas, y conservan marcados restos del velo universal en forma de saco en la base del pie (volva) y/o escamas sueltas en el sombrero. Algunos también tienen un anillo alrededor del pie.

Familia AMANITACEAE	Especie *Amanita caesarea*	Estación Otoño

ORONJA, AMANITA DE LOS CESARES

Cat: Ou de reig, Reig;
Eusk: Kuleto, Gorringo

Tiene un sombrero de convexo a plano, anaranjado dorado, y un pie anaranjado dorado con una volva muy prominente y suelta en la base, de hasta 5 cm de anchura. Láminas blandas y apretadas y de color crema a amarillo pálido. Es un comestible excelente pero debe identificarlo un experto.

• **HABITAT** Micorrizas con latifolias como castaños y robles, sobre suelos arenosos. Localizado por las partes más cálidas de las zonas templadas norteñas; también en zonas subtropicales.

• **ESPECIES SIMILARES** *Amanita muscaria* (p. 146) tiene una forma amarillenta.

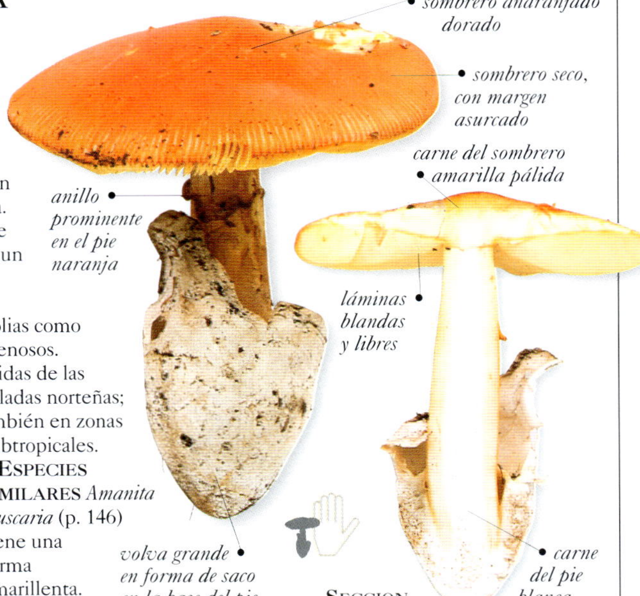

FRUCTIFICACION Solitario o en grupos; suelos arenosos.

Dimensiones SOMBRERO ⟷ 8–20cm | PIE ↕ 8–16cm ↔ 2–3cm	Esporas Blanquecinas	Comest.

Familia AMANITACEAE	Especie *Amanita muscaria*	Estación Verano-otoño

FALSA ORONJA, MATAMOSCAS

Cat: Reig bord, Reig foll; Eusk: Kulet faltsu; Gal: Brincabois

La clásica seta venenosa de los cuentos de hadas. Tiene un sombrero convexo a aplanado con un margen liso o asurcado y escamas blancas del velo en la superficie. Adopta varias formas cromáticas, incluida una anaranjado amarillenta y anaranjada; la roja brillante es la más familiar. La base del pie hinchada carece de la volva de otras especies como *A. virosa* (p. 150). Su consumo no es siempre fatal pero es muy venenosa y la ingestión de varios carpóforos causa síntomas graves.

• HABITAT Forma micorrizas, con coníferas, abedules y hayas, sobre suelos ácidos. Zonas templadas norteñas.

SECCION

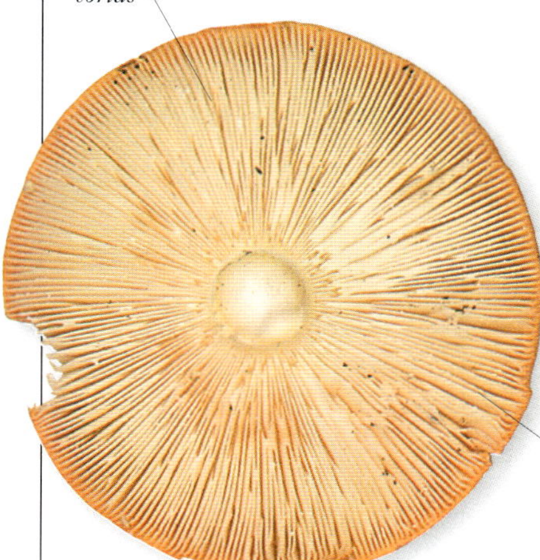

FRUCTIFICACION Grupos densos o corros; árboles.

△ *AMANITA MUSCARIA* VAR. *FORMOSA*
Sombrero de amarillo a anaranjado; común en el NE de Norteamérica. ☠

Dimensiones SOMBRERO ↔ 6–15cm	PIE ↕ 8–20cm ↔ 1–2,5cm	Esporas Blanquecinas	Comest. ☠

Familia AMANITACEAE	Especie *Amanita rubescens*	Estación Verano-otoño

AMANITA ROJIZA, ORONJA VINOSA

Cat: Cua de cavall, Oronja vinosa;
Eusk: Galdakao lanperna, Ardotsuk;
Gal: Cogumelo do viño

El sombrero convexo es pardorrosáceo con fragmentos del velo gris a rosado. El pie, velloso, gris, blanco o rosado, lleva un anillo colgante y prominente con surcos en la parte superior; base hinchada rodeada por restos del velo. Pequeños insectos ponen sus huevos en los carpóforos, y la carne dañada adquiere un tono rosado. Es difícil de reconocer; sólo deberían recogerla expertos.

• **HABITAT** Micorrizas con latifolias como hayas y coníferas. Zonas templadas norteñas.

pedazos del velo grises a rosados • *en el sombrero*

• *el sombrero convexo es pardorrosáceo*

• *base hinchada, de hasta 4 cm, "cinturada" con restos del velo*

• *anillo colgante, con surcos en la superficie superior*

el velloso pie es gris, blanco o • *rosado*

SECCION

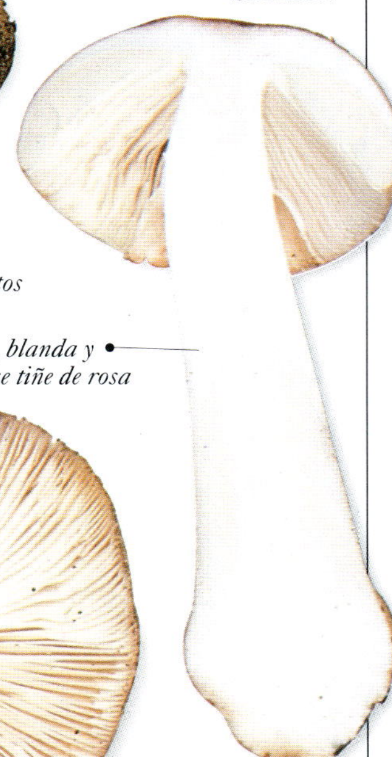

la carne, blanda y • *blanca, se tiñe de rosa*

en las zonas dañadas matices rosados •

láminas • *libres con respecto al pie*

• *láminas apretadas, blandas, blancas a blanquecinas*

△ ***HYPOMYCES HYALINUS***
Hongo frasco blanco parásito de *Amanita rubescens* en el E de Norteamérica. También sobre *A. virosa* (p. 150).

FRUCTIFICACION Solitario o grupos; suelos ácidos.

Dimensiones SOMBRERO ↔ 6–18cm	PIE ↕ 6–15cm ↔ 1,5–4cm	Esporas Blancas	Comest.

Familia AMANITACEAE	Especie *Amanita spissa*	Estación Verano-otoño

AMANITA U ORONJA DE PIE GRUESO

Cat: Cua de cavall grossa; Eusk: Lamperna ilun

Sombrero convexo, marrón oscuro, con el margen liso y fragmentos del velo gris. El anillo de su pie claviforme tiene surcos en la superficie superior. Tenue olor a colza. Aunque es comestible cocida, no es recomendable. *A. excelsa*, considerada otra especie, tiene un pie radicante, es más pálida y es inodora.

• **HABITAT** Forma micorrizas con hayas o piceas, en terrenos arbolados. Zonas templadas norteñas.

• **ESPECIES SIMILARES** La especie venenosa *A. pantherina* (p. 149). *A. rubescens* (p. 147) tiene unos matices rosáceos.

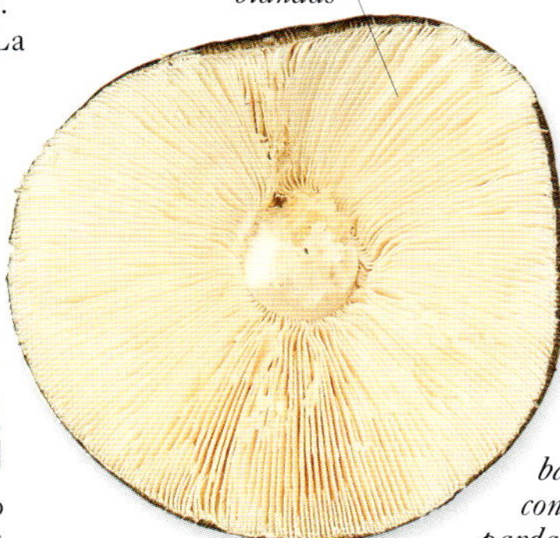

FRUCTIFICACION Solitario o en pocos carpóforos juntos.

Dimensiones	Esporas	Comest.
SOMBRERO ↔ 7–15cm | PIE ↕ 8–14cm ↔ 2–4cm	Blancas	

Familia AMANITACEAE	Especie *Amanita smithiana*	Estación Otoño

AMANITA SMITHIANA

Esta especie tiene un sombrero blanco, de convexo a plano, con pedazos del velo cónico, y son visibles fragmentos del velo alrededor del margen liso. El pie blanco y escamoso tiene un anillo fragmentario y aumenta de tamaño hacia la base radicante, donde el bulbo basal mide hasta 5 cm de anchura. La carne gruesa, blanca y acre, puede causar insuficiencia renal o afectar al hígado.

• **HABITAT** Micorrizas con latifolias. NO de la costa del Pacífico de Norteamérica.

• **ESPECIES SIMILARES** *Tricholoma magnivelare* (p. 81) tiene un olor a especies y un pie radicante. *Amanita virosa* (p. 150) tiene el sombrero liso y es fácil de identificar.

FRUCTIFICACION Solitario o en grupos dispersos; bajo coníferas en terrenos arbolados.

Dimensiones	Esporas	Comest.
SOMBRERO ↔ 5–12,5cm | PIE ↕ 10–20cm ↔ 1–3cm	Blancas	

Familia AMANITACEAE	Especie *Amanita pantherina*	Estación Verano-otoño

AMANITA PANTERA, GALIPIERNO FALSO

Cat: Amanita panterina, Pixacà; Eusk: Lanperna txar

Esta especie muy venenosa tiene una coloración variable, lo que complica la identificación. Sombrero aplanado marrón oscuro, con numerosas y pequeñas escamas del velo y finas acanaladuras radiales. Base del pie a modo de bulbo, con borde anular marcado, y anillo sin surcos en su cara superior. Carne blanca.

• **HABITAT** Forma micorrizas con una amplia gama de árboles de hoja ancha, sobre suelos alcalinos, en bosques y parques. Zonas templadas norteñas.

FRUCTIFICACION Solitario o en grupos; debajo de árboles.

Dimensiones	SOMBRERO ↔ 5–12cm	PIE ↕ 6–12cm ↔ 0,5–2cm	Esporas Blanquecinas	Comest. ☠

Familia AMANITACEAE	Especie *Amanita gemmata*	Estación Verano-otoño

AMANITA GEMMATA

Eusk: Lanperna hori

Sombrero aplanado, amarillo ocráceo con un margen asurcado y fragmentos del velo blanco. El pie macizo, blanquecino a amarillo pálido, tiene un anillo poco marcado, las "cinturas" del velo y un bulbo basal de hasta 2 cm de ancho con un borde estrecho. En Norteamérica existen muchas formas de esta especie.

• **HABITAT** Forma micorrizas con coníferas; también en bosques de latifolias, en suelos arenosos. Zonas templadas norteñas.

• **ESPECIES SIMILARES** *Amanita mappa* (p. 150) tiene escamas más persistentes en el sombrero y huele a patatas crudas.

FRUCTIFICACION Grupos pequeños de carpóforos.

Dimensiones	SOMBRERO ↔ 3–10cm	PIE ↕ 5–10cm ↔ 0,5–2cm	Esporas Blancas	Comest. ☠

Familia AMANITACEAE	Especie *Amanita virosa*	Estación Verano-otoño

AMANITA MALOLIENTE, ORONJA FETIDA

Cat: Farinera pudent, Farinot virós;
Eusk: Hiltzaile konkordun

La volva sacciforme está enterrada; la identificación requiere desenterrar el espécimen. El sombrero brillante, de blanco a marfileño, carece de fragmentos del velo y es campanulado o cónico. El anillo no está muy marcado y el pie presenta "cinturas" de fibras finas. Es muy venenosa; toda persona que recoja setas comestibles deberá familiarizarse con ella.

• HABITAT Micorrizas con árboles, en terrenos arbolados de latifolias y coníferas, en bosques de piceas y arándanos (*Vaccinium myrtillus*). Zonas templadas norteñas.

• ESPECIES SIMILARES *A. verna* (forma blanca de *A. phalloides*): sombrero más plano; regiones más cálidas. *A. ovoidea:* volva voluminosa y un anillo efímero crema ocráceo.

FRUCTIFICACION Solitario o en grupos; suelos pobres.

Dimensiones SOMBRERO ↔ 6–11cm | PIE ↕ 10–20cm ↔ 1–2cm	Esporas Blancas	Comest. ☠

Familia AMANITACEAE	Especie *Amanita mappa*	Estación Fin. verano-otoño

AMANITA CITRINA

Cat: Reig bord groc

Dos buenos rasgos de identificación son su coloración blanca o amarillo limón, y el bulbo hinchado y redondeado, de hasta 3 cm de ancho y con borde anular marcado en la base del pie. El sombrero es convexo, con el margen liso y con restos del velo, y el pie lleva un anillo grande y colgante hacia su ápice. La blanca carne tiene un olor fuerte y distintivo a patatas crudas.

• HABITAT Forma micorrizas con latifolias y coníferas, sobre suelos ácidos. Difundido y común en zonas templadas norteñas.

FRUCTIFICACION Solitario o en grupos de carpóforos.

Dimensiones SOMBRERO ↔ 5–10cm | PIE ↕ 6–13cm ↔ 1–1,5cm	Esporas Blanquecinas	Comest.

Familia	Especie	Estación
AMANITACEAE	*Amanita phalloides*	Fin. verano-otoño

ORONJA VERDE, SETA MORTAL

Cat: Farinera borda, Farinot; Eusk: Hiltzaile berde

Sombrero de gris a verde, de convexo a aplanado, con el margen liso pero con una superficie fibrosa. El pie puede tener un color similar o blanquecino, y una prominente volva, de 3-5 cm de ancho. Los especímenes jóvenes se identifican por sus matices verdes, láminas libres y volva prominente y blanca. Los especímenes más viejos tienen el sombrero gris. Muy venenoso, es responsable de la mayoría de accidentes mortales.

• **HABITAT** Micorrizas con latifolias como hayas, robles y avellanos, sobre suelos ácidos. Europa y Norteamérica.

• **ESPECIES SIMILARES** Algunas *Volvariella* (pp. 154-55) se parecen a especímenes viejos de *Amanita phalloides*. Se distinguen por su esporada rosa pálida y la ausencia de anillo. *A. verna* es completamente blanca.

FRUCTIFICACION Solitario o en grupos de carpóforos.

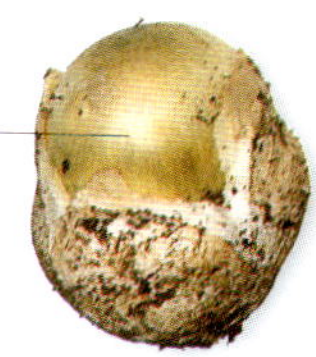

Dimensiones		Esporas	Comest.
SOMBRERO ↔ 8–15cm	PIE ↕ 8–16cm ↔ 1–2,5cm	Blanquecinas	☠

Familia	Especie	Estación
AMANITACEAE	*Amanita porphyria*	Verano-otoño

AMANITA PURPUREA

Así llamada por el color de su sombrero de convexo a umbonado que es gris purpúreo; tiene un anillo colgante gris en torno al pie, que es bulboso en la base, con una volva blanquecina o gris pálida, de hasta 2,5 cm de anchura. Huele a patatas crudas y peladas. Aunque es inofensiva, es fácil confundirla con sus parientes mortales y, por tanto, debe evitarse su consumo.

• **HABITAT** Forma micorrizas con latifolias sobre suelos ácidos. Difundido y común en zonas templadas norteñas.

• **ESPECIES SIMILARES** *A. mappa* (p. 150) tiene un olor similar, pero su hábitat y coloración son distintos. *A. spissa* (p. 148) tiene una coloración similar pero no huele a patatas.

FRUCTIFICACION Solitario o en pequeños grupos.

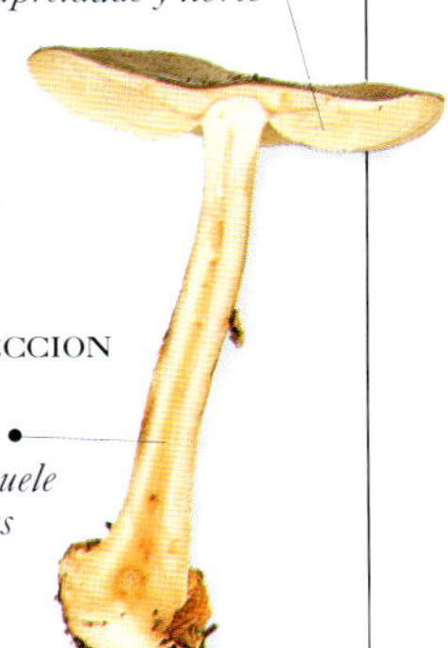

Dimensiones		Esporas	Comest.
SOMBRERO ↔ 5–9cm	PIE ↕ 8–13cm ↔ 1–2cm	Blancas	🍽

Familia AMANITACEAE	Especie *Amanita fulva*	Estación Verano-otoño

AMANITA FULVA

Cat: Amanita rogenca

Esta especie tiene un sombrero cónico a umbonado, de color marrón canela, y un pie velloso y fibriloso de un color similar. Un margen asurcado en el sombrero y la ausencia de anillo o de "cinturas" del velo en el pie indican que pertenece al subgénero *Amanitopsis*. Aunque muchas especies pueden ser difíciles de identificar: la volva blanquecina a marrón pálido es característica de esta especie. Aunque es comestible, *Amanita fulva* debe cocerse antes de su ingesta. La carne, blanda y acuosa, es blanquecina; en contacto con fenol, marrón chocolate.

• **HABITAT** Micorrizas con abedules en terrenos arbolados. Zonas templadas norteñas.

• **ESPECIES SIMILARES** *A. crocea* y *A. vaginata* (ambas en p. 153).

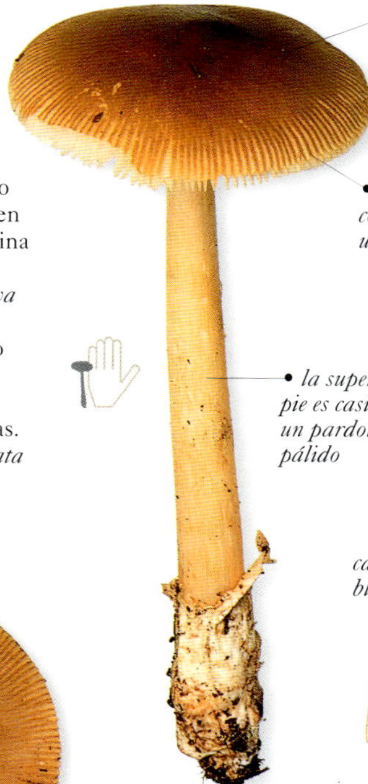

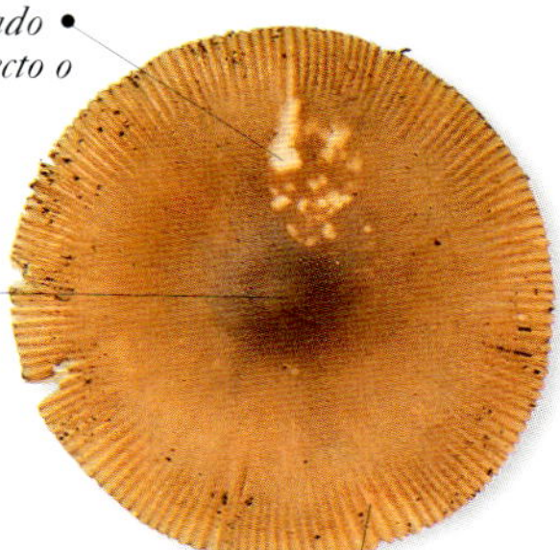

SECCION

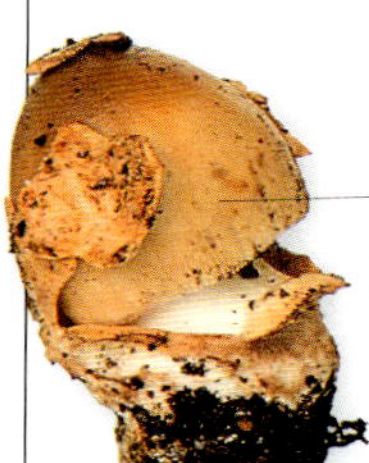

FRUCTIFICACION Solitario o en carpóforos.

Dimensiones SOMBRERO ⊕ 3–8cm	PIE ↕ 7–15cm ↔ 0,7–1,2cm	Esporas Blanquecinas	Comest.

Familia AMANITACEAE	Especie *Amanita crocea*	Estación Princ. verano-otoño

AMANITA CROCEA

Cat: Pentinella safranada

Esta especie tiene un sombrero naranja brillante, de convexo a umbonado, liso y con un margen asurcado. El pie, que carece de anillo, tiene finas "cinturas" anaranjadas y una volva blanca, gruesa y prominente. Al igual que *Amanita fulva* (p. 152), pertenece al subgénero *Amanitopsis*. Aunque ambas se encuentran cerca de abedules, *A. crocea* prefiere suelos mucho más ricos. Es comestible y tiene una carne blanda y blanquecina; antes de ingerirse debe someterse a una prolongada cocción. Los carpóforos deben consumirse pronto porque no se conservan bien.

• **HABITAT** Forma micorrizas con abedules, y también con piceas, hayas y robles, sobre suelos bastante ricos en tierras bajas y en altitudes mayores, cerca de la línea de árboles. Europa y Norteamérica.

• **ESPECIES SIMILARES** *A. fulva* (p.152) tiene una carne blanquecina que se vuelve marrón chocolate en contacto con fenol, mientras que *A. crocea* se vuelve roja vino oscura. *A. vaginata* (recuadro, abajo).

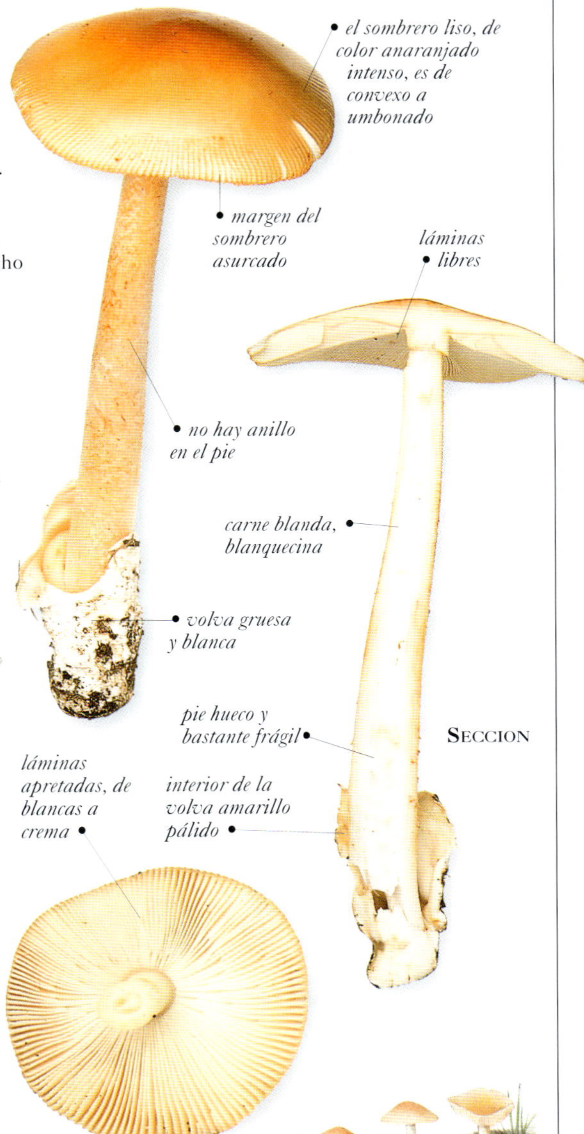

△ *AMANITA VAGINATA*
Gris a casi blanca, y sombrero de convexo a umbonado, asurcado en el margen. El pie tiene una superficie harinosa y una volva prominente, que adquiere pintas anaranjadas al envejecer. Crece principalmente bajo latifolias, sobre suelos ricos.

FRUCTIFICACION Grupos o en solitario; bajo abedules.

Dimensiones SOMBRERO ⊕ 6–12cm | PIE ↕ 10–20cm ↔ 1–2cm	Esporas Blanquecinas	Comest.

Familia PLUTEACEAE	Especie *Volvariella bombycina*	Estación Verano-otoño

VOLVARIA SEDOSA

Eusk: Kosko-ziza bizkarroi

Esta especie es fácil de identificar, aunque rara y en árboles a gran altura. Sombrero muy grande, cónico a umbonado, blanco a amarillo pálido, cubierto de fibras sedosas, y volva pronunciada en la base del pie blanco a crema amarillento. Olor agradable; es comestible, pero no es recomendable.

• **HABITAT** Sobre árboles muertos en pie (rara vez troncos caídos), leña almacenada o en edificios. Zonas templadas norteñas, pero localizado.

• **ESPECIES SIMILARES** *Volvariella caesiotincta* con hábitat similar pero carece de la superficie sedosa del sombrero, es menor y más oscura.

FRUCTIFICACION Solitario o en céspedes; olmos.

SECCION

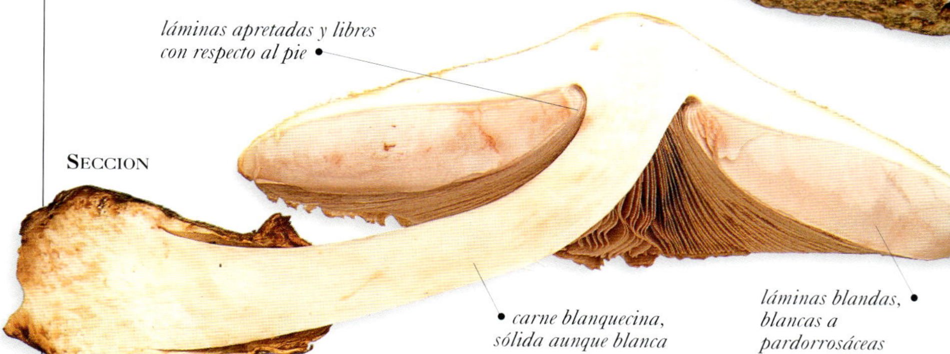

Dimensiones	SOMBRERO ↔ 10–25cm | PIE ↕ 8–20cm ↔ 1–2,5cm	Esporas	Rosado pálido	Comest.

Familia PLUTEACEAE	Especie *Volvariella gloiocephala*	Estación Verano-otoño

VOLVARIA VISTOSA

Es una de las especies de mayor tamaño de las *Volvariella* que crecen en el suelo; además, se diferencia por su sombrero liso, pegajoso, cónico o umbonado, del blanco al gris ratón. El pie es de blanquecino a amarillo grisáceo sucio, con una volva blanca a gris pálida en la base. La blanquecina carne sabe a pepino y huele a rábanos. Una vez arrancados, los carpóforos no tardan en deteriorarse y deben consumirse rápidamente.

• **HABITAT** Sobre suelos alterados y ricos en nutrientes, como rastrojeras, lechos de compostaje, "mulches" de corteza, o bajo almiares. Difundido y bastante común en zonas templadas norteñas, también se encuentra más al sur.

• **ESPECIES SIMILARES** Una especie próxima, *V. volvacea* se cultiva comercialmente en varios lugares del Sudeste asiático. Tiene un pie más corto y una volva gris oscura. El sombrero de los especímenes jóvenes es de un color pardogrisáceo, más oscuro.

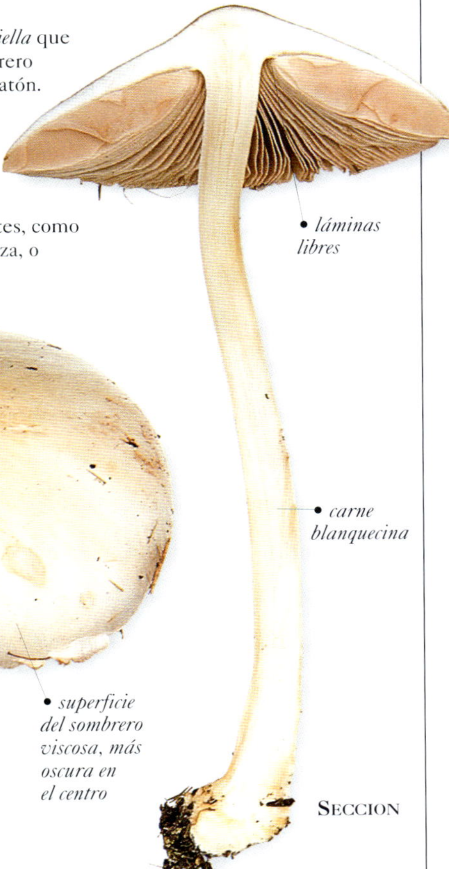

FRUCTIFICACION Grupos densos y en solitario; paja.

Dimens. SOMBRERO ↔ 6–14cm | PIE ↕ 10–25cm ↔ 0,7–1,5cm	Esporas Rosa pálido	Comest.

CON ANILLO O ZONA ANULAR

LAS ESPECIES de esta subsección tienen láminas libres (v. p. 145) y los restos del velo claramente visibles en el pie, como anillo o zona anular. El anillo varía de grande a pequeño y puede ser persistente o efímero. Cuando no hay anillo, la zona en la que estaría éste –zona anular– está marcada por filamentos o por marcas más oscuras. La mayoría de especies que aquí figuran tienen esporadas blancas o marrones oscuras a negras y pertenecen a la familia Agaricaceae.

Familia AGARICACEAE	Especie *Agaricus sylvicola*	Estación Verano-otoño

CHAMPIÑON ANISADO

Cat: Bola de neu anisada;
Eusk: Anis-azpibeltz

Es una forma de terrenos boscosos de *Agaricus arvensis* (p. 157) pero su pie es más delgado, con un bulbo plano en la base. El sombrero es de convexo a expandido, luego plano, con una superficie lisa de blanquecina o amarillenta a amarillo anaranjada u ocre pálido. Huele a almendras; carne blanca que amarillea al envejecer o dañarse. Buen comestible, debe consumirse en pequeñas cantidades ya que contiene cadmio.

• **HABITAT** Suelos de terrenos arbolados con escombros; latifolias y coníferas. Zonas templadas norteñas.

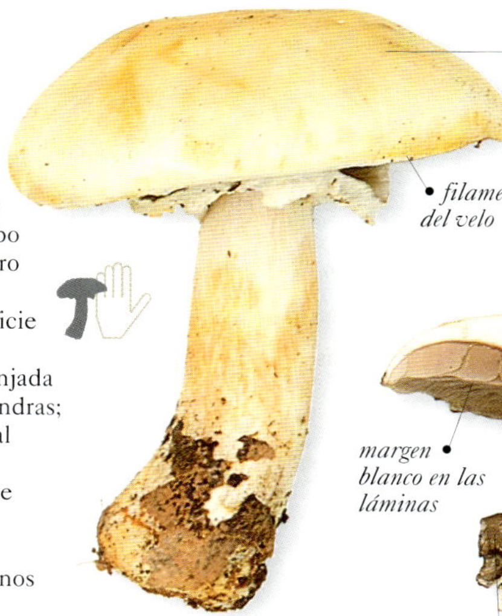

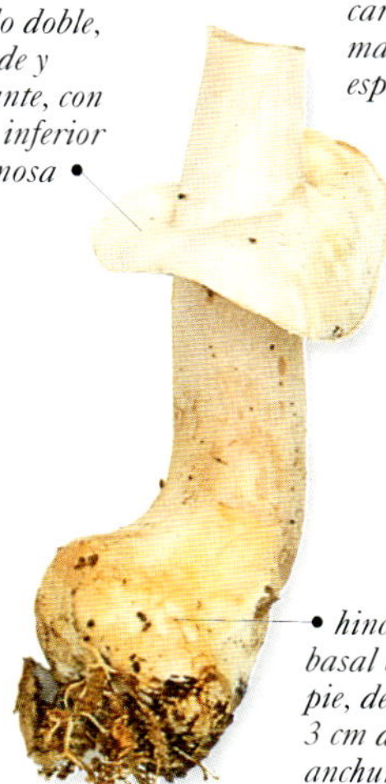

FRUCTIFICACION Carpóforos o en corros de brujas.

Dimensiones SOMBRERO ⊕ 6–12cm | PIE ↕ 8–12cm ↔ 1–2cm	Esporas Marrón chocolate	Comest.

Familia AGARICACEAE	Especie *Agaricus arvensis*	Estación Verano-otoño

BOLA DE NIEVE

Cat: Bola de neu; Eusk: Elur-bola; Gal: Bola de neve, Rocha

Sombrero de redondeado a convexo con una superficie blanca amarillenta a blanquecina que se tiñe de amarillo anaranjado a ocre, sobre todo al dañarse. El pie de color similar, que se engrosa hacia la base, tiene un anillo colgante con un dibujo radial en la cara inferior. La carne blanca y firme también se tiñe. Olor a almendras; comestible pero con altos niveles de cadmio.

• **HABITAT** En prados pastados por caballos, céspedes y parques. Zonas templadas norteñas.

• **ESPECIES SIMILARES** *Agaricus augustus* (p. 158). *A. macrosporus* es muy carnoso, con "cinturas" del velo escamosas en el pie. *A. sylvicola* (p. 156) en terrenos arbolados. *A. xanthoderma* (p. 159).

SECCION

FRUCTIFICACION Corros de brujas; entre la hierba.

Dimensiones SOMBRERO ↔ 7–15cm | PIE ↕ 7–15cm ↔ 1–3cm	Esporas Marrón chocolate	Comest.

Familia	Especie	Estación
AGARICACEAE	*Agaricus augustus*	Otoño

AGARICO AUGUSTO

Eusk: Azpibeltz almendrausain

Tiene escamas pardoanaranjadas en la superficie del sombrero y pie, y una carne que se tiñe de amarillo y huele a almendras. Las escamas se disponen de un modo concéntrico sobre el sombrero grande y colgante. Con su carne firme y abundante, es un comestible de elección, pero debe consumirse con mesura ya que contiene gran cantidad de cadmio.
• HABITAT En terrenos arbolados y parques, sobre suelos ricos y "compost" (abono orgánico) de jardines. Difundido en zonas templadas norteñas.

SECCION

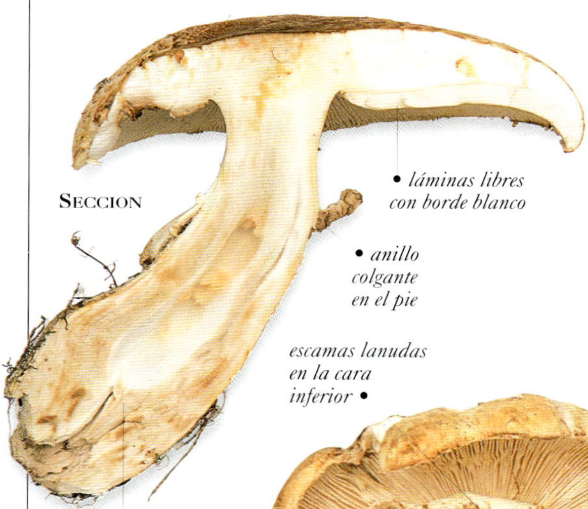

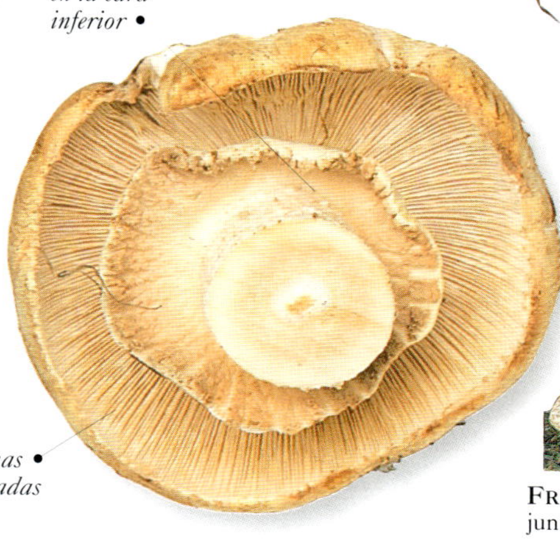

FRUCTIFICACION Carpóforos juntos o grupos densos.

Dimensiones	Esporas	Comest.
SOMBRERO ↔ 8–15cm | PIE ↕ 7–12cm ↔ 1,5–4cm	Marrón chocolate	

Familia AGARICACEAE	Especie *Agaricus xanthoderma*	Estación Verano-otoño

CHAMPIÑON AMARILLEANTE

Cat: Bola de neu pudent; Eusk: Azpibeltz tintausain argi

La superficie y la carne se tiñen de amarillo, pero este hongo venenoso se ve más blanco, casi tiza, en comparación con otras especies de *Agaricus* que se tiñen más despacio. Se caracteriza por una base del pie amarilla muy brillante en el ápice al cortarla longitudinalmente, y un olor similar al de la tinta.

• HABITAT Sobre el suelo desnudo o en la hierba de parques, cementerios y lugares similares. Difundido por las zonas templadas norteñas y otras áreas.

• ESPECIES SIMILARES *A. arvensis* (p. 157) y *A. sylvicola* (p. 156) tienen un distintivo olor a almendras; se tiñen de amarillo más lentamente y son comestibles. *A. moelleri* (p. 160) es de color más oscuro y venenosa.

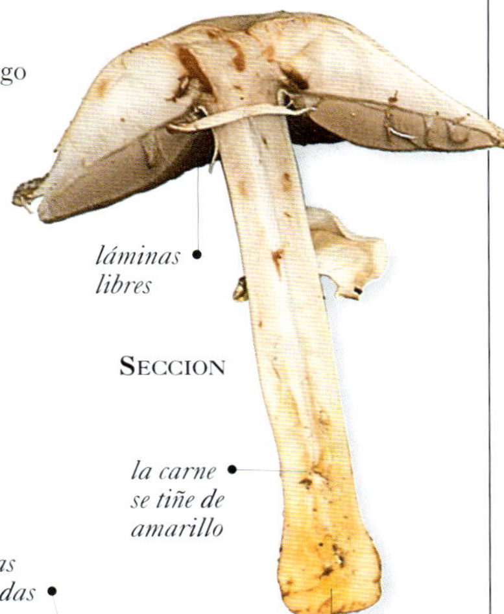

FRUCTIFICACION Grupos densos o en corros de brujas.

△ *AGARICUS CALIFORNICUS*
Sombrero blanco a marrón pálido con escamas; anillo colgante sobre pie blanco, y láminas blancas, rosadas brillantes y luego marrones oscuras. La mayoría de las partes se tiñen de amarillo. ☠

△ *AGARICUS HONDENSIS*
Costa del Pacífico de Norteamérica; no se tiñe de amarillo pero se oscurece. Sombrero blanco a gris rosáceo y pie con anillo colgante. Las láminas son rosa grisáceo. ☠

Dimensiones SOMBRERO ↔ 5–13cm | PIE ↕ 5–10cm ↔ 1–2cm	Esporas Marrón chocolate	Comest. ☠

Familia AGARICACEAE	Especie *Agaricus moelleri*	Estación Fin. verano-otoño

AGARICUS MOELLERI

El sombrero convexo a aplanado tiene escamas puntiagudas, de pardogrisáceas a negro hollinosas. El pie es blanquecino, se tiñe de amarillo y luego de pardo, y la carne vira de blanco a amarillo al cortarla. Emparentado con *Agaricus xanthoderma* (p. 159), tiene propiedades venenosas similares; en algunas personas causa graves trastornos.

• **HABITAT** Sobre suelos ricos, en terrenos arbolados alcalinos o en parques. Difundido aunque localizado a raro en zonas templadas norteñas.

• **ESPECIES SIMILARES** *A. phaeolepidotus* tiene las escamas del sombrero más pardas y se tiñe de amarillo con mayor lentitud. *A. placomyces* es el equivalente norteamericano. Ambos son venenosos.

SECCION

FRUCTIFICACION Corros de brujas o en grupos densos.

Dimensiones	SOMBRERO ↔ 5–14cm	PIE ↕ 6–10cm ↔ 1–1,5cm	Esporas Marrón chocolate	Comest. ☠

Familia AGARICACEAE	Especie *Agaricus campestris*	Estación Verano-otoño

CHAMPIÑON SILVESTRE

Cat: Camperol; Eusk: Barrengori, Urdintxa; Gal: Fundo dos lameiros

Esta seta comestible y familiar tiene un carpóforo blanco que se enrojece con la edad. El sombrero, de convexo a plano, tiene una superficie de lisa a fibrilosa, gris rosáceo en los especímenes más viejos. Las láminas son grises, luego marrón chocolate. El anillo simple es pequeño y liso. La carne blanca y firme tiene un olor y un sabor fungoides.

• **HABITAT** En terrenos abiertos, y en pastizales ricos, fertilizados por estiércol y pastados por caballos o vacuno. Zonas templadas norteñas.

FRUCTIFICACION Grandes grupos o en corros de brujas.

Dimensiones	SOMBRERO ↔ 4–10cm	PIE ↕ 3–7cm ↔ 0,8–1,5cm	Esporas Marrón chocolate	Comest.

Familia AGARICACEAE	Especie *Agaricus bitorquis*	Estación Verano-otoño

AGARICO BIANILLADO

Eusk: Aspibeltz eraztunbiko

Esta especie tiene un anillo doble y prominente, provisto de vaina e involuto; su carne firme y de olor ácido vira a rosa; tiene un sombrero "cuadrangular" con el margen enrollado hacia dentro. Aunque es comestible, su hábitat en bordes de carreteras lo hace poco recomendable.

• **HABITAT** En zonas urbanas, en el suelo o entre las piedras del pavimento. Difundido y común en Europa y Norteamérica.

• **ESPECIES SIMILARES** *Agaricus bernardii* (p. 162), de olor repugnante y superficie del sombrero agrietada, crece en lugares similares.

FRUCTIFICACION Pocos carpóforos juntos; emergiendo de suelos duros o incluso del asfalto.

Dimensiones SOMBRERO ⊕ 5–12cm | PIE ↕ 4–8cm ↔ 1–3,5cm	Esporas Marrón chocolate	Comest.

Familia AGARICACEAE	Especie *Agaricus bisporus*	Estación Fin. verano-otoño

CHAMPIÑON CULTIVADO, SETA DE PARIS

Cat: Xampinyó, Camperol cultivat; Eusk: Txanpinoi, Franzes-perretxico

Se cultiva a una inmensa escala; sólo compiten con ella *Volvariella volvacea*, *Pleurotus ostreatus* (Pleuroto concoideo, p. 178) y *Lentinula edodes* (Shii-take). Su sombrero convexo varía de blanco a marrón oscuro, y el pie tiene un anillo involuto. La carne se tiñe de rojo.

• **HABITAT** Bordes de carreteras, cementerios; suelos ricos y alterados. Zonas templadas norteñas.

SECCION

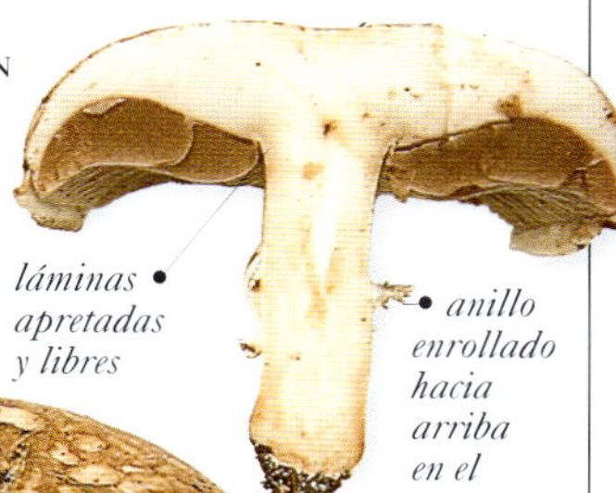

FRUCTIFICACION Grupos densos y en corros de brujas.

Dimensiones SOMBRERO ⊕ 5–10cm | PIE ↕ 3–6cm ↔ 1–2cm	Esporas Marrón chocolate	Comest.

Familia AGARICACEAE	Especie *Agaricus bernardii*	Estación Verano-otoño

AGARICUS BERNARDII

Esta seta muy carnosa tolera los suelos ricos en sal. Sombrero blanco a gris blancuzco, aplanado o convexo, que se agrieta formando un dibujo a escamas. El grueso pie tiene un anillo con vaina e involuto. Huele muy mal y tiene una carne blanca y firme, que se vuelve rosada al envejecer. Aunque es comestible, tiene un sabor mediocre y su valor culinario es escaso.

• **HABITAT** En áreas rociadas de sal de zonas costeras o junto a carreteras que se tratan con sal. Difundido en Europa.

• **ESPECIES SIMILARES** *Agaricus bitorquis* (p. 161) se encuentra en lugares similares.

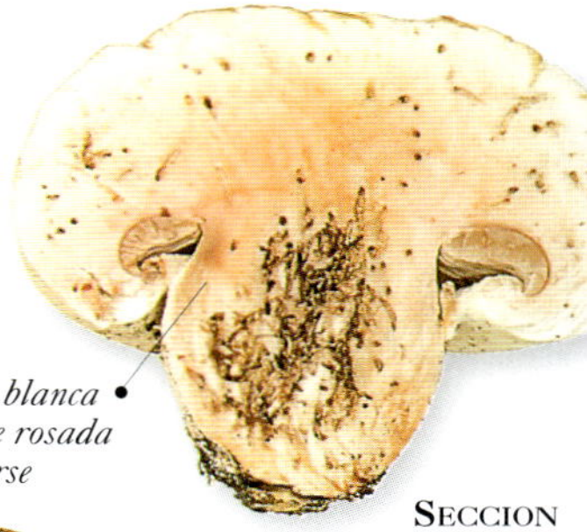

SECCION

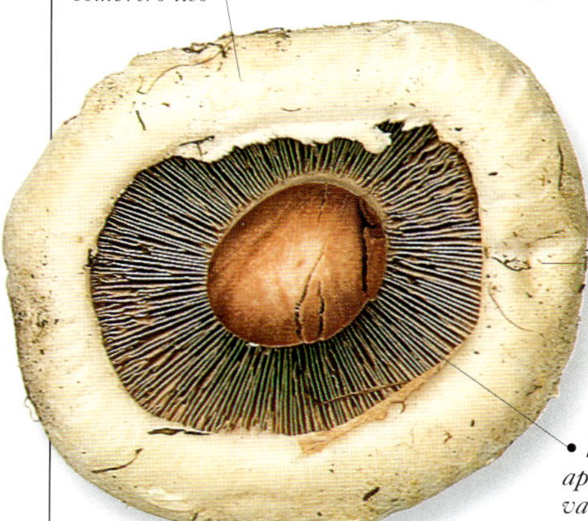

FRUCTIFICACION Grupos densos de carpóforos.

Dimensiones SOMBRERO ↔ 7–15cm | PIE ↕ 5–10cm ↔ 2–4cm	Esporas Marrón chocolate	Comest.

Familia AGARICACEAE	Especie *Agaricus sylvaticus*	Estación Verano-otoño

AGARICO DE LOS BOSQUES

Cat: Rubiol, Rovellol de bosc; Eusk: Basoetako azpibeltz; Gal: Fungo das febras

El sombrero convexo a umbonado está cubierto de finas fibras pardas. El pie, con su anillo colgante, tiene la superficie escamosa. Este buen comestible tiene un aroma agradable, una carne blanquecina que se tiñe de rojo intenso, especialmente después de un corte o golpe, aunque la reacción cromática es menor que en otras especies emparentadas.

• **HABITAT** Sobre pinaza en terrenos arbolados, plantaciones y parques. Zonas templadas norteñas.

• **ESPECIES SIMILARES** *Agaricus langei*, buen comestible, es más carnoso y se tiñe de un rojo más intenso. *A. phaeolepidotus* se tiñe de amarillo y es venenoso.

FRUCTIFICACION Grupos densos o en corros de brujas.

Dimensiones SOMBRERO ⊕ 5–10cm | PIE ↕ 5–10cm ↔ 0,5–2cm	Esporas Marrón chocolate	Comest.

Familia AGARICACEAE	Especie *Agaricus porphyrizon*	Estación Todo el otoño

AGARICUS PORPHYRIZON

Esta especie es un miembro robusto y carnoso de un grupo de pequeñas especies de *Agaricus* sección *Minores:* todos con olor a almendras, carne que se tiñe de amarillo y colores purpúreos en el sombrero. El sombrero es convexo con un revestimiento de fibras finas, lila purpúreo sobre un fondo más pálido, y el pie es blanco con una base bulbosa, amarilla a anaranjada y tiene un anillo estrecho y frágil. Láminas rosa grisáceas a negro purpúreas; carne blanca y comestible que se tiñe lentamente de amarillo.

• **HABITAT** Sobre el suelo y la hojarasca de terrenos arbolados de latifolias, pero también sobre pinaza y en jardines. Difundido aunque bastante localizado en Europa.

FRUCTIFICACION Solitario o en pocos carpóforos juntos; suelos ricos, entre la hojarasca.

Dimensiones SOMBRERO ⊕ 5–8cm | PIE ↕ 4–6cm ↔ 0,7–1cm	Esporas Marrón chocolate	Comest.

Familia AGARICACEAE	Especie *Leucoagaricus leucothites*	Estación Fin. verano-otoño

LEUCOAGARICUS LEUCOTHITES

El sombrero convexo de esta especie blanca tiene una superficie seca y lisa. El pie tiene un anillo delgado, suelto, y una base claviforme. La carne blanca tiene un olor agradable y un sabor fungoide, pero es venenosa. Diferencias de coloración dividen *Leucoagaricus leucothites* en especies distintas; ninguna es comestible.

• **HABITAT** En la hierba, junto a bordes de carreteras, en parques, jardines y dunas de arena. Europa y Norteamérica.

• **ESPECIES SIMILARES** Existen *Agaricus* similares pero su esporada y sus láminas maduras son de color chocolate.

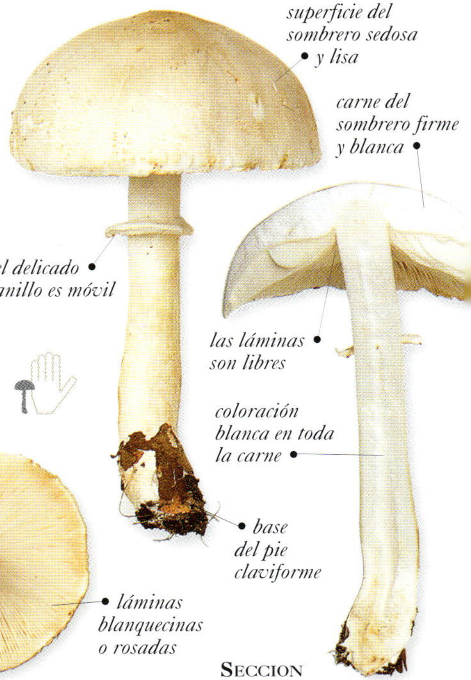

FRUCTIFICACION Grupos o en corros de brujas; hierba.

Dimensiones SOMBRERO ↔ 5–8cm | PIE ↕ 4–8cm ↔ 0,8–2cm	Esporas Blancas	Comest. ☠

Familia AMANITACEAE	Especie *Limacella guttata*	Estación Fin. verano-otoño

LEPIOTA LENTICULAR

El sombrero viscoso y convexo varía de ocre crema a pardorrojizo muy pálido. Su seco pie con base bulbosa y anillo colgante y prominente que exuda un líquido transparente que, al secarse, forma manchas pardoliváceas. Las láminas blancas son libres y apretadas. No es recomendable su consumo.

• **HABITAT** En terrenos arbolados de coníferas o latifolias, sobre suelos ricos y espesa hojarasca. Difundido aunque localizado en Europa y Norteamérica.

• **ESPECIES SIMILARES** *Limacella glioderma*: viscoso, sombrero pardoanaranjado. Algunas *Amanita* tienen una apariencia similar, pero la superficie del sombrero es seca, con restos del velo y volva en la base.

FRUCTIFICACION Grupos de carpóforos o en solitario; suelos ricos y hojarasca de zonas arboladas

Dimensiones SOMBRERO ↔ 7–15cm | PIE ↕ 8–14cm ↔ 1–2,5cm	Esporas Blancas	Comest. 🍴

Familia AGARICACEAE	Especie *Macrolepiota procera*	Estación Verano-otoño

APAGADOR, MATACANDELAS

Cat: Paloma, Apagallums, Pentinella esquamosa; Eusk: Galanperna jangarri; Gal: Zarrota, Choupín

Hongo espectacular y de gran tamaño con dibujo en piel de serpiente en el pie, así como anillo grande y móvil. El sombrero tiene forma de parasol o es plano, con un centro pardogrisáceo oscuro, y con un patrón concéntrico de escamas adheridas. La carne pálida no se tiñe cuando se rompe. Está considerada una de las mejores setas comestibles (v. Especies similares).

• **HABITAT** En dunas, herbazales secos y áreas herbosas de bosques y parques. Europa y Norteamérica.

• **ESPECIES SIMILARES** *Macrolepiota permixta*: carne que se tiñe de rojo. *M. rhacodes* (p. 166).

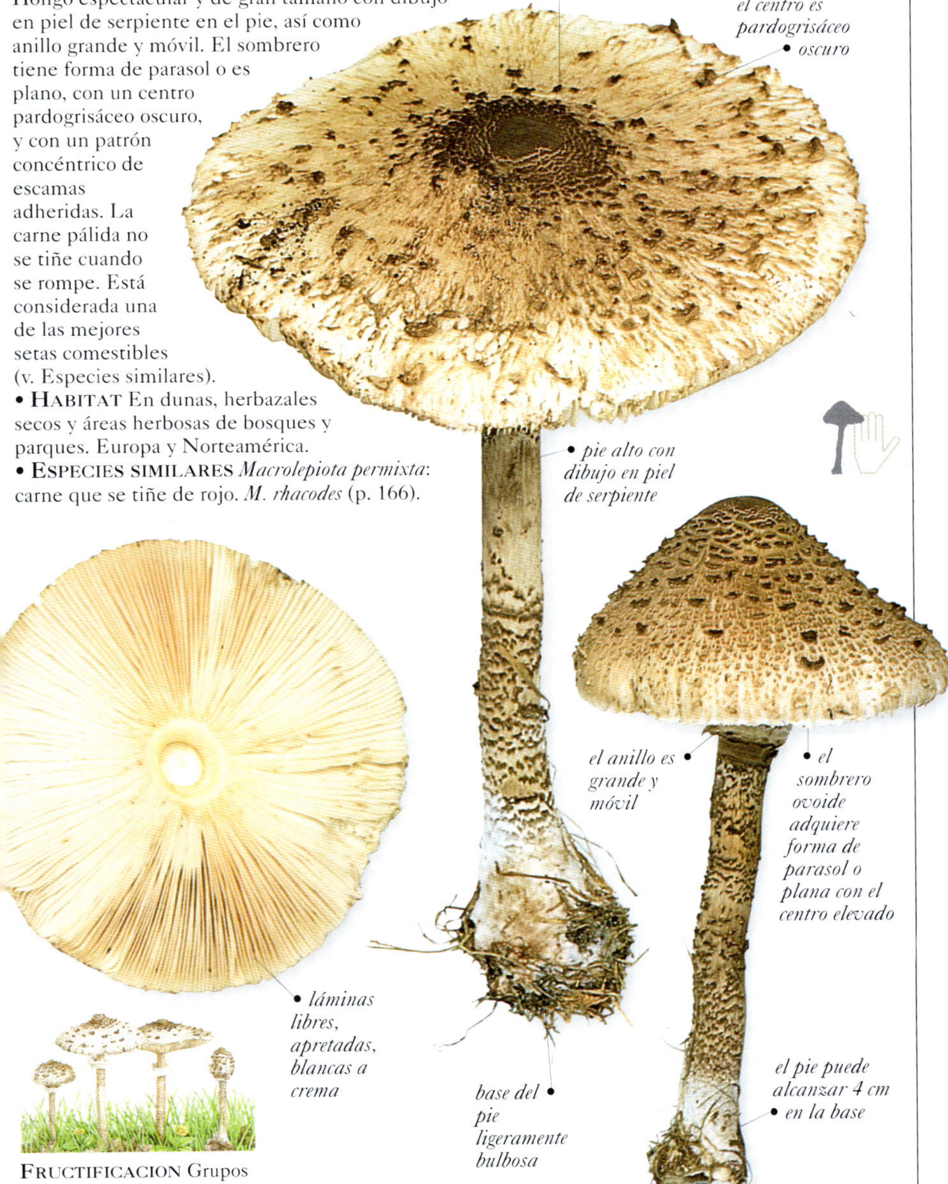

FRUCTIFICACION Grupos densos; hierba o suelo arenoso.

Dimensiones SOMBRERO ↔ 10–30cm | PIE ↕ 15–30cm ↔ 0,8–2cm	Esporas Blancas o rosa pálido	Comest.

Familia AGARICACEAE	Especie *Macrolepiota rhacodes*	Estación Verano-otoño

APAGADOR MENOR, PARASOL DE CARNE ROJIZA

Cat: Paloma petita, Apagallums de cama blanca;
Eusk: Galanperna mamigorriska; Gal: Zarrota, Choupín

Escamas concéntricas, beige, que cubren un sombrero convexo que se aplana con la edad; los especímenes muy jóvenes parecen bulbos de flores. El pie tiene un anillo doble y prominente. La blanca carne adquiere un color rojo zanahoria al romperse. Comestible, algunas variedades causan trastornos de estómago.

• **HABITAT** Suelos ricos, en setos vivos, parques y jardines. Europa y Norteamérica.

• **ESPECIES SIMILARES** *Macrolepiota permixta* y *M. procera* (p. 165) más grandes y tienen un dibujo de piel de serpiente en el pie. *Chlorophyllum molybdites* (abajo): esporada verde; es venenosa.

el espécimen joven tiene escamas beige

escamas concéntricas en la superficie del sombrero

anillo doble, prominente y móvil

bulbo basal de hasta 4 cm de ancho

láminas apretadas

margen del sombrero hirsuto

láminas libres, de blancas a crema

SECCION

la carne blanca se tiñe de anaranjado zanahoria y luego de rojo oscuro

espécimen inmaduro; sombrero oval

pie liso a fibriloso

FRUCTIFICACION Grupos densos o en corros de brujas.

△ ***CHLOROPHYLLUM MOLYBDITES***
Como una *Macrolepiota*; tiene un sombrero escamoso beige, pardorrojizo al lastimarse y con anillo doble. Sus esporas tiñen de verde oliva las láminas blancas. ☠

Dimensiones SOMBRERO ↔ 5–15cm | PIE ↕ 10–15cm ↔ 1–2cm	Esporas Blancas	Comest.

Familia AGARICACEAE	Especie *Lepiota aspera*	Estación Fin. verano-otoño

LEPIOTA DE ESCAMAS PUNTIAGUDAS

Eusk: Galanperna ezkatozorrotz

De gran tamaño; sombrero convexo y blanquecino con escamas pardas, piramidales o cónicas, que se desgastan. Pie pardo, con un gran anillo colgante de borde oscuro y una base hinchada. Olor desagradable; puede ser venenosa.

• **HABITAT** En terrenos arbolados junto a bordes de caminos, en suelos alcalinos y ricos. Zonas templadas norteñas.

• **ESPECIES SIMILARES** *Lepiota hystrix* exuda un líquido pardo por sus escamas oscuras. *L. perplexum* es más pequeña y con láminas menos apretadas. *Macrolepiota procera* (p. 165): anillo móvil y olor agradable.

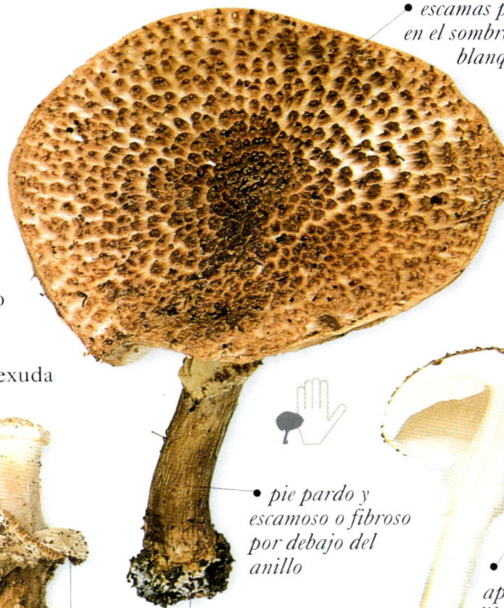

SECCION

FRUCTIFICACION Solitario o en pequeños grupos.

Dimensiones SOMBRERO ↔ 5–15cm | PIE ↕ 5–12cm ↔ 0,5–1,5cm	Esporas Blancas	Comest. ☠

Familia AGARICACEAE	Especie *Lepiota oreadiformis*	Estación Otoño

LEPIOTA OREADIFORMIS

Sombrero cónico y láminas apretadas, finas, libres y blancas; a diferencia de la mayoría de especies de *Lepiota*, el anillo es apenas visible. La coloración general del carpóforo es blanquecina a crema, y el sombrero tiene un centro más pardo. El pie está "cinturado" con restos del velo, y el margen del sombrero también lleva fragmentos. Algunos micólogos subdividen *L. oreadiformis* en tres o más especies distintas.

• **HABITAT** En herbazales secos y abiertos, en localidades costeras como dunas de arena. Difundido en Europa; la distribución mundial no está muy clara.

• **ESPECIES SIMILARES** *Marasmius oreades* (p. 117) es superficialmente parecida pero tiene láminas anejas, una carne tenaz y no presenta signo alguno de restos del velo.

FRUCTIFICACION Grupos densos de carpóforos; líquenes y hierba, en herbazales abiertos.

Dimensiones SOMBRERO ↔ 2–6cm | PIE ↕ 3–5cm ↔ 0,8–1,2cm	Esporas Blancas	Comest. 🍽

Familia AGARICACEAE	Especie *Lepiota ignivolvata*	Estación Todo el otoño

LEPIOTA IGNIVOLVATA

Eusk: Galanperna zolagorri

Especie bastante carnosa del g. *Lepiota* con anillo de margen anaranjado, a baja altura en el pie blanco y claviforme. El sombrero convexo tiene escamas concéntricas, finas y pardoanaranjadas, y un centro protuberante pardocráceo. La carne blanquecina, tiene un desagradable olor como el de *L. cristata* (p. 169), similar al de un metal recién cortado.

• **HABITAT** Bajo latifolias y coníferas, en suelos alcalinos. Difundido en Europa; parte central y meridional.

• **ESPECIES SIMILARES** *L. ventriosospora* carece del tono anaranjado en el velo y la base.

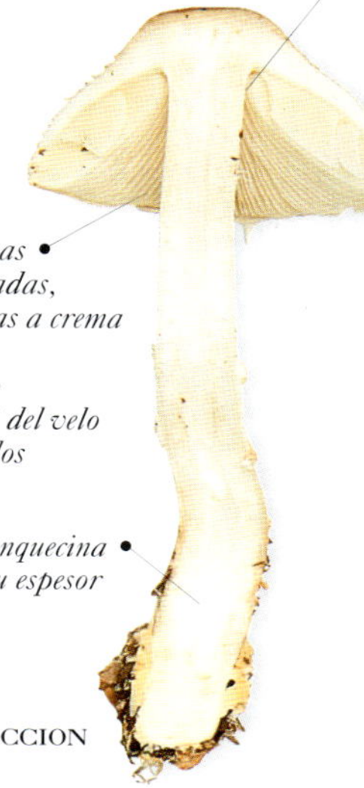

FRUCTIFICACION Grupos o en solitario; entre hojarasca.

Dimensiones SOMBRERO ↔ 4–11cm | PIE ↕ 5–15cm ↔ 0,5–2cm	Esporas Blancas	Comest. ☠

Familia AGARICACEAE	Especie *Lepiota clypeolaria*	Estación Todo el otoño

LEPIOTA EN ESCUDO

Eusk: Maluta-galanperna

Esta especie de tamaño bastante grande es blanca o crema, aunque el sombrero campanulado a plano tenga escamas teñidas de pardo. El margen del sombrero y el pie llevan restos visibles del velo blanco puro, de ahí el aspecto hirsuto de los especímenes jóvenes. La carne, de olor tenue, es de blanca a beige. Esporas fusiformes.

• **HABITAT** En bosques de latifolias y coníferas, sobre suelos fértiles, hojarasca o lechos de ortigas. Zonas templadas norteñas.

• **ESPECIES SIMILARES** *Lepiota alba*: en hábitats más abiertos; pie más liso. *L. ventriosospora*: presenta matices pardoamarillentos en el velo del pie y en el sombrero, y esporas más fusiformes.

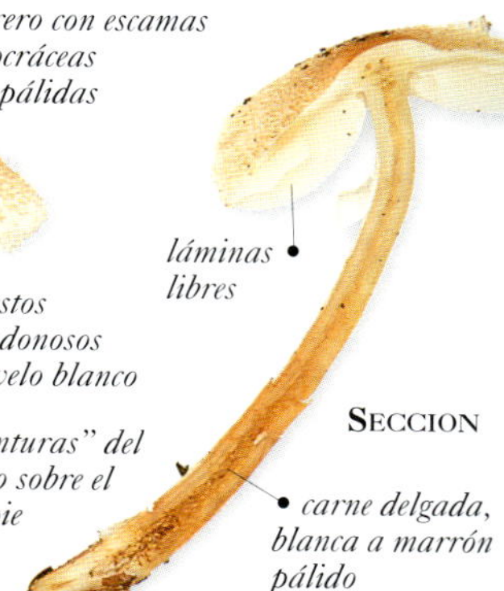

FRUCTIFICACION Solitario o en pequeños grupos.

Dimensiones SOMBRERO ↔ 3–7cm | PIE ↕ 5–12cm ↔ 0,5–1cm	Esporas Blancas	Comest. ☠

Familia AGARICACEAE	Especie *Lepiota cristata*	Estación Verano-otoño

LEPIOTA MALOLIENTE

Cat: Paloma pudent, Lepiota pudent;
Eusk: Galanperna usaintsu

Es la más común de las especies pequeñas del g. *Lepiota*. Colores pálidos, dibujo concéntrico del sombrero convexo y desagradable olor químico. El anillo es efímero pero se observa una membrana vuelta hacia arriba en los especímenes más jóvenes.

• **HABITAT** En céspedes, musgo, hierba u ortigas, en bordes de senderos y caminos; suelos ricos. Zonas templadas norteñas.

• **ESPECIES SIMILARES** La muy venenosa *L. lilacea* es mucho más rara y tiene colores púrpura a pardopurpúreo.

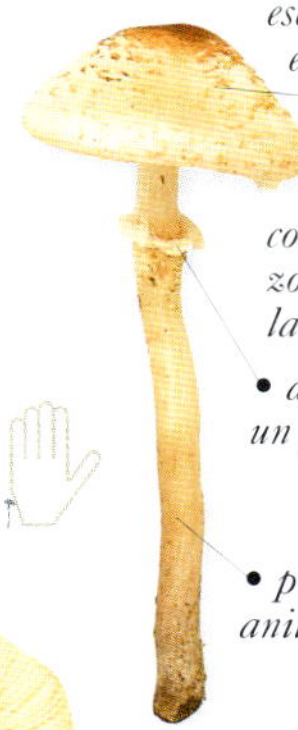

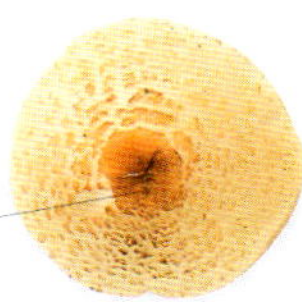

FRUCTIFICACION Grupos pequeños; suelo desnudo.

Dimensiones SOMBRERO ↔ 1–4cm | PIE ↕ 2,5–5cm ↔ 2–4mm	Esporas Blancas	Comest. ☠

Familia AGARICACEAE	Especie *Lepiota castanea*	Estación Todo el otoño

LEPIOTA CASTAÑA

Eusk: Galanperna gaztainkolore

Esta especie pequeña y oscura tiene escamas marrones oscuras, en el sombrero convexo y plano y en el pie. Olor fuerte y bastante desagradable. El anillo es efímero. Los rasgos microscópicos son importantes para identificar pequeñas *Lepiota*, el género tiene tres formas de esporas: proyectil, huevo o huso. Las de *L. castanea* tienen forma de proyectil.

• **HABITAT** Sobre suelos ricos y alterados, junto a veredas y arroyos de terrenos arbolados. Ampliamente difundido; en el sur de las zonas templadas norteñas.

• **ESPECIES SIMILARES** *L. fulvella* es de un pardoanaranjado más pálido y de mayor tamaño; *L. pseudohelveola* tiene un anillo más prominente y olor tenue.

△ ***LEPIOTA BRUNNEOINCARNATA***
El sombrero convexo de esta robusta especie tiene escamas pardorrosáceas oscuras por toda la superficie. El pie teñido de rosáceo tiene escamas oscuras por debajo de la zona anular. ☠

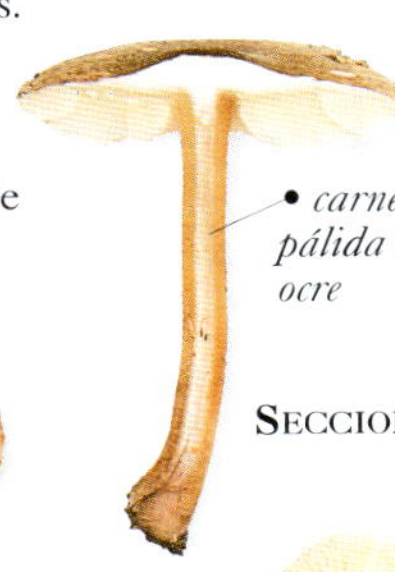

SECCION

FRUCTIFICACION Pocos carpóforos juntos.

Dimensiones SOMBRERO ↔ 2–4cm | PIE ↕ 2–5cm ↔ 2–4mm	Esporas Blancas	Comest. ☠

Familia AGARICACEAE	Especie *Leucocoprinus badhamii*	Estación Fin. verano-fin. otoño

LEUCOCOPRINUS BADHAMII

Inicialmente casi blanco, con un dibujo de delicadas escamas beige sobre el sombrero aplanado, todas las partes de este agárico adquieren un tono azafrán o rojo sangre intenso al manipularlo, y finalmente casi negro. Pertenece a un grupo de especies que se tiñen de rojo, raras y tóxicas. El anillo, destacado sobre el aterciopelado pie, es frágil e involuto. Algunos micólogos clasifican a esta especie en el g. *Leucoagaricus*.

• HABITAT Crece en suelos alcalinos o ricos en nutrientes, entre hojarasca o detritos de jardines, o en lechos de ortigas; sobre todo bajo tejos pero también bajo latifolias. Difundido en las regiones más cálidas de Europa; desconocido en Norteamérica.

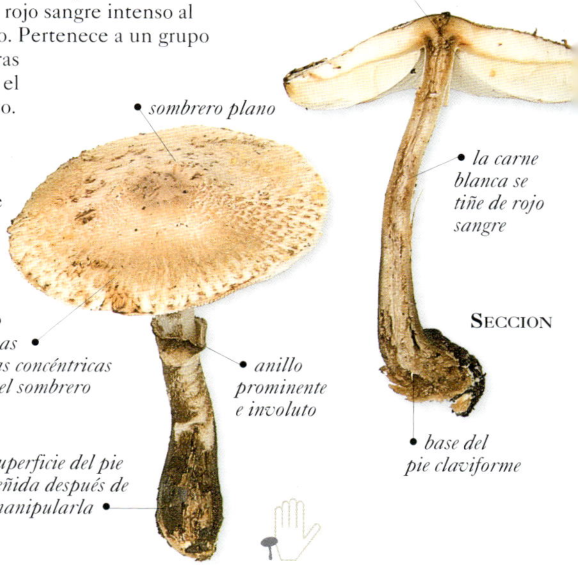

FRUCTIFICACION Solitario o en grupos; suelos ricos.

Dimensiones SOMBRERO ↔ 3–8cm | PIE ↕ 3–7cm ↔ 4–8mm	Esporas Blancas	Comest. ☠

Familia AGARICACEAE	Especie *Leucocoprinus luteus*	Estación Todo el año

LEUCOCOPRINUS LUTEUS

La superficie del sombrero campanulado tiene escamas finas, amarillo doradas a amarillo anaranjadas o pardoamarillentas sobre un fondo amarillo azufre. El pie es similar, con un anillo efímero, y se vuelve claviforme hacia la base, de hasta 6 mm de anchura. Las láminas amarillas son libres y apretadas. Es incomestible y posiblemente venenosa; carne delgada y amarilla. Carpóforos de vida corta, casi tanto como las setas del género *Coprinus* (pp. 174-76).

• HABITAT Zonas templadas norteñas, en macetas e invernaderos; en estado silvestre en climas subtropicales cálidos y tropicales. Ampliamente difundido.

FRUCTIFICACION Matas en suelos ricos en mantillo.

Dimensiones SOMBRERO ↔ 1–5cm | PIE ↕ 4–10cm ↔ 2–4mm	Esporas Blancas	Comest.

SIN VELO

EN ESTA SUBSECCION FIGURA un solo género, *Pluteus*. Es el único género que combina unas láminas libres con la ausencia completa del velo universal. Todas las especies de este género producen una esporada rosada y tienen las láminas muy apretadas. La mayoría de especies crecen sobre madera descompuesta, ya sea troncos caídos o lechos de serrín o astillas de madera.

El género *Volvariella* está estrechamente emparentado con *Pluteus* pero las especies de *Volvariella* como *V. bombycina* (p. 154) tienen un velo universal que cubre el carpóforo inmaduro; el velo se desgarra hasta dejar una volva en la base.

Familia PLUTEACEAE	Especie *Pluteus cervinus*	Estación Fin. primavera-fin. otoño

PLUTEO CERVINO

Cat: Bolet de soca de làmines roses;
Eusk: Pluteo marroi

Es muy variable; tiene un sombrero marrón oscuro y un pie blanco con fibras oscuras pronunciadas en la base claviforme. Sombrero de convexo a umbonado o plano; superficie tomentosa en el centro y viscosa cuando húmeda. Es comestible pero insípido y huele a rancio.

• HABITAT Sobre todo tipo de madera de latifolias en descomposición, en bosques, parques y jardines. Muy difundido en zonas templadas norteñas; también hacia el sur.

• ESPECIES SIMILARES *Pluteus pouzarianus* crece sobre coníferas; no tiene olor. Se diferencia por las abrazaderas de las hifas, visibles con el microscopio.

SECCION

FRUCTIFICACION
Solitario o en carpóforos.

Dimensiones SOMBRERO ↔ 4–10cm | PIE ↕ 4–10cm ↔ 0,5–2cm	Esporas Rosado pálido	Comest.

Familia PLUTEACEAE	Especie *Pluteus umbrosus*	Estación Verano-otoño

PLUTEUS UMBROSUS

Las superficies aterciopeladas y marrones oscuras del sombrero y del pie, y los bordes oscuros de las láminas, facilitan la identificación. El sombrero es umbonado, con venas radiales en la superficie, mientras que el pálido pie está moteado de escamas pardas. Carne de blanca a marrón clara; olor ácido; comestibilidad desconocida.

• **HABITAT** A menudo sobre troncos de coníferas de gran diámetro en descomposición; junto con otras especies de *Pluteus*. Zonas templadas norteñas; poco común.

• **ESPECIES SIMILARES** *P. cervinus* (p. 171) es más oscuro, sin vetas en el sombrero. *P. plautus* tiene los bordes de las láminas blancos.

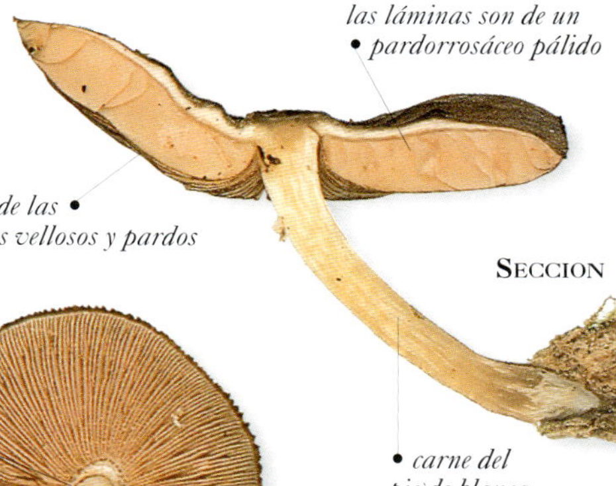

FRUCTIFICACION Solitario o en pequeños grupos.

Dimensiones SOMBRERO ↔ 4–11cm	PIE ↕ 5–8cm ↔ 0,4–2cm	Esporas Rosa pálido	Comest.

Familia PLUTEACEAE	Especie *Pluteus aurantiorugosus*	Estación Verano-otoño

PLUTEUS AURANTIORUGOSUS

Sombrero de un vivo color rojo fuego que varía de convexo a casi plano. La superficie del sombrero es muy delicada por las células redondas, al contrario que *Pluteus cervinus* (p. 171) con su recubrimiento fibroso. El pie pálido y amarillo forma una curva, lo que permite que el carpóforo se introduzca por las fisuras y oquedades de la madera en descomposición. Es inodoro e insípido.

• **HABITAT** Sobre troncos o leños caídos, o árboles desmochados como chopos, álamos, fresnos y olmos. Difundido aunque poco común en zonas templadas norteñas.

• **ESPECIES SIMILARES** *P. admirabilis*, una especie norteamericana, es de un tono más dorado.

FRUCTIFICACION Grupos o en solitario; madera descompuesta.

Dimensiones SOMBRERO ↔ 2–5cm | PIE ↕ 3–8cm ↔ 3–6mm	Esporas Rosado pálido	Comest.

Familia PLUTEACEAE	Especie *Pluteus chrysophaeus*	Estación Verano-otoño

PLUTEUS CHRYSOPHAEUS

De esta especie existen muchas formas que quizá sean especies diferentes. Aunque todas tienen el sombrero amarillo y el pie amarillo pálido, la distribución y la intensidad del color varían. El sombrero es de convexo a umbonado, liso y con un margen que presenta estriaciones cuando húmedo. El pie es más pálido, y la carne, de blanquecina a amarilla, inodora e insípida.

• **HABITAT** Sobre tocones de latifolias bien descompuestos y troncos caídos recubiertos de musgo. Ampliamente difundido en Europa.

• **ESPECIES SIMILARES** *Pluteus romellii* tiene el sombrero más oscuro y su coloración amarilla se concentra en la base del pie. Crece principalmente sobre madera mezclada con suelo.

FRUCTIFICACION Grupos; madera descompuesta.

Dimensiones SOMBRERO ↔ 1–6cm | PIE ↕ 3–8cm ↔ 3–8mm	Esporas Rosa pálido	Comest.

ENTINTADOS AL ENVEJECER

ESTA SUBSECCION comprende una selección de miembros del gran género *Coprinus*, los coprinos. La mayoría tienen láminas que se disuelven (delicuescentes) desde el margen hacia dentro para formar un líquido similar a la tinta, coloreado de negro por las esporas maduras. Otras esporas salen disparadas al aire, justo antes de que el proceso de disolución llegue hasta la zona donde se producen. Láminas mucho más apretadas que en otros agáricos.

Las especies del g. *Coprinus* son a menudo diminutas, con la carne delgada, y muchas de ellas crecen sobre el estiércol de animales herbívoros como vacas y caballos.

Familia COPRINACEAE	Especie *Coprinus comatus*	Estación Otoño

BARBUDA, MATACANDIL

Cat: Bolet de tinta pelut, Pixacà barbut; Eusk: Urbeltz galpardun; Gal: Barbuda

El sombrero tiene una forma alargada o bien cónica. Mide 5-20 cm de altura y tiene una superficie hirsuta o escamosa teñida de blanquecino a rosado y que pronto se vuelve negra a partir del margen. El pie tiene un anillo distintivo negro debido a la caída de esporas. Es rápidamente delicuescente y más carnosa que la mayoría de miembros del género. Los carpóforos muy jóvenes son unos comestibles populares debido a su textura y a su sabor suave y agradable. Debe recogerse en las primeras horas del día y cocinarse poco después.

• HABITAT En prados y pastos, y junto a carreteras, caminos y senderos de bosque, sobre suelos alterados. Zonas templadas norteñas.

FRUCTIFICACION Grandes grupos densos de carpóforos.

Dimensiones SOMBRERO ⊕ 2–6cm | PIE ↕ 10–35cm ↔ 1–2cm	Esporas Negras	Comest.

Familia COPRINACEAE	Especie *Coprinus atramentarius*	Estación Primavera-otoño

COPRINO ENTINTADO, COPRINO ANTIALCOHOLICO

Cat: Bolet de tinta tòxic, Bolet de femer, Pixacà negre;
Eusk: Urbeltz gorritzaile

El sombrero es ovoide y al envejecer se vuelve umbonado. De color gris a pardogrisáceo, se disuelve a partir del margen. Causa palpitaciones y náuseas si se mezcla con alcohol, incluso bebido días después. Una forma pardorrojiza y escamosa es *Coprinus romagnesianus*.

• **HABITAT** En terrenos arbolados, parques y jardines, a nivel del suelo, sobre tocones o árboles moribundos de latifolias. Zonas templadas norteñas.

• **ESPECIES SIMILARES** *C. acuminatus*: umbón puntiagudo; síntomas similares cuando se consume con alcohol. *C. alopecia*: céspedes de carpóforos menos densos; esporas verrugosas (las de *C. atramentarius* son lisas).

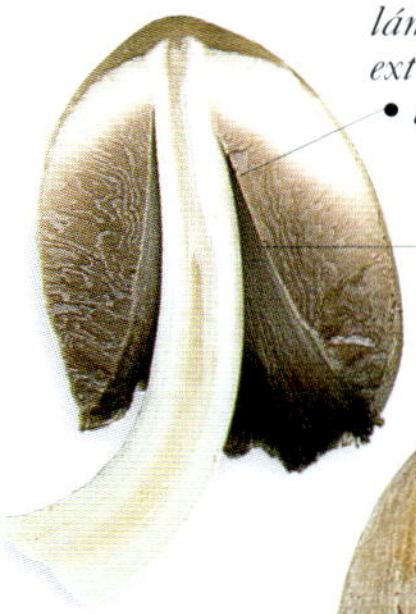

SECCION

FRUCTIFICACION Densos céspedes de carpóforos.

Dimensiones SOMBRERO ↔ 3–7cm | PIE ↕ 5–12cm ↔ 0,8–1,5cm	Esporas Negras	Comest. ☠

Familia COPRINACEAE	Especie *Coprinus picaceus*	Estación Otoño

COPRINO BLANCO Y NEGRO

Cat: Bolet de femer blanc i negre, Pixacà de garsa;
Eusk: Urbeltz zuri-beltz

Este hongo tiene un dibujo blanco y negro en el sombrero cilíndrico o campanulado, creado por una ruptura del velo en escamas al expandirse el sombrero. Sombrero de 5 a 10 cm de altura. Pie alto y blanco, con un fino revestimiento lanudo. Olor desagradable y fétido; no se recomienda su consumo.

• **HABITAT** En terrenos arbolados de latifolias, entre serrín o astillas; sobre cultivos de flores. En las regiones de hayas de Europa.

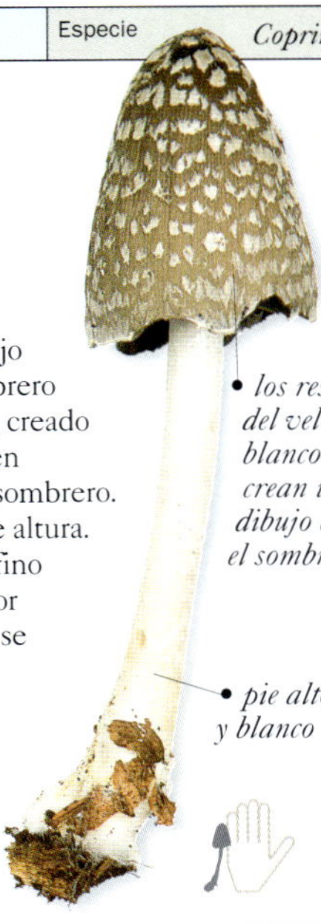

SECCION

FRUCTIFICACION Solitario o en céspedes.

Dimensiones SOMBRERO ↔ 2–6cm | PIE ↕ 8–30cm ↔ 0,6–2cm	Esporas Negras	Comest.

Familia COPRINACEAE	Especie *Coprinus micaceus*	Estación Fin. primavera-princ. invierno

COPRINO MICACEO

Cat: Bolet de femer micaci, Pixacà micaci;
Eusk: Urbeltz mikadun

Los restos granulosos del velo crean un brillo en la superficie del sombrero ovoide a expandido, plisado y de color pardoleonado, con el margen hendido o lobulado. Carne pálida. El micelio produce numerosos carpóforos en una sola estación.

• **HABITAT** Tanto en zonas urbanas como en los bosques, sobre y en torno a tocones viejos y árboles enfermizos. Zonas templadas norteñas.

• **ESPECIES SIMILARES** Algunas producen una gruesa esterilla (ozonium) amarillo anaranjada sobre el sustrato. *Coprinus domesticus* se encuentra en sótanos y bodegas húmedos; también detrás de azulejos de cuarto de baño sueltos. *C. truncorum* tiene el pie más liso y esporas elipsoidales, no aplanadas, con un pequeño poro; las de *C. micaceus* son elipsoides aplanadas, cada una con un poro germinado acortado.

FRUCTIFICACION Densos céspedes de carpóforos.

Dimensiones	Esporas	Comest.
SOMBRERO ↔ 2–4cm | PIE ↕ 4–10cm ↔ 2–5mm	Negras	

Familia COPRINACEAE	Especie *Coprinus niveus*	Estación Verano-otoño

COPRINO BLANCO DE NIEVE

Eusk: Urbeltz elurzuri

Esta especie que se identifica por su coloración blanca nívea y por los restos harinosos del velo sobre la superficie del sombrero, es bastante pequeña aunque no la más diminuta de todos los *Coprinus*. El sombrero, cónico a umbonado, tiene el margen enrollado hacia arriba; las láminas son apretadas, grises cuando jóvenes, negras cuando maduran, y el pie tiene la base hinchada. La carne es incomestible, muy delgada y pálida.

• **HABITAT** Sobre estiércol fresco de caballo entre la hierba húmeda. Difundido y común en Europa.

• **ESPECIES SIMILARES** *C. cortinatus* crece sobre el suelo. *C. cothurnatus* tiene escamas en el centro del sombrero. El diminuto *C. friesii* crece sobre hierba podrida. *C. stercoreus* tiene olor fétido.

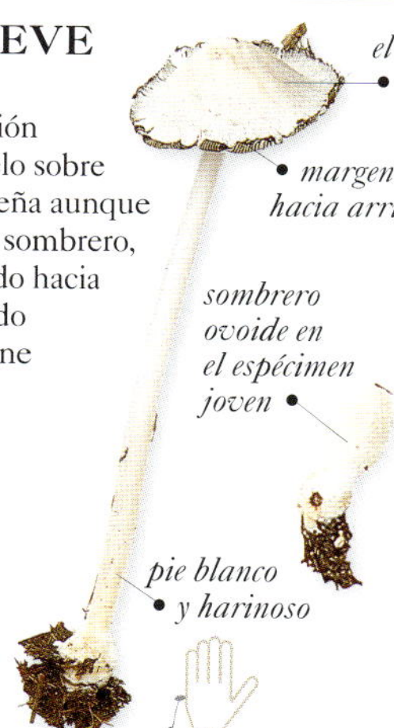

FRUCTIFICACION Grupos de unos pocos carpóforos.

Dimensiones	Esporas	Comest.
SOMBRERO ↔ 1–3cm | PIE ↕ 5–8cm ↔ 1–3mm	Negras	

CON LAS LAMINAS UNIDAS A UN COLLAR

ESTA SUBSECCION COMPRENDE especies de un grupo de agáricos que tienen las láminas adheridas a una "rueda" (collarium) en lugar de ser libres o de estar unidas al pie. La disposición recuerda los radios de una rueda de bicicleta. La mayoría de las especies son del género *Marasmius* y se encuentran en los trópicos.

Familia TRICHOLOMATACEAE	Especie *Marasmius rotula*	Estación Mediados de verano-otoño

MARASMIO RUEDECITA

Eusk: Marasmio gurpiltxo

Las láminas están unidas a una pequeña "rueda" o collar, en vez de al ápice del pie. El sombrero convexo y marfileño tiene un centro más oscuro, a modo de ombligo, con surcos radiales; carne delgada, tenaz y blanquecina. Puede revivir después de una desecación total.

• HABITAT En bosques mixtos, sobre ramas de latifolias. Zonas templadas norteñas.

• ESPECIES SIMILARES *Marasmius* que presentan una "rueda"; la mayoría se encuentran en las pluvisilvas tropicales, y unas pocas especies diminutas en zonas templadas: *M. curreyi*, de color rojo ladrillo, crece entre la hierba; *M. bulliardii*, de color marrón claro, en céspedes densos sobre la hojarasca de bosques húmedos; el pálido *M. limosus* sobre carrizos. *Marasmiellus ramealis* (p. 139), carece de la "rueda" de las láminas y de los surcos del sombrero.

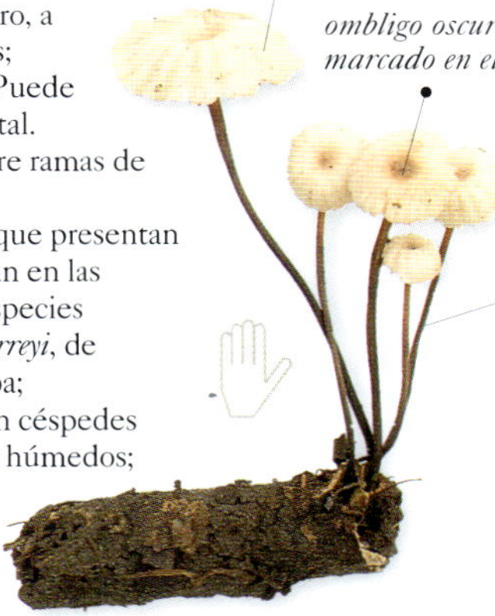

FRUCTIFICACION Grupos densos de carpóforos.

Dimensiones SOMBRERO ⊕ 0,5–2cm | PIE ↕ 2–4cm ↔ 1mm	Esporas Blanquecinas	Comest.

Familia COPRINACEAE	Especie *Coprinus plicatilis*	Estación Princ. verano-otoño

COPRINO PLEGADO

Cat: Pixacà plegat; Eusk: Urbeltz argal

Cuando está expandido, el sombrero tiene una superficie plisada que parece una sombrilla japonesa. El sombrero es liso, sin pelos ni restos del velo. Las láminas están unidas a una "rueda" o collar, están más distanciadas y se tintan menos que la mayoría de coprinos (pp. 174-76).

• HABITAT En prados y pastos, después de las lluvias. Difundido y común en zonas templadas norteñas.

• ESPECIES SIMILARES *C. auricomus* es un poco mayor y tiene el sombrero más pardo. El microscopio revela pelos pardos de pared gruesa. Entre otras especies se incluyen *C. kuehneri*, *C. leiocephalus* y *C. nudiceps* que sólo pueden diferenciarse midiendo cuidadosamente sus esporas.

FRUCTIFICACION Solitario o en grupos. Cuando aparece se marchita hacia mediodía.

Dimensiones SOMBRERO ⊕ 0,8–2cm | PIE ↕ 4–8cm ↔ 1–2mm	Esporas Negras	Comest.

HONGOS CON SOMBRERO, CON EL PIE EXCENTRICO O AUSENTE

Entre los hongos con láminas hay unas cuantas especies cuyo pie no ocupa una posición central bajo el sombrero. El pie está unido a un lado o es muy pequeño. Otras especies con láminas carecen por completo de pie; pese a su aspecto similar, no todas estas especies están relacionadas entre sí.

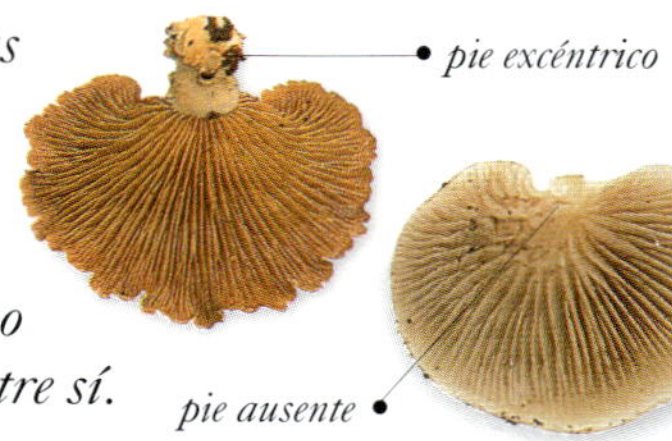

Familia POLYPORACEAE	Especie *Pleurotus ostreatus*	Estación Otoño-invierno

PLEUROTO CONCOIDEO

Cat: Orellana; Eusk: Belarri laandu; Gal: Seta de choupo

El sombrero, en forma de ostra, tiene un color gris azulado, cuando es joven, que se vuelve azul grisáceo oscuro a pardo. El blanco pie se inserta en el borde del sombrero o está ausente. La blanca carne tiene un sabor agradable; su firme textura la hace un comestible popular. Prefiere los climas más fríos y es más tardía que algunas especies similares (v. abajo).

• **HABITAT** Sobre árboles caducifolios muertos o moribundos; raro sobre coníferas. Zonas templadas norteñas.

• **ESPECIES SIMILARES** *Pleurotus dryinus* tiene un velo en el pie cuando es joven. *P. pulmonarius* es de color crema a marrón pálido y aparece más pronto que *P. ostreatus*.

FRUCTIFICACION Series; árboles de hoja ancha.

△ ***LENTINELLUS URSINUS*** Comestible, pero amargo. El sombrero es peludo y marrón pálido, y las láminas tienen los bordes dentados.

Dimensiones SOMBRERO ↔ 6–20cm	PIE ↕ 0–5cm ↔ 1–2cm	Esporas Lila grisáceo pálido	Comest.

Familia POLYPORACEAE	Especie *Pleurotus cornucopiae*	Estación Primavera-otoño

PLEUROTUS CORNUCOPIAE

Eusk: Belarri luze

Sombrero distintivo, de color ocre pálido y en forma de trompeta, y un pie central con láminas decurrentes que forman una red. La blanca carne tiene un sabor agradable y un olor harinoso.

• **HABITAT** Árboles de hoja ancha, donde forma una podredumbre blanca; como prefiere los olmos, se han incrementado allí donde la grafiosis ha dejado un sustrato abundante. Difundido, sobre todo en Europa meridional. La distribución mundial no está clara.

• **ESPECIES SIMILARES** *Pleurotus citrinopileatus* es amarillo; este de Asia. *P. pulmonarius*: láminas simples; pie de menor tamaño.

△ *PLEUROTUS ERYNGII*
Sobre plantas umbelíferas como *Eryngium campestre*; sombrero pálido, superficie parecida al ante y margen incurvado. Pie excéntrico o ausente.

FRUCTIFICACION Grupos cespitosos o en solitario.

Dimensiones SOMBRERO ⊕ 4–12cm | PIE ↕ 1–5cm ↔ 0,5–2,5cm	Esporas Lila pálido	Comest.

Familia AURISCALPIACEAE	Especie *Lentinellus cochleatus*	Estación Fin. verano-otoño

LENTINELO ANISADO

Cat: Flota anisada; Eusk: Anis-belarri

Sombrero liso, pardorrojizo, en forma de concha, con el margen incurvado. Pie excéntrico. Láminas pardoblanquecinas decurrentes y bordes serrados. Olor agradable y anisado o inodoro. La carne tiene un sabor amargo.

• **HABITAT** Tocones podridos de latifolias. Zonas templadas norteñas; localmente común.

• **ESPECIES SIMILARES** *L. castoreus* y *L. vulpinus* son más carnosos y presentan un sombrero tomentoso. *L. micheneri* crece en solitario.

FRUCTIFICACION Céspedes estratificados; tocones podridos de latifolias.

Dimensiones SOMBRERO ⊕ 2–6cm | PIE ↕ 2–5cm ↔ 0,8–1,5cm	Esporas Blancas	Comest.

Familia TRICHOLOMATACEAE	Especie *Pleurocybella porrigens*	Estación Otoño

PLEUROCYBELLA PORRIGENS

Esta especie comestible se descubre desde una cierta distancia ya que su coloración clara contrasta con el oscuro sustrato de la madera. Tiene un carpóforo liso, en forma de abanico y sin pie, con un margen incurvado y láminas apretadas. Es blanco y se tiñe de amarillo al envejecer. La carne, delgada y blanca, tiene un olor y sabor agradables.

• **HABITAT** Sobre troncos en descomposición y tocones de coníferas tales como piceas y abetos. Difundido y localmente común en zonas templadas norteñas.

• **ESPECIES SIMILARES** *Panellus mitis* es menor y crece sobre ramitas y ramas de coníferas.

FRUCTIFICACION Céspedes; coníferas en descomposición y en zonas arboladas.

Dimensiones CARPOFORO ↕ 2–10cm ↔ 2–7cm	Esporas Blancas	Comest.

Familia TRICHOLOMATACEAE	Especie *Panellus serotinus*	Estación Fin. otoño

PANO TARDIO, PANO VERDE

Eusk: Belarri berde

Con una forma similar a la de un pleuroto (pp. 178-79), tiene una coloración olivácea y amarilla, la superficie del sombrero aterciopelada y el pie corto e indistinto. Desprovisto de valor culinario, tiene una carne blanca y gelatinosa que sabe de suave a amarga y tiene un tenue olor fúngico. Algunos micólogos prefieren incluir *Panellus serotinus* en el g. *Sarcomyxa*.

• **HABITAT** Cerca del agua, sobre troncos vivos o muertos y ramas caídas de latifolias; raro sobre coníferas. Zonas templadas norteñas.

• **ESPECIES SIMILARES** *Phyllotopsis nidulans*, sin pie y con escamas ocres, es similar a los especímenes viejos o atípicos pero tiene una esporada rosa ocrácea.

FRUCTIFICACION Hileras de carpóforos densas.

Dimensiones SOMBRERO ⊕ 3–10cm | PIE ↕ 1–1,5cm ↔ 0,5–1cm	Esporas Blancas	Comest.

Familia TRICHOLOMATACEAE	Especie *Panellus stypticus*	Estación Otoño-invierno

PANO ASTRINGENTE

Eusk: Belarri mingots

Esta especie en forma de ostra y de color ocre pálido tiene carpóforos tenaces que sobreviven hasta la primavera siguiente. Superficie del sombrero harinosa y pie muy corto. La carne, blanquecina a amarilla pálida, tiene un olor aromático y afrutado pero su sabor es amargo y astringente; es incomestible. Los especímenes americanos tienen láminas que brillan en la oscuridad.

• **HABITAT** En zonas arboladas de latifolias como hayas y robles. Zonas templadas norteñas.

• **ESPECIES SIMILARES** *Panellus mitis* es más blanco, de menor tamaño y tiene un sabor suave. Crece en fechas muy tardías sobre coníferas.

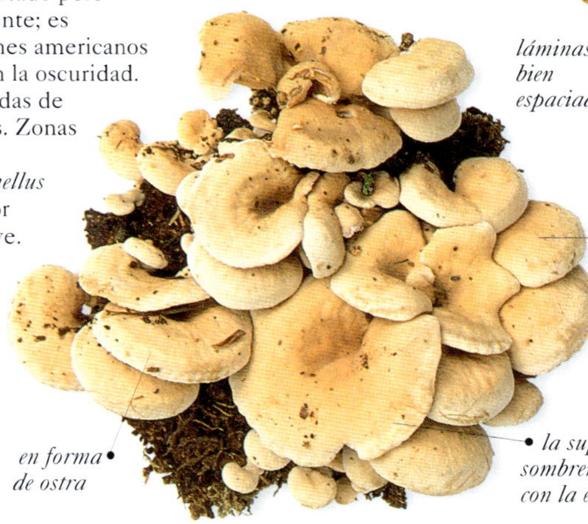

FRUCTIFICACION Hileras apretadas e imbricadas.

Dimensiones SOMBRERO ↔ 1–4cm | PIE ↕ 0,1–1cm ↔ 2–7mm	Esporas Blanquecinas	Comest.

Familia SCHIZOPHYLLACEAE	Especie *Schizophyllum commune*	Estación Todo el año

ESQUIZOFILO COMUN

Eusk: Ardagaitxo

En forma de abanico, tiene estructura laminar, longitudinalmente hendida y las dos partes se enrollan hacia dentro en condiciones de sequía para proteger al himenio que porta las esporas. Desprovisto de pie o con una corta base a modo de pie, está recubierto de un tomento blanco grisáceo. La carne, tenaz y pálida, es ingerida por grupos tribales y ha sido utilizada como chicle. Cultivable sobre sustratos artificiales, se utiliza en investigaciones de genética y anatomía.

• **HABITAT** Sustratos leñosos, sobre balas de paja, en lugares expuestos: crece sobre madera al sol y secada por el viento, e incluso en madera de playa. Localmente en ciertos sustratos, por ejemplo, hayas en el norte de Europa. Difundido y común en zonas templadas norteñas, pero está ausente de las áreas más norteñas.

FRUCTIFICACION En hileras o "escalones".

Dimensiones CARPOFORO ↔ 1–5cm	Esporas Blancas	Comest.

Familia PAXILLACEAE	Especie *Paxillus atrotomentosus*	Estación Verano-otoño

PAXILLUS ATROTOMENTOSUS

Eusk: Orri-onddo hankabeltz

Especie carnosa y cubierta de terciopelo con sombrero marrón oscuro con el centro deprimido y margen enrollado. Pie grueso unido a un lado del sombrero. Láminas blandas, apretadas y de crema a pardo; carne pálida amarga.

• **HABITAT** Zonas boscosas y plantaciones; tocones de coníferas. Zonas templadas norteñas.

• **ESPECIES SIMILARES** *P. panuoides* es más delgado y pálido, no tiene pie y crece sobre leña de coníferas. Tanto esta especie como *P. atrotomentosus* se clasifican en el g. *Tapinella*.

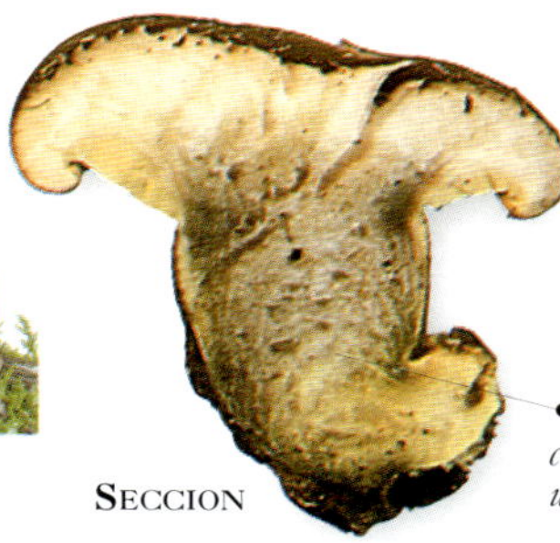

SECCION

FRUCTIFICACION o carpóforos; tocone

Dimensiones SOMBRERO ↔ 10–25cm | PIE ↕ 5–10cm ↔ 2–5cm	Esporas Pardoamarillento	Comest.

Familia PAXILLACEAE	Especie *Paxillus corrugatus*	Estación Verano-otoño

PAXILLUS CORRUGATUS

Láminas con surcos y crestas marcados (corrugaciones), carece de pie y forma "ménsulas"; color pardoamarillento a anaranjado oliváceo. Sombrero en forma de ostra y láminas espaciadas, amarillas a anaranjadas. Se desconoce si es comestible: la carne, firme y amarilla, tiene un olor desagradable y un sabor amargo.

• **HABITAT** Sobre árboles muertos de hoja ancha o coníferas. Difundido y común en el este de Norteamérica.

• **ESPECIES SIMILARES** *Paxillus panuoides*, una especie que se encuentra en Europa, Asia y Japón, es similar pero con las láminas en gran parte uniformes.

FRUCTIFICACION Céspedes en "ménsula"; zonas arboladas y parques.

Dimensiones CARPOFORO ↔ 5–10cm	Esporas Ocre oliváceo	Comest.

Familia CREPIDOTACEAE	Especie *Crepidotus mollis*	Estación Otoño

CREPIDOTO BLANDO

Eusk: Txirla bigun

La superficie y la carne gelatinosas diferencian a esta especie de las otras de *Crepidotus*. El sombrero liso, en forma de ostra o de abanico, cambia su color de pardogrisáceo a blanquecino cuando se seca; cuando está húmedo, aparecen estriaciones radiales en el margen. El pie es muy rudimentario o ausente. La piel es fácil de separar de la carne pálida del sombrero que tiene un olor tenue.

• **HABITAT** Sobre troncos muertos de especies de hoja ancha como olmos, fresnos, álamos y hayas. Zonas templadas norteñas.

• **ESPECIES SIMILARES** *C. calolepis* tiene escamas de color marrón pálido en la unión del sombrero con la madera de latifolias.

FRUCTIFICACION Solitario o en carpóforos.

Dimensiones SOMBRERO ⊕ 2–7cm	Esporas Marrón tabaco	Comest.

Familia CREPIDOTACEAE	Especie *Crepidotus variabilis*	Estación Verano-princ. otoño

CREPIDOTO VARIABLE

Eusk: Txirla arrunt

Especie pequeña, blanquecina y en forma de ostra, con esporas marrón tabaco bajo el microscopio oblongas-elipsoides, con verrugas diminutas, de 6,5 x 3 µm. La superficie del sombrero es seca, con algunas fibras finas. No hay pie, o sólo hay uno rudimentario; el sombrero está unido al sustrato por su dorso, con las láminas dirigidas hacia abajo.

• **HABITAT** Sobre palos de coníferas, entre montones de broza, en terrenos arbolados húmedos. Zonas templadas norteñas.

• **ESPECIES SIMILARES** *Crepidotus cesatii* tiene las esporas más redondeadas; las de *C. inhonestus* son lisas. *C. luteolus* tiene una difusión amarilla en el sombrero y prefiere los tallos de plantas herbáceas como hábitat.

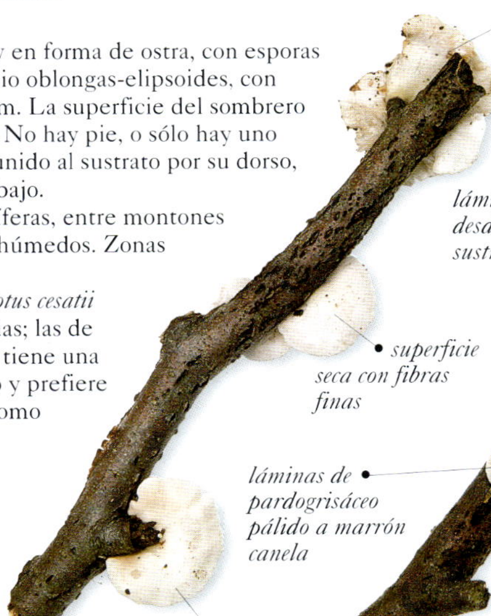

FRUCTIFICACION Solitario o hileras; latifolias descompuestas.

Dimensiones SOMBRERO ⊕ 0,5–3cm	Esporas Marrón tabaco	Comest.

HONGOS CON SOMBRERO Y PIE, CON POROS

Esta sección comprende hongos que producen esporas en tubos apretados, liberadas a través de poros en la cara inferior del carpóforo. Algunos de estos hongos tienen un aspecto similar al de los agáricos (v. p. 28). Los boletos tienen la carne blanda (v. debajo). Los políporos la tienen tenaz (v. p. 202). Para los hongos con poros dispuestos en ménsulas véase la página 211.

CON LA CARNE BLANDA

LOS HONGOS de esta subsección reciben el nombre de boletos. Todos ellos tienen carpóforos bastante efímeros que se caracterizan por una combinación de carne blanda y firme y de poros en la cara inferior del sombrero. Muchos de los carpóforos son atractivos al paladar de un amplia gama de animales que incluye a lo seres humanos.

Todos los boletos forman asociacione mutuamente beneficiosas (micorrícicas) co árboles (v. pp. 18-19).

Familia STROBILOMYCETACEAE	Especie *Porphyrellus porphyrosporus*	Estación Verano-otoño

PORPHYRELLUS PORPHYROSPORUS

Este boleto se camufla en su hábitat rico en mantillo. Sombrero convexo sepia, con textura aterciopelada escamosa; pie del mismo color, con superficie aterciopelada a lisa. Los tubos, de adnatos a anejos, miden 1-2 cm de largo, tienen poros de un ocre vinoso, verde azulados o negros cuando se dañan. La carne es pálida y tiene un sabor y un olor desagradables; al cortarla, se vuelve azul, verde, negra o algunas veces roja y sería venenosa.

• **HABITAT** Micorrizas con hayas y otras latifolias, y también con coníferas. Difundido y de común a localmente ausente en zonas templadas norteñas.

FRUCTIFICACION Solitario o en grupos densos; mantillo hondo de zonas boscosas.

Dimensiones SOMBRERO ↔ 5–15cm | PIE ↕ 5–12cm ↔ 1–3cm	Esporas Pardopurpúreas	Comest. ☠

Familia STROBILOMYCETACEAE	Especie *Strobilomyces strobilaceus*	Estación Verano-otoño

BOLETO ESCAMOSO

Cat: Mataparent d´escames

El sombrero convexo tiene una superficie escamosa, gris negruzca y blanca, y recuerda a una piña. Tiene un pie tenaz, fibroso y escamoso, gris negruzco, y una carne tenaz que se tiñe de rosa y luego de negro al cortarla. Los poros son de redondeados a angulosos. Venenoso, no es recomendable.

• **HABITAT** Árboles tanto de hoja ancha como coníferas; suelos fértiles. Zonas templadas norteñas.

• **ESPECIES SIMILARES** Las formas norteamericanas y japonesas, como *S. confusus*, tienen escamas más finas y se tiñen de rosado.

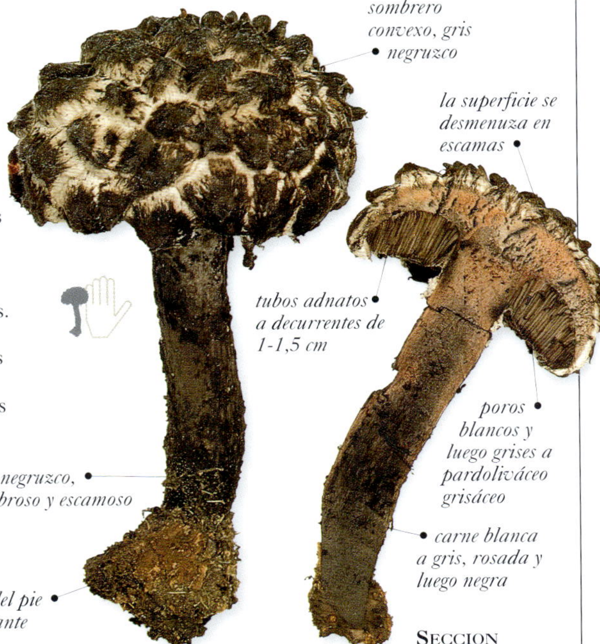

FRUCTIFICACION
Solitario o en grupos.

Dimensiones SOMBRERO ↔ 5–10cm | PIE ↕ 8–16cm ↔ 1–2cm	Esporas Negro purpúreas	Comest.

Familia BOLETACEAE	Especie *Chalciporus piperatus*	Estación Verano-otoño

BOLETO PICANTE

Cat: Pebreta; Eusk: Piper-onddo

Este boleto muy pequeño es marrón canela, excepto la carne amarilla cromo del pie; no se tiñe de azul al cortarlo. El sombrero, viscoso, es convexo y el pie delgado; los tubos miden 0,3-1 cm de largo. Incomestible por su sabor picante y pimentado.

• **HABITAT** Forma micorrizas con latifolias y coníferas. Zonas templadas norteñas.

• **ESPECIES SIMILARES** *C. amarellus* es más rosada; sabor más suave y menos picante. *C. rubinus*, con poros más o menos carmesíes, es una especie más rara, amante del calor y que crece bajo coníferas.

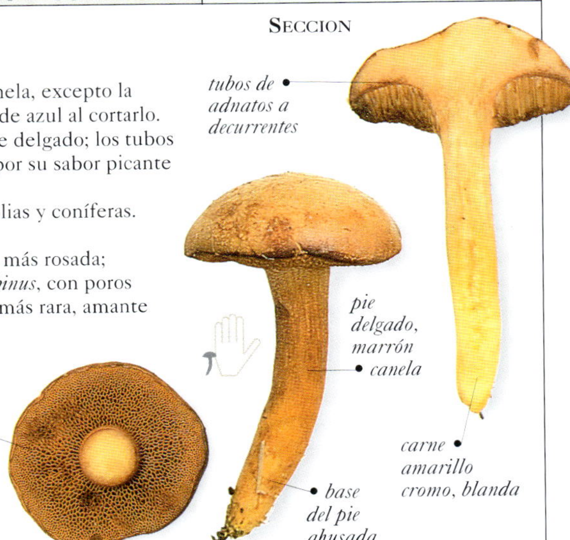

FRUCTIFICACION Juntos o en solitario.

Dimensiones SOMBRERO ↔ 3–5cm | PIE ↕ 4–6cm ↔ 0,3–1cm	Esporas Pardoherrumbrosas	Comest.

Familia STROBILOMYCETACEAE	Especie *Tylopilus felleus*	Estación Verano-otoño

BOLETO AMARGO, CAMALEON ROJO

Cat: Mataparent amarg, Molleric amarg;
Eusk: Onddo mingots

Esporas rosadas en la cara inferior del sombrero pardo y en forma de bollo. Carne blanda, blanca a crema, con un olor desagradable y un sabor demasiado amargo para comerlo.

• **HABITAT** Micorrizas con latifolias y coníferas, en suelos ácidos. Difundido y común en zonas templadas norteñas.

• **ESPECIES SIMILARES** Los comestibles *Boletus edulis* (p. 187) y *B. reticulatus* (p. 189) son similares a los jóvenes especímenes.

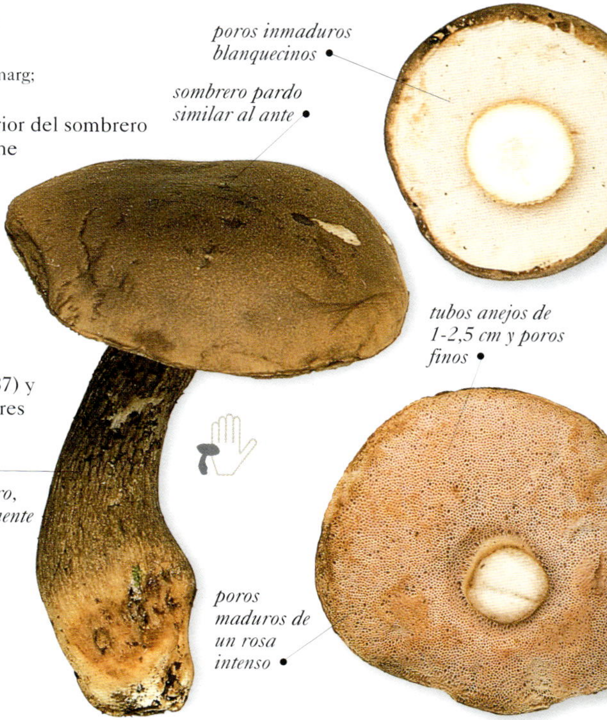

FRUCTIFICACION Grupos o en solitario; suelos ácidos.

Dimensiones SOMBRERO ↔ 6–15cm | PIE ↕ 5–12cm ↔ 2,5–5cm	Esporas Rosa deslustrado	Comest.

Familia BOLETACEAE	Especie *Boletus barrowsii*	Estación Verano

BOLETO DE BARROW

Tiene el sombrero de convexo a plano, blanco a gris o leonado, con poros blancos cuando son jóvenes, verdes amarillentos al envejecer. La capa de tubos, de 2-3 cm de espesor, es adnata a deprimida en torno al pie claviforme, que es blanco con un retículo blanquecino. Carne blanca, gruesa y dulce.

• **HABITAT** Forma micorrizas con latifolias y coníferas. Difundido en Norteamérica; ausente en Europa.

• **ESPECIES SIMILARES** *Boletus edulis* (p. 187) y otras especies estrechamente relacionadas tienen un retículo blanco pero su sombrero es más oscuro.

FRUCTIFICACION Grandes grupos de carpóforos, o diseminado bajo árboles de hoja ancha y coníferas.

Dimensiones SOMBRERO ↔ 7,5–25cm | PIE ↕ 10–25cm ↔ 2–4cm	Esporas Pardoliváceas	Comest.

Familia BOLETACEAE	Especie *Boletus edulis*	Estación Verano-otoño

BOLETO COMESTIBLE, CALABAZA

Cat: Sureny, Cep;
Eusk: Udazkeneko onddozuri;
Gal: Andoa, Madeirudo

Retículo blanco en la parte superior del pie y poros que varían de amarillo pálido a pardoliváceo. Sombrero en forma de bollo, marrón oscuro o pálido, y pie en forma de barril o de maza. Tiene una carne blanca, olor tenue y sabor suave a nueces; no se tiñe al cortarla.

• **HABITAT** Micorrizas con latifolias y coníferas en zonas arboladas ricas en musgo. Zonas templadas norteñas.

• **ESPECIES SIMILARES** *Boletus aereus* y *B. reticulatus* (ambos en p. 189).

SECCION

FRUCTIFICACION Grupos o en solitario; suelos drenados

△ ***BOLETUS PINOPHILUS***
Especie marrón intenso; crece bajo pinos. Tiene un fino retículo pálido. La superficie del sombrero es pegajosa; al secarse, tomentosa o granulosa, con arrugas.

△ ***SEPEDONIUM CHRYSOSPERMUM***
Parasita los boletos; aparece primero como un moho blanco y luego se vuelve pulverulenta y amarillo dorada debido a las esporas asexuales.

Dimensiones SOMBRERO ↔ 10–25cm	PIE ↕ 10–20cm ↔ 3–9cm	Esporas Pardoliváceas	Comest.

Familia BOLETACEAE	Especie *Boletus appendiculatus*	Estación Verano-otoño

BOLETUS APPENDICULATUS

Eusk: Onddo kankazorrotz

Los tubos son amarillo limón, amarillo pardusco al envejecer y se tiñen de azul; el retículo del pie es similar. El pie se ahúsa y es radicante. Comestible excelente; carne firme, de amarillo pálido a herrumbroso, que se tiñe de azul; sabor agradable.

• **HABITAT** Micorrizas con latifolias en bosques. Ampliamente difundido; sobre todo en Europa meridional.

• **ESPECIES SIMILARES** El sombrero de *Boletus radicans* es de color más pálido y su pie más robusto.

SECCION

FRUCTIFICACION Solitario o en carpóforos juntos.

Dimensiones	SOMBRERO ↔ 8–20cm | PIE ↕ 7–15cm ↔ 2,5–6cm	Esporas Pardoliváceas	Comest.

Familia BOLETACEAE	Especie *Boletus badius*	Estación Fin. otoño

BOLETUS BADIUS

Eusk: Onddo arre; Gal: Andoa escura

Sombrero en forma de bollo liso, untuoso y castaño oscuro con poros blancos a amarillo oliváceos que se tiñen de azul. El pie cilíndrico es pardo, sin dibujo en retículo. Este comestible popular es más fácil de encontrar a finales de otoño. La tinción azul desaparece con la cocción.

• **HABITAT** Forma micorrizas con pinos y latifolias. Difundido y localmente común en zonas templadas norteñas.

• **ESPECIES SIMILARES** *Boletus edulis* (p. 187): pie en forma de barril con un dibujo en retículo.

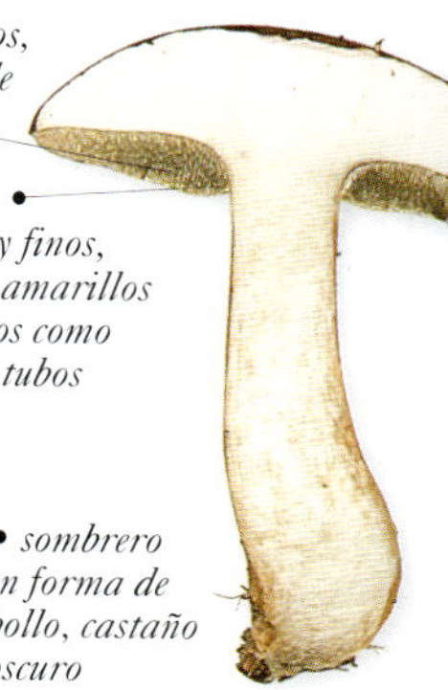

SECCION

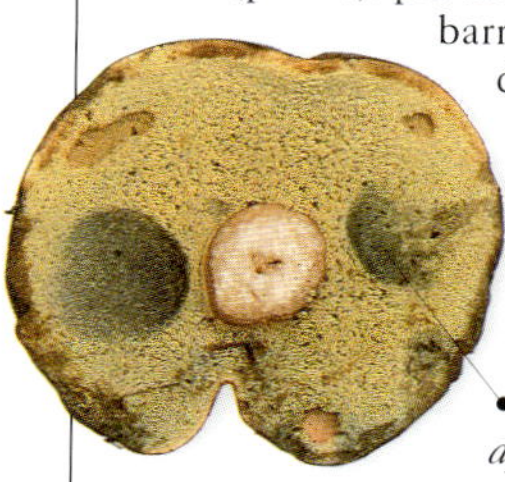

FRUCTIFICACION Solitario o grupos esparcidos; bosques.

Dimensiones	SOMBRERO ↔ 4–15cm | PIE ↕ 4–12cm ↔ 1–4cm	Esporas Pardoliváceas	Comest.

Familia BOLETACEAE	Especie *Boletus reticulatus*	Estación Verano-otoño

BOLETO RETICULADO DE VERANO

Cat: Sureny, Cep; Eusk: Udako onddozuri

El sombrero en forma de bollo tiene una piel mate y seca que se agrieta; es de un pardoanaranjado cálido. Un retículo de blanco a pardo cubre el pie en forma de barril y de color marrón pálido. Excelente comestible, carne blanca, firme y con sabor a nueces; no se tiñe al cortarla.

• HABITAT Micorrizas con latifolias; con *Boletus luridiformis* (debajo). Zonas templadas norteñas.

• ESPECIES SIMILARES *B. edulis* (p. 187) tiene el sombrero más oscuro y retículo más extenso y pálido en el pie.

△ BOLETUS AEREUS (Boleto negro; Cat: Sureny fosc; Eusk: Onddobeltz; Gal: Andoa negra) Especie castaño oscuro y tardía. Sombrero aterciopelado.

FRUCTIFICACION Grupos o carpóforos; terrenos arbolados.

Dimensiones SOMBREROS ⊕ 7–15cm | PIE ↕ 6–15cm ↔ 2–5cm	Esporas Pardolriváceas	Comest.

Familia BOLETACEAE	Especie *Boletus luridiformis*	Estación Verano-otoño

BOLETUS LURIDIFORMIS

Buen comestible, pertenece al grupo de los boletos cuya carne se vuelve azul al cortarla; sombrero en forma de bollo, marrón oscuro con poros rojo sangre y tubos amarillos. El pie amarillo está cubierto de puntos rojos y sin retículo.

• HABITAT Forma micorrizas con latifolias y coníferas, en suelos de bosques ricos en musgo, bien drenados y ácidos. Difundido y común en Europa; se desconoce su distribución mundial.

• ESPECIES SIMILARES *Boletus junquilleus* es amarillo. *B. luridus* tiene un retículo en el pie. *B. queletii* tiene puntos únicamente en la base del pie y poros anaranjados.

FRUCTIFICACION Solitario o en carpóforos juntos.

Dimensiones SOMBRERO ⊕ 5–20cm | PIE ↕ 5–15cm ↔ 2–6cm	Esporas Pardas a pardolriváceas	Comest.

Familia BOLETACEAE	Especie *Boletus calopus*	Estación Verano-otoño

PIE ROJO AMARGO

Cat: Mataparent amarg; Eusk: Onddo hankaeder; Gal: Andoa amarga

La piel del sombrero sobresale del margen y es tomentosa, veteada, gris ahumada o pardogrisácea. El pie, cilíndrico, en forma de barril o ahusado, es rojo en la base y amarillo hacia el ápice. Retículo amarillo pálido, más oscuro y rojo hacia la base. La carne, incomestible, algo venenosa, es amarga, amarilla pálida y se tiñe de azul pálido.

• **HABITAT** Micorrizas con latifolias y coníferas; suelos ácidos y arenosos. Difundido aunque localmente localizado en zonas templadas norteñas.

• **ESPECIES SIMILARES** *B. legaliae* (p. 91) tiene poros rojos. *B. torosus*, con poros amarillos, es una excepción; tiñe la carne de negro azulado y tiene un sabor suave.

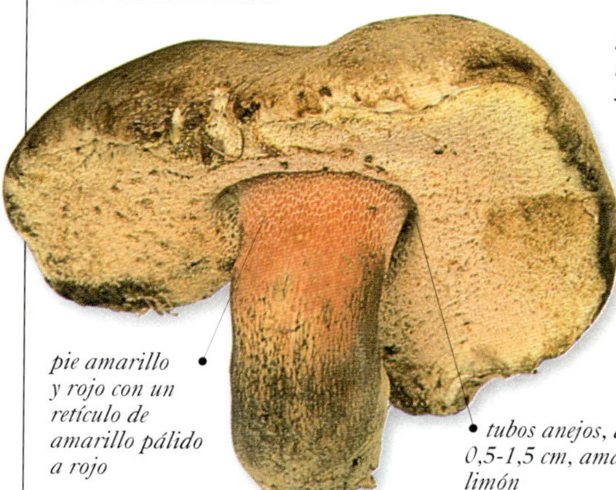

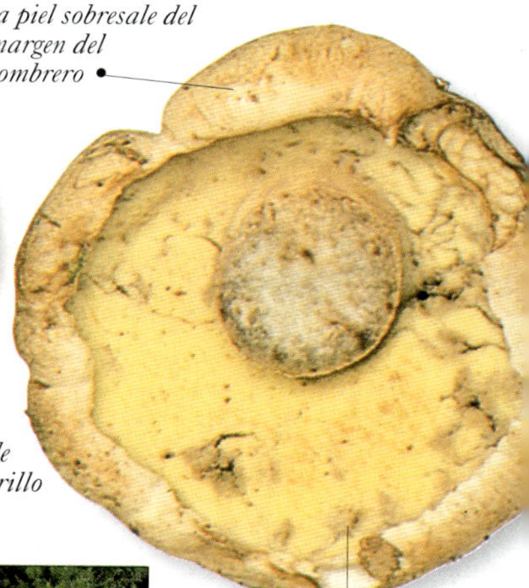

△ ***BOLETUS LURIDUS***
Retículo rojo anaranjado en el pie; carne amarilla limón que se vuelve negra azulada como los poros. Hay una línea roja por encima de la capa de tubos.

△ ***BOLETUS BICOLOR***
Especie de verano, común en Norteamérica; sombrero rojo rosáceo brillante, y pie y poros amarillos. Su carne amarilla se vuelve azul al dañarse.

FRUCTIFICACION Grupos o en solitario; bajo árboles.

Dimensiones SOMBRERO ⊕ 6–14cm | PIE ↕ 6–10cm ↔ 3–5cm	Esporas Pardoliváceas	Comest.

Familia BOLETACEAE	Especie *Boletus satanas*	Estación Verano-princ. otoño

BOLETO DE SATANAS

Cat: Matagent; Eusk: Satan onddo

Especie carnosa con un sombrero en forma de bollo, liso, pálido, casi blanco, se identifica por sus poros de anaranjado a rojo sangre y por el retículo amarillo a rojo sangre de su pie grueso, amarillo a rojo. La carne, de amarilla a blanca, se tiñe de azul, como los poros. Los tubos anejos, de 1-3 cm de longitud, son verdes amarillento. De sabor suave, es poco venenoso aunque puede causar problemas estomacales graves. Carpóforos de sabor desagradable.

• **HABITAT** Forma micorrizas con latifolias. Difundido sobre todo en Europa meridional, y muy localizado.

pie amarillo a rojo, con un dibujo reticular •

sombrero liso y • *pálido, casi blanco*

FRUCTIFICACION Solitario, carpóforos juntos o en grupos densos; hayas y robles.

Dimensiones SOMBRERO ⊕ 10–25cm | PIE ↕ 5–15cm ↔ 4–12cm	Esporas Pardolivaceas	Comest. ☠

Familia BOLETACEAE	Especie *Boletus pulcherrimus*	Estación Fin. verano-princ. otoño

BOLETUS PULCHERRIMUS

Esta especie es reconocible por sus poros rojo sangre, que se vuelven negro azulados al dañarse; sombrero en forma de bollo, tomentoso, rojizo a pardoliváceo; carne firme y amarilla, que azulea al cortarla, y pie hinchado, aunque no bruscamente bulboso, pardorrojizo y con un retículo rojo oscuro que cubre su parte superior. Los tubos anejos miden 0,5-1,5 cm de largo y son verdes amarillentos.

• **HABITAT** Forma micorrizas con roble de corteza tostada, abeto de Douglas y abeto gigante, en bosques mixtos y otros terrenos arbolados. Difundido básicamente en la costa oeste de Norteamérica y en Nuevo México. No se encuentra en Europa.

pie hinchado y pardorrojizo •

en forma de bollo con una capa tomentosa •

FRUCTIFICACION Solitario o en grupos densos, en bosques con una mezcla de árboles.

Dimens. SOMBRERO ⊕ 8–25cm | PIE ↕ 8–15cm ↔ hasta 10cm	Esporas Pardas	Comest. ☠

Familia BOLETACEAE	Especie *Boletus legaliae*	Estación Verano-princ. otoño

BOLETUS LEGALIAE

Esta espectacular especie roja y con un retículo en el pie tiene un sombrero liso, anaranjado rosáceo, y un pie similar con un retículo rojo en la parte superior. Los poros son rojos y los tubos anejos miden 1-2 cm. Olor bastante agradable y carne, de blanquecina a amarilla pálida, que se vuelve azul clara al dañarse; la base del pie se tiñe de rosa pálido. Tiene un sabor suave pero es venenoso.

• **HABITAT** Forma micorrizas con latifolias; suelos alcalinos. Difundido en Europa, sobre todo en el sur; localizado.

• **ESPECIES SIMILARES** El sombrero de *Boletus rhodopurpureus* es de un color anaranjado púrpura.

pie hinchado y con un retículo •

sombrero liso y en forma de bollo •

FRUCTIFICACION Solitario o en pocos carpóforos juntos; rara vez en grupos densos.

Dimensiones SOMBRERO ⊕ 5–15cm | PIE ↕ 8–16cm ↔ 2,5–5cm	Esporas Pardolivaceas	Comest. ☠

Familia BOLETACEAE	Especie *Boletus pulverulentus*	Estación Verano-otoño

BOLETO PULVERULENTO

Al dañarse o quebrarse, se torna negro. Tiene un sombrero convexo, pardo a pardorrojizo, con poros puntiagudos y amarillos apagado en la cara inferior. El pie, amarillo y con puntos rojos, es delgado. Los tubos, de anejos a decurrentes, miden 0,5-1,5 cm de longitud y varían del amarillo pálido al oliváceo; carne firme y amarilla. Sabor suave, pero no es muy apreciado como comestible.

• HABITAT Forma micorrizas con árboles de hoja ancha, con robles; suelos fértiles. Difundido en zonas templadas norteñas, aunque bastante localizado.

• ESPECIES SIMILARES *Boletus luridiformis* (p. 189): pie similar, aunque más grueso, y poros rojos; su carne azulea al cortarla.

FRUCTIFICACION Solitario o en pocos carpóforos juntos; rara vez forma grupos densos.

Dimensiones SOMBRERO ⊕ 4–10cm	PIE ↕ 4–10cm ↔ 1–3cm	Esporas Pardoliváceas	Comest.

Familia BOLETACEAE	Especie *Boletus pascuus*	Estación Verano-otoño

BOLETUS PASCUUS

Es uno de los boletos más pequeños y menos carnosos; tiene un sombrero convexo, pardorrojizo, con una piel que se agrieta y descubre una capa roja. El pie delgado, cilíndrico y de amarillo a rojo listado, carece de un dibujo definido. Los poros, angulosos, amarillo a oliváceo, azulean al dañarse; la carne blanca o amarilla pálida apenas azulea. Es comestible, pero insípido.

• HABITAT Forma micorrizas con latifolias, a menudo hayas, en suelos drenados tipo "mor" (ricos en humus en condiciones ácidas). Difundido en zonas templadas norteñas.

• ESPECIES SIMILARES El sombrero de *Boletus pruinatus* no suele agrietarse.

△ *BOLETUS POROSPORUS*
Sombrero pardo y agrietado de blanco; carne, poros y tubos amarillos limón que se tiñen de azul; esporas truncadas.

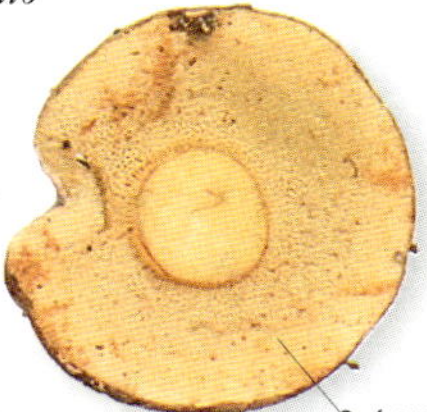

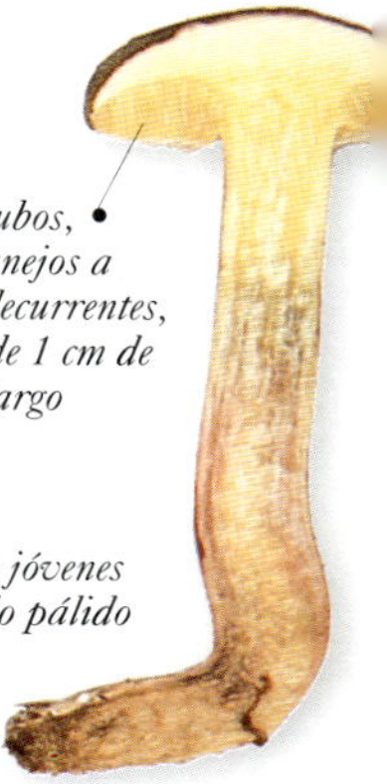

SECCION

FRUCTIFICACION Grupos densos o en solitario.

Dimensiones SOMBRERO ⊕ 3–10cm	PIE ↕ 3–10cm ↔ 0,5–2cm	Esporas Pardoliváceas	Comest.

Familia BOLETACEAE	Especie *Boletus rubellus*	Estación Verano-otoño

BOLETUS RUBELLUS

Esta especie tiene el sombrero y el pie rojo oscuro. El sombrero es convexo; el pie tiene una base engrosada y puntiaguda. Los poros amarillo oliváceos azulean al dañarse; los tubos amarillos miden 0,5-1 cm de largo. La carne amarillo pálida se tiñe de azul. Se clasifica en el género *Xerocomus* con especies de coloración similar como *Boletus pascuus* (p. 192).

• **HABITAT** Forma micorrizas con árboles de hoja ancha, en zonas herbosas, terrenos arbolados y parques. Difundido en zonas templadas norteñas.

• **ESPECIES SIMILARES** *B. bicolor* (p. 190). *B. sensilis* tiene una carne que se vuelve de color azul.

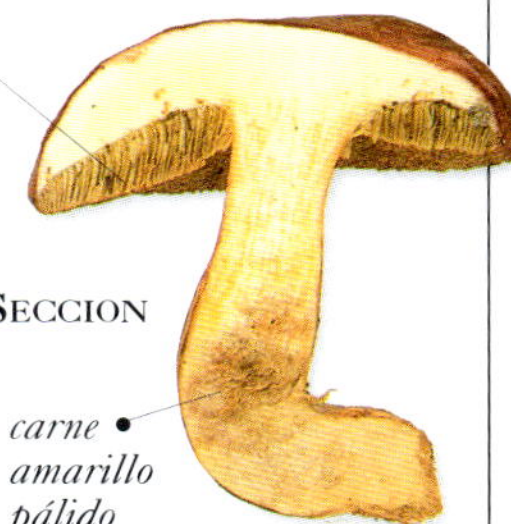

FRUCTIFICACION Grupos densos de carpóforos.

Dimensiones SOMBRERO ⊕ 3–6cm | PIE ↕ 3–8cm ↔ 0,5–1cm	Esporas Pardoliváceas	Comest.

Familia BOLETACEAE	Especie *Boletus subtomentosus*	Estación Verano-otoño

BOLETUS SUBTOMENTOSUS

Eusk: Onddo bigun, Andoa veluda

La superficie del sombrero en forma de bollo y marrón dorado rara vez se agrieta. El pie es del mismo color; los poros angulosos y los tubos miden 0,5-1,5 cm de longitud y son amarillos. Los poros se tiñen de azul al dañarse. Comestible, la carne blanda y amarillo pálida es insípida.

• **HABITAT** Micorrizas con latifolias y coníferas. Zonas templadas norteñas; regiones subárticas y alpinas.

• **ESPECIES SIMILARES** *B. pruinatus* es más pequeño. *B. ferrugineus*, una subespecie, es más oscuro y tiene un retículo en relieve en el pie.

FRUCTIFICACION Solitario o en carpóforos juntos.

Dimensiones SOMBRERO ⊕ 6–10cm | PIE ↕ 6–10cm ↔ 1–2,5cm	Esporas Pardoliváceas	Comest.

Familia BOLETACEAE	Especie *Boletus parasiticus*	Estación Verano-otoño

BOLETO PARASITO

Eusk: Astaputz-onddo

Un hábitat inusual ayuda a identificar a este boleto. Es ocre pardo bastante uniforme, no azulea, tiene un sombrero convexo y el pie bastante delgado. Los tubos, de amarillos a ocres, miden 3-7 mm de longitud y son decurrentes. La carne es de color amarillo pálido. Su rareza y su sabor bastante mediocre hacen que no sea recomendable para el consumo alimenticio.

• **HABITAT** Forma micorrizas con latifolias en asociación con el hongo *Scleroderma citrinum* (p. 256), al que causa escaso o ningún perjuicio. Difundido en Europa y en el E de Norteamérica.

FRUCTIFICACION Céspedes; *Scleroderma citrinum.*

Dimensiones SOMBRERO ↔ 2–7cm	PIE ↕ 3–6cm ↔ 0,8–1,5cm	Esporas Pardoliváceas	Comest.

Familia PAXILLACEAE	Especie *Gyroporus castaneus*	Estación Verano-otoño

BOLETO CASTAÑO

Cat: Sureny castany; Eusk: Onddo gaztaina; Gal: Anoda acastañada

Como todas las especies de *Gyroporus*, tiene esporas pálidas, un pie frágil y provisto de cámaras, y unos tubos blanquecinos a marrones pálidos, de 3-6 mm de largo, casi libres. El sombrero de convexo a plano y el pie liso son de un pardoanaranjado intenso y distintivo. La carne, que no se tiñe al cortarla, sabe a nueces.

• **HABITAT** Forma micorrizas con latifolias, con robles y pinos; suelos arenosos. Zonas templadas norteñas.

• **ESPECIES SIMILARES** Existe una aparentemente venenosa en la costa de Portugal.

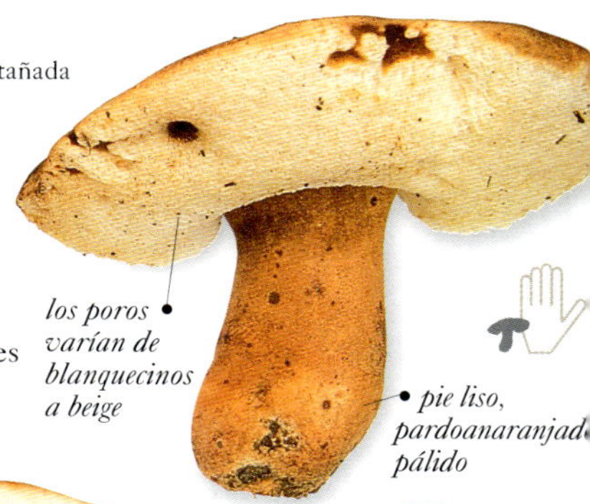

SECCION

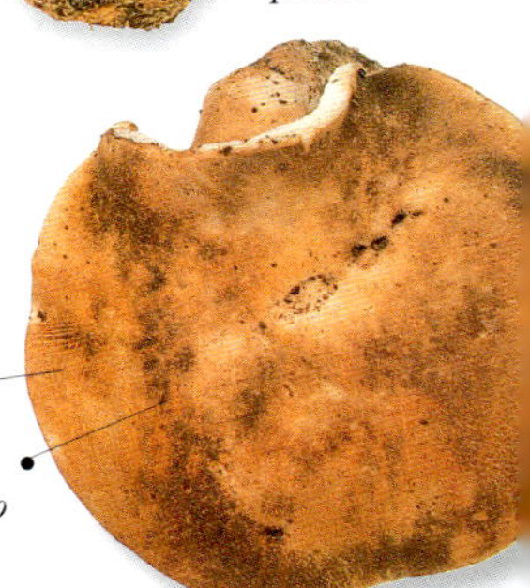

FRUCTIFICACION Solitario o en carpóforos; bajo latifolias.

Dimensiones SOMBRERO ↔ 3–8cm	PIE ↕ 4–7cm ↔ 1–3cm	Esporas Amarillo pálido	Comest.

Familia PAXILLACEAE	Especie *Gyroporus cyanescens*	Estación Verano-otoño

CAMALEON AZUL

Cat: Mataparent cianescent; Eusk: Onddo urdinkor

El rasgo más distintivo se revela al cortar o al rascar su capa de tubos: la carne y los tubos blanquecinos se vuelven de un azul de aciano. Por lo demás, tiene la carne frágil, los tubos casi libres, de 5-10 mm de largo, y el pie provisto de cámaras característicos del género. Tiene poros pequeños y redondeados y una base bulbosa en el pie que acaba bruscamente en punta. Es un comestible excelente; que tiene un agradable aroma de nueces.

• **HABITAT** Forma micorrizas con latifolias y coníferas en bosques. Difundido y localmente común pero es bastante raro en la mayoría de zonas templadas norteñas.

FRUCTIFICACION Grupos solitario; suelos arenosos.

Dimensiones	SOMBRERO ↔ 5–8cm | PIE ↕ 6–10cm ↔ 2–3cm	Esporas Amarillo pálido	Comest.

Familia BOLETACEAE	Especie *Leccinum tesselatum*	Estación Verano-otoño

LECCINUM TESSELATUM

Gal: Andoa en ala de mosca

La coloración amarilla es inusual entre las especies del g. *Leccinum*, así como la piel agrietada del sombrero. Los poros son amarillo ocráceo, se tiñen de pardoliláceo; pie amarillo con un moteado amarillo ocráceo más pardo y reticular hacia la base; el sombrero en forma de bollo es pardoamarillento, con una superficie aterciopelada. La carne amarillo pálida se tiñe de rojo vino a negro violáceo. Es comestible pero sin sabor distintivo.

• **HABITAT** Forma micorrizas con robles. En las partes más cálidas de Europa.

FRUCTIFICACION Solitario o en carpóforos; suelos fértiles.

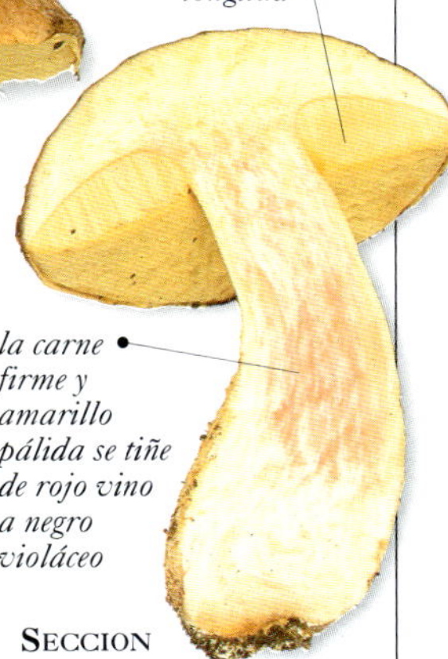

Dimensiones	SOMBRERO ↔ 4–10cm | PIE ↕ 5–12cm ↔ 1–3cm	Esporas Ocre oliváceo	Comest.

Familia BOLETACEAE	Especie *Leccinum scabrum*	Estación Verano-otoño

BOLETO DE PIE ESCABROSO

Cat: Albereny; Gal: Andoa en ala de mosca

Un sombrero pardo con poros blanco grisáceos y un pie de gris a blanco cubierto de escamas negro grisáceas, son las marcas clave de identificación; distinguirla de sus parientes próximos es difícil, de ahí que *Leccinum scabrum* se utilice como un nombre colectivo para las especies de sombrero pardo de *Leccinum* (v. *L. variicolor*, recuadro). La carne es blanda en el sombrero hemisférico, y fibrosa en el pie claviforme; apenas se tiñe. Aunque comestible, no es muy bueno y no se conserva bien.

• **HABITAT** Forma micorrizas con abedules, en terrenos pantanosos. En zonas templadas norteñas; no está clara su distribución.

SECCION

FRUCTIFICACION Solitario, en grupos reducidos o densos.

△ *LECCINUM VARIICOLOR*
Sombrero moteado, pardohollinoso, con poros blancos o crema. Base del pie blanca y con escamas grises; matiz azul pálido. La carne blanca del pie se tiñe de rosa y turquesa; la del sombrero es rosa, con tubos blanco risáceos.

Dimensiones SOMBRERO ↔ 6–15cm | PIE ↕ 10–20cm ↔ 1–3cm	Esporas Pardocráceas	Comest.

Familia BOLETACEAE	Especie *Leccinum versipelle*	Estación Verano-otoño

LECCINUM VERSIPELLE

Esta bellísima especie tiene un sombrero en forma de bollo y de color anaranjado que contrasta con su pie alto, blanco y con escamas negras; la piel sobresale del margen del sombrero y tiene una superficie tomentosa. Los poros varían del gris pálido al ocre grisáceo, mientras que los tubos anejos, de 1-3 cm de largo, son blanco sucio. La carne blanquecina, firme y que se tiñe de negro grisáceo, es sabrosa pero no tiene la misma calidad que la de algunas especies de *Boletus*.

• **HABITAT** Forma micorrizas con abedules en zonas arboladas húmedas. Zonas templadas norteñas.

los tubos son anejos y de color blanco sucio •

la carne blanquecina • *se tiñe de negro grisáceo*

SECCION

sombrero en forma de bollo •

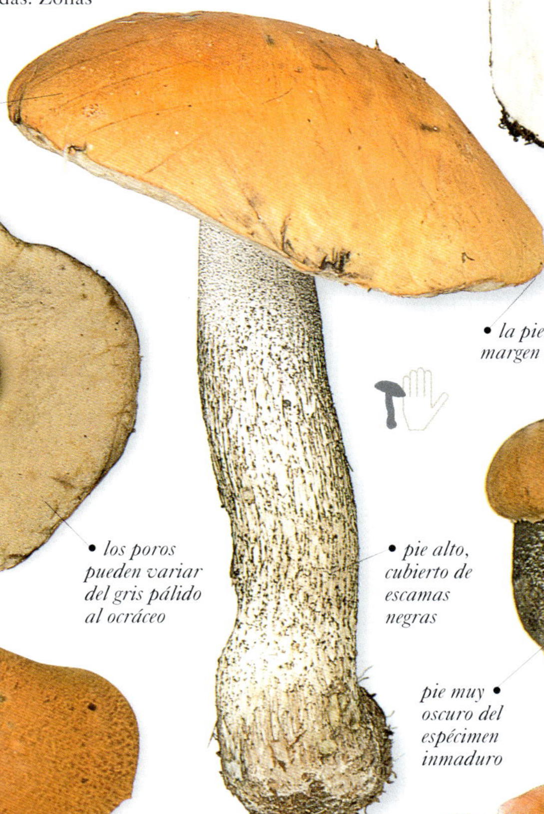

• *la piel sobresale del margen del sombrero*

• *los poros pueden variar del gris pálido al ocráceo*

• *pie alto, cubierto de escamas negras*

pie muy • *oscuro del espécimen inmaduro*

• *la superficie anaranjada brillante del sombrero es finamente tomentosa*

FRUCTIFICACION Solitario o carpóforos juntos.

Dimensiones SOMBRERO ↔ 8–15cm | PIE ↕ 10–18cm ↔ 1,5–4cm	Esporas Pardocráceas	Comest.

Familia BOLETACEAE	Especie *Leccinum quercinum*	Estación Verano-otoño

LECCINUM QUERCINUM

Es una especie con sombrero rojo del g. *Leccinum* y se diferencia por su simbionte micorrícico (v. Hábitat) y las escamas pardorrojizas del pie. Su sombrero en forma de bollo es pardoanaranjado, los poros son de blanquecinos a grises o amarillo oliváceos, y su carne blanca y firme se tiñe casi de negro. Esta especie es un buen comestible.

• **HABITAT** Forma micorrizas con robles en zonas arboladas. Difundido y común en algunas regiones de las zonas templadas norteñas.

• **ESPECIES SIMILARES** *L. aurantiacum* tiene un sombrero más anaranjado y se asocia con álamos temblones y chopos. *L. piccinium* y *L. vulpinum* crecen con piceas y con pinos respectivamente.

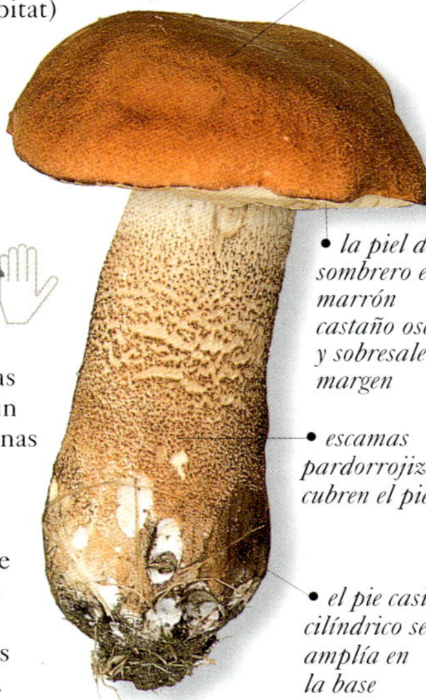

FRUCTIFICACION En pocos carpóforos juntos.

Dimensiones SOMBRERO ⊕ 8–15cm	PIE ↕ 10–15cm ↔ 1,5–3cm	Esporas Pardocráceas	Comest.

Familia GOMPHIDIACEAE	Especie *Suillus luteus*	Estación Fin. de verano-otoño

BOLETO VISCOSO ANILLADO

Cat: Molleric de calceta; Eusk: Pinudi-onddo likin

Es viscoso; pie corto y sombrero convexo y pardopurpúreo con piel fácil de pelar. Tiene tubos adnatos a decurrentes, amarillo limón. El anillo del pie tiene la cara inferior púrpura oscuro. Por debajo de él, el pie es blanco y se torna púrpura al envejecer. Cómalo con precaución. Algunas personas sufren reacciones alérgicas.

• **HABITAT** Forma micorrizas con pinos. Difundido y común en zonas templadas norteñas.

FRUCTIFICACION Grupos; bajo pinos de dos agujas.

Dimensiones SOMBRERO ⊕ 5–10cm	PIE ↕ 5–10cm ↔ 1,5–3cm	Esporas Pardocráceas	Comest.

Familia GOMPHIDIACEAE | Especie *Suillus grevillei* | Estación Otoño

BOLETO DE ALERCE

Eusk: Onddo apain

De viva coloración, tiene un sombrero anaranjado amarillento a amarillo brillante, muy viscoso, y poros amarillo limón que viran a pardo canela al dañarse. El anillo blanco y amarillo cerca del ápice del pie pardoamarillento es viscoso. Es comestible, sin un sabor distintivo y, cuando es joven, la carne firme y amarilla no se tiñe; conviene pelar la viscosa piel del sombrero antes del consumo.

• **HABITAT** Forma micorrizas con alerces en plantaciones arbóreas y en jardines; a veces a cierta distancia del árbol huésped. Zonas templadas norteñas.

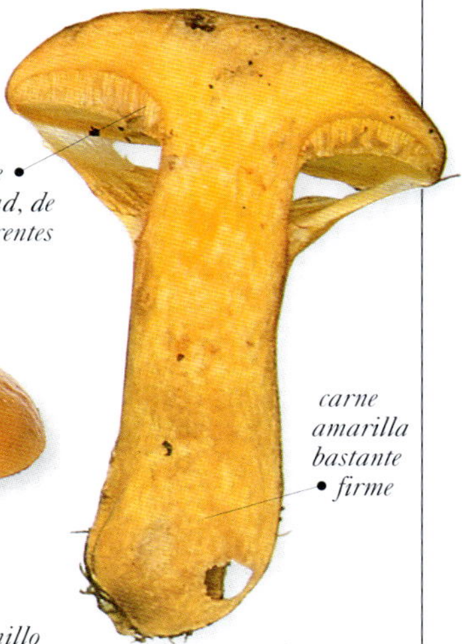

SECCION

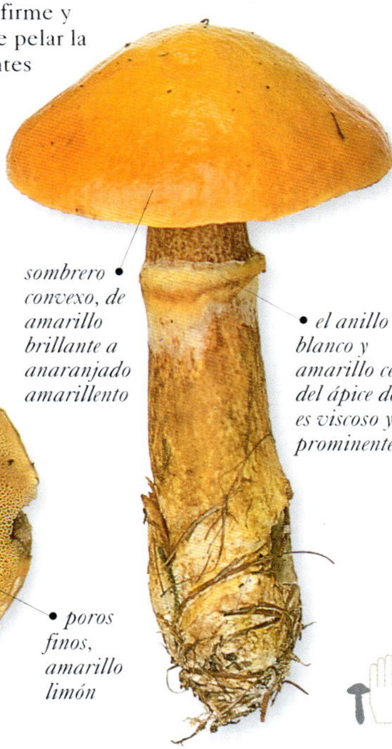

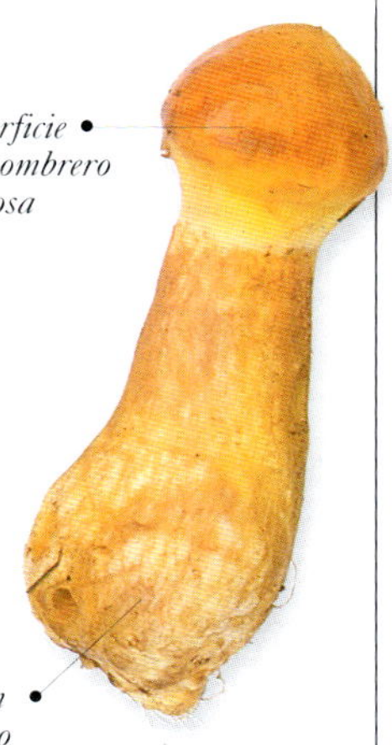

△ *SUILLUS AERUGINASCENS*
Pardoliváceo deslustrado, crece con alerces; sombrero viscoso con un velo blanco. Sus poros blanquecinos a pardogrisáceos se vuelven verdes al dañarse.

△ *SUILLUS PLORANS*
Exuda gotitas de leche de sus poros y glándulas del pie; sombrero pardoamarillento y salpicado de rojo; crece con *Pinus cembra* y otros pinos de 5 agujas.

FRUCTIFICACION Grupos; alerces, hierba y hojarasca.

Dimensiones SOMBRERO ⊕ 5–10cm | PIE ↕ 4–10cm ↔ 1–2cm | Esporas Pardoamarillentas | Comest.

Familia GOMPHIDIACEAE	Especie *Suillus bovinus*	Estación Fin. verano-otoño

BOLETO BOVINO

Cat: Molleric de bou; Eusk: Pinudietako beh-onddo; Gal: Andoa miuda

Muy pequeño y pardoherrumbroso anaranjado, con sombrero de convexo a plano y pie corto y sin anillo, es notable por sus poros compuestos: la capa verde olivácea de poros tiene una capa exterior de poros bastos y angulosos y una capa interior de finos. El pie apenas se ve hasta que se recolecta el carpóforo. Es comestible, con una carne blanda, de color crema y matizada de rosado o pardusco, pero carece de sabor.

• **HABITAT** Forma micorrizas con pinos de dos agujas. A menudo junto con *Suillus variegatus* (p. 201) y *Gomphidius roseus* (p. 38). Difundido y común en Europa y partes de Asia.

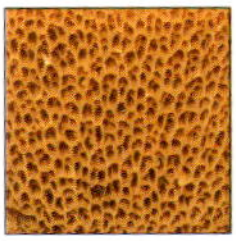

SUPERFICIE POROSA

FRUCTIFICACION Grupos densos; suelos arenosos.

Dimensiones	Esporas	Comest.
SOMBRERO ↔ 3–7cm | PIE ↕ 3–6cm ↔ 0,5–1cm	Oliva pardusco	

Familia GOMPHIDIACEAE	Especie *Suillus granulatus*	Estación Fin. verano-otoño

BOLETO VISCOSO DE PIE GRANULOSO

Cat: Molleric granellut, Moixí; Eusk: Pinudi-onddo bikordun

Pie sin anillo con unos distintivos puntos (glándulas) amarillos y una base puntiaguda. El sombrero varía de pardoherrumbroso a anaranjado amarillento. En los jóvenes carpóforos, los poros redondeados exudan gotitas de leche. Carne, de blanca a amarillo pálida, firme; sabe a nueces.

• **HABITAT** Forma micorrizas con pinos de dos agujas. Zonas templadas norteñas.

• **ESPECIES SIMILARES** *Suillus collinitus*: sombrero más oscuro; base rosada. *S. luteus* (p. 197), *S. placidus* y *S. plorans* (p. 199) se hallan con pinos de 5 agujas.

SECCION

FRUCTIFICACION Grupos densos; cerca de pinos.

Dimensiones	Esporas	Comest.
SOMBRERO ↔ 4–10cm | PIE ↕ 4–8cm ↔ 1–1,5cm	Marrón pálido	

Familia GOMPHIDIACEAE	Especie *Suillus variegatus*	Estación Verano-otoño

BOLETO VARIEGADO

Cat: Mataparent clapat; Eusk: Pinudi-onddo klorousain

Carnoso y con un pie bastante alto, rara vez presenta la viscosidad de otros *Suillus*. Su sombrero convexo y pardoanaranjado tiene una superficie tomentosa a finamente escamosa. Los pequeños poros son pardos a pardoliváceos y, al igual que la carne amarillo pálido, se tiñen de azul cuando se les aprieta. El pie es pardo, con matices verde oliváceos o rojo pálidos. Es comestible pero tiene un sabor desagradable.

• **HABITAT** Forma micorrizas con pinos de dos agujas y se encuentra con brezos y otras plantas acidófilas, en suelos arenosos. Difundido y común en Europa.

• **ESPECIES SIMILARES** Las especies de *Scleroderma* (pp. 256, 263) huelen igual que el Boleto variegado pero no tienen una apariencia similar.

tubos cortos y pardos, de anejos a decurrentes, de 0,8-1,2 cm de longitud

SECCION

la carne amarillo pálido azulea al cortarla

sombrero anaranjado y convexo

superficie casi seca, con pequeñas escamas a modo de granos

matices rojos en el pie pardo

poros de hasta 1 mm de ancho

los poros son pardoliváceos y se tiñen de azul al apretarlos

FRUCTIFICACION Grupos densos unos pocos especímenes.

Dimensiones SOMBRERO ↔ 7–13cm | PIE ↕ 6–10cm ↔ 1,5–2cm	Esporas Oliva pardusco	Comest.

Familia GOMPHIDIACEAE	Especie *Suillus spraguei*	Estación Verano-otoño

SUILLUS SPRAGUEI

Por su sombrero seco con escamas rojas, su velo blanco y sus grandes poros amarillos, es muy fácil de reconocer. El sombrero es convexo, y el pie amarillo y salpicado de rojo puede ser algo claviforme. El velo parcial, que cubre los poros inmaduros, deja un anillo a modo de telaraña en la parte superior del pie. Los tubos son de adnatos a ligeramente decurrentes. La carne amarilla, que se tiñe de rosado cuando se expone al aire, tiene una textura firme y un sabor suave.

• **HABITAT** Forma micorrizas con Pino blanco oriental *(Pinus strobus)*, en bosques y parques. Difundido y común en el E de Norteamérica, aparece junto al Pino blanco.

el sombrero seco y convexo es rojo con un fondo pálido

superficie del sombrero recubierta de escamas

pie amarillo salpicado de rojo

FRUCTIFICACION Carpóforos aislados o en grandes grupos bajo Pinos blancos orientales.

Dimensiones SOMBRERO ↔ 3–12cm | PIE ↕ 4–12cm ↔ 1–2,5cm	Esporas Pardoliváceas	Comest.

CON LA CARNE TENAZ

LOS HONGOS de esta subsección reciben el nombre de políporos y tienen poros en la parte inferior del sombrero y una carne tenaz. Los políporos que se describen aquí tienen un pie más o menos marcado (para los políporos con un carpóforo a modo de ménsula y sin pie, véase pp. 211-233). Contrariamente a los boletos (pp. 184-201), la capa de tubos de los políporos no es fácil de separar de la carne.

Familia ALBATRELLACEAE	Especie *Albatrellus ovinus*	Estación Verano-otoño

ALBATRELLUS OVINUS

Cat: Barbes de boc

Visto desde arriba, este políporo de pardogrisáceo pálido a crema recuerda a un agárico (v. p. 28), o a una gamuza (p. 238) pero tiene poros diminutos en la parte inferior. Se tiñe de amarillo verdoso, especialmente en los poros. La piel del sombrero convexo se agrieta con la edad. Tiene una carne robusta y muy firme y ligeramente amarga. Buen comestible cuando es joven.

• **HABITAT** Micorrizas con piceas en suelos cubiertos de musgo. Difundido en zonas templadas norteñas.

• **ESPECIES SIMILARES** *Albatrellus confluens* es más anaranjado y no se tiñe de amarillo; tiene un sabor amargo. *A. subrubescens* se tiñe de anaranjado.

FRUCTIFICACION A veces en grupos densos; bajo bosques bien establecidos de piceas.

Dimensiones SOMBRERO ↔ 7–18cm | PIE ↕ 3–7cm ↔ 1–3cm	Esporas Blancas	Comest.

Familia POLYPORACEAE	Especie *Polyporus umbellatus*	Estación Verano-princ. otoño

POLYPORUS UMBELLATUS

Carnoso y de gran tamaño tiene un pie único y multirramificado que soporta muchos sombreros con pie central, pequeños, circulares, grises o grises pálidos. La cara inferior tiene poros angulosos, 1-3 por mm, blanquecinos. Comestible de calidad, tiene una carne firme, de sabor suave, blanca a crema. Tiene un pseudoesclerocio grande y negro con el interior jaspeado de blanco y negro por una mezcla de hifas y tierra.

• **HABITAT** Sobre el suelo, en bosques abiertos de latifolias. Distribución dispersa en zonas templadas norteñas.

• **ESPECIES SIMILARES** Las ménsulas individuales de *Grifola frondosa* (p. 216) no tienen un pie central.

FRUCTIFICACION Grandes céspedes; en el suelo, brotando de un pseudoesclerocio.

Dimensiones SOMBRERO ↔ 1–4cm | PIE ↕ 5–7,5cm ↔ 2–3cm	Esporas Blancas	Comest.

Familia POLYPORACEAE	Especie *Polyporus squamosus*	Estación Fin. primavera-verano

POLIPORO ESCAMOSO

Cat: Bolet de noguera; Eusk: Ardagai ezkatatsu-handi

Una ménsula de circular a flabeliforme, cubierta de escamas pardas, un pie negro en posición excéntrica, y una capa de tubos blanca y decurrente, de 0,5-1 cm de espesor, lo hacen inconfundible. Al principio parece como si explotara de los tocones en los que crece; adquiere gran tamaño pero pronto lo devoran insectos, dejando apenas una armazón reseca que es descompuesta por otros hongos. La carne es blanca y blanda y huele a harina. Comestible cuando es muy joven.

• **HABITAT** Parásito o saprófito sobre coníferas, en bosques, árboles de lados de carreteras y parques. Difundido y común en zonas templadas norteñas.

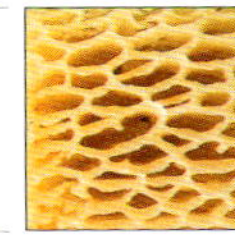

SUPERFICIE POROSA

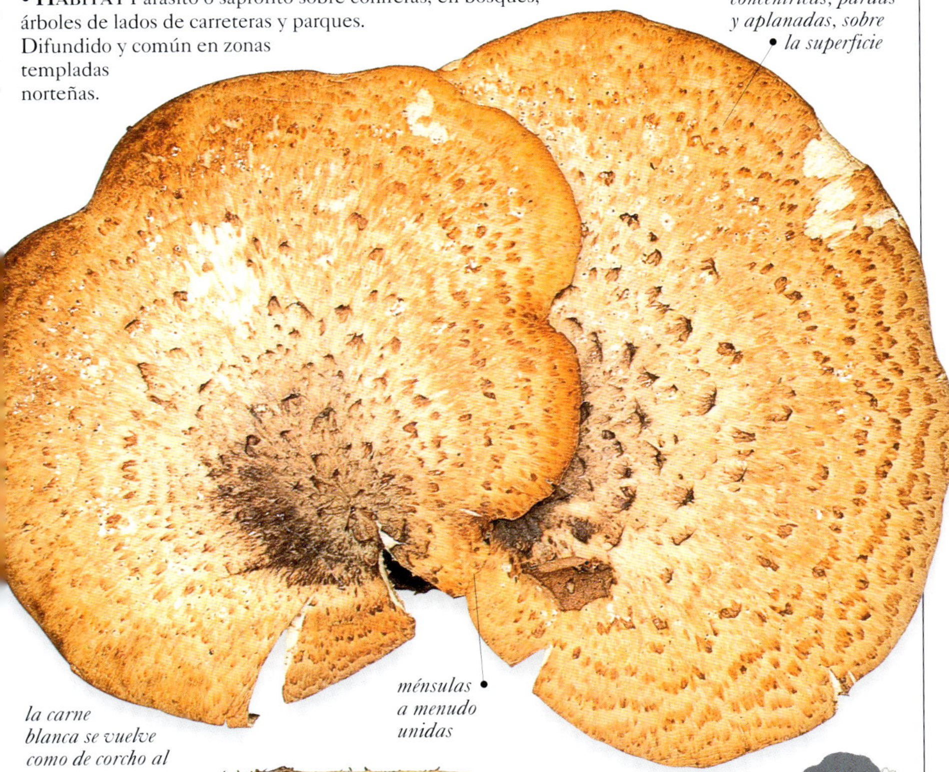

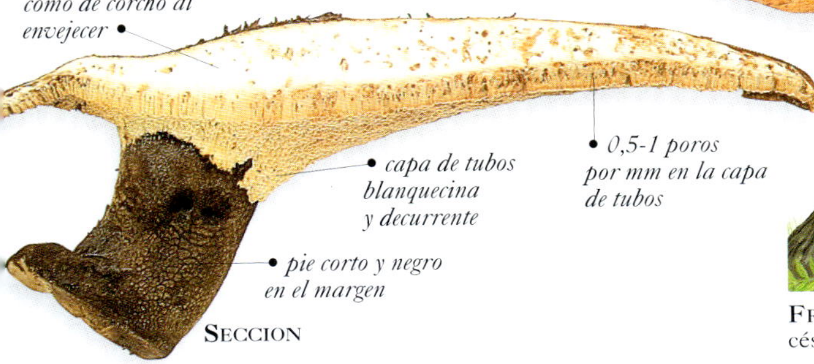

SECCION

FRUCTIFICACION En céspedes o en solitario.

Dimensiones MENSULA ↔ 10–60cm × 10–30cm ↕ hasta 5cm	Esporas Blancas	Comest.

Familia Polyporaceae	Especie *Polyporus tuberaster*	Estación Fin. primavera-otoño

Polyporus tuberaster

Sombrero plano, con una depresión central bien marcada y escamas pardas y levantadas sobre un fondo más pálido. Pie central y pardo radicante con grandes órganos de almacenamiento subterráneos; también hay pequeñas formas sin esos órganos. La carne es comestible pero bastante tenaz. Los tubos blancos miden hasta 5 mm.

• **Habitat** En terrenos arbolados de latifolias, sobre suelos alcalinos; causa descomposición de la madera. Difundido aunque localizado en zonas templadas norteñas.

• **Especies similares** *Polyporus squamosus* (p. 203) tiene el pie excéntrico y escamas aplanadas en el sombrero.

Fructificacion A partir de órganos de almacenamiento.

Dimensiones Sombrero ⊕ 5–20cm | Pie ↕ hasta 8cm ↔ 1,5cm	Esporas Blancas	Comest.

Familia Polyporaceae	Especie *Polyporus badius*	Estación Fin. primavera-otoño

Polyporus badius

Sombrero liso, brillante y en forma de embudo, pardogrisáceo pálido cuando es joven y luego de un intenso castaño oscuro con un margen pardoanaranjado brillante; es untuoso con tiempo húmedo. El pie, corto y gris negruzco, se une al sombrero en posición excéntrica o en el margen. Hay 4-8 poros por mm, y la capa decurrente de tubos mide 0,5-2 mm de espesor. Carne blanca y tenaz.

• **Habitat** En terrenos arbolados pantanosos, sobre latifolias. Zonas templadas norteñas.

• **Especies similares** *P. melanopus* es más raro y tiene la superficie del sombrero tomentosa. Suele crecer sobre madera en suelos alcalinos.

Superficie porosa

Fructificacion Solitario o en pocos carpóforos juntos.

Dimensiones Sombrero ⊕ 5–20cm | Pie ↕ 2–4cm ↔ 0,5–2cm	Esporas Blancas	Comest.

Familia POLYPORACEAE	Especie *Polyporus varius*	Estación Fin. primavera-otoño

POLIPORO VARIADO

El sombrero de esta especie es liso, tiene el margen ondulado y varía del amarillo dorado al pardo canela. El pie es excéntrico y se vuelve negro al envejecer, en contraste con el sombrero más claro; la capa decurrente de tubos, de blanca a crema pálido, tiene menos de 1 mm de espesor. La carne es incomestible, de blanca a marrón madera pálido, tenaz y con un tenue olor fungoide. Pueden encontrarse formas diminutas con un pie central.

• **HABITAT** Sobre una gran variedad de latifolias, en bosques y parques. Difundido y común en zonas templadas norteñas.

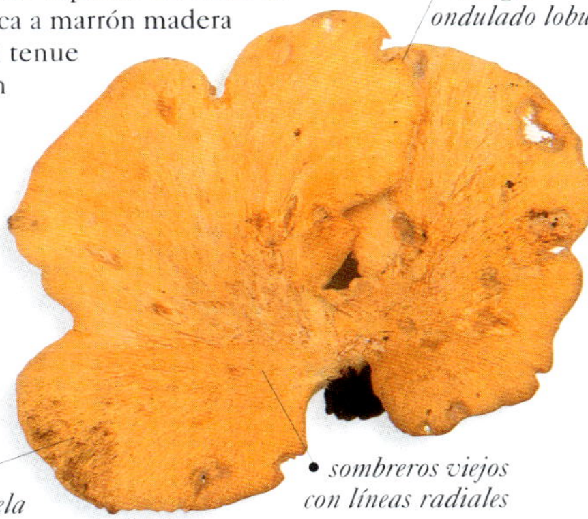

FRUCTIFICACION Pocos carpóforos; latifolias muertas.

Dimensiones SOMBRERO ↔ 3–12cm | PIE ↕ hasta 8cm ↔ 1–2cm	Esporas Blancas	Comest.

Familia POLYPORACEAE	Especie *Polyporus brumalis*	Estación Fin. otoño-primavera

POLIPORO DE INVIERNO

Cat: Bolet de soca peduncolat; Eusk: Neguko onddo-ardagai

El sombrero, redondeado y pardogrisáceo oscuro, tiene el centro deprimido y el margen fimbriado, incurvado cuando está seco. El pie, en posición central, es pardogrisáceo oscuro, y la carne blanca. La capa de tubos, de blanca a crema y de hasta 2 mm de espesor, tiene grandes poros circulares que se alargan al madurar. Los carpóforos alcanzan su crecimiento máximo a principios de invierno.

• **HABITAT** En montones de leña fina y sobre ramas caídas de latifolias, donde forma podredumbre blanca. Zonas templadas norteñas.

• **ESPECIES SIMILARES** *Polyporus ciliatus* aparece en primavera y tiene poros diminutos (5-6 por mm). Otros *Polyporus* se encuentran en climas templados más cálidos.

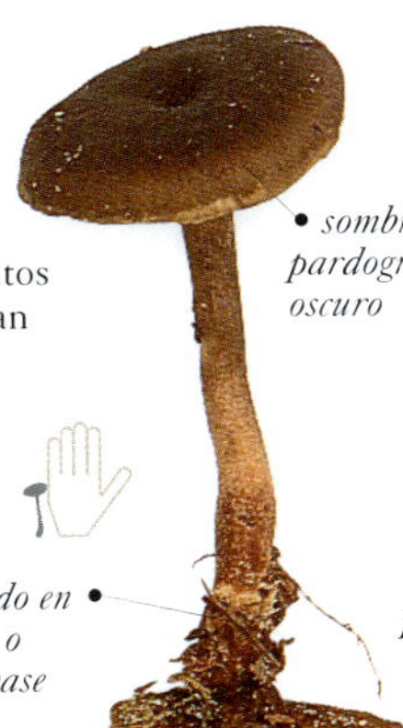

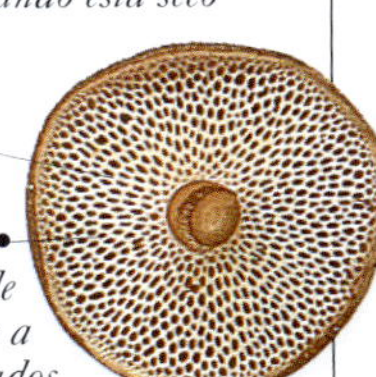

FRUCTIFICACION Solitario o pocos carpóforos juntos.

Dimensiones SOMBRERO ↔ 3–8cm | PIE ↕ 2–6cm ↔ hasta 5mm	Esporas Blancas	Comest.

Familia Coltriciaceae	Especie *Coltricia perennis*	Estación Verano-invierno

Coltricia perennis

Este políporo anual crece en el suelo en vez de sobre la madera muerta. El sombrero es infundibiliforme, con una carne pardoherrumbrosa y bastante tenaz. Su brillante superficie superior tiene bandas concéntricas en los tonos pardodorados típicos de muchos Coltriciaceae. Los tubos, de 2 mm de longitud, son decurrentes con respecto al pie corto y tomentoso.

• **Habitat** Suelos arenosos en plantaciones o bosques de coníferas. Común en zonas templadas norteñas.

• **Especies similares** Varios hongos con espinas (pp. 234-39) son similares por encima pero tienen espinas en la cara inferior.

Seccion

• *carne delgada, pardoherrumbrosa*

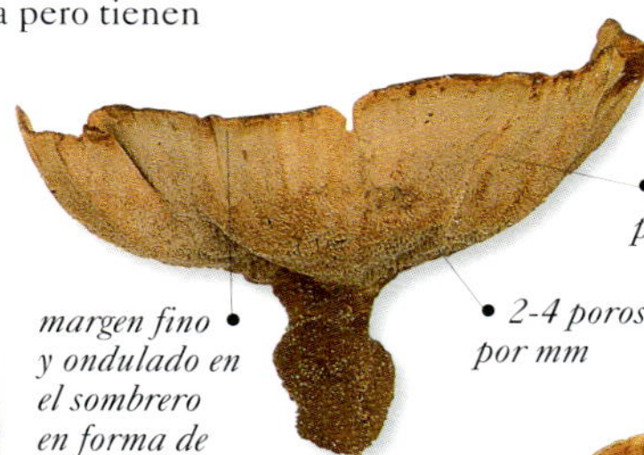

• *la cara inferior tiene poros pardogrisáceos*

margen fino y ondulado en el sombrero en forma de embudo •

• *2-4 poros por mm*

• *bandas concéntricas en distintos tonos de pardo, ocre, amarillo y gris pálido*

Fructificacion Grupos pequeños de carpóforos.

Dimensiones	Sombrero ↔ 2–10cm | Pie ↕ 2–6cm ↔ 3–8mm	Esporas Pardodoradas	Comest.

Familia Ganodermataceae	Especie *Ganoderma lucidum*	Estación Todo el año

Pipa

Cat: Pipa, Paella; Eusk: Ardagai pipa

Sombrero anual, en forma de ostra y a menudo arriñonado, brillante, rojo y negro purpúreo con crestas concéntricas, margen más pálido y pie lacado, de color marrón oscuro y en posición lateral. La capa de tubos es parda con poros blanquecinos, a razón de 3-4 por mm. La carne es tenaz y se vuelve marrón. En China se utiliza como medicina pero es incomestible.

• **Habitat** Sobre tocones de latifolias, en lugares con prácticas forestales menos intensivas. En zonas templadas norteñas.

• **Especies similares** Varias especies relacionadas, entre ellas *Ganoderma carnosum*, algunas de las cuales crecen sobre coníferas.

crestas concéntricas en la superficie •

superficie brillante y en forma de ostra •

el margen del sombrero es algo más pálido •

el sombrero arriñonado muestra tonos de rojo y de negro purpúreo •

pie • *lacado*

Fructificacion En solitario o en grupos de carpóforos; en torno a tocones de latifolias.

Dimens.	Sombrero ↔ 10–30cm ↕ hasta 3cm | Pie ↕ 5–20cm ↔ 1–3cm	Esporas Pardas	Comest.

SOMBRERO EN FORMA DE CEREBRO O SILLA DE MONTAR

Estas especies evolucionaron a partir de hongos en forma de copa (véase p. 264). Su "copa" está plegada. La superficie productora de esporas, o himenio, es lisa y se sitúa en los pliegues. Las excelentes colmenillas también se incluyen en esta sección.

Familia HELVELLACEAE	Especie *Helvella crispa*	Estación Verano-otoño

OREJA DE GATO BLANCO

Cat: Orella de gat, Barretet; Eusk: Mitra zuri

Se identifica por su pie surcado, hueco y provisto de cámaras, su sombrero en forma de silla de montar y su coloración crema pálida. Suele ser grande. Aunque su carne bastante delgada es comestible, no es recomendable y sólo debe consumirse después de secarlo bien hasta que esté crujiente o tras una prolongada ebullición en agua.

• **HABITAT** En zonas arboladas de latifolias o de coníferas, sobre suelos alcalinos. Se encuentra junto con especies de *Peziza* (pp. 266-67) e *Inocybe* (pp. 98-102). Común en zonas templadas norteñas.

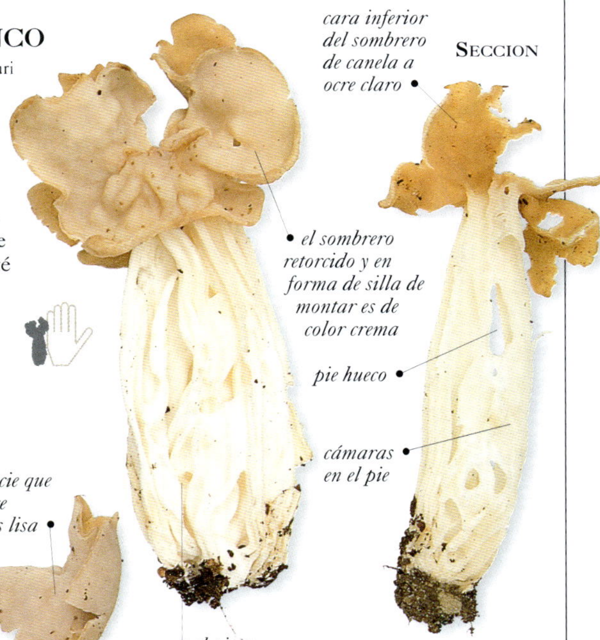

△ ***STEREOPSIS HUMPHREYI*** Sombrero blanco apagado, en forma de silla de montar, y un pie blanco. Se cree que está relacionado con las Clavariáceas (pp. 248-51) y aparece en grandes grupos densos.

FRUCTIFICACION Grupos densos o en solitario.

Dimensiones SOMBRERO ⊕ 2–6cm	PIE ↕ 3–12cm ↔ 0,5–2,5cm	Esporas Blancas	Comest.

Familia HELVELLACEAE	Especie *Helvella lacunosa*	Estación Verano-otoño

OREJA DE GATO NEGRA

Cat: Orella de gat; Gal: Orellanzo

Es muy variable en cuanto a tamaño, forma y coloración. Adopta cualquier tono gris y su sombrero tiene forma de silla de montar o es lobulado y retorcido. El pie tiene unos surcos bien marcados por fuera y cámaras por dentro. La carne es delgada y varía del gris al blanco sucio; como *Helvella crispa* (p. 207) es comestible después de un secado o una ebullición pero no es recomendable.

• **HABITAT** En terrenos arbolados y zonas más abiertas; suelos alcalinos y grava. Zonas templadas y alpinas, tanto en el hemisferio septentrional como en el austral.

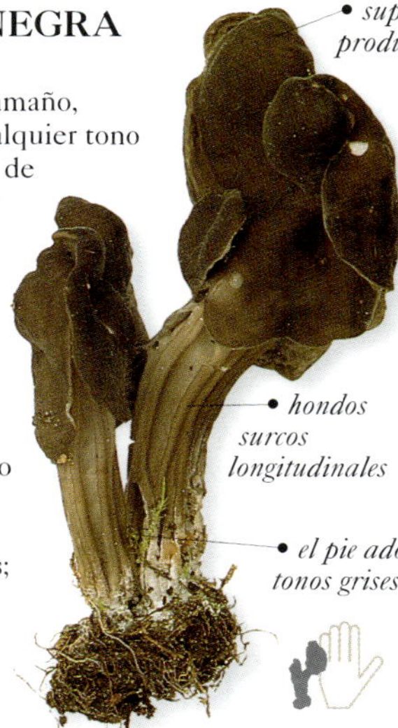

FRUCTIFICACION Grupos o solitario; suelos alterados.

Dimensiones SOMBRERO ⊕ 1–5cm | PIE ↕ 2–8cm ↔ 0,5–1,5cm	Esporas Blancas	Comest.

Familia HELVELLACEAE	Especie *Gyromitra esculenta*	Estación Primavera

BONETE

Cat: Bolet de greix; Eusk: Mitra muin

Sombrero cerebriforme, marrón oscuro y con cámaras en el interior. El pie, corto y blanco, es hueco, con la carne blanca. Venenoso, pero se consume en zonas de Europa después de un secado o hervido en un agua que se renueva.

• **HABITAT** Cerca de coníferas sobre suelos arenosos, o astillas de madera. Difundido en zonas templadas norteñas.

• **ESPECIES SIMILARES** *Gyromitra gigas*, *G. brunnea* y *G. caroliniana* son mayores y pardoanaranjadas; comunes en partes de Norteamérica.

△ ***GYROMITRA INFULA*** Aparece en otoño; sombrero pardo y lobulado y pie provisto de cámaras, de lavanda a blanco. ☠

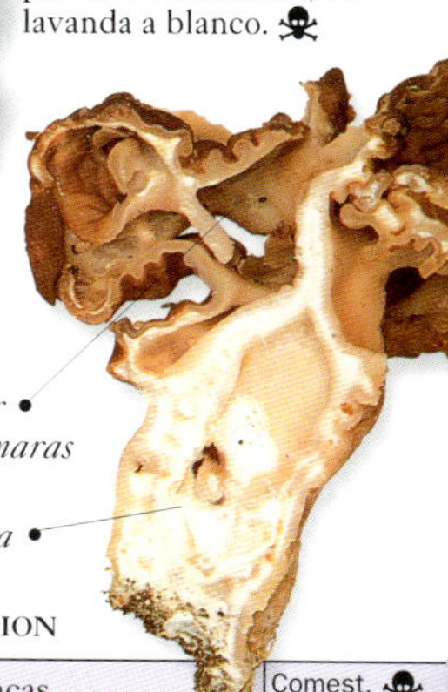

FRUCTIFICACION Grupos; suelos cerca de pinos.

Dimensiones SOMBRERO ⊕ 5–15cm | PIE ↕ 1–5cm ↔ 2–4cm	Esporas Blancas	Comest. ☠

Familia MORCHELLACEAE	Especie *Verpa conica*	Estación Primavera

VERPA CONICA

Cat: Arigany de didal, Verpa

El sombrero liso y en forma de caperuza está unido al ápice del pie. Es ovoide y umbonado con la edad; marrón oscuro y más pálido en el interior. Pie cilíndrico blanquecino harinoso. Aunque comestible, la carne es delgada; se necesitan muchos carpóforos para que la recolección valga realmente la pena y en algunas zonas son tan raras que es desaconsejable (v. Especies similares).

• **HABITAT** Sobre suelos gredosos en terrenos comunales arbolados y en dunas de arena. Zonas templadas norteñas, localmente común; raro en regiones frías.

• **ESPECIES SIMILARES** *Verpa bohemica*, comestible, tiene el sombrero arrugado y ascas de 2 esporas; las de *V. conica* son de 8 esporas.

FRUCTIFICACION Grupos; hojarasca, bajo setos vivos.

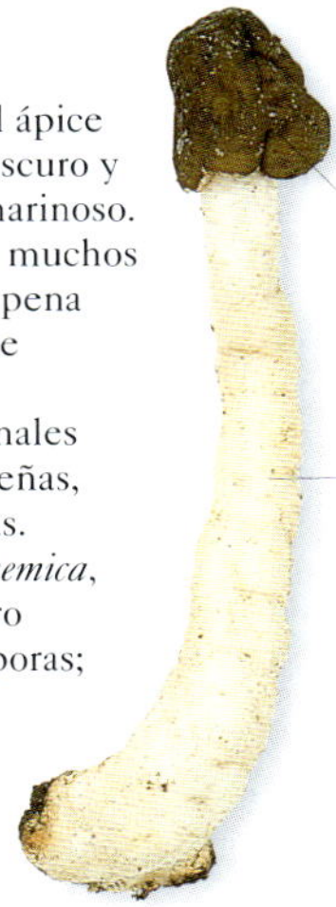

Dimensiones SOMBRERO ↔ 2–3cm ↕ 2–4cm | PIE ↕ 3–10cm ↔ 0,5–1,5cm	Esporas Crema	Comest.

Familia MORCHELLACEAE	Especie *Morchella esculenta*	Estación Primavera

COLMENILLA, MORILLA

Cat: Múrgola; Eusk: Karraspina; Gal: Pantorra, Seta de Coresma

Sombrero alveolado como un panal, cuya forma varía de ovoide a redondeada o cónica y que cambia de marrón oscuro a pálido cuando maduran las esporas en su superficie. El pie, de blanco a crema, es más ancho en la base y tiene una superficie harinosa. La carne, de blanquecina a marrón pálida, tiene un olor y un sabor agradables. Por su gran variación es subdividida en varias especies.

• **HABITAT** Plantas herbáceas en terrenos arbolados de latifolias y coníferas. Menos común en regiones muy frías, cálidas o muy cálidas.

• **ESPECIES SIMILARES** *Gyromitra esculenta* (p. 208): sombrero tipo cerebro; venenoso.

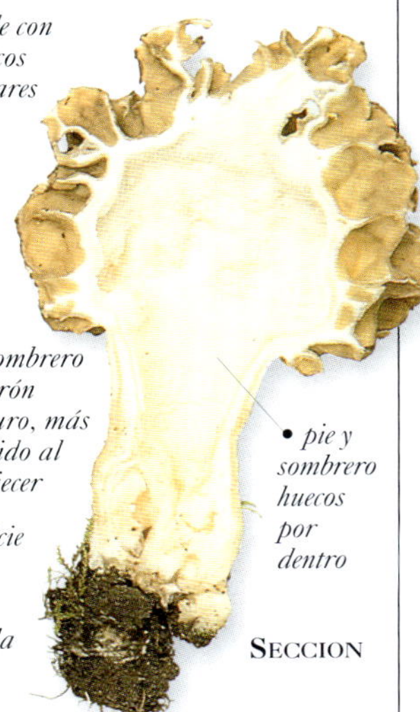

FRUCTIFICACION Grupos o solitario; suelos ricos.

Dimens. SOMBRERO ↔ 2–10cm ↕ 5–12cm | PIE ↕ 3–15cm ↔ 1–6cm	Esporas Pardocráceas	Comest.

Familia MORCHELLACEAE	Especie *Morchella elata*	Estación Primavera

MORILLA NEGRA

Tiene un sombrero cónico con marcadas costillas negras y huecos de pardos a grises ahumados. El pie es blanco, con una superficie tenaz, harinosa o granulosa y con el centro hueco. Comestible popular tiene una textura crujiente y un sabor a nueces, pero puede causar trastornos estomacales.

• **HABITAT** En el suelo de parques y bosques abiertos. Una forma similar aparece en verano en áreas montañosas. Zonas templadas norteñas.

• **ESPECIES SIMILARES** *Morchella esculenta* (p. 209) es amarilla y tiene unas costillas amarillas a lo largo del sombrero. Las especies de *Gyromitra* (p. 208) son venenosas, sin sombrero alveolar y su pie tiene cámaras.

FRUCTIFICACION Latifolias y coníferas; áreas quemadas.

Dimensiones SOMBRERO ↔ 5–10cm ↕ 2,5–5cm | PIE ↕ 5–10cm	Esporas Blancas o crema	Comest.

Familia MORCHELLACEAE	Especie *Morchella semilibera*	Estación Primavera

CRESPILLO

Cat: Fals arigany; Eusk: Sasikarraspina; Gal: Pantorra

El sombrero cónico, pardogrisáceo oscuro, es libre en el borde, con costillas y huecos a modo de panal. Pie delgado, hueco, de blanco a crema, con superficie harinosa. Es comestible pero la carne crema es demasiado delgada.

• **HABITAT** Densos terrenos arbolados; suelos ricos, senderos en lugares húmedos. Muy difundido; más común en las regiones más cálidas de Europa.

• **ESPECIES SIMILARES** Las *Verpa* tienen sombreros en forma de caperuza adheridos por el ápice.

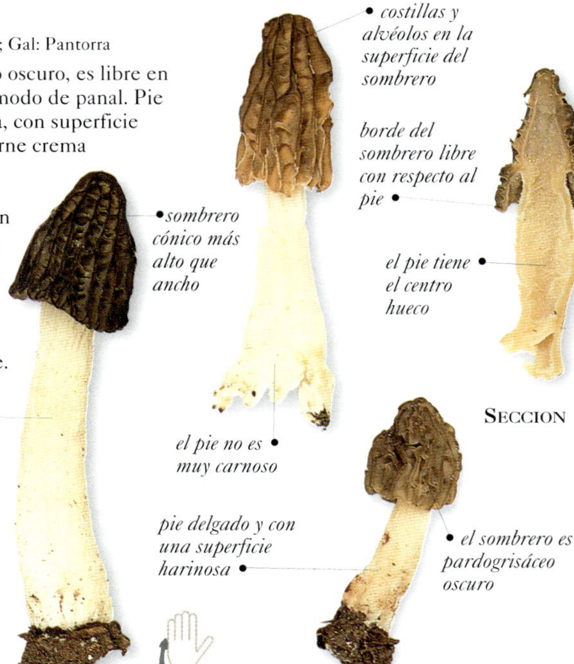

FRUCTIFICACION Grupos densos; vegetación densa.

Dimensiones SOMBRERO ↔ 1–2,5cm ↕ 1–4cm | PIE ↕ 3–10cm ↔ 1–2cm	Esporas Crema	Comest.

A MODO DE MENSULA O DE PIEL

Hongos que tienen carpóforos en forma de ménsula y que crecen sobre troncos, así como especies que crecen planas (resupinadas) contra un sustrato leñoso. La superficie productora de esporas (himenio) puede estar hecha de poros o puede ser de lisa a arrugada.

CON POROS

LAS ESPECIES de esta subsección reciben el nombre de políporos. Sus esporas se producen en tubos situados en sus caras inferiores y se dispersan a través de poros que son redondos, alargados o en forma de laberinto. Los carpóforos pueden ser anuales o continuar creciendo mientras dure el sustrato.

Familia PHAEOLACEAE	Especie *Tyromyces stipticus*	Estación Principalmente otoño

TYROMICES STIPTICUS

Tiene un sabor amargo característico; produce ménsulas anuales, blanquecinas, semicirculares a arriñonadas. Triangular en sección transversal; superficie verrugosa y carne blanda y blanca. Con tiempo húmedo, los poros exudan un líquido blanquecino, blanco crema al secarse. La capa de tubos mide 0,5-1 cm de espesor; hay 4-6 poros por milímetro.

• **HABITAT** Sobre tocones o troncos de coníferas en terrenos arbolados y plantaciones de latifolias. Zonas templadas norteñas; regiones boreales.

• **ESPECIES SIMILARES** *Tyromices* tienen un sabor más suave; algunas se vuelven rojas al dañarse y otras crecen sobre latifolias.

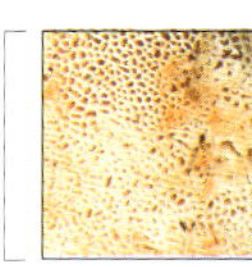

SUPERFICIE POROSA

FRUCTIFICACION Solitario o en carpóforos; terrenos arbolados.

△ *POSTIA CAESIA*
Ménsulas anuales y semicirculares, blandas y esponjosas, con superficie blanca y tomentosa, negro azulada con la edad.

Dimensiones MÉNSULA ↔ 5–12cm × 3–7cm ↕ hasta 2,5cm	Esporas Blancas	Comest.

Familia Fomitopsidaceae	Especie *Piptoporus betulinus*	Estación Todo el año

Yesquero del abedul

Cat: Bolet d'esca de bedoll; Eusk: Urki-ardagai; Gal: Carrocha dos bidueiros

Semicircular y anual tiene una superficie parda. No tiene pie o tiene una unión rudimentaria. Carne blanca y blanda aunque firme; olor agradable pero incomestible. Las ménsulas son atacadas por hongos frasco: *Hypocrea pulvinata* cuando está en el árbol y el anaranjado *Hypomyces aurantius*, una vez caído el árbol o el políporo.

• **Habitat** En terrenos arbolados pantanosos, junto con *Fomes fomentarius* (p. 219). Es parásito de los abedules; en los más viejos causa una podredumbre blanca. Los árboles se mueren pero fructifica sobre ellos. Difundido y común en zonas templadas norteñas.

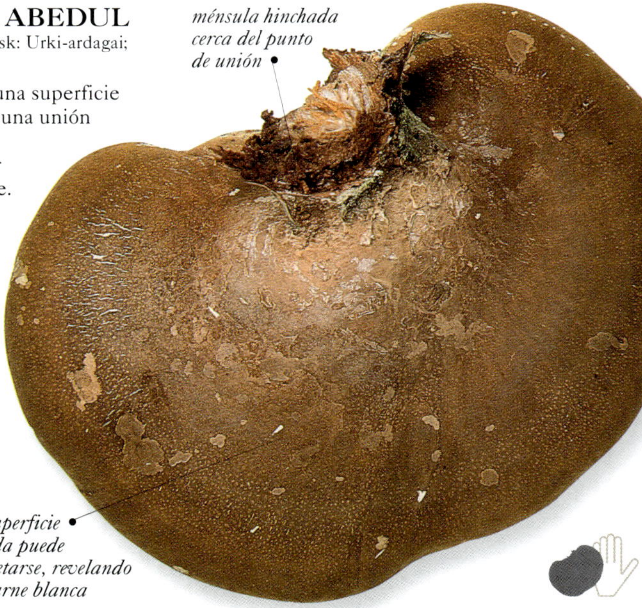

Seccion

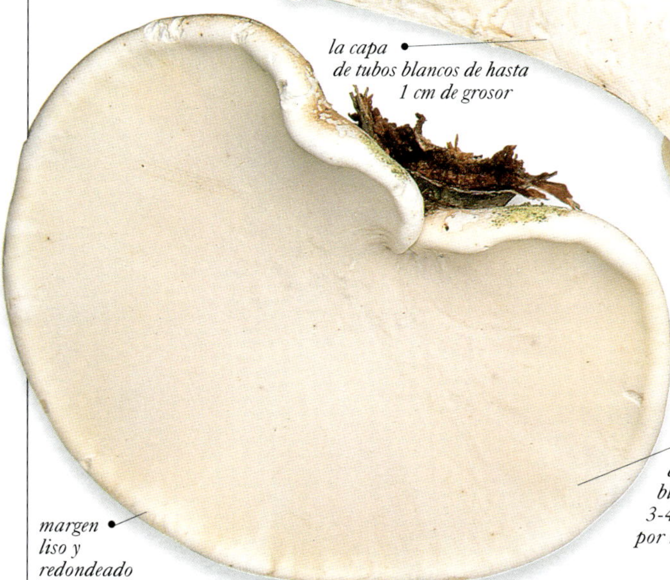

Fructificacion
Unos pocos sobre troncos de abedules.

Dimensiones Mensula ↔ 5–30cm × 5–20cm ↕ 2–6cm	Esporas Blancas	Comest.

Familia BJERKANDERACEAE	Especie *Hapalopilus rutilans*	Estación Todo el año

HAPALOPILUS RUTILANS

Todas las partes –incluida la capa de tubos, de hasta 1 cm de espesor– son de color canela rojizo. Tiene una reacción notable en solución alcalina, ya que se vuelve púrpura brillante; se utiliza para teñir la lana. La carne de textura blanda es incomestible.

• **HABITAT** Sobre latifolias muertas, en las que produce una podredumbre blanca; terrenos arbolados. De común a localizado en zonas templadas norteñas.

• **ESPECIES SIMILARES** *Pycnoporus cinnabarinus* (p. 225) es más tenaz y de un color rojo cinabrio mucho más brillante.

FRUCTIFICACION Solitario o en grupos; sobre madera muerta.

SECCION

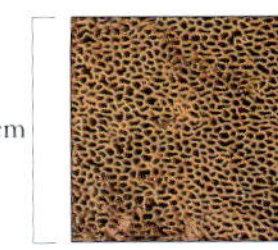

SUPERFICIE POROSA

Dimensiones MENSULA ↔ 2–12cm × 2–8cm ↕ 1–4cm	Esporas Blancas	Comest.

Familia FISTULINACEAE	Especie *Fistulina hepatica*	Estación Fin. verano-otoño

LENGUA DE BUEY, HIGADO DE BUEY

Cat: Fetge de vaca; Eusk: Idi-mihi; Gal: Lingua de boi

Produce una ménsula anual con tubos rojos de 1-1,5 cm de largo y a razón de 2-3 poros por mm sobre la superficie de poros rojo pálido. Los tubos se separan fácilmente. La ménsula, de roja rosada a anaranjada, se vuelve luego pardopurpúrea; pie corto. Carne gruesa y veteada. Exuda un líquido rojo sangre; olor agradable y sabor ácido.

• **HABITAT** Robles y castaños vivos; causa una podredumbre parda en el corazón del árbol. Zonas templadas norteñas.

SECCION

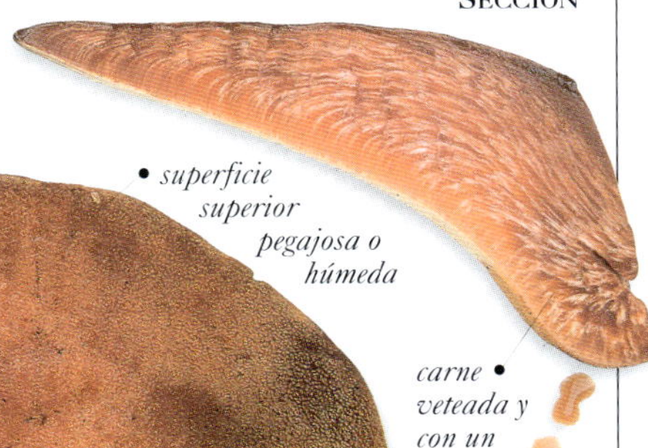

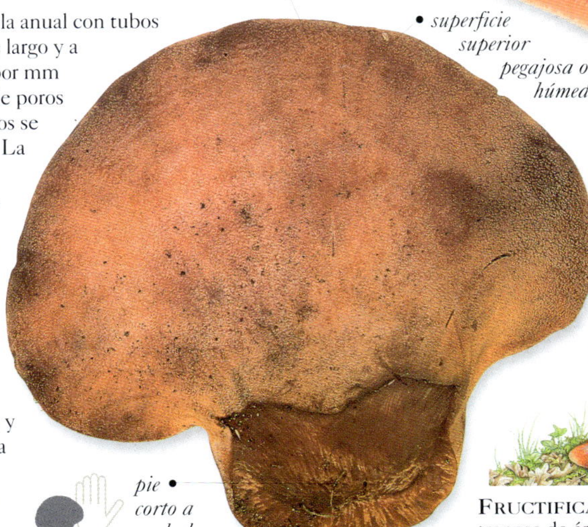

FRUCTIFICACION Solitario; troncos de árboles maduros.

Dimensiones MENSULA ↔ 10–25cm × 10–20cm ↕ 2–6cm	Esporas Blancas	Comest.

Familia BJERKANDERACEAE	Especie *Meripilus giganteus*	Estación Otoño

MERIPILUS GIGANTEUS

Cat: Gamarús

Esta abultada especie produce varias ménsulas anuales imbricadas de un pie único y corto; el carpóforo compuesto alcanza 1 m de anchura. Cada una en forma de abanico; superficie lisa con bandas concéntricas pardodoradas y margen ondulado. Carne blanca, de olor agradable, blanda y fibrosa; comestible cuando es joven –gris a negra al cocerla– tiene escaso sabor. Capa de tubos blanquecinos de hasta 1 cm de espesor.

• HABITAT En bosques y parques; latifolias muertas o moribundas; rara sobre coníferas. Zonas templadas norteñas.

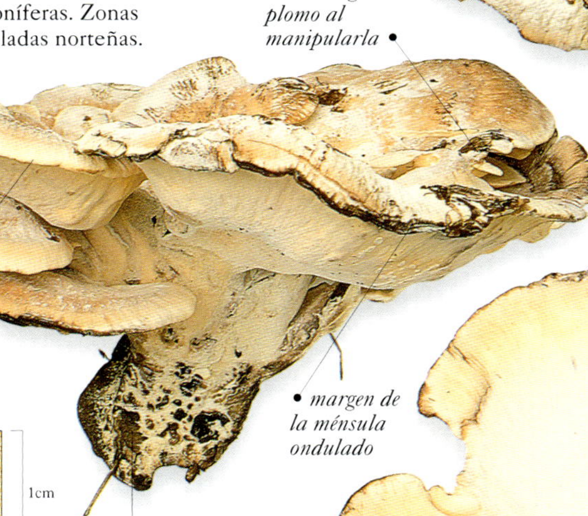

SUPERFICIE POROSA

FRUCTIFICACION Céspedes o capas de ménsulas.

Dimensiones MENSULA ⊕ 10–30cm × 10–30cm ⊕ 1–3cm	Esporas Blancas	Comest.

Familia PHAEOLACEAE	Especie *Laetiporus sulphureus*	Estación Princ. de verano-fin. de otoño

POLIPORO AZUFRADO

Cat: Gírgola groc de sofre; Eusk: Ardagai hori

Carpóforos grandes, amarillos o anaranjados amarillentos y de crecimiento rápido. Las ménsulas carnosas y gruesas tienen forma de abanico o semicircular, con superficie desigual, como de ante. La carne es amarillo pálido, desmenuzable, especialmente en el hongo viejo; huele a limón y luego a ratones. Es comestible pero requiere una cocción prolongada; algunas personas son alérgicas.

• **HABITAT** Sobre coníferas latifolias; ataca principalmente el corazón del árbol. Zonas templadas norteñas.

SECCION

FRUCTIFICACION
Escalonada; árboles altos.

Dimensiones MENSULA ⇔ 10–50cm × 10–30cm ⇕ 1–5cm	Esporas Blancas	Comest.

Familia BJERKANDERACEAE | Especie *Grifola frondosa* | Estación Verano-otoño

POLIPORO FRONDOSO

Cat: Gírgola de castanyer; Eusk: Ardagai erraldor

Carpóforo anual con ménsulas en forma de lengua que se ramifican a partir de un pie central. La cara superior, correosa y con un margen ondulado, es gris y se torna parda. La capa decurrente de tubos puede alcanzar 5 mm de grosor y es blanquecina. La carne es blanca y huele a ratones al envejecer. Comestible cuando joven pero, dada su rareza, no es recomendable.

• **HABITAT** Cerca de robles y castaños, donde produce una podredumbre blanca. Zonas templadas norteñas.

• **ESPECIES SIMILARES** *Meripilus giganteus* (p. 214).

FRUCTIFICACION Racimos de ménsulas a partir de un pie central; bases de árboles.

Dimensiones MENSULA ⬌ 2–6cm × hasta 7cm ⬍ 0,2–1cm | Esporas Blancas | Comest.

Familia GANODERMATACEAE | Especie *Ganoderma pfeifferi* | Estación Todo el año

GANODERMA PFEIFFERI

Eusk: Ardagai

La cara superior en forma de pezuña tiene unas crestas concéntricas y pardoanaranjadas, recubiertas de una espesa laca cobriza. La capa de tubos es parda, puede alcanzar 10 cm de grosor y está protegida en invierno por una sustancia espesa y cérea. Carne parda y leñosa; tiene un olor agradable.

• **HABITAT** En la base de hayas vivas. Difundido en Europa central y meridional.

FRUCTIFICACION Escalonada; cerca del suelo.

Dimensiones MENSULA ⬌ 20–50cm × hasta 25cm ⬍ hasta 15cm | Esporas Pardas | Comest.

Familia GANODERMATACEAE | Especie *Ganoderma applanatum* | Estación Todo el año

YESQUERO APLANADO

Eusk: Ardagai zapal

La cara superior de este yesquero perenne y semicircular es desigual, con crestas concéntricas y margen delgado. Blanquecino, se vuelve pardocráceo pálido y está recubierto de una esporada parda. La cara superior laqueada se rompe; la cara inferior de color blanco crema puede rascarse con una punta afilada con fines artesanos. La capa de tubos es parda y tiene 0,5-4 cm de espesor. Carne delgada y marrón oscura con bolsas de tejido blanco; sabor amargo y olor fungoide.

• **HABITAT** Sobre tocones y troncos de árboles en parques y terrenos arbolados. Zonas templadas norteñas.

• **ESPECIES SIMILARES** *Ganoderma australe* tiene una distribución algo más meridional y presenta una ménsula más robusta con una costra superior más gruesa y una carne más oscura.

SECCION

FRUCTIFICACION Solitario o en grupos; árboles muertos.

Dimensiones MENSULA ↔ 10–60cm × hasta 30cm ↕ 2–8cm | Esporas Pardas | Comest.

Familia HYMENOCHAETACEAE	Especie *Phellinus igniarius*	Estación Todo el año

FALSO YESQUERO

Cat: Bolet d´esca negre; Eusk: Supizteko zume-ardagai

De color gris hasta casi negro, tiene forma de pezuña, es leñoso y con márgenes gruesos. La ménsula permanece sobre el árbol vivo huésped muchos años. La carne y los tubos duros son pardoherrumbre; cada año crecen nuevos tubos de 1-5 mm de largo sobre los del año anterior. Unos pelos diminutos, las sedas, se esconden en el himenio. No hay acuerdo sobre la identidad de esta especie *P. torulosus* es frecuente sobre latifolias mediterráneas.

• **HABITAT** Parásito sobre latifolias: abedules, sauces y manzanos. Produce una podredumbre blanca. Zonas templadas norteñas.

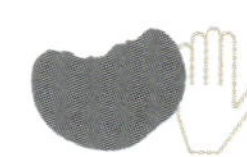

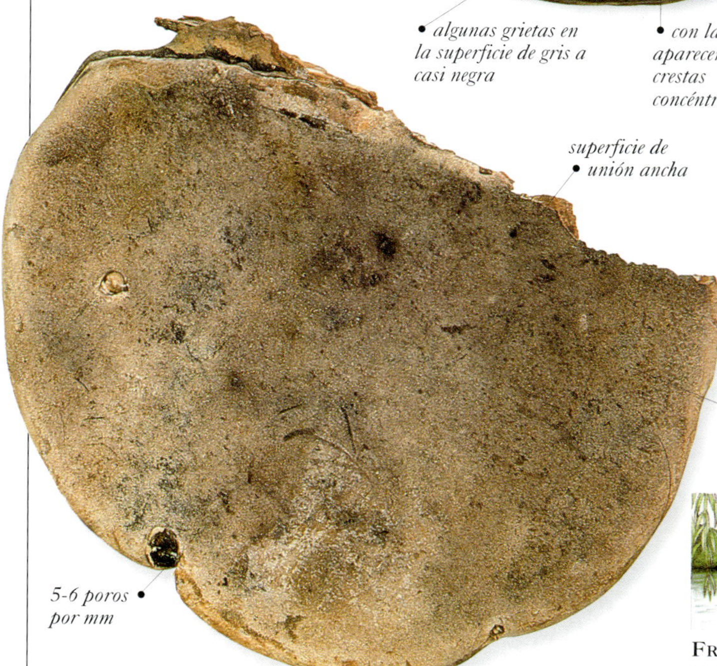

SUPERFICIE POROSA

FRUCTIFICACION Solitario o en grupos; árboles vivos.

Dimensiones MENSULA ⊕ 10–40cm × 10–20cm ⊕ hasta 20cm	Esporas Blancas	Comest.

Familia FOMITACEAE	Especie *Fomes fomentarius*	Estación Todo el año

YESQUERO

Cat: Bolet d'esca; Eusk: Ardagay

Ménsula en forma de pezuña, leñosa y perenne, con bandas que van desde el marrón oscuro en las áreas más viejas hasta el marrón pálido en el margen de crecimiento velloso o tomentoso. Cada año crece una nueva capa de tubos de 5 mm de espesor. La superficie de poros es pardogrisácea. Variable según el huésped, ha sido utilizada como yesca y para confeccionar sombreros y otras ropas.

• **HABITAT** Parásito sobre latifolias, hayas y abedules, forma una podredumbre blanca; sobre madera caída. Zonas templadas norteñas.

• **ESPECIES SIMILARES** *Fomitopsis pinicola* (recuadro, derecha).

△ ***FOMITOPSIS PINICOLA***
Perenne y gris tiene bandas de color rojo y amarillo brillante cerca del margen. La ménsula tiene tacto laqueado y se funde bajo la llama. Los poros son amarillo pálido; carne dura, de blanca a amarilla; característico olor ácido.

SECCION

FRUCTIFICACION
Solitario o en hileras.

Dimensiones MENSULA ⊕ 5–30cm × hasta 25cm ⊕ 5–30cm	Esporas Blancas	Comest.

Familia PHAEOLACEAE	Especie *Phaeolus schweinitzii*	Estación Verano-invierno

PHAEOLUS SCHWEINITZII

Eusk: Pinu-sustraietako ardagai

Este políporo anual surge de un tallo muy corto, pardo y más o menos central, y tiene un margen amarillo azufre brillante que rodea bandas concéntricas de color pardoherrumbroso. La ménsula se vuelve de un pardo sucio y luego se pudre. La capa de tubos amarilla azufre puede alcanzar 1 cm de grosor y sus poros de 1-4 mm de diámetro, amarillo verdosos cuando jóvenes, se vuelven marrones oscuros al tocarlos. La carne fibrosa, de amarilla a parda e incomestible, contiene un pigmento que se utiliza para teñir.

• HABITAT En torno a coníferas muertas o vivas, en las que produce una podredumbre parda. Difundido en zonas templadas norteñas; cosmopolita.

espécimen joven de color amarillo azufre

superficie desigual con bandas de color

superficie de la ménsula muy tomentosa o pelosa

el espécimen viejo es marrón oscuro

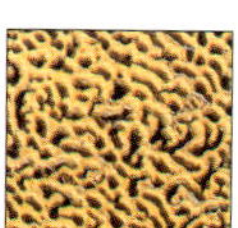

1cm

SUPERFICIE POROSA

FRUCTIFICACION Solitario; raíces subterráneas.

Dimensiones MENSULA ↔ 15–30cm × 10–25cm ↕ 1–4cm	Esporas Blancas	Comest.

Familia HYMENOCHAETACEAE	Especie *Inonotus hispidus*	Estación Verano-otoño

YESQUERO ERIZADO

La ménsula anual, flabeliforme y de carne gruesa se distingue por su superficie hirsuta. Roja ígnea cuando es joven, se vuelve parda desde la parte interior hacia fuera; la superficie de poros varía del blanco al beige, brillante, y más oscura con la edad. Hay 2-3 poros por mm. La capa de tubos marrón pálida tiene 1-3 cm de grosor. Los pelos, cortos, gruesos y diseminados (sedas) están encerrados en el tejido portador de las esporas (himenio).

• HABITAT Parásito sobre latifolias como fresnos, perales, manzanos y nogales. Difundido y de común a raro en zonas templadas norteñas.

• ESPECIES SIMILARES *Inonotus cuticularis* tiene ménsulas más pequeñas y crece sobre hayas y robles. *I. rheades* también es menor y crece sobre álamo temblón.

FRUCTIFICACION Solitario o en grupos; sobre latifolias vivas.

Dimensiones MENSULA ↔ 15–40cm × 10–20cm ↕ hasta 10cm	Esporas Amarillas	Comest.

Familia HYMENOCHAETACEAE	Especie *Inonotus radiatus*	Estación Todo el año

YESQUERO RADIADO

Forma ménsulas anuales, semicirculares y con el margen ondulado. La superficie superior es de amarillo brillante a rojo anaranjada cuando joven, y luego adquiere bandas marrón herrumbroso. Cuando es joven la superficie de poros tiene gotitas amarillas; con la edad, adopta un aspecto brillante y plateado. Los tubos tienen 1 cm de longitud y el himenio encierra unos pelos diminutos, curvos y cortos (sedas).

• HABITAT Parásito, sobre troncos de alisos o abedules. Sobre troncos caídos desarrolla la capa de tubos sobre la corteza (resupinado). Difundido y común en zonas templadas norteñas.

• ESPECIES SIMILARES *Inonotus nodulosus* tiene ménsulas menos inequívocas y normalmente crece sobre hayas.

SECCION

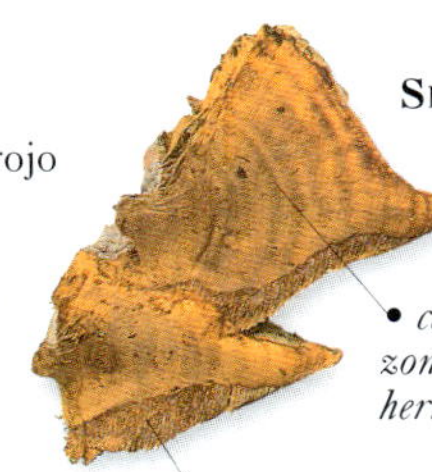

FRUCTIFICACION Escalonada; madera.

Dimensiones MENSULA ↔ 3–8cm × 1–3cm ↕ hasta 3cm	Esporas Pardoamarillentas	Comest.

Familia PERENNIPORIACEAE	Especie *Heterobasidion annosum*	Estación Todo el año

HETEROBASIDION ANNOSUM

La ménsula perenne es irregular; superficie muy desigual y textura como de corcho. Su corteza marrón claro se oscurece con la edad; el margen es blanco, a menudo con una franja anaranjada justo detrás. La capa de tubos, de blanca a crema, alcanza 1 cm de espesor o más, y la carne amarillo pálida es incomestible. Ocasionalmente crece contra el sustrato, sin ménsulas (resupinada).

• **HABITAT** Sobre coníferas, rara sobre latifolias. En plantaciones densas de coníferas se extiende bajo tierra e infecta los árboles sanos. Difundido en zonas templadas norteñas.

poros de blanco a crema, 2-4 por mm

margen de crecimiento blanco

la corteza marrón clara se oscurece con la edad

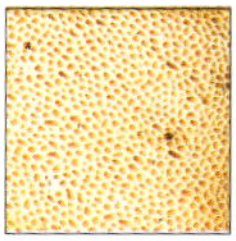

1cm

SUPERFICIE POROSA

carne amarillo pálido, como de corcho

SECCION

FRUCTIFICACION Grupos o en ménsulas aisladas.

Dimensiones MENSULA ⟷ 5–25cm × 3–15cm ↕ 1–3cm	Esporas Blancas	Comest.

Familia FOMITOPSIDACEAE	Especie *Gloeophyllum odoratum*	Estación Todo el año

YESQUERO FRAGANTE

Desarrolla ménsulas perennes con forma de cojín y tomentosas. El margen es de amarillo dorado a anaranjado; las partes más viejas son casi negras. Hay 1 a 2 poros amarillo dorado por mm y la capa de tubos alcanza 1 cm de espesor. La carne es como el corcho y pardoherrumbrosa. No es comestible; olor agradable a hinojo y naranjas.

• **HABITAT** Sobre coníferas, piceas: produce una podredumbre parda. Zonas templadas norteñas.

• **ESPECIES SIMILARES** Los comunes *Gloeophyllum abietinum* y *G. sepiarium* tienen poros laminares; en coníferas abrasadas por el sol.

área interior marrón oscuro a negra

margen amarillo dorado a anaranjado

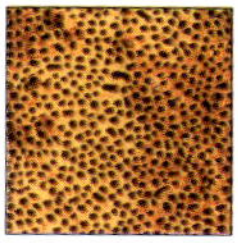

1cm

SUPERFICIE POROSA

amarillo dorado

FRUCTIFICACION Solitario o grupos; tocones de árboles.

Dimensiones MENSULA ⟷ 5–20cm × 5–20cm ↕ 2–5cm	Esporas Blancas	Comest.

Familia CORIOLACEAE	Especie *Trametes gibbosa*	Estación Todo el año

YESQUERO BLANCO

Cat: Bolet de soca geperut; Eusk: Ardagai konkordun

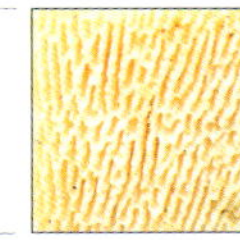

SUPERFICIE POROSA

Anuales o perennes, las grandes ménsulas son semicirculares; parte interna de la cara superior verde por las algas. Cerca del margen liso hay bandas de color concéntricas. Los especímenes jóvenes son blanco tiza; superficie vellosa o pelos diminutos, lisa con la edad. Carne blanca tenaz e incomestible; la capa de tubos, de hasta 4 mm de espesor, tiene tubos crema alargados.

- **HABITAT** En terrenos arbolados forma una podredumbre blanca sobre hayas. Zonas templadas norteñas.
- **ESPECIES SIMILARES** *Trametes hirsuta* (p. 224) es más delgado y peludo; poros más grises y menos alargados.

SECCION

FRUCTIFICACION Solitario o en "escalones"; latifolias.

Dimensiones MENSULA ↔ 10–30cm × 5–20cm ↕ 1–4cm	Esporas Blancas	Comest.

Familia CORIOLACEAE | Especie *Trametes hirsuta* | Estación Todo el año

YESQUERO PELUDO

Cat: Bolet de soca hirsut

Produce ménsulas anuales con pelos superficiales rectos, en las áreas internas rígidos y verticales. La superficie tiene crestas concéntricas y bandas blanquecinas a pardoamarillentas más oscuras con la edad. Los poros son angulosos, y la blanca capa de tubos tiene 1-4 mm de grosor. Carne blanca y tenaz.

• **HABITAT** Lugares boscosos expuestos al sol por el trabajo forestal o por tormentas; podredumbre blanca sobre latifolias. Difundido y bastante común en zonas templadas norteñas.

• **ESPECIES SIMILARES** *Trametes pubescens* tiene poros más amarillos. *Cerrena unicolor* vive en áreas más norteñas y tiene poros más irregulares y una línea negra por encima de la capa tubular.

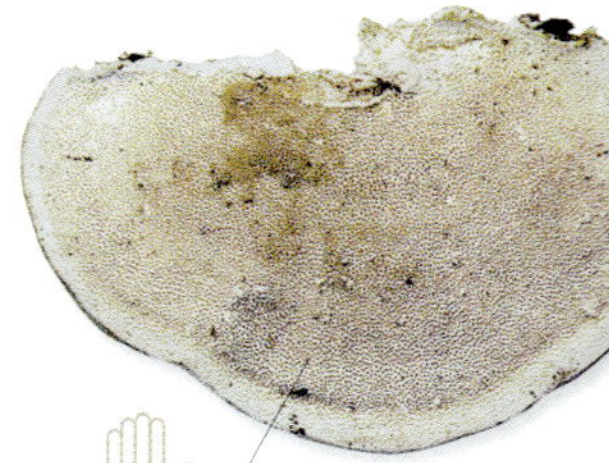

FRUCTIFICACION Hileras y "escalones"; troncos caídos.

Dimensiones MENSULA ↔ 5–12cm × 3–8cm ↕ 0,3–1cm | Esporas Blancas | Comest.

Familia CORIOLACEAE | Especie *Trametes versicolor* | Estación Todo el año

YESQUERO MULTICOLOR

Cat: Bolet de soca zonat; Eusk: Larruki koroleanitz

Ménsulas delgadas y superpuestas con bandas alternadas en tonos grises o pardos. El carpóforo es anual pero puede desarrollarse luego en primavera. Adheridas al sustrato, las ménsulas tienen forma de abanico ancho. La capa de poros, de hasta 3 mm de espesor, es blanca, y amarillo pálida al secarse, y hay 3-4 poros por mm. Carne tenaz y blanca. Bandas grises y de un color gris azulado oscuro.

• **HABITAT** Sobre latifolias, en terrenos arbolados, parques y jardines; forma una podredumbre blanca. Zonas templadas norteñas.

• **ESPECIES SIMILARES** *Trametes ochracea*, más norteña, es más gruesa y parda, con poros de mayor tamaño.

1cm

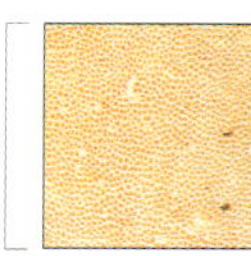

SUPERFICIE POROSA

FRUCTIFICACION Hileras y "escalones"; tocones.

Dimensiones MENSULA ↔ 2–7cm × 1–5cm ↕ 1–5mm | Esporas Blancas | Comest.

Familia BJERKANDERACEAE	Especie *Bjerkandera adusta*	Estación Todo el año

BJERKANDERA ADUSTA

Produce una ménsula anual y fina con bandas concéntricas de color pardogrisáceo, una superficie ondulada y tomentosa, y un margen lobulado. La capa de tubos, de hasta 2 mm de espesor, tiene unos poros diminutos gris ceniza; en sección transversal aparece una capa fina y oscura entre la carne blanquecina y la capa de tubos. Fuerte olor fungoide.

• **HABITAT** Parásito o saprófito sobre árboles de hoja ancha como hayas, en terrenos arbolados; forma una podredumbre blanca. Zonas templadas norteñas.

• **ESPECIES SIMILARES** *Bjerkandera fumosa*, sobre sauces o álamos temblones, es más rara, mayor y con poros más pálidos.

SUPERFICIE POROSA

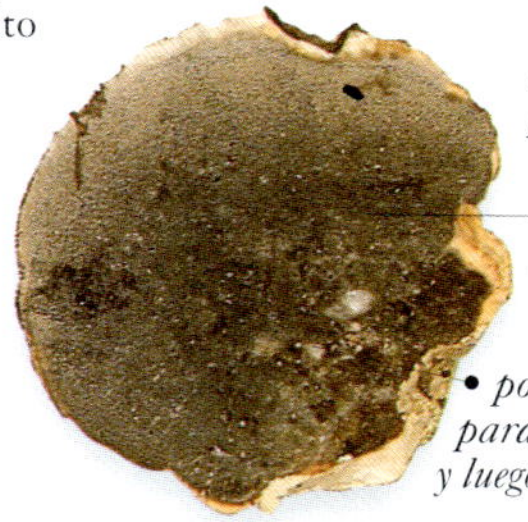

FRUCTIFICACION Hileras o grupos superpuestos.

Dimensiones MENSULA ⊕ 3–7cm × 1–5cm ⊕ hasta 8mm	Esporas Blanco crema	Comest.

Familia CORIOLACEAE	Especie *Pycnoporus cinnabarinus*	Estación Todo el año

YESQUERO BERMELLON

Eusk: Ardagai borri

La coloración uniforme, rojo cinabrio brillante, permite su identificación. La ménsula anual es de semicircular a flabeliforme, con pelos finos y sedosos en la superficie superior. Es más pálida al envejecer y casi lisa, con un margen delgado y afilado. Capa de tubos de 4-6 mm de grosor. La carne se vuelve como el corcho al secarse.

• **HABITAT** Sobre latifolias muertas, en áreas soleadas y expuestas; forma una podredumbre blanca. Difundido y de común a raro en zonas templadas norteñas.

• **ESPECIES SIMILARES** *Pycnoporus sanguineus* es más delgado; en lugares similares pero en climas más cálidos.

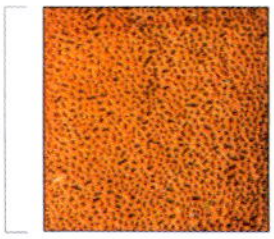

SUPERFICIE POROSA

FRUCTIFICACION Solitario o pocos carpóforos juntos.

Dimensiones MENSULA ⊕ 3–10cm × 2–6cm ⊕ 0,5–2cm	Esporas Blancas	Comest.

Familia STECCHERINACEAE | Especie *Trichaptum abietinum* | Estación Todo el año

TRICHAPTUM ABIETINUM

Políporo anual de ancho abanico, abundante; tiene bandas concéntricas en la superficie tomentosa y gris pálida, teñida de verde por las algas; el margen púrpura suele ser ondulado y lobulado. Cuando es joven, la capa de tubos, de hasta 5 mm de grosor, es púrpura y luego pardorrojiza. Los poros angulosos se escinden con la edad. Tiene una carne tenaz, marrón pálido o púrpura.

• **HABITAT** Sobre coníferas, piceas; forma una podredumbre blanca. Zonas templadas norteñas.

• **ESPECIES SIMILARES** *Trichaptum biforme* tiene ménsulas más anchas, menos resupinadas; sobre latifolias. *T. fusco-violaceum* sobre pino, se distingue por presentar dientes o láminas en la cara inferior.

FRUCTIFICACION Hileras y "escalones" o en grupos.

Dimensiones MENSULA ↔ 2–4cm × 2cm ↕ 2–3mm | Esporas Blancas | Comest.

Familia FOMITOPSIDACEAE | Especie *Daedalea quercina* | Estación Todo el año

DEDALEA DEL ROBLE

Eusk: Lur ardagai

Produce una ménsula gruesa, semicircular y perenne con una superficie lisa aunque desigual que varía del amarillo crema o pardocráceo apagado al gris pálido. Flexible cuando es fresco, se vuelve duro como madera al envejecer. La carne, de color madera pálido, incomestible, tiene un olor fungoide. Los poros jóvenes son redondos pero acaban formando un laberinto de placas gruesas radiales; la capa de tubos tiene 1-3 cm de espesor y las paredes de separación, 1,5-2 mm.

• **HABITAT** Parásito o saprófito sobre robles y castaños en zonas arboladas y parques; podredumbre parda. Zonas templadas norteñas.

• **ESPECIES SIMILARES** Otras con poros en laberinto, incluidos *Daedaleopsis confragosa* y *Lenzites betulina* (ambos en p. 227), tienen ménsulas más delgadas.

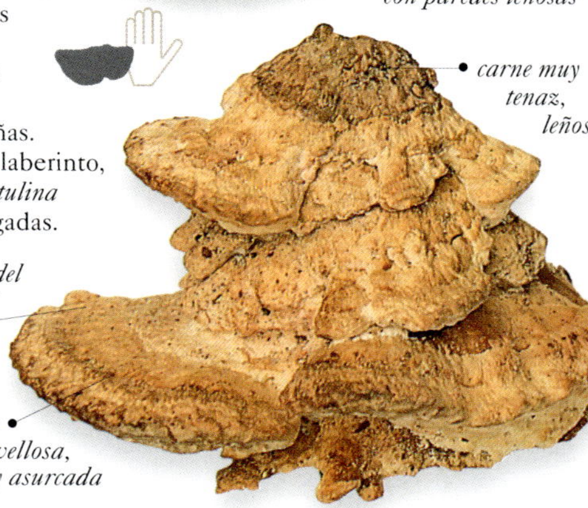

FRUCTIFICACION Solitario o "escalones"; varias capas.

Dimensiones MENSULA ↔ 10–30cm × 5–20cm ↕ 3–7cm | Esporas Blancas | Comest.

Familia CORIOLACEAE | Especie *Daedaleopsis confragosa* | Estación Todo el año

DAEDALEOPSIS CONFRAGOSA

Eusk: Ardagai gorrikor

Las ménsulas anuales, en forma de abanico ancho y con una superficie lisa a verrugosa, son delgadas y se engrosan hacia la zona de unión. La superficie, de gris a amarilla, se vuelve de un pardorrojizo deslustrado con la edad. La carne, de textura de corcho, es incomestible y de color madera pálido, y los poros, gris pálido de jóvenes, se vuelven rojos al dañarse. La capa de tubos, de 0,5-1 cm de grosor, es pardorrojiza.

• **HABITAT** Sobre una amplia serie de coníferas: los sauces son sus favoritos; forma una podredumbre blanca. Zonas templadas norteñas.

SECCION

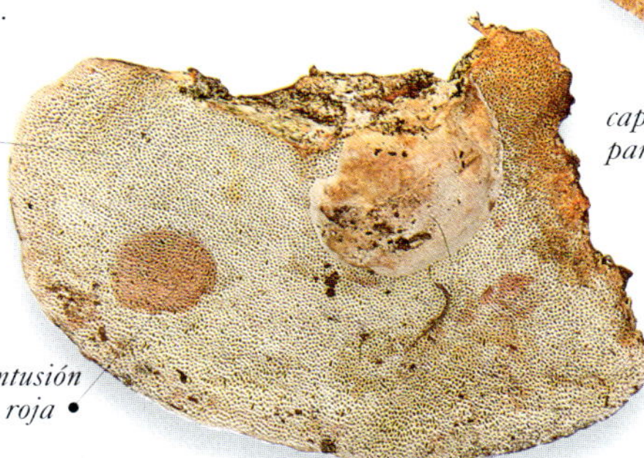

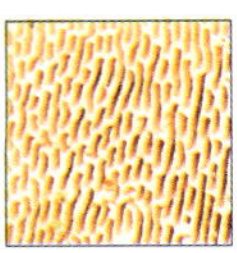

SUPERFICIE POROSA

FRUCTIFICACION Hileras verticales; madera muerta.

Dimensiones MENSULA ↔ 8–15cm × 5–10cm ↕ 0,5–4cm | Esporas Blancas | Comest.

Familia CORIOLACEAE | Especie *Lenzites betulina* | Estación Todo el año

LENZITES DEL ABEDUL

Eusk: Ardagai mehe

Ménsula anual, semicircular y correosa, recubierta de pelos finos; con bandas pardas. La cara inferior tiene poros en forma de lámina. Carne tenaz e incomestible, blanca y como el corcho.

• **HABITAT** Sobre latifolias y coníferas. A veces prefiere el abedul, otras el roble. Forma una podredumbre blanca. En zonas templadas norteñas.

• **ESPECIES SIMILARES** *Trametes gibbosa* (p. 223) tiene poros que son de redondeados a ligeramente alargados.

FRUCTIFICACION Solitario o en hileras y "escalones".

Dimensiones MENSULA ↔ 3–10cm × 1–5cm ↕ 1–2cm | Esporas Blancas | Comest.

ARRUGADOS O LISOS POR DEBAJO

NO TODOS LOS HONGOS a modo de ménsulas producen carpóforos con una capa de tubos y poros en su cara inferior: algunos tienen las células productoras de esporas (basidios) situadas en una superficie arrugada, veteada, verrugosa, espinosa o lisa. Este tipo de ménsulas es el que se incluye en esta sub sección. Las otras especies descritas tie nen tubos y poros pero ocasionalment llevan carpóforos que crecen planos contr la superficie del sustrato (resupinados) Estas especies tienen una capa de carn que soporta el tejido productor de esporas

Familia SCHIZOPHYLLACEAE	Especie *Phlebia tremellosa*	Estación Otoño-princ. invierno

PHLEBIA TREMELLOSA

Caso excepcional de *Phlebia*, que suelen ser resupinadas, ésta tiene unas ménsulas desarrolladas, protuberantes y anuales, aunque una parte de la capa productora de esporas desciende por la corteza. La cara superior es aterciopelada y casi blanca, mientras que la inferior varía de amarilla a anaranjada y está cubierta de densas crestas y venas. Estructura blanda y gelatinosa.

• **HABITAT** Sobre tocones de latifolias: abedules y hayas; muy rara sobre coníferas. Difundido y bastante común en zonas templadas norteñas.

• **ESPECIES SIMILARES** *P. radiata* es común sobre sustratos similares, pero es anaranjada brillante y más delgada; es resupinada, sin ménsulas. La cara inferior tiene venas y arrugas radiales.

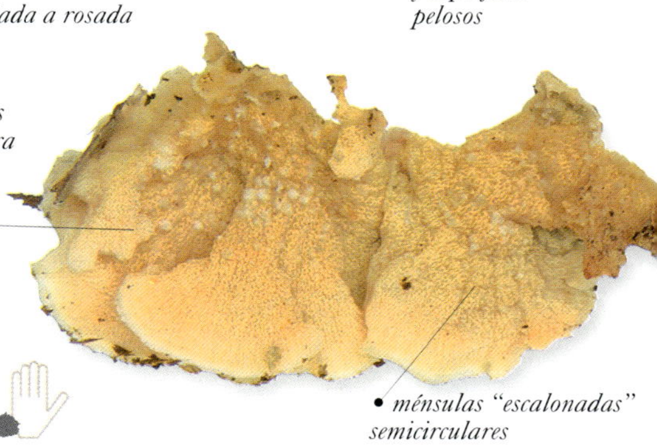

FRUCTIFICACION Grupos superpuestos de ménsulas.

Dimensiones MENSULAS CONFLUENTES ↔ 4–15cm × 2–4cm ↕ 1–3mm	Esporas Blancas	Comest.

Familia THELEPHORACEAE	Especie *Thelephora terrestris*	Estación Todo el año

TELEFORA TERRESTRE

Similares a algunos líquenes, los carpóforos fimbriados y flabeliformes de este hongo quedan camuflados por sus colores terrosos. La cara superior es desigual y fibrosa; la cara inferior productora de esporas es verrugosa y de más pálida. La carne es delgada, parda e incomestible.

• **HABITAT** Forma micorrizas con árboles en bosques y brezales, sobre suelos ácidos o tocones descompuestos; crece junto a veredas y senderos. También en viveros de plantas, con plántulas de coníferas. Difundido y común en zonas templadas norteñas.

• **ESPECIES SIMILARES** *Thelephora caryophyllea* tiene forma de embudo hondo y superficie menos tomentosa. Una forma resupinada poco común *T. terrestris* es similar a *Tomentella*.

FRUCTIFICACION Ménsulas confluentes en capas.

Dimensiones MENSULAS CONFLUENTES ↔ 4–10cm × 1–6cm ↕ 2–3mm	Esporas Pardas	Comest.

Familia CONIOPHORACEAE	Especie *Serpula lacrymans*	Estación Todo el año

SERPULA

La podredumbre parda que produce debilita gravemente las construcciones de madera en el interior de las casas. El carpóforo semicircular, veteado y resupinado o formador de ménsulas con varios tonos de pardo, exuda gotitas blancas y ácidas por el margen de crecimiento. Se tiñe de pardorrojizo al tocarlo y tiene una textura como de goma. Produce una abundante trama blanca de micelio.

• **HABITAT** En el interior de edificios mal ventilados con sustancias alcalinas, como mortero, que neutralizan sus gotitas ácidas; de lo contrario, el medio de crecimiento es demasiado ácido. En la naturaleza, ha sido observado en la costa oeste de Norteamérica y también en el piedemonte del Himalaya en la India.

FRUCTIFICACION Resupinado o con ménsulas; paredes, tablones y madera interior.

Dimensiones CARPOFORO ↔ hasta 50cm × hasta 10cm ↕ 1–2cm	Esporas Amarillas a pardas	Comest.

Familia AURICULARIACEAE	Especie *Auricularia mesenterica*	Estación Todo el año

AURICULARIA MESENTERICA

Eusk: Mukibellari zonatu

Esta especie anual podría ser confundida con alguna especie de *Trametes* (pp. 223-24) o de *Stereum* (p. 232 y debajo) pero se distingue por su carne gelatinosa. La zonación de la superficie superior se debe a unos finos pelos aterciopelados. La cara inferior o himenial de la ménsula está arrugada y veteada. No vale la pena consumirlo.

• **HABITAT** Olmos en parques y bosques. Es más raro que *A. auricula-judae* (p. 283) pero en lugares con olmos muertos es abundante junto a ·tros hongos. ·fundido aunque ·tante localizado ·as templadas n·eñas; raro o ausente en el norte y áreas tropicales.

FRUCTIFICACION Grupos; troncos y tocones.

Dimensiones MENSULA ↔ 4–15cm × 1–5cm ↕ 2–5mm	Esporas Blancas	Comest.

Familia PENIOPHORACEAE	Especie *Stereum hirsutum*	Estación Todo el año

ESTEREO HIRSUTO

Eusk: Azal hori

Produce una ménsula de larga vida, flabeliforme y de amarillo brillante a color canela, con una superficie himenial lisa que desciende por el sustrato. La cara superior es pelosa, con bandas concéntricas indistintas; es más pálida en el margen. La carne es delgada aunque tenaz y no se tiñe. Esporas amiloides.

• **HABITAT** Sobre coníferas: robles, abedules y hayas; sobre corteza o madera almacenada. Zonas templadas norteñas.

• **ESPECIES SIMILARES** *S. gausapatum* y *S. rugosum* son más resupinados y se tiñen de rojo. *S. ochraceo-flavum* es menor, con la cara inferior más apagada. *S. subtomentosum* (recuadro, derecha).

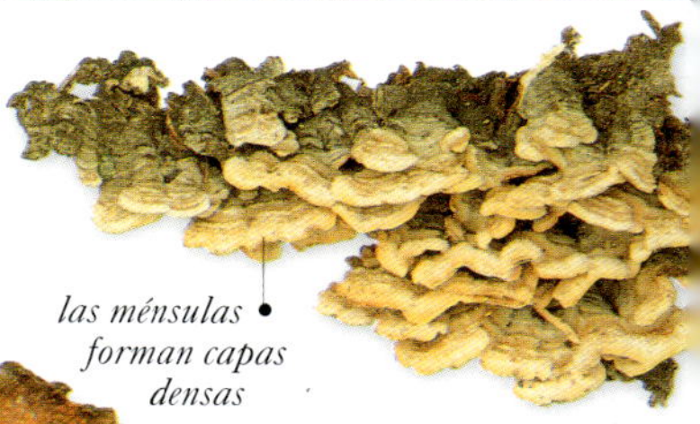

△ ***STEREUM SUBTOMENTOSUM*** Ménsulas anchas, menos resupinadas; bandas diferenciadas. Su carne se tiñe de amarillo.

FRUCTIFICACION Ménsulas abundantes y confluentes.

Dimensiones MENSULA ↔ 2–6cm × hasta 3cm ↕ 1–2mm	Esporas Blancas	Comest.

Familia SCHIZOPHYLLACEAE	Especie *Chondrostereum purpureum*	Estación Todo el año

ESTEREO PURPUREO

Eusk: Pago-azal ubel

Este hongo es fácil de identificar ya que produce muchas ménsulas con márgenes ondulados, púrpuras cuando jóvenes. Las caras superiores son blancovellosas; las inferiores son lisas y pardopurpúreas. Cuando se seca, tiene una textura de cuerno. La carne es cerosa y algo gelatinosa. Contrariamente a otras especies de *Stereum*, las esporas no adquieren una coloración azul con los reactivos de yodo.

• **HABITAT** Parásito o saprófito sobre árboles de hoja ancha; provoca la enfermedad de las hojas plateadas en cerezos y ciruelos, y podredumbre blanca en la madera. Difundido en zonas templadas norteñas.

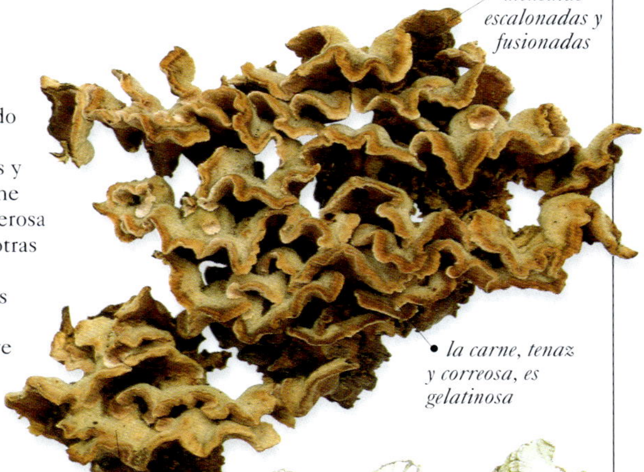

FRUCTIFICACION Grupos e hileras de ménsulas.

Dimensiones MENSULAS CONFLUENTES ⊕ 2–5cm × hasta 4cm ⊕ 1–3mm	Esporas Blancas	Comest.

Familia HYMENOCHAETACEAE	Especie *Hymenochaete rubiginosa*	Estación Todo el año

HYMENOCHAETE RUBIGINOSA

Eusk: Azalilun iraunkor

Ménsula con márgenes ondulados; perenne, rígido y camuflado, crece en "escalones". Cara superior marcada con bandas concéntricas pardas que se multiplican y se vuelven oscuras. Cara inferior marrón cacao lisa, pero el examen con una lupa revela un recubrimiento de pelos rígidos y diminutos (sedas). Carne muy tenaz, delgada y marrón cacao.

• **HABITAT** Tocones de ramas caídas de robles o castaños. Difundido en zonas templadas norteñas.

FRUCTIFICACION Ménsulas escalonadas y apretadas.

Dimensiones MENSULA ⊕ 1–6cm × 1–4cm ⊕ 1mm	Esporas Blanco crema	Comest.

HONGOS CON ESPINAS

Estos hongos no están muy relacionados pero tienen células productoras de esporas (basidios) sobre una superficie denticulada o espinosa. Las espinas se sitúan bajo el sombrero, en la cara inferior de una ménsula, o colgando de las ramas de carpóforos. Algunas especies resupinadas (que no se reseñan) tienen espinas en toda su superficie.

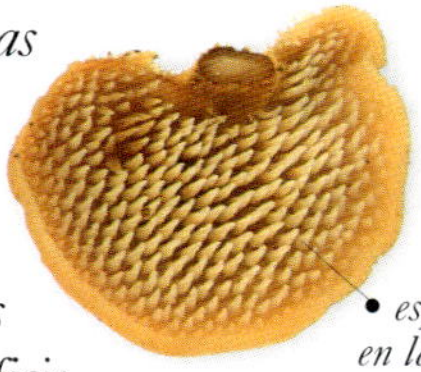

Familia	Especie	Estación
Familia AURISCALPIACEAE	Especie *Auriscalpium vulgare*	Estación Todo el año

HIDNO DE LAS PIÑAS

Eusk: Pinotxa-tripaki

Tiene un sombrero arriñonado y característico, una superficie pelosa y el pie excéntrico. El sombrero es pardo, con un margen más pálido, y de su cara inferior cuelgan espinas largas y grises. El pie es más oscuro que el sombrero y tiene un recubrimiento tomentoso; adherido al sustrato por un micelio tomentoso y marrón pálido. Común, pero difícil de descubrir. Carne tenaz e incomestible.

• HABITAT Sobre piñas en descomposición de pino y de picea (estas últimas en menor medida) entre la pinaza, en bosques de coníferas maduros o en plantaciones. Difundido en bosques de pino y de picea de zonas templadas norteñas.

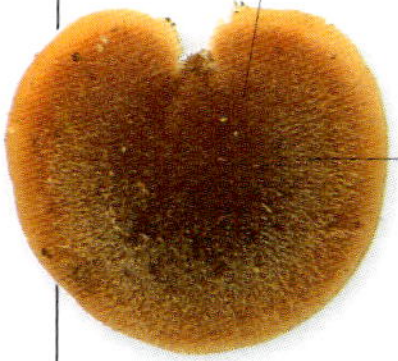

FRUCTIFICACION
Solitario o en carpóforos.

Dimensiones	Esporas	Comest.
Dimensiones SOMBRERO ↔ 0,5–2cm | PIE ↕ 3–10cm ↔ 2–3mm	Esporas Blancas	Comest.

Familia SCHIZOPHYLLACEAE | Especie *Chondrostereum purpureum* | Estación Todo el año

ESTEREO PURPUREO

Eusk: Pago-azal ubel

Este hongo es fácil de identificar ya que produce muchas ménsulas con márgenes ondulados, púrpuras cuando jóvenes. Las caras superiores son blancovellosas; las inferiores son lisas y pardopurpúreas. Cuando se seca, tiene una textura de cuerno. La carne es cerosa y algo gelatinosa. Contrariamente a otras especies de *Stereum*, las esporas no adquieren una coloración azul con los reactivos de yodo.

• HABITAT Parásito o saprófito sobre árboles de hoja ancha; provoca la enfermedad de las hojas plateadas en cerezos y ciruelos, y podredumbre blanca en la madera. Difundido en zonas templadas norteñas.

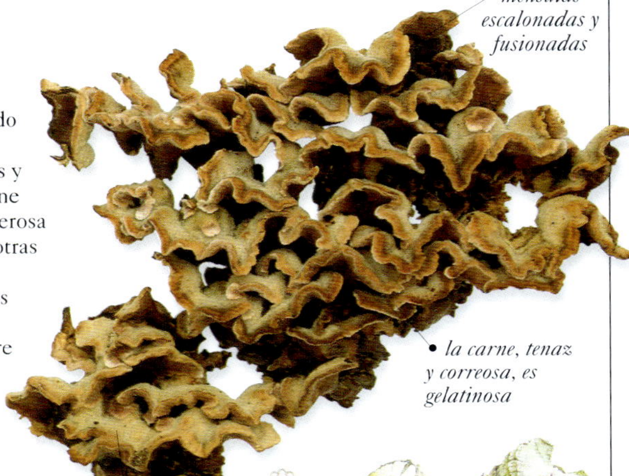

FRUCTIFICACION Grupos e hileras de ménsulas.

Dimensiones MENSULAS CONFLUENTES ↔ 2–5cm × hasta 4cm ↕ 1–3mm | Esporas Blancas | Comest.

Familia HYMENOCHAETACEAE | Especie *Hymenochaete rubiginosa* | Estación Todo el año

HYMENOCHAETE RUBIGINOSA

Eusk: Azalilun iraunkor

Ménsula con márgenes ondulados; perenne, rígido y camuflado, crece en "escalones". Cara superior marcada con bandas concéntricas pardas que se multiplican y se vuelven oscuras. Cara inferior marrón cacao lisa, pero el examen con una lupa revela un recubrimiento de pelos rígidos y diminutos (sedas). Carne muy tenaz, delgada y marrón cacao.

• HABITAT Tocones de ramas caídas de robles o castaños. Difundido en zonas templadas norteñas.

FRUCTIFICACION Ménsulas escalonadas y apretadas.

Dimensiones MENSULA ↔ 1–6cm × 1–4cm ↕ 1mm | Esporas Blanco crema | Comest.

A MODO DE PIEL, PLANO O COMO COSTRA

EN ESTA SUBSECCION se incluyen algunos de los muchos hongos que producen carpóforos resupinados, a modo de piel, en la cara inferior de la madera caída. Varían del blanco al rosa o el azul oscuro. La superficie productora de esporas (himenio) puede ser lisa, verrugosa espinosa o veteada. (V. también pp. 228-31.)

Familia PENIOPHORACEAE	Especie *Stereum rugosum*	Estación Todo el año

ESTEREO RUGOSO

Eusk: Haritz-azal odoltsu

Este hongo abundante en terrenos arbolados, que crece durante varias estaciones, forma una piel gruesa, plana, gris pálida y desprovista de rasgos distintivos sobre la corteza; rara vez forma ménsulas. Al rascar la superficie se producen marcas rojo sangre. Poros amiloides.

• **HABITAT** Sobre latifolias, sobre troncos muertos todavía en pie; avellanos, abedules y alisos. En Europa y zonas templadas norteñas.

• **ESPECIES SIMILARES** *Stereum sanguinolentum* también se tiñe de rojo al dañarse, pero crece sobre corteza de coníferas y tiene ménsulas inequívocas.

FRUCTIFICACION Parches alargados; madera muerta.

Dimensiones CARPOFORO ↔ 10–50cm × 1–6cm ↕ 2–5mm	Esporas Blancas	Comest.

Familia CHAETOPORELLACEAE	Especie *Hyphodontia paradoxa*	Estación Todo el año

HYPHODONTIA PARADOXA

Crece plano pero produce ménsulas diminutas cuando ocupa superficies verticales. Es tenaz y varía del blanco al marrón crema, con márgenes algodonosos y blancos, y dientes de hasta 4 mm de largo en el centro. La capa de tubos mide 1-4 mm de espesor y tiene 1-3 poros por mm.

• **HABITAT** Crece principalmente sobre latifolias, sobre todo hayas, en terrenos boscosos. Difundido y común en zonas templadas norteñas; cosmopolita.

FRUCTIFICACION Parches a modo de piel que se extienden por la cara inferior de las ramas caídas.

Dimensiones CARPOFORO ↕ 5–50cm × 2–10cm ↕ 3–7mm	Esporas Blancas	Comest.

Familia CONIOPHORACEAE	Especie *Coniophora puteana*	Estación Todo el año-princ. otoño

CONIOFORA DE LOS POZOS

Los extendidos carpóforos tienen una textura blanda, crecen planos contra el sustrato y no forman ménsulas. Al madurar, las esporas tiñen los centros de amarillo a pardoliváceo, mientras que los márgenes son blancos y fimbriados. La superficie del carpóforo se vuelve arrugada y verrugosa. Contrariamente a muchas especies resupinadas, fijadas al sustrato, los carpóforos se arrancan con facilidad.

• HABITAT Sobre leña húmeda en interiores, donde causa una podredumbre húmeda y parda, y en todos los tipos de madera al aire libre. Difundido en la naturaleza y en edificios, en zonas templadas norteñas.

• ESPECIES SIMILARES *Serpula lacrymans* (p. 229) exuda gotitas y puede formar ménsulas.

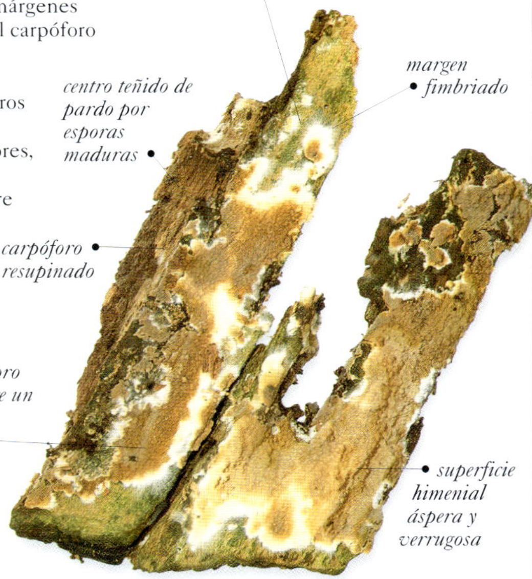

FRUCTIFICACION
Carpóforos resupinados.

Dimensiones CARPOFORO ↔ 5–100cm × 2–20cm ↕ 0,5–1mm	Esporas Pardoamarillentas	Comest.

Familia PHAEOLACEAE	Especie *Oligoporus rennyi*	Estación Otoño

OLIGOPORUS RENNYI

Se caracteriza por dos fases de crecimiento, simultáneas y contiguas. El estadio sexual, resupinado y en forma de costra, es blanco en el borde, blanco crema en el centro, con 2-3 poros por mm. Los poros se rasgan con la edad y liberan esporas blancas. La fase asexual es como un bejín al principio y se abre y desmenuza al madurar, exponiendo una gran cantidad de esporas pardoliváceas y pulverulentas.

• HABITAT Pequeños parches sobre tocones y ramas caídas de coníferas; podredumbre parda en la madera. Difundido y de raro a común, aunque generalmente pasado por alto, en zonas templadas norteñas.

FRUCTIFICACION Pequeños parches, a veces juntos; sobre madera.

Dimensiones PARCHES ↔ hasta 7,5cm | BEJIN ↕ ↔ 2–4cm	Esporas Pardoliváceo/blanco	Comest.

HONGOS CON ESPINAS

Estos hongos no están muy relacionados pero tienen células productoras de esporas (basidios) sobre una superficie denticulada o espinosa. Las espinas se sitúan bajo el sombrero, en la cara inferior de una ménsula, o colgando de las ramas de carpóforos. Algunas especies resupinadas (que no se reseñan) tienen espinas en toda su superficie.

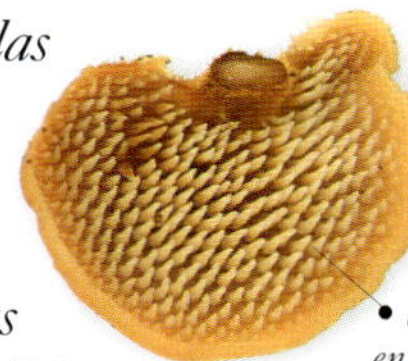

Familia AURISCALPIACEAE	Especie *Auriscalpium vulgare*	Estación Todo el año

HIDNO DE LAS PIÑAS

Eusk: Pinotxa-tripaki

Tiene un sombrero arriñonado y característico, una superficie pelosa y el pie excéntrico. El sombrero es pardo, con un margen más pálido, y de su cara inferior cuelgan espinas largas y grises. El pie es más oscuro que el sombrero y tiene un recubrimiento tomentoso; adherido al sustrato por un micelio tomentoso y marrón pálido. Común, pero difícil de descubrir. Carne tenaz e incomestible.

• **HABITAT** Sobre piñas en descomposición de pino y de picea (estas últimas en menor medida) entre la pinaza, en bosques de coníferas maduros o en plantaciones. Difundido en bosques de pino y de picea de zonas templadas norteñas.

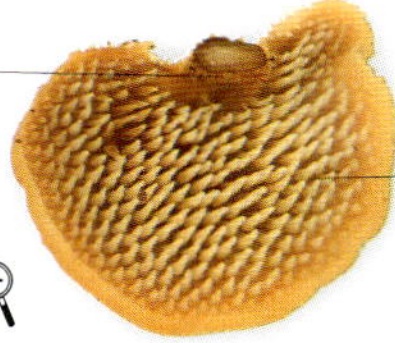

FRUCTIFICACION
Solitario o en carpóforos.

Dimensiones SOMBRERO ↔ 0,5–2cm | PIE ↕ 3–10cm ↔ 2–3mm	Esporas Blancas	Comest.

Familia HYALORIACEAE	Especie *Pseudohydnum gelatinosum*	Estación Otoño-invierno

PSEUDOHIDNO GELATINOSO

Con un color de casi blanco a pardogrisáceo oscuro, este hongo gelatinoso tiene un sombrero dimidiado, con una superficie levemente áspera o vellosa, y un pie corto y gordo, a menudo excéntrico. Cara inferior cubierta de pálidas espinas. Comestible, pero carece de valor culinario.
• HABITAT Sobre madera en bosques y plantaciones de coníferas nativas, raro sobre latifolias. Difundido en zonas templadas norteñas. También se encuentra en regiones cálidas situadas al sur.

FRUCTIFICACION Grupos de unos pocos especímenes.

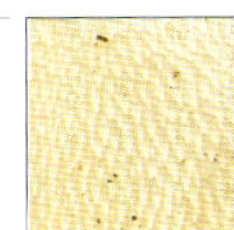

ESPINAS

Dimensiones SOMBRERO ↔ 1–8cm | PIE ↕ 0,5–3cm ↔ 0,5–1,5cm	Esporas Blancas	Comest.

Familia BANKERACEAE	Especie *Bankera fuligineoalba*	Estación Otoño

BANKERA FULIGINEOALBA

Los sombreros deformes son comunes, ya que levanta parte del sustrato cuando emerge. Sombrero marrón pálido que se tiñe de rojo con la edad; espinas portadoras de esporas de la cara inferior densas y de grises a blancas. Pie blanco hacia el ápice y pardo en la base. La carne, blanda y sin bandas, se vuelve rosa pálido.
• HABITAT Forma micorrizas con pinos en terrenos arbolados secos. Zonas templadas norteñas.
• ESPECIES SIMILARES *Bankera violascens*: sombrero limpio, regular, con matices lilas; piceas. Las especies de *Sarcodon* tienen las esporas coloreadas.

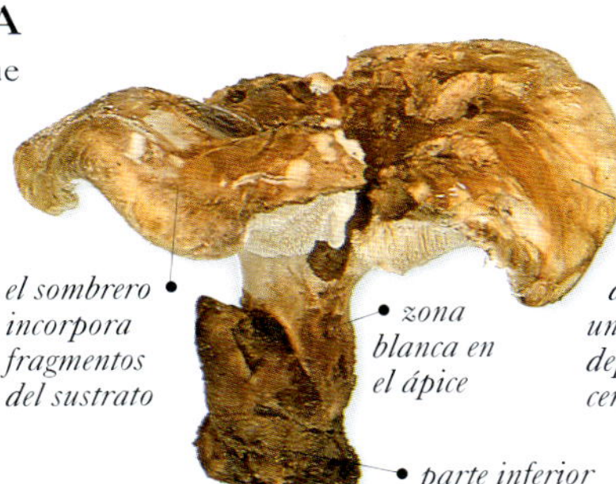

SECCION

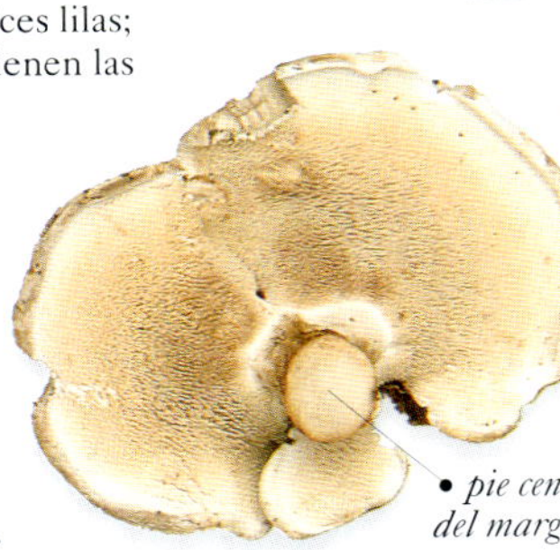

FRUCTIFICACION Solitario o pequeños céspedes; suelos arenosos.

Dimensiones SOMBRERO ↔ 5–10cm | PIE ↕ 2–6cm ↔ 1–3cm	Esporas Blancas	Comest.

Familia BANKERACEAE	Especie *Phellodon niger*	Estación Fin. verano-otoño

HIDNO NEGRO

Eusk: Larru-tripaki beltz

Carpóforos fusionados entre sí. Sombrero plano o con un centro deprimido, de gris pálido a negro purpúreo; en los especímenes jóvenes el margen es azul pálido. Las espinas son grises azuladas, y luego se vuelven grises. La carne correosa y negra huele a alholva, especialmente seca.

• HABITAT Forma micorrizas con coníferas en bosques o plantaciones entre latifolias, sobre suelos alcalinos. Zonas templadas norteñas.

• ESPECIES SIMILARES *Phellodon melaleucus* tiene un olor similar pero es más delgado, más pálido y menos tomentoso; se encuentra en suelos pobres y ácidos, en bosques. Las especies de *Hydnellum* tienen esporas pardas.

FRUCTIFICACION Solitario o densos céspedes; musgo.

Dimensiones	SOMBRERO ↔ 3–10cm | PIE ↕ 2–5cm ↔ 0,5–2cm	Esporas Blancas	Comest.

Familia BANKERACEAE	Especie *Phellodon tomentosus*	Estación Fin. verano-otoño

PHELLODON TOMENTOSUS

Hongo denticulado con un sombrero deprimido central y la superficie marcada por bandas en tonos pardos, espinas verticales en la cara inferior y un pie marrón oscuro y fibroso. El margen de crecimiento es delgado y blanco, y los sombreros están fusionados. La carne, incomestible y tenaz, es delgada y parda. Los carpóforos secos huelen a curry o a alholva.

• HABITAT Micorrizas con coníferas o rara vez latifolias, en terrenos arbolados, sobre suelos arenosos. Zonas templadas norteñas.

• ESPECIES SIMILARES Varias de *Hydnellum* (v. p. 237) tienen esporas pardas. *Phellodon confluens* tiene una superficie más tomentosa, menor número de bandas, un color más pálido y un sombrero de formas más irregulares.

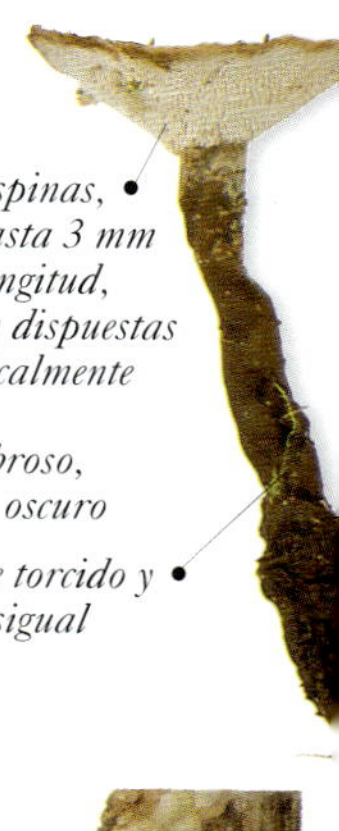

FRUCTIFICACION Grupos; musgos y líquenes.

Dimensiones	SOMBRERO ↔ 2–6cm | PIE ↕ 2–5cm ↔ 4–7mm	Esporas Blancas	Comest.

Familia BANKERACEAE	Especie *Hydnellum peckii*	Estación Otoño

HYDNELLUM PECKII

El sombrero es de plano a deprimido, con superficie nudosa y cara inferior espinosa; blanco aterciopelado al principio, se oscurece por las gotitas rojo sangre que exudan los carpóforos al crecer. Después se vuelve pardo, con matices rojo vino. El pie fusiforme es similar. La carne parda y parecida al corcho tiene un sabor muy desagradable.

• **HABITAT** Forma micorrizas con pinos y piceas en bosques y plantaciones; dunas de arena plantadas con pinos. Localizado en zonas templadas norteñas.

• **ESPECIES SIMILARES** *Hydnellum ferrugineum* tiene un sabor suave. Otras no desarrollan las gotitas rojas.

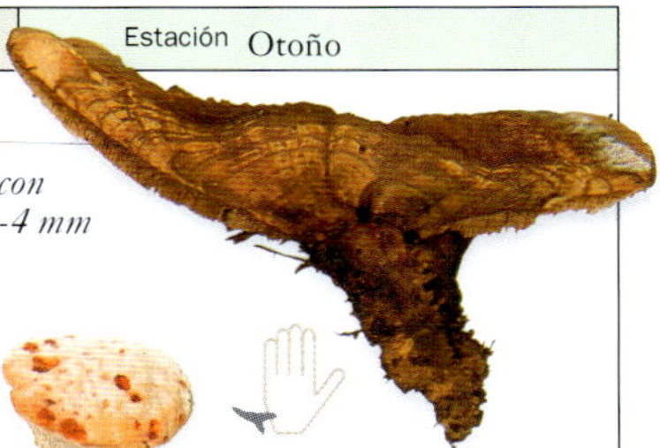

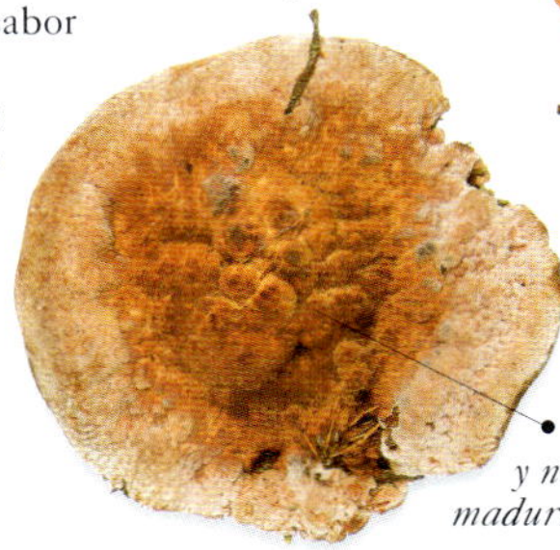

FRUCTIFICACION Pequeños racimos; musgo o liquen.

Dimensiones SOMBRERO ⊕ 3–7cm | PIE ↕ 1–6cm ↔ 0,5–2cm	Esporas Pardas	Comest.

Familia BANKERACEAE	Especie *Sarcodon scabrosus*	Estación Otoño

SARCODON SCABROSUS

Eusk: Tripakilun (ak)

Especie carnosa y de gran tamaño. Sombrero deprimido con superficie desigual, escamosa y marrón oscura, y pie marrón oscuro con una base azul acero. La pálida carne tiene una textura de queso y un olor harinoso. Tiene un sabor amargo pero puede consumirse salada; por su rareza, no es recomendable.

• **HABITAT** Forma micorrizas con árboles, en terrenos arbolados de coníferas y latifolias. Difundido pero de localizado a raro en zonas templadas norteñas. Considerada especie amenazada.

• **ESPECIES SIMILARES** *S. glaucopus* tiene un sombrero más liso y la base del pie azul. *S. imbricatum* se caracteriza por tener la base del pie parda.

FRUCTIFICACION Racimos o corros de brujas.

SECCION

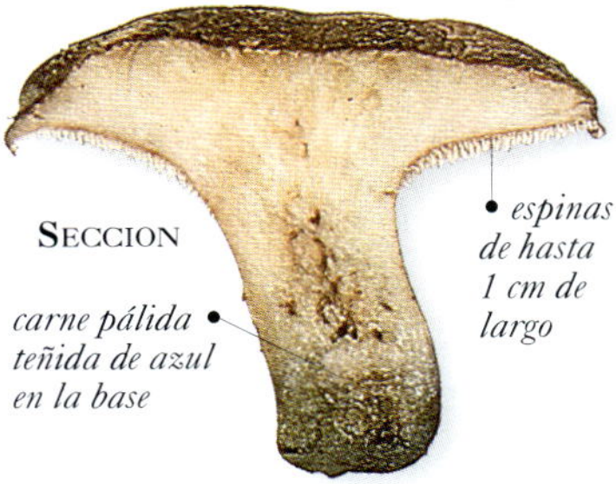

△ ***SARCODON IMBRICATUM*** Especie marrón sin base azul. Sombrero escamoso, de hasta 20 cm de ancho, y carne de suave a acerba.

Dimensiones SOMBRERO ⊕ 4–14cm | PIE ↕ 3–8cm ↔ 1–3,5cm	Esporas Pardas	Comest.

Familia HYDNACEAE	Especie *Hydnum repandum*	Estación Otoño

GAMUZA, LENGUA DE GATO

Cat: llengua de bou; Eusk: Tripaki argi; Gal: Lingua de ovella

Este hongo muy carnoso tiene un pie abultado, excéntrico, y un sombrero irregular, convexo o con una depresión en el centro. Tiene una superficie superior lisa o tomentosa y espinas frágiles en la cara inferior. De color crema pálido a ocre, se tiñe de anaranjado con la edad o al dañarse. Es un buen comestible, si bien la carne puede volverse amarga.

• **HABITAT** Micorrizas con latifolias y coníferas, en terrenos arbolados. Zonas templadas norteñas, incluidas las regiones frías.

• **ESPECIES SIMILARES** *H. albidum* tiene el sombrero blanco y esporas más pequeñas; crece sobre suelos alcalinos. *H. rufescens* es menor y anaranjado.

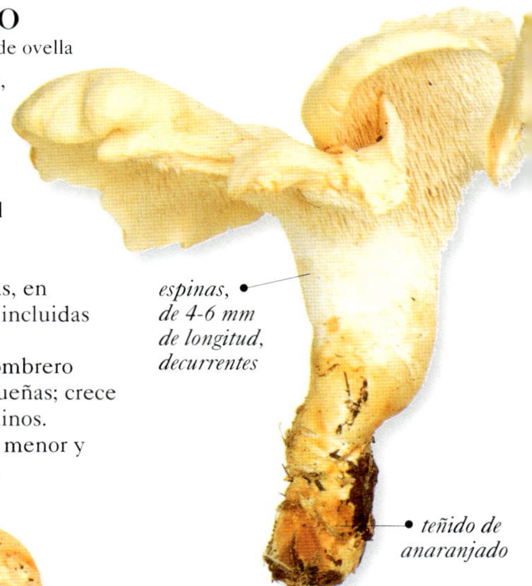

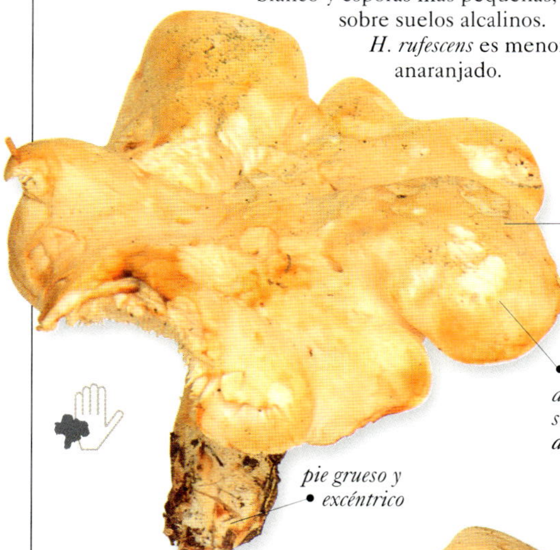

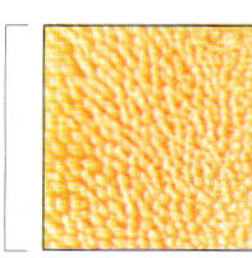

CARA INFERIOR DEL SOMBRERO

SECCION

△ *HYDNUM UMBILICATUM*
Buen comestible se parece a la Gamuza pero es menor, más delgado, anaranjado, y tiene un hueco o cavidad en el centro del sombrero. Ampliamente difundido en Norteamérica.

FRUCTIFICACION Grupos densos y céspedes.

Dimensiones SOMBRERO ↔ 5–15cm | PIE ↕ 3–7cm ↔ 1–3cm	Esporas Blancas	Comest.

Familia HERICIACEAE	Especie *Hericium coralloides*	Estación Fin. verano-fin. otoño

HONGO CORAL

Cuando se le descubre a lo largo de un tronco caído o de un sustrato similar, este hongo es una visión imponente, con su carpóforo de blanquecino a amarillo sucio que consiste en numerosas ramas quebradizas y similares al coral con superficies inferiores recubiertas de largas espinas colgantes. Aunque esta especie sea comestible, es escasa, de modo que su consumo no es recomendable.

• **HABITAT** Crece sobre árboles de hoja ancha muertos como hayas y abedules, tanto caídos como en pie. Difundido en zonas templadas norteñas; puede ser común localmente.

FRUCTIFICACION Solitario o grupos; troncos muertos.

Dimensiones CARPOFORO ↔ 10–40cm × 5–20cm ↕ 10–30cm	Esporas Blancas	Comest.

Familia HERICIACEAE	Especie *Creolophus cirrhatus*	Estación Otoño

CREOLOPHUS CIRRHATUS

Carpóforo carnoso, estratificado y semicircular, blanco crema, que se desarrolla en "escalones". La cara inferior tiene largas espinas colgantes; la cara superior es tomentosa. Aunque la carne es comestible, y tiene un olor y sabor agradables, es rara y no debería recolectarse. Pertenece a un género relacionado con *Hericium* (arriba).

• **HABITAT** Sobre latifolias, en bosques. Zonas templadas norteñas.

• **ESPECIES SIMILARES** *Climacodon septentrionalis* tiene las ménsulas más regulares y de mayor tamaño, y las espinas más finas en la cara inferior. Se encuentra en el NE de Europa, Japón, Siberia y desde el NE de Norteamérica hasta Tennessee.

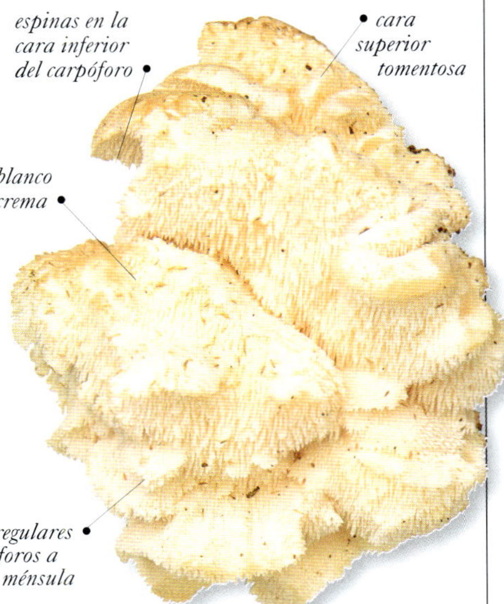

FRUCTIFICACION Escalonada; sobre tocones, rara en troncos.

Dimensiones CARPOFORO ↔ 10–20cm ↕ hasta 10cm de grosor	Esporas Blancas	Comest.

HONGOS CLAVIFORMES

Estas especies tienen carpóforos en forma de maza. En la mayoría el carpóforo es fértil o la base es estéril. En los hongos frasco (v. p. 244), la superficie productora de esporas, el himenio, está contenida en diminutos carpóforos en forma de frasco, e incrustada en una estructura carnosa en forma de maza (estroma).

LISOS O PELOSOS

LAS ESPECIES QUE AQUI FIGURAN tienen carpóforos claviformes con una superficie lisa o pelosa. (Para las especies con una superficie granulosa o pulverulenta v. p. 244.) Varían desde las muy delgadas especies de *Typhula* hasta la mucho más gruesa *Clavariadelphus pistillaris* (p. 241). *Leotia lubrica* (p. 243) tiene una cabeza fértil y definida, pero en la mayoría la parte fértil se fusiona con el pie.

Familia CLAVARIACEAE	Especie *Clavulinopsis helvola*	Estación Otoño

CLAVULINOPSIS HELVOLA

Especie claviforme, no ramificada y amarilla sólo se identifica correctamente mediante examen de las esporas al microscopio: tienen unas verrugas prominentes en su superficie, en lugar de esporas lisas. Carne amarillo pálido, inodora y bastante quebradiza.

• **HABITAT** En prados ricos en musgo, céspedes maduros y algunos hábitats boscosos. Difundido en regiones templadas y también en el SE de Asia. Es una especie bastante común en Europa.

• **ESPECIES SIMILARES** *C. fusiformis*: grandes mazas; crece en densos céspedes. *C. laeticolor*: inodora y de amarilla a naranja. *C. luteoalba* es de un color naranja albaricoque y tiene un olor desagradable. *Clavaria angillacea* es de un pardoamarillento apagado y crece en brezales.

FRUCTIFICACION Solitario o en grupos de carpóforos.

△ *CLAVARIA VERMICULARIS*
Produce céspedes de carpóforos no ramificados, claviformes y blancos. La punta de la maza se vuelve amarilla o canela al secarse. Frágil y de carne quebradiza, el carpóforo es hueco y se aplana al envejecer.

Dimensiones MAZA ↕ 3–7cm ↔ 2–4mm	Esporas Blancas	Comest.

Familia CLAVARIADELPHACEAE	Especie *Clavariadelphus pistillaris*	Estación Otoño

MANO DE MORTERO

Cat: Bossa; Eusk: Joiki arrunt

Con un tamaño impresionante está matizado de amarillo limón de joven pero adquiere un tono canela apagado cuando maduran las esporas en la superficie del carpóforo. Al dañarse, se tiñe de pardorrojizo. Firme al principio y luego blando y esponjoso, la blanca carne tiene un olor agradable y olor amargo.

• HABITAT Terrenos arbolados, con hayas. Regiones templadas norteñas; localizado, aunque puede ser común.

• ESPECIES SIMILARES *Clavariadelphus ligula* y *C. sachalinensis* son menores y menos claviformes; con coníferas. *C. truncatus*: tiene un sombrero plano; también se encuentra en terrenos arbolados.

FRUCTIFICACION Grupos densos en el suelo; hojarasca de zonas boscosas alcalinas.

Dimensiones MAZA ↕ 10–20cm ↔ 2–6cm	Esporas Blancas a amarillas	Comest.

Familia CLAVARIADELPHACEAE	Especie *Macrotyphula fistulosa*	Estación Fin. otoño

MACROTYPHULA FISTULOSA

Inconfundible, esta especie tiene un carpóforo delgado, claviforme, de amarillo a pardoleonado; se parece a un tallo de hierba y de ahí que pase inadvertido. Existe una forma bastante atrofiada y retorcida, menos fácil de identificar, que se considera otra especie, *Macrotyphula contorta*.

• HABITAT Sobre coníferas enterradas, en la hojarasca húmeda de terrenos arbolados; especialmente entre hayas. Difundido en regiones templadas norteñas y zonas subárticas; común en Europa.

• ESPECIES SIMILARES La estrechamente relacionada *M. juncea* tiene carpóforos mucho más delgados. Es común en terrenos arbolados muy húmedos y crece sobre todo encima de la hojarasca.

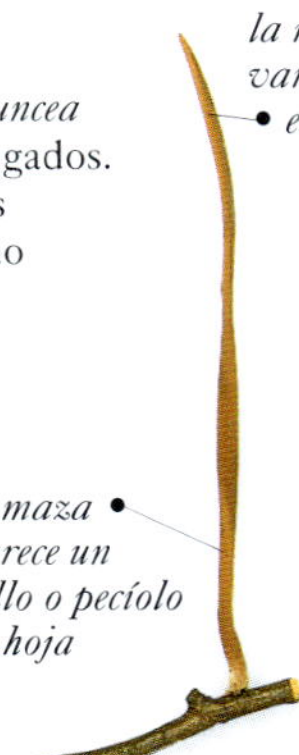

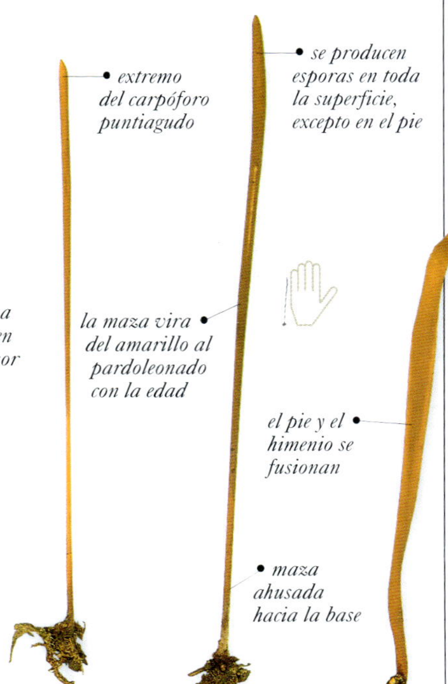

FRUCTIFICACION Solitario; palos en descomposición.

Dimensiones MAZA ↕ 5–20cm ↔ 2–8mm	Esporas Blancas	Comest.

Familia TYPHULACEAE	Especie *Typhula erythropus*	Estación Otoño-princ. invierno

TYPHULA ERYTHROPUS

Hongo claviforme y diminuto; cabeza blanca y fértil y pie largo y pardorrojizo, rojo en la base, donde emerge de un órgano subterráneo, el esclerocio. Las especies de *Typhula* son diminutas y pasan inadvertidas. La mayoría aparecen a fines de agosto y brotan de pequeños esclerocios que pasaron el invierno. Están unidas a un sustrato específico, como helechos. Algunas pueden llegar a producir graves daños a cosechas.

• HABITAT En nervaduras y pecíolos de hojas caídas, principalmente de fresnos, arces y alisos; en terrenos arbolados húmedos de latifolias. Difundido en zonas templadas norteñas; bastante común en Europa.

FRUCTIFICACION Solitario o en pequeños grupos.

Dimensiones MAZA ↕ 0,5–3cm ↔ 1–2mm	Esporas Blancas	Comest.

Familia GEOGLOSSACEAE	Especie *Geoglossum fallax*	Estación Otoño

GEOGLOSSUM FALLAX

El carpóforo claviforme de este hongo es marrón oscuro, con un dibujo a escamas en la parte superior del pie; la mayoría de las especies *Geoglossum* tienen carpóforos negros. Las esporas se producen en la cabeza fértil de la maza, tapizada con el himenio.

• HABITAT En herbazales inalterados; el uso de fertilizantes y la plantación de coníferas amenazan a muchas especies de *Geoglossum*. En Europa y el E de Norteamérica, aunque pasa fácilmente inadvertido.

• ESPECIES SIMILARES *Trichoglossum* se distingue por sus pelos rígidos, incrustados en la carne, que penetran en la superficie como cerdas.

△ ***TRICHOGLOSSUM HIRSUTUM***
Tiene un carpóforo cerdoso, en forma de bate de críquet. La parte superior contiene ascas que producen esporas alargadas; el pie es estéril.

FRUCTIFICACION Grupos; musgo o entre hierba alta.

Dimensiones MAZA ↕ 3–7cm ↔ 3–7mm	Esporas Marrones oscuras	Comest.

Familia LEOTIACEAE	Especie *Leotia lubrica*	Estación Otoño

LEOTIA VISCOSA

Eusk: Mukiziza hori berdeska

Carpóforo pequeño, en forma de mano de mortero, con textura elástica y carne gelatinosa. La cabeza definida, convexa y lobulada, es amarillo verdosa, con un margen limpio y recurvado, y contiene el tejido productor de esporas. Pie amarillo anaranjado, recubierto de diminutas escamas o puntos verdes y hueco. Puede adquirir un matiz negruzco por una infección fúngica, e incluso los especímenes sanos adquieren un tono verde oliváceo cuando están completamente maduros.

• **HABITAT** Crece en zonas boscosas muy húmedas, entre hojarasca y musgo. Difundido y común en la mayoría de zonas templadas norteñas; cosmopolita.

FRUCTIFICACION Céspedes, en grandes grupos densos.

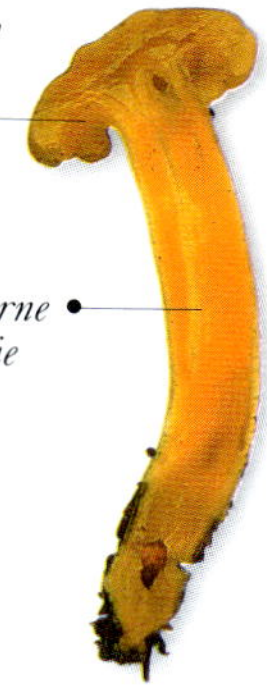

SECCION

Dimensiones MAZA ↕ 2–5cm ↔ 0,3–1cm	Esporas Blancas	Comest.

Familia GEOGLOSSACEAE	Especie *Mitrula paludosa*	Estación Princ. verano-otoño

MITRULA PALUDOSA

Eusk: Mitratxo laranja

Cabeza anaranjada y reluciente, junto con pie blanco y cilíndrico. Superficie lisa y carne amarilla, acuosa y blanda. La cabeza claviforme contiene el himenio; pie estéril.

• **HABITAT** En aguas estancadas, incontaminadas y con hojarasca. Prefiere las áreas más norteñas y las grandes altitudes en las zonas templadas norteñas.

• **ESPECIES SIMILARES** *Bryoglossum rehmii*, en áreas más secas, pertenece a la familia Leotiaceae (arriba y pp. 269, 271-73). Las especies de *Heyderia* son más pequeñas y crecen sobre pinaza. *Spathularia flavida*, también crece sobre pinaza; cabeza muy plana y lobulada.

FRUCTIFICACION Grupos densos, pequeños o grandes, de carpóforos.

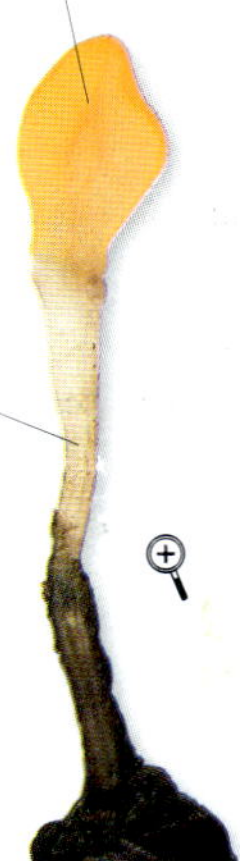

Dimensiones MAZA ↕ 2–5cm ↔ 0,2–1cm	Esporas Blancas	Comest.

SUPERFICIE GRANULOSA O PULVERULENTA

LOS HONGOS de esta subsección se caracterizan por su superficie granulosa. Los granos están causados por los carpóforos en forma de frasco incrustados en el tejido carnoso (estroma), visibles cuando se corta la maza longitudinalmente en dos mitades. Una de las especies, *Paecilomyces farinosus* (abajo), produce laxas esporas asexuales, de ahí su aspecto pulverulento.

Familia CLAVICIPITACEAE	Especie *Cordyceps militaris*	Estación Verano-otoño

CORDYCEPS MILITARIS

Eusk: Beldar-mazo

Este hongo frasco parásito emerge de su huésped como un carpóforo compuesto, claviforme y rojo anaranjado, denominado estroma. Las ascas productoras de esporas están contenidas en frascos visibles como espinas que atraviesan la región superior de la maza hinchada. Las esporas, por su parte, son largas y cilíndricas y se desmenuzan en segmentos. Pie liso y más pálido.

• **HABITAT** Los micelios invaden y matan las orugas y crisálidas de mariposas nocturnas, tanto en terrenos arbolados como herbáceos. Zonas templadas norteñas. Otras *Cordyceps* parasitan insectos, arañas o trufas *Elaphomyces* (p. 259). La mayoría son tropicales.

• **ESPECIES SIMILARES** *C. bifusispora* parasita mariposas nocturnas, es más amarillo y tiene esporas con células claviformes en el extremo.

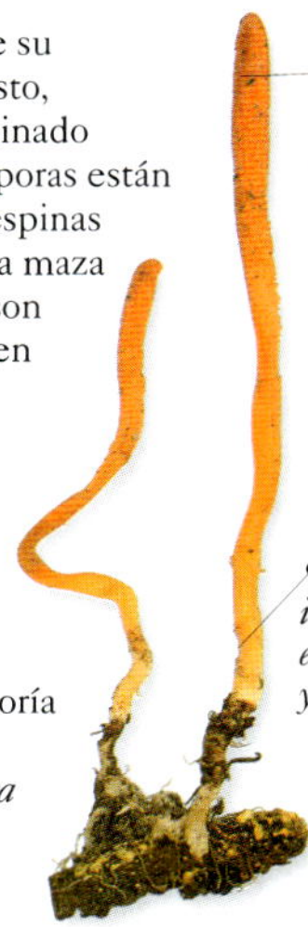

FRUCTIFICACION Grupos pequeños o en solitario

Dimensiones MAZA ↕ 2–5cm ↔ 3–8mm	Esporas Blancas	Comest.

Familia TRICHOCOMACEAE	Especie *Paecilomyces farinosus*	Estación Verano-otoño

PAECILOMYCES FARINOSUS

Ataca las crisálidas de mariposas nocturnas y, una vez consumidas, produce estructuras en forma de maza. Anaranjadas o amarillas, su color queda oculto por masas vellosas y blancas de esporas asexuales (conidios), que se separan fácilmente del hongo.

• **HABITAT** Sobre orugas y crisálidas de nocturnas no tan enterradas, tanto en zonas herbosas y abiertas como en terrenos arbolados. Difundido y común en zonas templadas norteñas.

• **ESPECIES SIMILARES** *Cordyceps militaris* (arriba) se caracteriza por tener una superficie granulosa

FRUCTIFICACION Solitario o en grupos; orugas y crisálidas de mariposas nocturnas.

Dimensiones MAZA ↕ 2–5cm ↔ 2–5mm	Esporas Blancas	Comest.

Familia	Especie	Estación
CLAVICIPITACEAE	*Cordyceps ophioglossoides*	Otoño-princ. invierno

CORDYCEPS OPHIOGLOSSOIDES

Parásito de las trufas *Elaphomyces* (p. 259) está unido al carpóforo subterráneo del huésped mediante filamentos amarillos que se fusionan hasta formar el pie sobre el suelo. La cabeza de la maza, o estroma, varía del pardoliváceo al negro; tiene la superficie áspera por los diminutos frascos incrustados en la carne pardoamarillenta que contienen las ascas productoras de esporas.

• **HABITAT** Parásito de *Elaphomyces muricatus* o *E. granulatus* en terrenos arbolados de latifolias y de coníferas. Difundido y localmente común en zonas templadas norteñas.

• **ESPECIES SIMILARES** *Cordyceps capitata* y *C. longisegmentatis*, ambos con la cabeza redondeada, también pueden crecer sobre el mismo huésped que *C. ophioglossoides*.

FRUCTIFICACION
Solitario o en grupos densos desde la trufa huésped enterrada.

Dimensiones	Esporas	Comest.
MAZA ↕ 5–13cm incluida la raíz ↔ 0,5–1cm	Blancas	

Familia	Especie	Estación
XYLARIACEAE	*Xylaria polymorpha*	Verano-invierno

XILARIA POLIMORFA

Eusk: Kimo formanitz

Hongo frasco con carpóforos compuestos (estromas) y claviformes; carne gruesa y blanca. Cada uno tiene un pie corto y cilíndrico y un extremo redondeado. Justo debajo de la superficie hay órganos en forma de frasco que contienen las ascas productoras de esporas. Las ascas expulsan con fuerza las largas esporas maduras a través de una abertura diminuta en el ápice del frasco, el ostiolo.

• **HABITAT** A nivel del suelo, adherido a madera podrida como tocones, especialmente de hayas y olmos, pero también de abedules y tilos. Difundido y bastante común en zonas templadas norteñas, su área de distribución se extiende hasta las zonas subtropicales.

• **ESPECIES SIMILARES** *Xylaria longipes*, más delgada y tiene las esporas más cortas, está confinada en gran parte a la madera de arces sicomoros en zonas templadas norteñas.

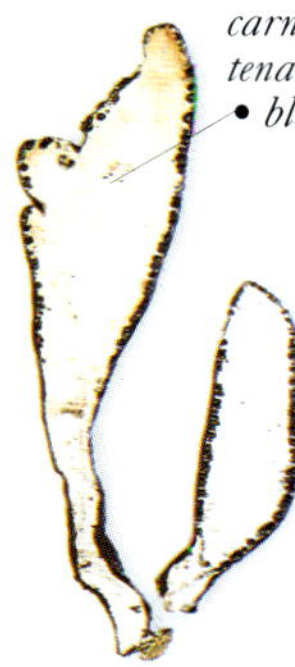

SECCIÓN

FRUCTIFICACION
Solitario o en céspedes.

Dimensiones	Esporas	Comest.
MAZA ↕ 3–10cm ↔ 1–4cm	Negras	

A MODO DE FALO

ESTA PEQUEÑA SUBSECCION comprende hongos con carpóforos fálicos –los falos– de los géneros *Phallus* y *Mutinus*. Llevan las esporas en una sustancia viscosa y pegajosa: la gleba. En *Phallus*, la gleba se dispone sobre una estructura a modo de sombrero; en *Mutinus* forma parte del ápice del pie. Los carpóforos jóvenes son ovoides y están rodeados por una estructura denominada peridio con una capa interna gelatinosa y acuosa que protege las glebas en maduración.

Todos tienen un olor putrefacto y penetrante cuando maduran que atrae a las moscas que dispersan las esporas.

Familia PHALLACEAE	Especie *Mutinus caninus*	Estación Verano-otoño

FALO PERRUNO

Cat: Ou del diable de gos; Eusk: Txakur-zakil; Gal: Carallete

El carpóforo de largo pie, blanquecino a anaranjado sucio, emerge de una estructura ovoide con una piel correosa y blanquecina. La punta anaranjada del pie se fusiona con el sombrero, recubierto por una masa de esporas viscosa y verde olivácea con un olor hediondo que atrae a los insectos agentes de dispersión.

• **HABITAT** Sobre hojarasca o pinaza espesas, alrededor de tocones, en terrenos arbolados de latifolias y coníferas. Común en Europa.

• **ESPECIES SIMILARES** *Mutinus ravenelii*, en Norteamérica pero también en Europa, tiene pie rojo. En Europa prefiere jardines. *Phallus impudicus* (p. 247) tiene sombrero en el extremo del pie.

SECCION

FRUCTIFICACION Solitario o en grupos densos.

Dimensiones CARPOFORO ↕ 6–12cm ↔ 1–1,5cm	Esporas Verde oliva	Comest.

Familia PHALLACEAE	Especie *Phallus impudicus*	Estación Verano-otoño

FALO HEDIONDO

Cat: Ou del diable ver; Eusk: Etsai-zakil; Gal: Carallán

Se caracteriza por su carpóforo maloliente que atrae a los insectos para que dispersen las esporas. Los especímenes maduros tienen forma fálica, formada por el pie blanco y el sombrero viscoso y verde oliva. Los jóvenes carpóforos están incrustados en una estructura ovoide con una piel fina y correosa que se rasga al emerger el pie. La sección que después se convertirá en el pie es comestible y puede extraerse del huevo.

• **HABITAT** En terrenos arbolados de latifolias y coníferas; dunas de arena. Difundido y común en algunas áreas de las zonas templadas norteñas.

• **ESPECIES SIMILARES** *Phallus hadriani* tiene la piel del huevo lila; en dunas. *P. duplicatus* (recuadro, debajo) tiene un faldón que cuelga del sombrero.

SECCION

FRUCTIFICACION Grupos o en solitario; suelos ácidos.

△ ***PHALLUS DUPLICATUS***
Tiene un delicado faldón de tejido reticular que cuelga de debajo la base del sombrero verde oscuro, que está recubierto de mucosidad.

Dimensiones CARPOFORO ↕ 15–20cm ↔ 1,5–3cm	Esporas Pardoliváceas	Comest.

HONGOS EN FORMA DE ASTA O DE CORAL

Son una variante de los hongos claviformes de las pp. 240-45. Algunos tienen pocas ramificaciones o ramas y otros son más complejos. En la mayoría de casos, las ramas están recubiertas de un tejido portador de esporas; sin embargo, las de Sparassis crispa *(p. 252) son fértiles sólo por un lado, y* Xylaria hypoxylon *es un hongo frasco (v. p. 244)*

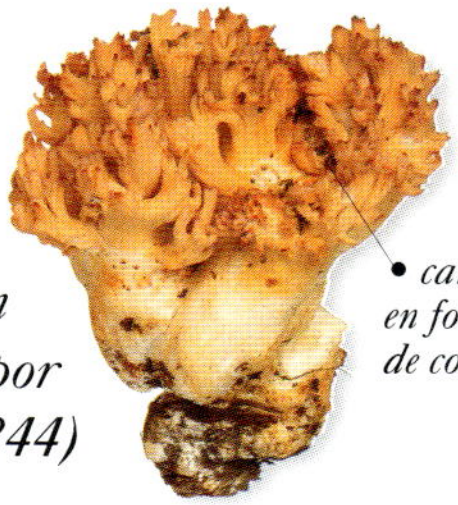

Familia XYLARIACEAE	Especie *Xylaria hypoxylon*	Estación Todo el año

XILARIA DE LA MADERA

Eusk: Kimo adarzuri

Los jóvenes estromas de este hongo frasco, en forma de asta y recubiertos de un polvo blanco por las esporas asexuales (conidios), se levantan sobre el tocón de latifolia que les sirve de sustrato. Las esporas sexuales se desarrollan dentro de diminutos carpóforos en forma de frasco en la parte externa de los estromas, y hacia fines de otoño han teñido los estromas de negro carbón y marchitado sus puntas. La carne es blanca.

• **HABITAT** Sobre latifolias, especialmente sobre tocones, en parques y terrenos arbolados. Difundido y común por todas las zonas templadas norteñas.

• **ESPECIES SIMILARES** *X. mellisii* está más ramificado maduro, o tiene estromas más lisos. En invernaderos y climas subtropicales.

ESTADIO ASEXUAL

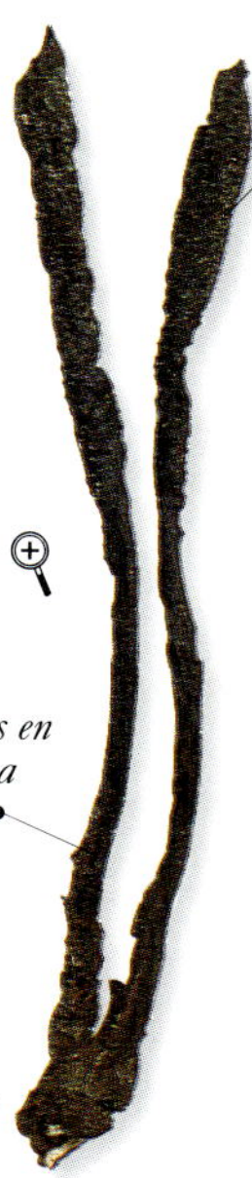

ESTADIO SEXUAL

SECCION

FRUCTIFICACION Grupos pequeños y conspicuos.

Dimensiones CARPOFORO COMPUESTO ↕ 1–6cm | RAMA ↔ 1–4mm × 0,5mm	Esporas Negras	Comest.

Familia Clavariaceae	Especie *Clavulinopsis corniculata*	Estación Fin. otoño

Clavulinopsis corniculata

Eusk: Atzapar adardun

Este hongo tiene muchas ramas a modo de asta. El carpóforo varía del amarillo azufre al anaranjado o canela; la base es blanca y tiene una superficie tomentosa que se vuelve verde al entrar en contacto con el sulfato de hierro ($FeSO_4$), tanto sólido como disuelto. Carne más apagada, delgada y bastante frágil; huele a harina.

• **Habitat.** Principalmente en herbazales no abonados y ricos en musgo, pero también en algunos terrenos costeros de matorral con majuelo *(Crataegus)*, y en bosques muy húmedos dominados por fresnos. Difundido en zonas templadas.

• **Especies similares** *Ramariopsis crocea* tiene los extremos más puntiagudos, es más dorado y no reacciona con $FeSO_4$; suele crecer en terrenos arbolados.

Fructificacion Solitario o en pequeños grupos densos.

Dimensiones Carpoforo ↕ 2–8cm | Rama ↔ 0,5–2cm	Esporas Blancas	Comest.

Familia Clavulinaceae	Especie *Clavulina cristata*	Estación Verano-princ. invierno

Clavulina cristata

Eusk: Atzapar zuri

Fácil de reconocer debido a sus numerosas ramas bastante gruesas, fusionadas y con unos extremos crestados distintos. Existen formas blancas y grises, pero apenas pueden distinguirse ya que existen tonos intermedios. La carne es blanca y bastante frágil. Los miembros de la familia Clavulinaceae tienen basidios grandes, cada uno con sólo dos esporas sobre los esterigmas (v. pp. 10-11) a modo de cuerno y curvos.

• **Habitat** Se encuentra en localidades muy húmedas, como orillas de arroyos en tierras arboladas, y en bordes de carreteras. Difundido y común en zonas templadas norteñas.

• **Especies similares** *Clavulina rugosa* es típicamente más alto y tiene menos ramas. *Ramariopsis kunzei* tiene los extremos de las ramas no crestados ni fimbriados.

Fructificacion Grupos pequeños o en solitario.

Dimensiones Carpoforo ↕ 2–6cm ↔ 0,5–3cm	Esporas Blancas	Comest.

Familia Dacryomycetaceae	Especie *Calocera viscosa*	Estación Otoño-invierno

Calocera viscosa

Eusk: Mukiadar luce

El carpóforo multirramificado es anaranjado brillante, con una carne elástica y tenaz. La familia Dacryomycetaceae se distingue bajo el microscopio por sus basidios en forma de "diapasón" (pp. 10-11); esporas sobre gran parte del carpóforo.

• **Habitat** Sobre madera en descomposición, en plantaciones y terrenos arbolados. Zonas templadas norteñas.

• **Especies similares** *Calocera cornea* tiene mazas pequeñas y no ramificadas, en latifolias. *C. furcata* ahorquillada; sobre madera de pino. *C. pallidospathulata* es más pálido, aplanado e irregular; puede ser localmente común. *Gymnosporangium clavariiforme*, que crece sobre enebro, es menos erguido y no tiene ramificaciones en los extremos. Los hongos claviformes (pp. 240-47) suelen crecer en el suelo y son más frágiles.

Fructificacion Solitario o en grupos cespitosos.

Dimensiones Carpoforo ↕ 3–10cm ↔ 0,5–4cm	Esporas Blancas	Comest.

Familia Ramariaceae	Especie *Ramaria abietina*	Estación Otoño

Ramaria abietina

El color cardenillo que tiñe todo el carpóforo cuando éste envejece lo hace fácil de identificar. Está ramificado, es pardoliváceo o de un pardo apagado cuando emerge y se vuelve lentamente verde. Carne de un marrón pálido apagado y bastante firme.

• **Habitat** Sobre pinaza espesa, bajo coníferas, especialmente piceas. Difundido en zonas templadas norteñas; bastante común.

• **Especies similares** *R. apiculata* es mayor; muestra el tono verde en los extremos de las ramas. *R. eumorpha*, *R. flaccida* y *R. myceliosa*, entre otras especies, son similares pero no se tiñen de verde.

Fructificacion Casi siempre en corros de brujas.

Dimensiones Carpoforo ↕ 3–8cm ↔ 1,5–4cm	Esporas Ocres	Comest.

Familia RAMARIACEAE	Especie *Ramaria botrytis*	Estación Otoño

RAMARIA COLIFLOR

Cat: Peu de rata rosat

Las ramas densas, blancas a marrones pálidas y con extremos púrpura ayudan a identificar a este hongo carnoso. La parte inferior del pie es muy gruesa y achaparrada. La carne es blanca y firme, con un olor afrutado y agradable, pero su consumo no es recomendable debido a su rareza y a los problemas de identificación.

• **HABITAT** En terrenos arbolados maduros, tanto de latifolias como de coníferas. Difundido en zonas templadas norteñas y templadas-cálidas.

• **ESPECIES SIMILARES** *Ramaria formosa* es de un rosa anaranjado más vivo, sin las puntas contrastadas; venenosa. Hay más de veinte especies parecidas.

△ *RAMARIA SANGUINEA*
Más rara que *R. botrytis*; ramas gruesas amarillo brillante, en cuyas caras inferiores aparecen puntos rojos al envejecer o dañarse.

FRUCTIFICACION Solitario o en corros.

Dimensiones CARPOFORO ↕ ↔ 7–15cm	Esporas Ocres	Comest.

Familia RAMARIACEAE	Especie *Ramaria stricta*	Estación Fin. verano-invierno

RAMARIA APRETADA

Eusk: Atzapar estu; Gal: Pe de rata

Muy ramificado, suele estar erguido y ser más alto que ancho. Sus ramas, amarillo anaranjado pálido, se vuelven pardocráceas al envejecer y tienen las puntas amarillas pálidas. La carne bastante firme y de sabor amargo se tiñe de rojo vino; olor a especies. Los carpóforos jóvenes pueden ser completamente amarillo limón.

• **HABITAT** Madera de latifolias semienterrada, de haya, pero también sobre serrín. Zonas templadas norteñas; generalmente común.

• **ESPECIES SIMILARES** *Ramaria gracilis* es más pálido y tiene un olor a anís; crece sobre pinaza.

FRUCTIFICACION Solitario; ramas descompuestas.

Dimensiones CARPOFORO ↕ 4–12cm ↔ 3–8cm	Esporas Ocres	Comest.

Familia SPARASSIDACEAE	Especie *Sparassis crispa*	Estación Fin. verano-otoño

CLAVARIA RIZADA, SETA COLIFLOR

Cat: Peu de rata reina; Eusk: Azalore belaki; Gal: Coveflor do monte

Múltiples lóbulos carnosos, de color crema a pardoamarillento pálido, caracterizan a esta especie de pie corto, grueso y radicante. Los lóbulos son ramificados, aplanados o en forma de cinta y firmes; la capa productora de esporas está en uno de los lados. Aunque es difícil de limpiar, es una seta comestible muy popular debido a su agradable sabor y a su gran tamaño.

• **HABITAT** Sobre pinos, en plantaciones y terrenos arbolados nativos; forma una podredumbre blanca. En zonas templadas norteñas; localmente común.

• **ESPECIES SIMILARES** *Sparassis brevipes* es más pálida y más tenaz; sobre robles, hayas o abetos. La norteamericana *S. herbstii* es similar o quizá la misma especie.

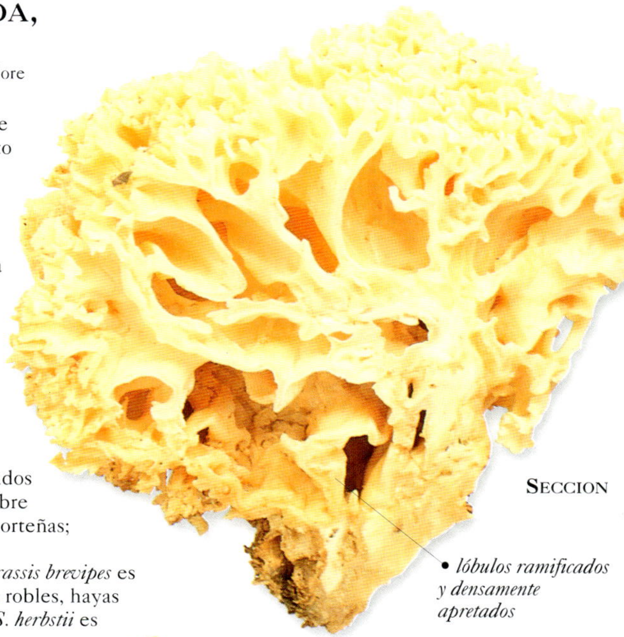

FRUCTIFICACION Solitario; coníferas muertas.

Dimensiones CARPOFORO ↕ ↔ 10–40cm	Esporas Blancas a amarillas	Comest.

HONGOS REDONDEADOS

Estos hongos son variados pero todos producen carpóforos redondeados. Con la excepción del Entoloma abortivo (abajo), los que crecen sobre el suelo son los bejines, esclerodermas y algunos hongos frasco (v. p. 244). Los subterráneos son las trufas, algunas de las cuales son famosas por su sabor.

POR ENCIMA DEL SUELO

LOS HONGOS de esta subsección se caracterizan por sus carpóforos redondeados y carentes de pie. (Para carpóforos redondeados con pie v. pp. 260-63.) Algunas especies son basidiomicetes (pp. 10-11). Producen sus esporas dentro del carpóforo. Las esporas se liberan cuando la piel se rompe con la edad o cuando se desarrolla un poro en el ápice con la madurez. Otras especies incluidas son los hongos frasco (v. p. 244). Tienen carpóforos diminutos, en forma de frasco e incrustados en estructuras compuestas, las denominadas estromas.

Familia ENTOLOMATACEAE	Especie *Entoloma abortivum*	Estación Otoño

ENTOLOMA ABORTIVO

Buen comestible, produce carpóforos redondeados, desiguales y blancos. Se cree que resultan del parasitismo del Entoloma abortivo sobre *Armillaria mellea* (p. 80). Carpóforos con sombreros de hasta 10 cm de diámetro, y pies de hasta 10 cm de altura y 1,5 cm de ancho. Son grises, con láminas rosas y decurrentes. La blanca carne huele a pepino o a carne fresca; en las formas abortadas está jaspeada de rosa.

• HABITAT Sobre latifolias, en terrenos arbolados abiertos. Este de Norteamérica.

• ESPECIES SIMILARES El sombrero y el pie son similares a otras especies de *Entoloma*. Sin embargo, suelen crecer en el suelo y carecen de láminas decurrentes. Muchas son venenosas, de modo que es desaconsejable comer formas aisladas no abortadas de *Entoloma abortivum*.

FRUCTIFICACION Céspedes redondeados con carpóforos de cabeza y pie esparcidos.

Dimensiones FORMA ABORTADA ↕ 2,5–5cm ↔ 2,5–10cm	Esporas Rosa a rosa salmón	Comest.

Familia LYCOPERDACEAE	Especie *Calvatia gigantea*	Estación Verano-otoño

BEJIN GIGANTE

Cat: Esclatabufa gegant; Eusk: Astaputz erraldoi; Gal: Bomba

Es uno de los hongos comestibles más conocidos en algunos países. Sus carpóforos enormes, en forma de balón de fútbol, blanco o crema, pesan más de 4 kg y algunos más de 20 kg. Casi todo el interior consiste en un gran número de esporas; la parte inferior estéril es mucho menor. Carne firme y blanca cuando es joven.

• **HABITAT** Saprófito; en lugares alterados con suelos bastante ricos en nutrientes, en campos, setos vivos, linderos de bosque y parques. En zonas templadas norteñas, excepto en el O de Norteamérica.

carpóforo gigantesco, en forma de balón, blanco o crema

SECCION

la carne es comestible cuando es blanca y firme

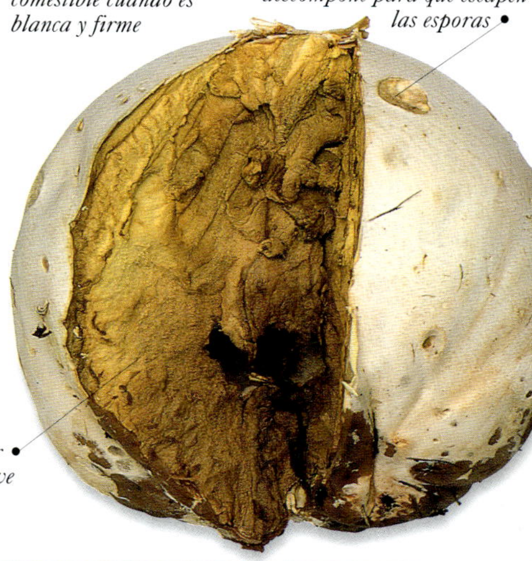

la piel carnosa y lisa se descompone para que escapen las esporas

el tejido productor de esporas se vuelve amarillo y luego pardoliváceo

FRUCTIFICACION
Pequeños corros de brujas.

Dimensiones CARPOFORO ↕ ↔ 20–50cm	Esporas Pardoliváceas	Comest.

Familia LYCOPERDACEAE	Especie *Bovista plumbea*	Estación Verano-otoño

BEJIN PLOMIZO

Cat: Pet de llop gris; Eusk: Astaputz berunkara;
Gal: Oviño do prado

La piel externa blanca se excoria al llegar la madurez, como la cáscara de un huevo duro, y revela la capa interna gris. El tejido interior amarillo pálido produce muchas esporas. Cuando madura, el carpóforo se separa del sustrato, rueda por el suelo, e incrementa la dispersión de las esporas desde un poro en el ápice. Comestible, no tiene valor culinario.

• **HABITAT** Saprófito; confinado a los herbazales secos; tolera niveles bastante altos de fertilizantes en el suelo. Cosmopolita, excepto en tierras bajas del trópico húmedo.

• **ESPECIES SIMILARES** *Bovista nigrescens* es de tamaño mayor y de un color marrón más oscuro.

SECCION

FRUCTIFICACION Suele aparecer en grupos de unos pocos carpóforos.

Dimensiones CARPOFORO ↕ ↔ 1–3cm	Esporas Verde oliva a pardo	Comest.

Familia LYCOPERDACEAE	Especie *Vascellum pratense*	Estación Verano-otoño

VASCELLUM PRATENSE

Especie espinosa, de blanca a marrón claro, con una membrana que separa la parte apical fértil y globosa del pie corto o parte estéril. El carpóforo es bastante aplanado por encima, con una gran abertura por la que escapan las esporas; la parte estéril persiste hasta la primavera siguiente. Los especímenes frescos y firmes pueden consumirse pero son insípidos.

• **HABITAT** Saprófito; sobre el suelo y el humus en zonas herbosas como pastos, prados, céspedes y parques; también puede encontrarse en brezales. Prácticamente cosmopolita pero ausente de las tierras bajas tropicales.

SECCION

FRUCTIFICACION Aparece en pequeños grupos.

Dimensiones CARPOFORO ↕ 1,5–3,5cm ↔ 2–4,5cm	Esporas Gris oliváceo a pardoliváceo	Comest.

Familia SCLERODERMATACEAE	Especie *Scleroderma citrinum*	Estación Verano-otoño

ESCLERODERMA AMARILLA

Cat: Pota de cavall groga; Eusk: Astaputz arrunt; Gal: Bomba

Duro y parecido a una patata, tiene una piel amarillo pálido cubierta de escamas pardas. Piel externa tenaz y amarillo pálido, de 2-5 mm de espesor, e interior lleno de esporas negro y jaspeado. Incomestible y venenoso; olor metálico.

• **HABITAT** Micorrizas con latifolias, en terrenos arbolados húmedos; a veces junto con *Boletus parasiticus* (p. 194). En algunas áreas de las zonas templadas norteñas.

• **ESPECIES SIMILARES** Las especies comestibles de *Lycoperdon* (pp. 260-61) y de *Tuber* (pp. 258-59) difieren por forma y coloración generales, olor y forma de las esporas.

SECCION

FRUCTIFICACION Céspedes entre el musgo.

Dimensiones CARPOFORO ↔ 4–10cm	Esporas Negro purpúreo	Comest. ☠

Familia RUSSULACEAE	Especie *Zelleromyces cinnabarinus*	Estación Verano-otoño

ZELLEROMYCES CINNABARINUS

Similar a un bejín deforme, tiene las características microscópicas de un miembro del género *Lactarius* (pp. 43-55): produce una "leche" blanca al cortarlo, de sabor suave, que no cambia de color al secarse. Las esporas se producen en las cámaras de la carne ocráceo canela. Se liberan al descomponerse el hongo o son dispersadas por animales cuando éstos comen los redondeados carpóforos.

• **HABITAT** Generalmente forma micorrizas con pinos en terrenos arbolados abiertos. Ampliamente difundido y común pero pasa fácilmente inadvertido en su hábitat natural del E de Norteamérica.

FRUCTIFICACION Carpóforos diseminados o en grupos; bajo pinos, sobre o bajo el suelo.

Dimensiones CARPOFORO ↔ 3–5cm	Esporas Ocráceo canela	Comest. 🍴

Familia XYLARIACEAE	Especie *Daldinia concentrica*	Estación Todo el año

DALDINIA CONCENTRICA

Eusk: Kimo mamizebratu

Los carpóforos compuestos –estromas– redondeados y pardoherrumbrosos son grandes; carne zonada en franjas claras y oscuras. Cuando las esporas maduran son expulsadas a la fuerza de las ascas, hacia las cámaras productoras de esporas, o frascos, justo debajo de la superficie. Los duraderos estromas acaban volviéndose negros, con una textura desmenuzable.

• **HABITAT** Sobre troncos muertos o moribundos, todavía en pie, fresnos pero también abedules y otras latifolias, en parques y terrenos arbolados, después de incendios. Difundido en zonas templadas norteñas; común en las Islas Británicas.

• **ESPECIES SIMILARES** Las especies de *Hypoxylon* (debajo) no tienen la carne zonada.

SECCION

FRUCTIFICACION Grupos o en solitario.

Dimensiones CARPOFORO COMPUESTO ⊕ 2–10cm	Esporas Negras	Comest.

Familia XYLARIACEAE	Especie *Hypoxylon fragiforme*	Estación Todo el año

HIPOXILO EN FORMA DE FRESA

Eusk: Garatxo marroi

Los carpóforos compuestos hemisféricos no tienen pie, varían del rosa al rojo ladrillo y se vuelven negros cuando están demasiado maduros. Superficie dura, áspera y verrugosa; justo debajo están las cámaras en forma de frasco productoras de esporas. Carne dura y negra.

• **HABITAT** Sobre la corteza de hayas recién caídas en terrenos arbolados. Difundido y común en zonas templadas norteñas con hayas.

• **ESPECIES SIMILARES** *Hypoxylon howeianum* crece sobre otras latifolias. *H. rubiginosum* es pardorrojizo, plano y se extiende. *H. fuscum*, sobre avellanos y alisos, es pardopurpúreo.

FRUCTIFICACION Grupos densos; sobre la corteza.

Dimensiones CARPOFORO COMPUESTO ⊕ 0,5–3cm	Esporas Negras	Comest.

BAJO TIERRA

Los hongos que se incluyen están entre las muchas especies que producen carpóforos subterráneos tipo trufa. Las estructuras portadoras de esporas, o ascas, están encerradas dentro de los carpóforos. Las especies de *Tuber* están emparentadas con las de *Peziza* (pp. 266-67), mientras que las de *Elaphomyces*, cuyo interior es pulverulento en la madurez tienen un parentesco menos definido.

Familia	Especie	Estación
TUBERACEAE	*Tuber aestivum*	Verano

TRUFA DE VERANO

Cat: Tòfona blanca o d'estiu; Eusk: Udako boilur

La Trufa de verano, la menos costosa de las verdaderas trufas comestibles, tiene un carpóforo redondeado con una superficie áspera recubierta de verrugas piramidales y negras. Dentro del hongo, la carne es sólida, pardogrisácea y con vetas blancas. Tiene un aroma a algas descompuestas y un tenue sabor a nueces. Las moscas son atraídas por los carpóforos, lo que ayuda a descubrir los lugares truferos.

• **HABITAT** Crece entre las raíces de hayas, abedules y robles. Difundido en el sur y el centro de Europa y en el sur de Escandinavia.

SECCION

FRUCTIFICACION
Solitario; raíces de árboles.

Dimensiones	Esporas	Comest.
CARPOFORO ↔ 2–5cm	Pardoamarillentas	🍽

Familia	Especie	Estación
TUBERACEAE	*Tuber melanosporum*	Fin. otoño-princ. primavera

TRUFA VIOLACEA

Cat: Tòfona negra o del Périgord; Eusk: Boilur beltz

La superficie áspera, negro carbón y de contorno irregular presenta muchas verrugas diminutas y poligonales. La sólida carne es parda debido a las esporas y se vuelve negra; tiene venas blancas y un olor y un sabor distintivos. Es recolectada en la naturaleza por personas experimentadas que emplean perros o cerdos adiestrados; ya existen semillas inoculadas de árboles huésped.

• **HABITAT** Bajo encinas, otros *Quercus* mediterráneos y otros árboles huésped, en suelos mediterráneos, alcalinos y rojos. Confinada al sur de Francia, España e Italia, donde la cosecha anual es de unas 300 toneladas.

• **ESPECIES SIMILARES** *Tuber brumale* vive más al norte y llega hasta las Islas Británicas. *T. macrosporum* tiene la superficie casi lisa.

SECCION

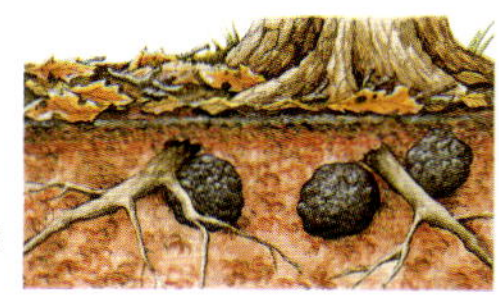

FRUCTIFICACION
Solitario; raíces de árboles.

Dimensiones	Esporas	Comest.
CARPOFORO ↔ 2–7cm	Marrón oscuro	🍽

Familia TUBERACEAE	Especie *Tuber magnatum*	Estación Otoño-invierno

TRUFA BLANCA

Eusk: Grisola jator

El carpóforo de este excelente comestible tiene una forma irregularmente redonda, es ocre pálido a crema y tiene una superficie lisa. La carne crema tiene un olor y un sabor a especies. Las esporas aparecen como áreas pardocremosas más oscuras en la carne. Se está intentando cultivar esta especie a gran escala mediante la inoculación de raíces de huéspedes apropiados.

• **HABITAT** Enterrada en suelos alcalinos entre raíces de robles; también entre chopos y sauces. En la región del Piamonte, en el noroeste de Italia, y en Francia.

• **ESPECIES SIMILARES** *Tuber gibbosum*, en Norteamérica, tiene la carne pálida y es comestible.

△ *TUBER CANALICULATUM*
Trufa pardorrojiza, verrugosa, de formas redondeadas a ovoides. Carne canela con rayas blancas. Al madurar, los carpóforos brotan del suelo o son desenterrados por animales. Es un excelente hongo comestible.

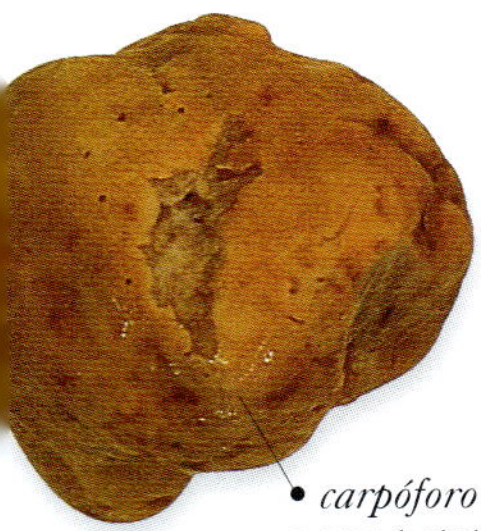

• *carpóforo similar a una patata*

carne crema jaspeada de venas blancas •

SECCION

FRUCTIFICACION Grupos o solitario; raíces de árboles.

Dimensiones CARPOFORO ↔ 2–8cm	Esporas Pardas	Comest.

Familia ELAPHOMYCETACEAE	Especie *Elaphomyces granulatus*	Estación Todo el año

CRIADILLA DE CIERVO

Eusk: Basahuntz-boilur

Tiene una carne gruesa y una superficie escamosa, verrugosa y pardoamarillenta. Las esporas se producen en una masa pulverulenta que se dispersa cuando la piel se abre al madurar.

• **HABITAT** Micorrizas con latifolias y coníferas en terrenos arbolados y parques. *Cordyceps ophioglossoides* (p. 245) la parasita. En gran parte de Europa, también en Norteamérica y Japón.

• **ESPECIES SIMILARES** *E. muricatus*: capa externa jaspeada debajo de la corteza verrugosa y pardoamarillenta.

interior negro y pulverulento una vez maduro •

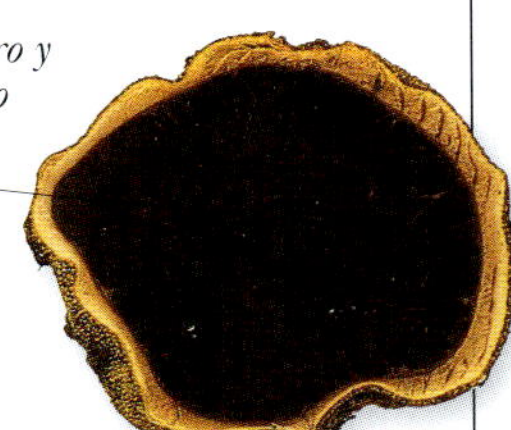

SECCION

SECCION

• *tejido fértil marrón pálido cuando no está maduro*

superficie • *escamosa y verrugosa pardodorada*

FRUCTIFICACION Grupos; bajo tierra.

Dimensiones CARPOFORO ↔ 1,5–4,5cm	Esporas Negruzcas	Comest.

HONGOS EN FORMA DE PERA O DE MANO DE MORTERO

Aquí figuran bejines y esclerodermas, que tienen una corta base que soporta la parte superior redondeada y fértil (v. también pp. 253-57). Al madurar, las esporas son liberadas por un poro en el ápice o al descomponerse la piel externa.

Familia LYCOPERDACEAE	Especie *Lycoperdon pyriforme*	Estación Otoño-verano

BEJIN PIRIFORME

Cat: Pet de llop piriforme; Eusk: Astaputz udarekara; Gal: Peido de lobo

Entre los rasgos de identificación se incluyen forma de pera, superficie lisa una vez maduro, cordones blancos en la base y crecer en sustratos leñosos –otras especies crecen en el suelo. Piel verrugosa o espinosa de los carpóforos jóvenes. Comestibles cuando su piel es blanca y firme, no son muy gustosos.

• **HABITAT** Saprófito; madera de latifolias descompuesta, más rara de coníferas, en terrenos arbolados, parques y jardines. Casi cosmopolita; ausente de las zonas climáticas extremas.

• **ESPECIES SIMILARES** *L. lividum*, en zonas arenosas y abiertas, es liso pero más gris y tiene esporas verrugosas (en *L. pyriforme* son casi lisas).

SECCION

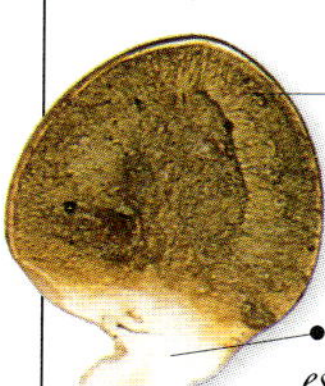

SECCION

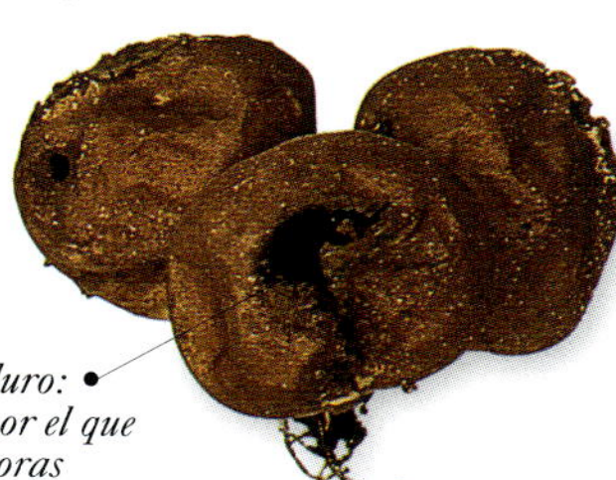

FRUCTIFICACION
Grandes grupos cespitosos.

Dimensiones CARPOFORO ↕ 1,5–5cm ↔ 1–2,5cm	Esporas Pardoliváceas	Comest.

Familia LYCOPERDACEAE	Especie *Lycoperdon echinatum*	Estación Otoño

BEJIN ERIZADO

Cat: Pet de llop d´agulletes; Eusk: Trikuputz; Gal: Peido de lobo

Largas espinas pardas en la superficie del carpóforo en forma de globo y ahusado en la base se desprenden al llegar a la madurez, dejando un distintivo dibujo reticular en la superficie marrón oscura. El himenio es blanco y firme cuando joven; se vuelve pardo al madurar cuando las esporas marrón chocolate y teñidas de lila escapan a través de un poro en la parte superior; la carne basal estéril también se oscurece.

• **HABITAT** Saprófito; sobre suelos alcalinos, en hayedos. Algunas veces al lado del rosa y más raro *Lycoperdon mammiforme*. En zonas más cálidas de Europa y en partes adyacentes de Asia.

• **ESPECIES SIMILARES** *L. americanum* se encuentra en Norteamérica.

FRUCTIFICACION Grupos reducidos; orillas de arroyos.

Dimensiones CARPOFORO ↕ 3–7cm ↔ 1–3cm	Esporas Marrón chocolate	Comest.

Familia LYCOPERDACEAE	Especie *Lycoperdon perlatum*	Estación Otoño

CUESCO DE LOBO PERLADO

Cat: Pet de llop perlat; Eusk: Astaputz perladun; Gal: Peido de lobo, Bufo de vella

Especie redondeada de pardoamarillenta a blanca y con un pie diferenciado; está recubierta de cortas espinas, cada una rodeada por escamas más pequeñas. Una protuberancia en el ápice indica por dónde escaparán las escamas. Cuando maduran, las espinas se desprenden dejando un dibujo reticular. La carne firme y blanca es comestible cuando joven y se vuelve más oscura e incomestible con la edad.

• **HABITAT** Saprófito; en el suelo, en bosques pero también en herbazales. Difundido; común en zonas templadas norteñas.

• **ESPECIES SIMILARES** *Lycoperdon nigrescens* tiene espinas más largas y oscuras dispuestas en grupos, como las de *L. echinatum*, aún más largas.

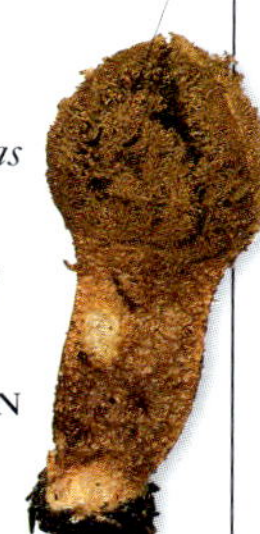

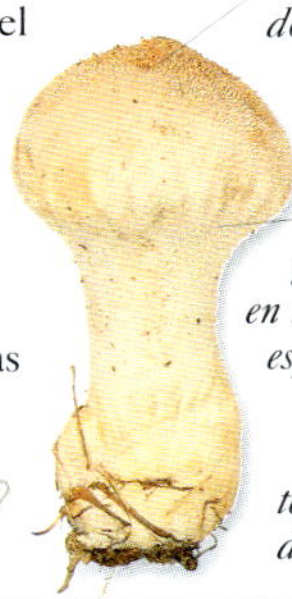

SECCION

SECCION

FRUCTIFICACION Grupos densos o en solitario.

Dimensiones CARPOFORO ↕ 4–7cm ↔ 2–4cm	Esporas Amarillo pálido a pardoliváceo	Comest.

Familia LYCOPERDACEAE	Especie *Handkea excipuliformis*	Estación Otoño

BEJIN EN FORMA DE BOLSA

Eusk: Zaku asta-putz

Marrón ocráceo y pie alto con una parte superior fértil redondeada o pie corto. Cuando madura, la piel se abre y las esporas pardo intenso son dispersadas por la lluvia y el viento. Jóvenes y firmes, los carpóforos son comestibles, aunque insípidos. Pie tenaz cuando madura que persiste hasta la estación siguiente.

• **HABITAT** Saprófito; suelo o céspedes herbáceos en bosques o terrenos abiertos. Zonas templadas norteñas; se extiende por las subárticas y subtropicales.

• **ESPECIES SIMILARES** *Lycoperdon molle* se parece a un espécimen de pie corto. Se distingue al microscopio.

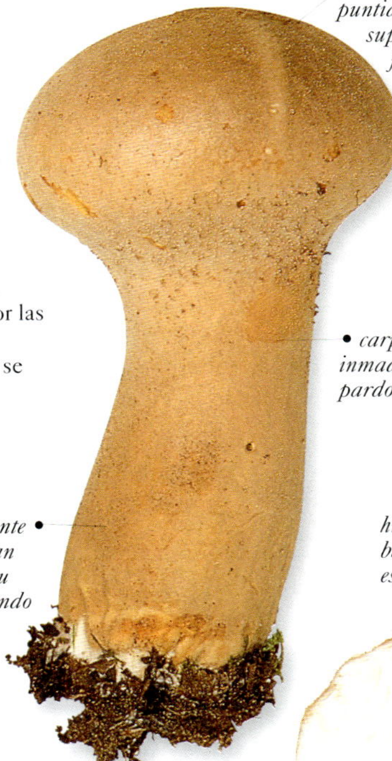

SECCION

SECCION

FRUCTIFICACION Grupos pequeños de carpóforos.

Dimensiones CARPOFORO ↕ 5–20cm ↔ 5–10cm	Esporas Oliváceas a pardas	Comest.

Familia LYCOPERDACEAE	Especie *Handkea utriformis*	Estación Verano-otoño

BEJIIN AREOLADO

Cat: Esclatabufa reticulada;
Eusk: Astaputz mailukat

Nunca más alta que ancha y de gran tamaño, tiene carpóforos piriformes con escamas bastante toscas y harinosas, que se desprenden con la madurez. La piel del ápice se descompone y revela la masa pulverulenta de esporas, parda y a veces teñida de oliva. Parte inferior estéril blanca y parda al envejecer. Comestible cuando es joven insípida.
• **HABITAT** Saprófita; en zonas abiertas y costeras. Zonas templadas norteñas

FRUCTIFICACION Pequeños grupos; entre hierba, líquenes y plantas.

Dimensiones CARPOFORO ↕ 5–10cm ↔ 5–15cm	Esporas Marrón chocolate	Comest.

Familia SCLERODERMATACEAE	Especie *Scleroderma verrucosum*	Estación Otoño

ESCLERODERMA PARDA

Cat: Pata de cavall; Eusk: Astaputz ubelska;
Gal: Bomba

Especie bastante grande, de amarillo pálido a pardo, cubierta de escamas pardas e irregulares. Proyección a modo de pie y una piel fina, de hasta 1 mm de grosor. El tejido portador de esporas tiene un olor metálico, es blanco y se vuelve pardopurpúreo. Las esporas son dispersadas por el viento cuando la piel se desintegra.
• **HABITAT** Forma micorrizas con latifolias como robles y hayas, en zonas arboladas y parques. Difundido en zonas templadas, tanto norteñas como meridionales.

FRUCTIFICACION Solitario o carpóforos juntos; suelo desnudo.

Dimensiones CARPOFORO ↕ 5–10cm ↔ 2–5cm	Esporas Negro purpúreo	Comest.

Familia CALOSTOMATACEAE	Especie *Calostoma cinnabarina*	Estación Fin. verano-otoño

CALOSTOMA CINNABARINA

Tiene una capa externa gelatinosa y una interna roja, que se deshacen para encerrar el pie en una jalea espesa. Parte superior expuesta y ovoide revestida de un polvo rojo que, cuando se desgasta, revela una pelota amarilla con una abertura cruciforme para las esporas.
• **HABITAT** Sobre el suelo en bosques abiertos. En el este de Norteamérica.
• **ESPECIES SIMILARES** *Calostoma lutescens* es parecido pero amarillo. *C. ravenelii* es amarillo pajizo y no es gelatinoso.

FRUCTIFICACION Pequeños grupos; suelo, terrenos arbolados abiertos.

Dimensiones CARPOFORO ↕ 2–5cm ↔ 1–2cm	Esporas Blancas a crema	Comest.

EN FORMA DE COPA O DE DISCO

Los hongos de esta sección pertenecen a dos grupos. Los del primer grupo tienen carpóforos más o menos circulares, planos o en forma de copa poco honda (pp. 264-73); el segundo grupo tiene carpóforos en forma de copa profunda que contienen diminutas estructuras lenticulares (p. 274).

SIN "HUEVOS"

EN ESTA SUBSECCION figuran hongos que producen carpóforos en forma de copa o de disco con un himenio liso en la cara interna de la copa o en la superior del disco. Cuando maduran, las esporas son expulsadas violentamente (v. p. 10-11). Las colmenillas (pp. 209-10) evolucionaron a partir de simples hongos caliciformes pero su pie es definido y la forma más elaborada.

Familia SARCOSCYPHACEAE	Especie *Sarcoscypha austriaca*	Estación Fin. otoño-princ. verano

SARCOSCYPHA AUSTRIACA

Eusk: Txano

Este hongo tiene unos pelos diminutos en forma de sacacorchos en la parte exterior del carpóforo duradero, en forma de copa y escarlata brillante. El margen de la copa también es pálido y puede estar denticulado. El pálido pie está oculto en el sustrato y la carne roja pálida es firme aunque quebradiza. Hay una forma blanca.

• **HABITAT** Sobre sustratos leñosos en terrenos arbolados. Difundido por Europa y seguramente por otras partes de las zonas templadas norteñas.

• **ESPECIES SIMILARES** *Sarcoscypha coccinea* tiene unos pelos rectos en la parte externa de la copa. Otras especies de *Sarcoscypha* tienen distribuciones más localizadas.

FRUCTIFICACION Grupos densos; madera descompuesta.

Dimensiones COPA ↔ 1–8cm ↕ 0,5–3cm | PIE ↕ 0–3cm ↔ 3–5mm	Esporas Blancas	Comest.

Familia OTIDEACEAE	Especie *Tarzetta cupularis*	Estación Verano-otoño

TARZETTA CUPULARIS

El carpóforo en forma de copa de vino tiene pequeños dientes triangulares en el margen del sombrero y un corto pie. Contrariamente a los otros hongos acopados, no cambia de forma al madurar el carpóforo. La superficie externa del carpóforo tiene una textura granulosa y es ocráceo pálido; dentro de la copa, la capa productora de esporas (himenio) es crema grisáceo.

• **HABITAT** Sobre suelos de arcilla, alcalinos y ricos en nutrientes, en parques y terrenos arbolados. Difundido y bastante común en zonas templadas norteñas.

• **ESPECIES SIMILARES** Entre otras especies de este género, *Tarzetta caninus* tiene la copa de mayor tamaño y alcanza los 5 cm de diámetro. Por lo demás, es muy difícil diferenciar unas especies de otras, aunque el desarrollo del pie y los rasgos microscópicos son útiles.

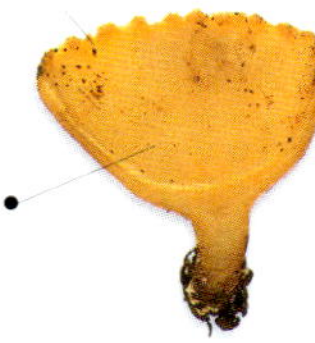

SECCION

FRUCTIFICACION Pequeños grupos.

Dimensiones COPA ↔ 0,5–1,5cm ↕ 0,5–2,5cm | PIE ↕ 0,3–1cm ↔ 2–4mm | Esporas Blancas | Comest.

Familia MORCHELLACEAE	Especie *Disciotis venosa*	Estación Primavera-princ. verano

DISCIOTIS VENOSA

Eusk: Katilu zaintsu

Inicialmente en forma de copa, el carpóforo marrón oscuro se aplana y a veces se vuelve convexo. La superficie tiene costillas y surcos bien visibles, especialmente en los grandes especímenes. La cara inferior es blanquecina, con un revestimiento casposo; el reducido pie es grueso y blanquecino, y la pálida carne, gruesa y quebradiza. Aunque huele a cloro, es comestible; el olor desaparece con la cocción.

• **HABITAT** En parques y terrenos arbolados, junto con *Morchella semilibera* (p. 210); asociada con la asteriácea petasites. Difundida y común en la mayoría de regiones, excepto en las zonas ártico-alpina y tropical; la distribución mundial no está clara.

FRUCTIFICACION Solitario o en grupos; sobre suelos ricos en nutrientes.

Dimensiones COPA ↔ 4–10cm | PIE ↕ ↔ 2mm | Esporas Crema | Comest.

Familia PEZIZACEAE	Especie *Peziza vesiculosa*	Estación Todo el año

PEZIZA VESICULOSA

Cat: Cassoleta; Eusk: Katilu xixkudun

Margen muy curvo y enrollado hacia dentro y distintiva forma de vejiga. La superficie exterior es ocre pálido y granulosa; la interior productora de esporas es pardoamarillento pálido. La abertura por la cual se liberan las esporas es pequeña y apenas se expande con la edad. Carne amarillo pálido y quebradiza.

• **HABITAT** En parques, jardines y en torno a granjas, sobre sustratos ricos en nutrientes como estiércol compostado, "mulch" en arriates de flores y paja en descomposición. A menudo se encuentra junto con otros hongos frasco y coprinos (*Coprinus*, pp. 174-76). Difundido y común en zonas templadas norteñas.

FRUCTIFICACION Densos céspedes o en solitario.

Dimensiones COPA ↔ 3–10cm ↕ 1–4cm	Esporas Blancas	Comest.

Familia PEZIZACEAE	Especie *Peziza badia*	Estación Verano-otoño

PEZIZA PARDA

Cat: Cassoleta bruna de tardor; Eusk: Katilu marroioliba

El carpóforo marrón hígado que, al madurar, se vuelve de un pardoliváceo más oscuro en el interior es característico de esta especie aunque sólo se distingue con certeza con la ayuda del microscopio: revela un ornamento en retículo incompleto en las esporas. Carpóforo sin pie, con superficie pardorrojiza y granulosa y carne delgada y pardorrojiza.

• **HABITAT** Suelos arenosos cerca de sendas en plantaciones de coníferas, o en orillas de arroyos en zonas pantanosas cerca de abedules. En zonas templadas norteñas.

• **ESPECIES SIMILARES** *P. micropus*, *P. repanda* y *P. varia*, de un pardo más claro, sobre troncos podridos.

FRUCTIFICACION Grupos densos y en céspedes.

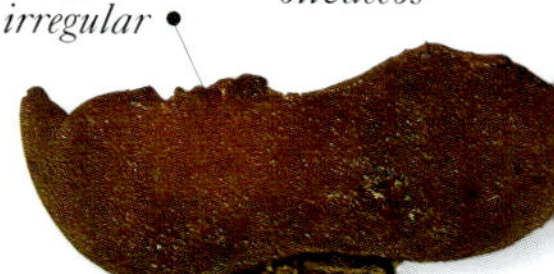

Dimensiones COPA ↔ 1,5–7cm ↕ 0,5–3cm	Esporas Blancas	Comest.

Familia PEZIZACEAE	Especie *Peziza succosa*	Estación Verano-otoño

PEZIZA DE LECHE AMARILLA

Eusk: Katilu esnehori

Este hongo caliciforme, de pardoamarillento a pardogrisáceo, se diferencia por su reacción al cortarlo: la carne delgada y pardoamarillenta exuda un jugo lechoso amarillo y adquiere un tono amarillo brillante. La copa se expande y adopta una forma irregular.

• **HABITAT** Bordes de caminos en zonas de latifolias; junto con *Helvella* e *Inocybe*. Difundido y común en Europa; también en el E y el centro de Norteamérica.

• **ESPECIES SIMILARES** *P. michelii* es menor y con matices lila, y *P. succosella* también es menor; la carne tiene una reacción amarillo verdosa y tiene esporas de menor tamaño.

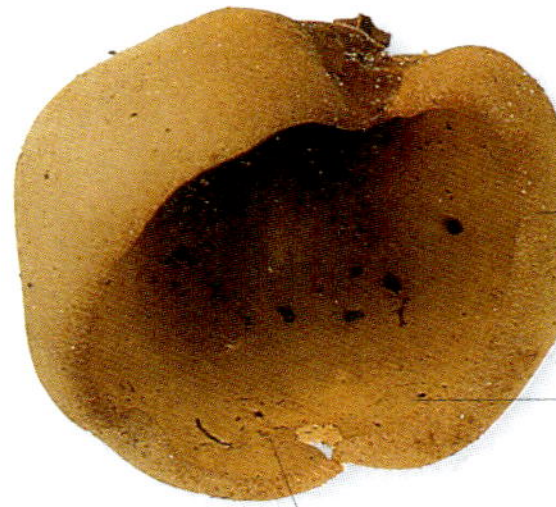

FRUCTIFICACION Solitario o en grupos; suelos ricos en arcilla.

Dimensiones COPA ↔ 0,5–5cm ↕ 0,5–2cm	Esporas Blancas	Comest.

Familia OTIDEACEAE	Especie *Geopora arenicola*	Estación Verano-otoño

GEOPORA ARENICOLA

Esta especie produce un carpóforo caliciforme, pardo y bastante grande, con una superficie externa pelosa. El interior liso puede contener al diminuto hongo frasco parásito *Melanospora brevirostris*. Sus esporas son grandes en comparación con las de las especies emparentadas similares.

• **HABITAT** Enterrada en grava o arena, junto a carreteras y caminos, o en graveras, pasa desapercibida en su oculto hábitat. Difundida y común en Europa. También crece en el NE de Norteamérica y en California.

• **ESPECIES SIMILARES** Todas las *Geopora* viven hundidas; algunas producen una diminuta abertura, otras se parten según un dibujo de estrella al madurar. *Humaria hemisphaerica* se desarrolla en la superficie del suelo.

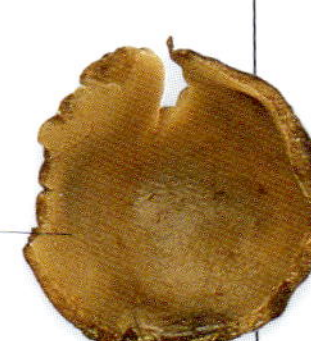

FRUCTIFICACION Grupos densos; superficie del suelo.

Dimensiones COPA ↔ 0,5–2cm ↕ 1–2cm	Esporas Blancas	Comest.

Familia OTIDEACEAE	Especie *Aleuria aurantia*	Estación Verano-otoño

PEZIZA ANARANJADA

Cat: Cassoleta taronja; Eusk: Katilu laranja

Con su vivo anaranjado, vellosa en el exterior, es uno de los hongos caliciformes más atractivos. El margen del sombrero es enrollado cuando es joven y luego ondulado. La copa se aplana. Comestible, tiene una carne delgada, quebradiza y blanca o muy pálida.

• HABITAT En suelos con grava en lugares alterados, como entre piedras del pavimento y pistas de tierra dentro de las huellas de las ruedas, o sobre céspedes herbáceos. Algunas especies de *Scutellinia* (v. abajo) se encuentran en sitios similares. Zonas templadas norteñas.

• ESPECIES SIMILARES *Melastiza chateri* es menor, anaranjada rojiza, y tiene unos pelos muy cortos, marrón pálido, en el margen del sombrero. Otras especies de *Aleuria* presentan copas más pequeñas y son más raras.

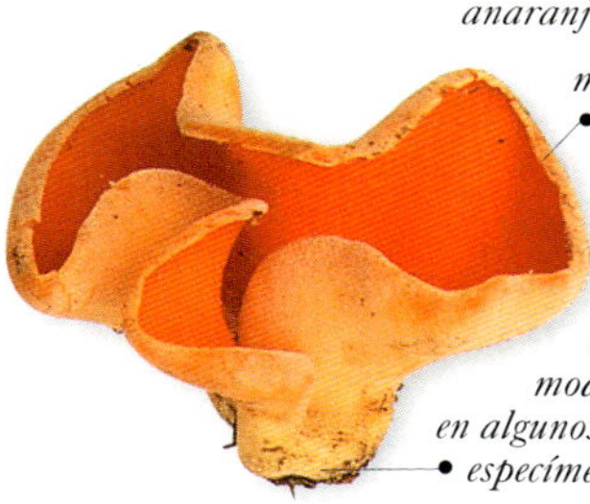

FRUCTIFICACION
Grandes grupos y céspedes.

Dimensiones COPA ⟷ 2–10cm ↕ 0,2–3cm	Esporas Blancas	Comest.

Familia OTIDEACEAE	Especie *Scutellinia scutellata*	Estación Fin. primavera-invierno

SCUTELLINIA SCUTELLATA

Eusk: Betiledun

Este hongo caliciforme tiene unas conspicuas "pestañas" largas y negras en el margen de la copa en forma de disco y de color rojo anaranjado vivo; la superficie externa es de un pardoanaranjado pálido. Bajo el microscopio, la forma de las esporas y su ornamentación sirven para su identificación.

• HABITAT Sobre madera húmeda y musgosa, cerca de bordes de charcas y ocasionalmente sobre suelos ricos en humus. Común entre los sauces y en ciénagas y otros lugares pantanosos. Difundido y común en zonas templadas norteñas.

FRUCTIFICACION Densos racimos sobre madera.

Dimensiones COPA ⟷ 0,5–1cm ↕ 2mm	Esporas Blancas	Comest.

Familia OTIDEACEAE	Especie *Otidea onotica*	Estación Otoño

OREJA DE ASNO

Cat: Orella d´ase; Eusk: Erbi-belarri

Carpóforo amarillo anaranjado y con un matiz rosáceo en la superficie interior. Copa en forma de oreja hendida por un lado y con base blanquecina a modo de pie. Carne muy delgada y pálida; en su superficie pueden aparecer puntos herrumbrosos. Comestible, pero no es recomendable.

• **HABITAT** Bajo latifolias como avellanos y robles, y bajo coníferas, aunque no está estrictamente asociada con ningún huésped. Difundida aunque muy dispersa por las zonas templadas norteñas.

• **ESPECIES SIMILARES** *O. cantharella*: menor, sin matices rosados. *O. concinna* carpóforos amarillos, menos alargados. *O. leporina* menor y más parda; bosques de coníferas.

SECCION

FRUCTIFICACION Céspedes; junto a la hojarasca.

Dimensiones COPA ↔ 1–3cm ↕ 3–10cm	Esporas Blancas	Comest.

Familia LEOTIACEAE	Especie *Chlorociboria aeruginascens*	Estación Todo el año

CHLOROCIBORIA AERUGINASCENS

Eusk: Gardinga

Este hongo tiñe de azul verdoso el interior de su sustrato leñoso. Los carpóforos aparecen bajo condiciones ideales. Son de un color azul verdoso similar, tenaces y caliciformes, con superficie y márgenes lisos u ondulados.

• **HABITAT** En terrenos arbolados de latifolias, sobre ramas caídas de robles o avellanos. Difundido y bastante común en zonas templadas norteñas.

• **ESPECIES SIMILARES** *Chlorociboria aeruginosa* también puede teñir de verde. El tamaño de esporas ayuda a distinguirlas. *C. aeruginosa*: 11,5 × 3 µm; las de *C. aeruginascens*, 7,5 × 2 µm.

FRUCTIFICACION Céspedes o diseminada; madera muerta.

Dimensiones COPA ↔ 0,2–1cm | PIE ↕ 1–5mm ↔ 1–3mm	Esporas Blancas	Comest.

Familia SCLEROTINIACEAE	Especie *Dumontinia tuberosa*	Estación Primavera

DUMONTINIA TUBEROSA

Esta especie tiene un carpóforo marrón castaño que crece a partir de un órgano subterráneo negro: el esclerocio. Es caliciforme, con un margen liso, y tiene superficies lisas, tanto dentro como fuera de la copa. Es probable que tenga los mayores carpóforos de la familia.

• **HABITAT** Parásito; los esclerocios se forman en el interior de rizomas de varias especies de anémonas. Difundido; de localizado a muy común en algunas zonas de Europa.

FRUCTIFICACION Grupos; suelo de terrenos arbolados.

Dimensiones COPA ⊕ 0,5–3cm | PIE ↕ 2–10cm ↔ 2–4mm	Esporas Blancas	Comest.

Familia SCLEROTINIACEAE	Especie *Rutstroemia firma*	Estación Otoño

RUTSTROEMIA FIRMA

Los carpóforos caliciformes son pardos, con el centro a modo de ombligo, el margen liso y finas arrugas en la cara inferior del disco. Un pie la une al sustrato leñoso. Comparte características con el resto de la familia; prefiere géneros huésped específicos: los robles. Menor que *Dumontinia tuberosa* (arriba), continúa siendo una de las especies de mayor tamaño de Sclerotiniaceae.

• **HABITAT** Crece sobre ramas de robles caídas, cuya madera ennegrece. Difundido y bastante común en Europa.

• **ESPECIES SIMILARES** *R. bolaris* es menor y tiene esporas más anchas (18 × 9 µm, frente a 17 × 5,5 µm para *R. firma*). *Ciboria batschiana* crece sobre bellotas.

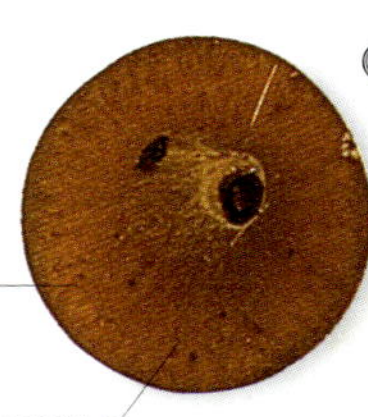

FRUCTIFICACION Solitario o en pequeños grupos.

Dimensiones DISCO ⊕ 0,5–1,5cm | PIE ↕ 0,2–1cm ↔ 0,2–2cm	Esporas Blancas	Comest.

Familia LEOTIACEAE	Especie *Neobulgaria pura*	Estación Fin. otoño

NEOBULGARIA PURA

Eusk: Mukibotoi lila

Los carpóforos son rosa pálido, gelatinosos, translúcidos, ahusados y cónicos en sección transversal, con una superficie productora de esporas plana y unos márgenes denticulados. La exposición a los rigores del clima hace que se derrumben y se vuelvan delgados, pero aún así persisten hasta entrado el invierno.

• **HABITAT** Corteza fresca de troncos y ramas caídos de haya, cerca de *Hypoxylon fragiforme* (p. 257). Zonas templadas norteñas; se encuentra en áreas con hayas.

• **ESPECIES SIMILARES** *Bulgaria inquinans* (abajo) tiene una fructificación y un hábitat similares pero es más duro y de un marrón más oscuro o negro.

FRUCTIFICACION Céspedes; corteza de hayas

Dimensiones DISCO ↔ 0,5–3cm ↕ 1cm	Esporas Blancas	Comest.

Familia LEOTIACEAE	Especie *Bulgaria inquinans*	Estación Otoño-invierno

BULGARIA TIZNADA, BULGARIA NEGRA

Eusk: Mukibotoi beltz

SECCION

Los carpóforos maduros discoidales son negros y algunas veces azulados. Las esporas son muy conspicuas y negro azabache; la corteza próxima puede estar teñida de negro por las esporas expulsadas y mancha de negro los dedos. De las ocho esporas que se forman dentro de cada asca (v. pp. 10-11), tan sólo las cuatro superiores son negras.

• **HABITAT** Sobre la corteza de troncos recién caídos de hayas o robles. Zonas templadas norteñas.

• **ESPECIES SIMILARES** *Exidia glandulosa* (p. 283) y *E. truncata* son todavía más gelatinosos; reviven incluso después de haberse secado por completo.

FRUCTIFICACION Céspedes; sobre corteza de hayas o robles.

Dimensiones DISCO ↔ 0,5–4cm ↕ 0,5–2cm	Esporas Negro azabache	Comest.

Familia Leotiaceae	Especie *Ascocoryne cylichnium*	Estación Otoño-invierno

Ascocoryne cylichnium

Esta especie produce un carpóforo en forma de disco, gelatinoso, púrpura rojizo, con un himenio liso y brillante y un margen a menudo irregularmente lobulado. Tiene un pie corto, lo que hace que aparezca el carpóforo con forma de cono al mirarlo de lado.

• **Habitat** Sobre la corteza y la madera expuesta de árboles de hoja ancha. Difundido y relativamente común en zonas templadas norteñas.

• **Especies similares** *Ascocoryne sarcoides* (debajo) tiene discos más estrechos y esporas más cortas. Otras especies más pequeñas se encuentran en el hemisferio norte. La mejor manera de diferenciarlas es el examen microscópico de las esporas.

Fructificacion Grupos; tocones y ramas de árboles.

Dimens. Disco ↔ 0,5–2cm ↕ 2–4mm | Pie ↕ hasta 5mm ↔ hasta 2mm	Esporas Blancas	Comest.

Familia Leotiaceae	Especie *Ascocoryne sarcoides*	Estación Otoño-invierno

Ascocoryne sarcoides

El carpóforo discoidal, gelatinoso y púrpura rojizo puede tener un pie rudimentario. A lo largo de los carpóforos discoidales aparecen excrecencias asexuales y cerebriformes. Son más pálidas y grises.

• **Habitat** Sobre tocones desnudos de latifolias o sobre troncos. Difundido y común en partes de las zonas templadas norteñas y probablemente en otros lugares.

• **Especies similares** *Ascocoryne cylichnium* (arriba) se diferencia por el examen microscópico. Sus esporas son mayores y con más de 3 septos en la madurez. *A. turficola* es mucho más raro y más coloreado. *Ascotremella faginea* (p. 238) tiene carpóforos de mayor tamaño y cerebriformes.

Fructificacion Céspedes o en solitario, a menudo con el estadio asexual y el fértil juntos.

Dimensiones Disco ↔ 0,2–1cm ↕ 1–4mm	Esporas Blancas	Comest.

Familia LEOTIACEAE	Especie *Bisporella citrina*	Estación Otoño-princ. invierno

BISPORELLA CITRINA

Eusk: Egur-orin hori

La tendencia cespitosa y el vivo amarillo de esta diminuta especie ayudan a verla a distancia. Los discos tienen una cara superior lisa, plana o cóncava, y una cara inferior más pálida. Pueden producirse discos blancos. No hay un verdadero pie.

• HABITAT Crece sobre madera caída de latifolias, hayas, robles y avellanos; sobre madera que ha perdido la corteza. Difundido y muy común en zonas templadas norteñas.

• ESPECIES SIMILARES Algunas de *Bisporella* tienen carpóforos cerca o en el ápice de su forma asexuada pulverulenta y negruzca, denominada *Bispora*. Hay otros hongos caliciformes amarillos que están estrechamente relacionados. Algunos pueden tener un pie o diferir sólo por sus rasgos microscópicos.

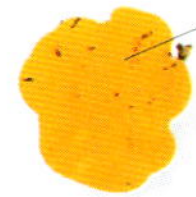

FRUCTIFICACION Grupos densos; sobre madera.

Dimensiones DISCO ⊕ 1–3mm ↕ menos de 1mm	Esporas Blancas	Comest.

Familia ALEURODISCACEAE	Especie *Aleurodiscus amorphus*	Estación Todo el año

ALEURODISCUS AMORPHUS

Aunque parece un hongo caliciforme, es más tenaz y correoso que muchos de ellos. El disco es anaranjado rosáceo, con una superficie harinosa y un margen blanco y fimbriado. Está unido al sustrato por un punto debajo de su centro. Una mancha gelatinosa, transparente o blanca, indica que ha sido parasitado por una especie de *Tremella*, como *T. simplex*.

• HABITAT Sobre abetos *(Abies)* con corteza; más raro, sobre piceas *(Picea)*. En el norte de Norteamérica y Europa.

• ESPECIES SIMILARES *Lachnellula subtilissima* es más peloso, de un anaranjado más brillante y tiene un pie absolutamente inequívoco.

FRUCTIFICACION En carpóforos unidos en masa durante los períodos húmedos.

Dimensiones COPA ⊕ 1–8mm ↕ 2–3mm	Esporas Blancas	Comest.

CALICIFORMES QUE CONTIENEN "HUEVOS"

ESTOS HONGOS tienen unos carpóforos únicos, consistentes en una "copa" en el interior de la cual hay diminutas estructuras denominadas peridiolos, que contienen el himenio. La piel protectora que cubre la parte superior de la "copa" desaparece con la madurez y los peridiolos son dispersados por la lluvia.

Familia NIDULARIACEAE	Especie *Crucibulum crucibuliforme*	Estación Otoño

CRUCIBULUM CRUCIBILIFORME

Eusk: Habia

Tiene carpóforos cilíndricos, en forma de nido y ocre anaranjados, con 10-15 (hasta 20) "huevos" blancos lenticulares que contienen las esporas. Cada "huevo" está atado al "nido" por un diminuto cordón. La superficie externa del "nido" es de tomentosa a lisa. Los "nidos" inmaduros están cubiertos con una piel ocre anaranjada; cuando se marchita, las gotas de lluvia dispersan los "huevos".

• **HABITAT** Mantillo, "mulch" y serrín; terrenos arbolados y parques. Zonas templadas norteñas.

• **ESPECIES SIMILARES** *Cyathus* tiene carpóforos cónicos y "huevos" más oscuros.

superficie interna lisa

una piel recubre el "nido" inmaduro

"nidos" cilíndricos con "huevos" lenticulares

"huevos" blancos de 1,5-2 mm de diámetro

superficie externa de tomentosa a lisa

FRUCTIFICACION Céspedes; vegetación descompuesta.

Dimensiones COPA ⊕ 5–8mm ↕ 0,5–1cm	Esporas Blancas	Comest.

Familia NIDULARIACEAE	Especie *Cyathus striatus*	Estación Todo el otoño

CIATO ESTRIADO

Cat: Niuet estriat; Eusk: Habia ildakatsu; Gal: Niño de paxaro

Estriaciones acanaladas en el interior del carpóforo en forma de nido. En la parte exterior, los "nidos" están revestidos de un pelaje pardo. Una piel delgada y blanquecina recubre la superficie hasta la madurez, momento en que se rompe, lo que permite que los "huevos" se dispersen por la lluvia. Un filamento viscoso que se libera al mismo tiempo permite que se adhieran a la vegetación.

• **HABITAT** En terrenos arbolados, en lo hondo del mantillo. Difundido y común en zonas templadas norteñas.

• **ESPECIES SIMILARES** *Cyathus olla* carece de las estriaciones; hábitats abiertos. *C. stercoreus* crece sobre boñigas, presenta unos "huevos" muy oscuros y carece de estriaciones.

un pelaje oscuro recubre el exterior

carpóforo cónico

parte interior gris con estriaciones marcadas

SECCION

"huevos" gris pálido

lenticulares y de 1-2 mm de diámetro

FRUCTIFICACION Céspedes; madera semienterrada.

Dimensiones COPA ⊕ 6–8mm ↕ 0,8–1,5cm	Esporas Blancas	Comest.

EN FORMA DE TROMPETA

Los hongos que se reseñan tienen carpóforos huecos, en forma de trompeta, y el himenio productor de esporas tapiza la superficie externa más o menos lisa. La mayoría de estas especies pertenecen a la familia Cantharellaceae (v. pp. 28 y 30). Los carpóforos tienen una carne bastante tenaz y pueden persistir durante varias semanas.

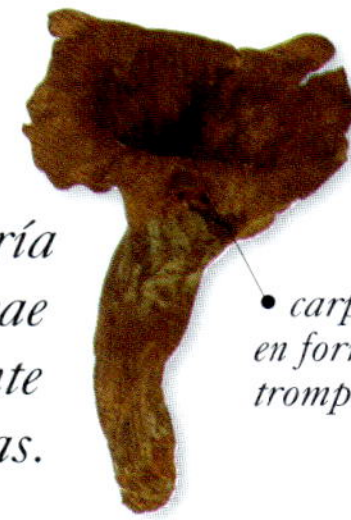

Familia CANTHARELLACEAE	Especie *Craterellus cornucopioides*	Estación Verano-otoño

TROMPETA DE LOS MUERTOS

Cat: Trompeta; Eusk: Saltsa-perretxiko beltz; Gal: Trompeta dos mortos

El carpóforo de esta especie marrón oscura es hueco, en forma de trompeta y ahusado hacia la base. El lado externo tiene una capa portadora de esporas de un gris más pálido. Carne delgada y gris; sabor suave, muy agradable, y olor aromático.

• **HABITAT** Forma micorrizas con latifolias en terrenos arbolados, sobre suelos ricos y alcalinos; raro bajo coníferas. Difundido y común en zonas templadas norteñas.

• **ESPECIES SIMILARES** *Craterellus fallax*, una especie norteamericana, tiene un olor más fragante.

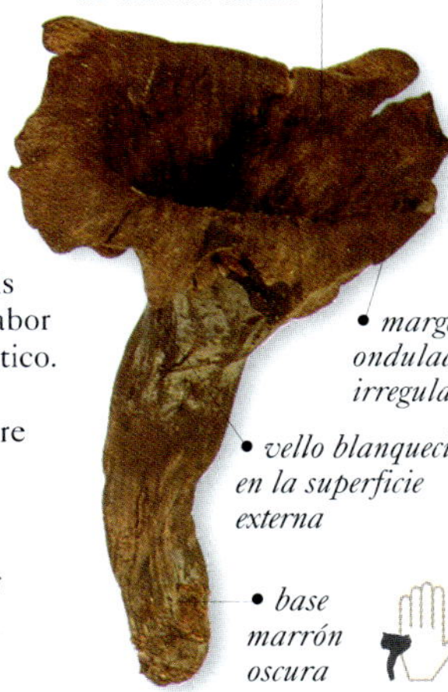

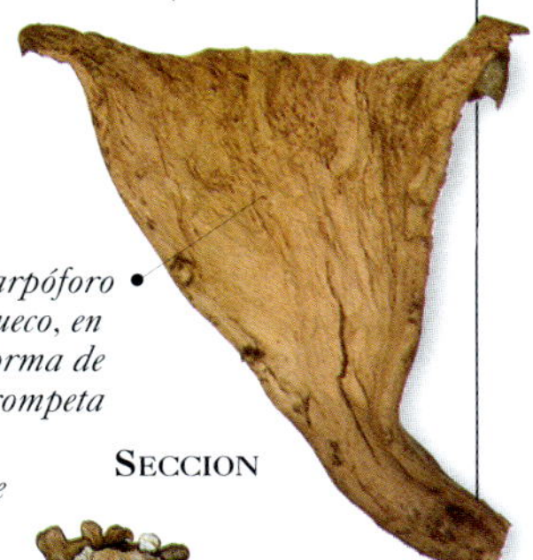

SECCION

FRUCTIFICACION Grupos densos y pequeños céspedes.

Dimens. CARPOFORO ⊕ 3–10cm ↕ 5–12cm | BASE ↔ 0,5–2cm	Esporas Blancas	Comest.

Familia CANTHARELLACEAE	Especie *Cantharellus lutescens*	Estación Princ. otoño-princ. invierno

REBOZUELO ANARANJADO

Cat: Camagroc; Eusk: Saltsa-perretxiko hori; Gal: Trompeta dourada

Tiene un carpóforo en forma de trompeta, pardoamarillento; base hueca, anaranjada amarillenta, y carne sabrosa, delgada, amarillo pálido y de olor afrutado. Capa productora de esporas pálida y lisa.

• **HABITAT** Micorrizas con latifolias y coníferas, en terrenos arbolados húmedos y ricos en musgo. Difundido aunque localizado en regiones templadas y cálidas.

• **ESPECIES SIMILARES** *Cantharellus tubaeformis* var. *lutescens* tiene láminas marcadas, a modo de venas, en la superficie exterior.

FRUCTIFICACION Grupos densos; entre musgos, arbolados alcalinos.

Dimensiones CARPOFORO ⊕ 2–7cm ↕ 3–7cm | BASE ↔ 3–8mm	Esporas Crema pálido	Comest.

Familia CANTHARELLACEAE	Especie *Cantharellus lateritius*	Estación Verano-otoño

REBOZUELO LISO NORTEAMERICANO

Hongo amarillo anaranjado, en forma de trompeta y con el margen ondulado, relacionado con el rebozuelo *Cantharellus cibarius* (p. 28); difiere sobre todo por su superficie externa, de lisa a tenue o veteada. Más denso y robusto, es igual de fragante y con el mismo sabor.
Se denominó *Craterellus cantharellus* porque se parece a la especie *Craterellus cornucopioides* (p. 275).

• **HABITAT** Bajo robles. Difundido y muy común en el este de Norteamérica.

• **ESPECIES SIMILARES** *C. cibarius* (p. 28) tiene unos pliegues formados, bifurcados y en forma de láminas, en su superficie. *C. odoratus* crece en céspedes densos.

presenta pliegues escasamente formados a modo de láminas

margen del sombrero colgante y ondulado

carpóforo en forma de trompeta, amarillo anaranjado

superficie inferior lisa o casi lisa

FRUCTIFICACION Solitario o numeroso debajo de robles, en terrenos arbolado abiertos y parques.

Dimensiones CARPOFORO ↔ ↕ 2,5–10cm | BASE ↔ 0,5–2,5cm	Esporas Amarillento pálido	Comest.

Familia GOMPHACEAE	Especie *Gomphus floccosus*	Estación Verano-otoño

GOMPHUS FLOCCOSUS

Eusk: Iltze

De gran tamaño y en forma de trompeta, tiene una coloración brillante; sombrero escamoso, rojo anaranjado a amarillo anaranjado. Carne con la misma coloración. Superficie productora de esporas decurrente, veteada, y de blanco cremosa a ocre. Puede causar trastornos estomacales.

• **HABITAT** En el suelo, bajo coníferas y en terrenos arbolados mixtos. Difundido y muy común por toda Norteamérica.

• **ESPECIES SIMILARES** *Gomphus bonarii* es rojo brillante, con himenio blanco lechoso. *G. kaufmanii* es mayor, más escamoso y tiene un color canela amarillento.

carpóforo de gran tamaño, en forma de trompeta o de jarrón

superficie del sombrero de rojo anaranjado a amarillo anaranjado

las escamas en la superficie del sombrero son anaranjado rojizas

superficie productora de esporas de blanco cremoso a ocre

la base ahusada y a modo de pie suele ser naranja o amarillo anaranjada

FRUCTIFICACION Solitario o en grandes grupos; en el suelo bajo coníferas o en bosques mixtos.

Dimensiones CARPOFORO ↔ 5–15cm ↕ 5–10cm | BASE ↔ 1,5cm	Esporas Amarillo ocráceo	Comest.

EN FORMA DE ESTRELLA Y A MODO DE JAULA

Se llaman gasteroides porque su tejido productor de esporas (gleba) está encerrado en el carpóforo. Las especies de Clathrus *(debajo y p. 280) se relacionan con los falos (pp. 246-47). En las estrellas de tierra sus carpóforos se escinden y forman una estrella con una bola de esporas.*

Familia CLATHRACEAE	Especie *Clathrus archeri*	Estación Verano-otoño

CLATHRUS ARCHERI

Eusk: Izar gorri

Produce sus esporas en una mucosidad nauseabunda que atrae a los insectos que las dispersarán. Su carpóforo con 4 u 8 brazos rojo vivo, emerge de un "huevo" ocráceo a rosa pálido. La masa de esporas está en el interior de los brazos.

• **HABITAT** Entre el mantillo o sobre serrín o astillas de madera; en terrenos arbolados, parques y arriates de flores. Introducida desde Australia o Nueva Zelanda; establecida en Europa.

• **ESPECIES SIMILARES** *Pseudocolus fusiformis*, en Norteamérica, sólo tiene brazos unidos. *Aseroe coccinea* se encuentra en Japón; tiene una base a modo de pie.

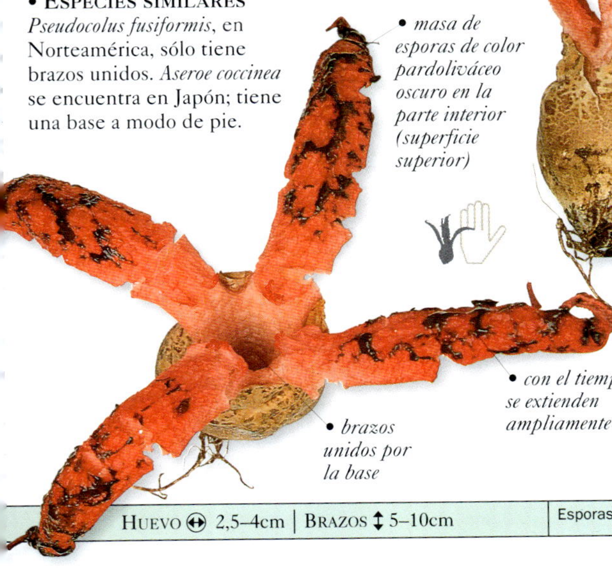

FRUCTIFICACION Grupos densos o en masa.

HUEVO ↔ 2,5–4cm | BRAZOS ↕ 5–10cm	Esporas Pardoliváceas	Comest

Familia Sclerodermataceae	Especie *Astraeus hygrometricus*	Estación Todo el año

Estrella de tierra higrométrica

Cat: Estrelleta higrométrica; Eusk: Izarputz higrometro

El carpóforo inmaduro, redondeado y pardorrojizo se escinde en forma de estrella cuando madura, para revelar la bola de esporas del interior, envuelta en piel y pardogrisácea. Tiene unas propiedades higrométricas asombrosas, incluso cuando se la arranca de su micelio: se enrolla como una pelota en tiempo seco y extiende sus radios cuando es húmedo.

• **Habitat** Micorrícica; en terrenos arbolados abiertos y secos. Casi cosmopolita; ausente en zonas de árticas a templadas-frías.

• **Especies similares** *Geastrum* (debajo, pp. 279-80) difiere al microscopio por los filamentos elásticos en la bola de esporas.

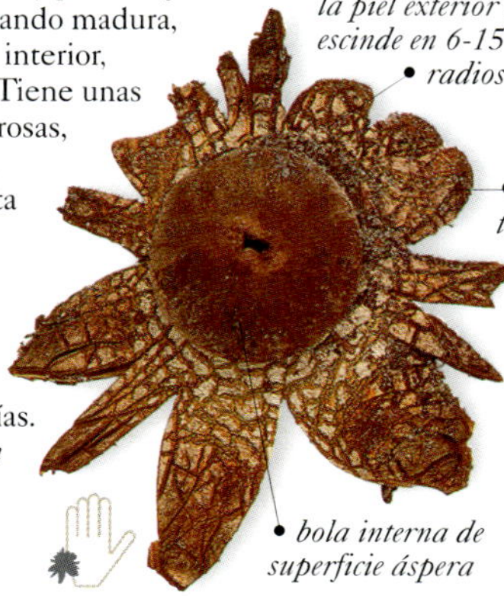

Fructificacion Grupos pequeños; suelos arenosos.

Dimensiones Carpoforo 5–9cm	Bola interna 1,5–3cm	Esporas Pardas	Comest.

Familia Geastraceae	Especie *Geastrum triplex*	Estación Otoño

Estrella de tierra

Cat: Estrelleta; Eusk: Izarputz hirukoitz

Grande y carnosa, al madurar, el carpóforo en forma de nabo o de cebolla se escinde y se abre en dos capas –una forma externa en estrella y una interna en collar– en torno a una bola central. Un poro en el ápice de la bola permite que las esporas sean liberadas por la lluvia.

• **Habitat** En jardines, parques y terrenos arbolados. Regiones cálidas de las zonas templadas norteñas; casi cosmopolita.

• **Especies similares** La bola interna de *Trichaster melanocephalus* no tiene piel ni poro. La bola de *Myriostoma coliforme* tiene huecos para liberar las esporas.

Fructificacion Grupos o en corros; suelos ricos.

Dimensiones Carpoforo 4–12cm	Bola interna 2–4cm	Esporas Marrón chocolate	Comest.

Familia	Especie	Estación
GEASTRACEAE	*Geastrum fimbriatum*	Otoño

ESTRELLA DE TIERRA

Cat: Estrella petita; Eusk: Izarputz argi

El carpóforo globular pardoamarillento o marrón pálido se abre al madurar y su piel externa se escinde en forma de estrella. En el interior hay una bola de gris pálido a ocre grisáceo con las esporas. Las salpicaduras de lluvia sobre la bola hacen que se contraiga y libere las esporas por un hueco en el ápice que tiene finos pelos en el borde fimbriado.

• **HABITAT** Sobre mantillo en suelos alcalinos, bajo latifolias y coníferas. Zonas templadas norteñas.

• **ESPECIES SIMILARES** *Geastrum triplex* (p. 278): piel externa que se escinde formando una estrella; collar que rodea a la bola interna. *G. rufescens*: matiz rosado; desarrolla un tallo en la bola interna cuando está seca.

FRUCTIFICACION Grupos o en corros de brujas.

Dimensiones		Esporas	Comest.
CARPOFORO ⊕ 3–6cm	BOLA INTERNA ⊕ 1–2,5cm	Marrón chocolate	

Familia	Especie	Estación
GEASTRACEAE	*Geastrum schmidelii*	Otoño

GEASTRUM SCHMIDELII

La bola portadora de esporas, expuesta cuando el carpóforo se escinde, tiene una "boca" estriada, asurcada y en forma de pico. El carpóforo inmaduro es pardo, casi esférico incrustado de arena y escombros; la carnosa piel se escinde para formar 5-8 radios que se vuelven como de papel al madurar. Bola interna pardogrisácea.

• **HABITAT** Suelos alcalinos en campos y dunas, o en zonas abiertas de plantaciones de coníferas sobre suelos arenosos. En Europa y partes adyacentes de Asia. La distribución mundial no está clara.

• **ESPECIES SIMILARES** *Geastrum elegans*: bola interna sin pie. *G. pectinatum* es mayor; bola interna con piel granulosa y un pie inequívoco; crece con coníferas.

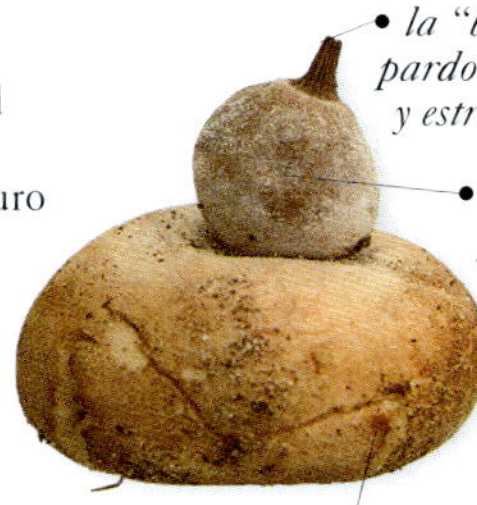

FRUCTIFICACION Corros de brujas o grupos reducidos.

Dimensiones		Esporas	Comest.
CARPOFORO ⊕ 1,5–3,5cm	BOLA INTERNA ⊕ 0,5–2cm	Marrón chocolate	

Familia GEASTRACEAE	Especie *Geastrum striatum*	Estación Otoño

GEASTRUM STRIATUM

La piel externa se escinde y abre para revelar una bola de esporas. La bola blanco grisácea y granulosa tiene un pie corto, insertado en un borde en forma de collar. El carpóforo inmaduro es casi esférico y está incrustado con el suelo y los escombros. Después de abrirse, los radios carnosos y pardogrisáceos adquieren una textura como de papel.

• **HABITAT** Sobre suelos fértiles, a menudo bajo coníferas en jardines y parques; también se encuentra en terrenos arbolados de coníferas o mixtos. Difundida en Europa; la distribución mundial no está clara.

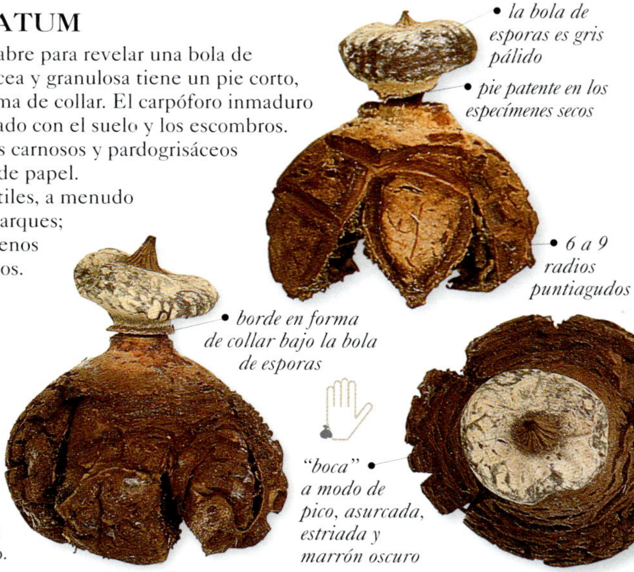

FRUCTIFICACION En líneas o corros de brujas; mantillo mixto.

Dimens. CARPOFORO ⊕ 3–6,5cm | BOLA INTERNA ⊕ 1–2,5cm	Esporas Marrón chocolate	Comest.

Familia CLATHRACEAE	Especie *Clathrus ruber*	Estación Todo el año

CLATRO ROJO

Cat: Gita de bruixa, Cranc; Eusk: Kaiola gorri

Cuando madura, adquiere un llamativo color rojo y una estructura esférica a modo de jaula. Emerge de un "huevo" blanco. Los "barrotes de la jaula" están untados de una masa de esporas pardolivácea cuyo olor fétido atrae a los insectos.

• **HABITAT** Sobre mantillo de hojas y madera, en parques y jardines. Áreas mediterráneas.

• **ESPECIES SIMILARES** La mayoría de especies de *Clathrus* son tropicales. Algunas son de color rojo brillante mientras que otras son blancas.

FRUCTIFICACION Grupos pequeños o densos.

Dimensiones CARPOFORO ⊕ hasta 9cm ↕ hasta 12cm	Esporas Pardoliváceas	Comest

GELATINOSOS, EN FORMA DE OREJA O DE CEREBRO

Estos hongos tienen una carne gelatinosa que se deseca cuando el tiempo es seco pero se rehidrata cuando es húmedo para continuar liberando esporas. Su forma varía desde cerebriforme, con el tejido portador de esporas (himenio) en la superficie, hasta colgante y en forma de oreja, con el himenio tapizando el interior y orientado hacia abajo.

Familia	Especie	Estación
AURICULARIACEAE	*Auricularia auricula-judae*	Todo el año

OREJA DE JUDAS

Cat: Orella de Judas; Eusk: Judasen belarri

El carpóforo de esta especie tiene una distintiva forma de oreja. Es gelatinoso y liso cuando es fresco, pero se vuelve duro y con pliegues cuando madura y se seca. La superficie externa es pardo canela y está cubierta de pelos apretados y finos, mientras que la interior o productora de esporas es más gris y está veteada y arrugada.

• **HABITAT** Sobre latifolias viejas, en terrenos arbolados húmedos. Áreas más cálidas de las zonas templadas norteñas.

• **ESPECIES SIMILARES** *Auricularia polytricha* es del mismo color o más oscura; superficie superior muy aterciopelada. Se encuentra principalmente en los trópicos.

FRUCTIFICACION Solitario, "escalones" o hileras.

Dimensiones	Esporas	Comest.
CARPOFORO ↔ 4–12cm ⇕ hasta 2mm	Blancas	🍽

Familia TREMELLACEAE	Especie *Tremella mesenterica*	Estación Fin. otoño-invierno

TREMELA MESENTERICA

Eusk: Mukiziza hori

Este hongo cerebriforme tiene una llamativa coloración amarilla, casi transparente. Las lluvias prolongadas pueden hacer que se vuelva blanco pero también produce formas albinas. Con tiempo seco, el carpóforo se marchita pero vuelve a rehidratarse si retornan las condiciones húmedas. Insípido, es comestible y se utiliza en sopas.

• **HABITAT** Parásito sobre especies de Corticiaceae; crece sobre ramas de latifolias, a menudo en montones de broza o de leña menuda. Difundido en zonas templadas norteñas.

FRUCTIFICACION Grupos de carpóforos lobulados.

Dimensiones CARPOFOROS UNIDOS ↔ 1–6cm ↕ 0,5–4cm	Esporas Blancas	Comest.

Familia TREMELLACEAE	Especie *Tremella foliacea*	Estación Otoño-invierno

TREMELLA FOLIACEA

Un carpóforo fuertemente plegado, pardo y muy gelatinoso, unido a la corteza, y la ausencia de pie, son rasgos que facilitan la identificación. Las esporas se producen en toda la superficie del carpóforo.

• **HABITAT** Parásito sobre especies de *Stereum* y de Corticiaceae que crecen sobre latifolias y pinos, en parques y bosques. Zonas templadas norteñas.

• **ESPECIES SIMILARES** *Ascotremella faginea* (p. 283) y una forma plegada de *Neobulgaria pura* pueden parecerse a esta especie; se diferencian por su coloración con matices púrpura y sus lóbulos más redondeados y cerebriformes.

FRUCTIFICACION Solitario o en carpóforos juntos.

Dimensiones CARPOFORO ↔ 4–12cm ↕ 3–7cm	Esporas Blancas	Comest.

Familia EXIDIACEAE	Especie *Exidia glandulosa*	Estación Fin. otoño-invierno

EXIDIA GLANDULOSA

Eusk: Mukiziza beltz

Con su aspecto de gotas de alquitrán, los carpóforos de este hongo son relativamente firmes y menos gelatinosos al tacto que *Tremella mesenterica* (p. 282). La superficie a modo de cerebro consiste en numerosos pliegues que se vuelven más hondos y más arrugados.

• HABITAT Madera muerta de latifolias en terrenos arbolados. Difundido y común en zonas templadas norteñas.

• ESPECIES SIMILARES *Exidia truncata*: su carpóforo tiene más forma de primordio, superficie externa aterciopelada y fértil granulosa; crece en latifolias como robles.

superficie negra con numerosos pliegues a modo de cerebro

el espécimen maduro tiene pliegues y arrugas todavía más marcados

esporas en toda la superficie expuesta

al extenderse, los carpóforos se fusionan

este espécimen marchito es reavivado por la humedad

FRUCTIFICACION Carpóforos enlazados.

Dimensiones CARPOFOROS UNIDOS ↔ 2–10cm ↕ 0,5–1,5cm	Esporas Blancas	Comest.

Familia LEOTIACEAE	Especie *Ascrotremella faginea*	Estación Verano-otoño

ASCROTREMELLA FAGINEA

De color púrpura sucio aparece en grandes grupos, brillantes y gelatinosos, de hasta 10 cm de ancho. El carpóforo consiste en una masa de borrones gelatinosos y de formas irregulares que, en conjunto, produce un efecto bastante cerebriforme. Está unido al sustrato por una punta corta a modo de pie. Similar a un hongo gelatinoso, las características microscópicas, como las esporas producidas en ascas cilíndricas (pp. 10-11), le identifican como un hongo frasco.

• HABITAT Habitualmente sobre hayas muertas pero también sobre otras latifolias. Difundido y localmente común en el noreste de Norteamérica y en gran parte de Europa.

carpóforos púrpura sucio

esporas que se producen en toda la superficie del carpóforo

el carpóforo tiene una textura gelatinosa

carpóforo irregular, cerebriforme

FRUCTIFICACION Solitario o grupos reducidos; troncos y ramas de árboles muertos de hoja ancha.

Dimensiones CARPOFORO ↕ 1–2cm ↔ 2–4cm	Esporas Blancas	Comest.

TABLA DE ESPORAS

Las esporas adoptan muchos colores, formas, texturas superficiales y tamaños, y son importantes para la identificación precisa de una especie. El color de las esporas se incluye en la descripción de cada especie; en esta tabla se dan la forma y el tamaño. El tamaño de las esporas varía de 2 a 500 micras (µm); ⊕ designa el diámetro. Normalmente es necesario un microscopio para determinar la forma y el tamaño de las esporas.

ESPECIES	TAMAÑO	FORMA
Agaricus arvensis	7 × 5	ampliamente elipsoidales
Agaricus augustus	8,5 × 5	elipsoidales
Agaricus bernardii	6,5 × 5,5	ampliamente elipsoidales
Agaricus bisporus	6 × 5	ampliamente elipsoidales
Agaricus bitorquis	6 × 4,5	ampliamente elipsoidales
Agaricus californicus	5,5 × 4,5	elipsoidales
Agaricus campestris	8 × 4,5	elipsoidales
Agaricus hondensis	5 × 3,5	elipsoidales
Agaricus moelleri	5,5 × 3,5	ampliamente elipsoidales
Agaricus porphyrizon	5 × 3,5	elipsoidales
Agaricus sylvaticus	5,5 × 3,5	ampliamente elipsoidales
Agaricus sylvicola	7 × 4,5	elipsoidales
Agaricus xanthoderma	6 × 4	elipsoidales
Agrocybe cylindracea	10 × 5,5	elipsoidales con un poro
Agrocybe pediades	12 × 8	elipsoidales com un poro
Agrocybe praecox	9 × 5,5	elipsoidales con un poro
Albatrellus ovinus	4 × 3,5	casi esféricas, amiloide
Aleuria aurantia	17,5 × 9	elipsoidales, reticuladas, con 2 gotas dentro
Aleurodiscus amorphus	28 × 23	casi esféricas, espinosas
Amanita caesarea	10 × 7	ampliamente elipsoidales
Amanita crocea	10 ⊕	casi esféricas
Amanita fulva	11 ⊕	casi esféricas
Amanita gemmata	10 × 7,5	ampliamente elipsoidales
Amanita mappa	9 × 8	casi esféricas, amiloides
Amanita muscaria y *A. m.* var. *formosa*	9 × 6,5	elipsoidales
Amanita pantherina	11 × 7,5	ampl. elipsoidales
Amanita phalloides	8,5 × 7	de casi esféricas a ampl. elipsoidales, amiloides
Amanita porphyria	9 ⊕	casi esféricas, amiloides
Amanita rubescens	8,5 × 6,5	ampl. elipsoidales, amiloides
Amanita smithiana	12 × 7,5	elipsoidales, amiloides
Amanita spissa	9,5 × 7,5	casi elipsoidales, amiloides
Amanita vaginata	11 ⊕	casi esféricas
Amanita virosa	7,5 ⊕	casi esféricas, amiloides
Armillaria cepistipes	8,5 × 5,5	ampliamente elipsoidales
Armillaria mellea	8,5 × 5,5	ampliamente elipsoidales
Armillaria tabescens	8 × 6	ampliamente elipsoidales
Ascocoryne cylichnium	24 × 5	estr. elips. 5 -7 septadas
Ascocoryne sarcoides	14 × 4	estrechamente elipsoidales
Ascotremella faginea	8 × 4	elips. levemente estriadas
Asterophora parasitica	5,5 × 3,5	ampliamente elipsoidales
Astraeus hygrometricus	9 ⊕	esféricas, espinosas
Auricularia auricula-judae	14 × 5,5	en forma de salchicha
Auricularia mesenterica	16,5 × 6	ampl. en forma de salchicha
Auriscalpium vulgare	5 × 4	ovaladas, espinas diminutas
Baeospora myosura	3,5 × 1,5	elipsoidales
Bankera fuligineoalba	5 × 3	ovaladas, espinosas
Bispora citrina	12 × 4	elipsoidales, 0-1 septadas
Bjerkandera adusta	5 × 3	elipsoidales

ESPECIES	TAMAÑO	FORMA
Boletus aereus	15,5 × 5,5	fusiformes
Boletus appendiculatus	14,5 × 4,5	fusiformes
Boletus badius	14 × 5	fusiformes
Boletus barrowsii	14 × 4,5	fusiformes
Boletus bicolor	10 × 4,5	casi fusiformes
Boletus calopus	14 × 5,5	fusiformes
Boletus edulis	15,5 × 5,5	fusiformes
Boletus legaliae	13 × 6	fusiformes
Boletus luridiformis	15 × 5	fusiformes
Boletus luridus	13 × 6	casi fusiformes
Boletus pascuus	13 × 5	fusiformes
Boletus parasiticus	15 × 5	fusiformes
Boletus pinophilus	17 × 5	fusiformes
Boletus porosporus	13 × 5	fusiformes, algunas tienen un poro y parecen truncadas
Boletus pulcherrimus	14,5 × 6	fusiformes
Boletus pulverulentus	13 × 5	fusiformes
Boletus reticulatus	15 × 5	fusiformes
Boletus rubellus	12,5 × 5	fusiformes
Boletus satanas	13 × 6	casi fusiformes
Boletus subtomentosus	12,5 × 5	fusiformes
Bovista plumbea	5,5 × 5	casi esféricas con un largo pedicelo, verrugosas
Bulgaria inquinans	12,5 × 6,5	arriñonadas; las 4 superiores de las ascas son más pardas, las 4 inferiores son hialinas
Calocera viscosa	11,5 × 4	curvadas, y redondeadas
Calocybe carnea	5,5 × 3	ovoides
Calocybe gambosa	5,5 × 3,5	ovoides
Calocybe ionides	6 × 3	ovoides
Calostoma cinnabarina	17 × 8	elipsoidales, alveoladas
Calvatia gigantea	4,5 ⊕	esféricas, verrugosas
Cantharellus cibarius	8,5 × 5	elipsoidales
Cantharellus cinnabarinus	9 × 5	elipsoidales
Cantharellus lateritius	10 × 5,5	elipsoidales
Cantharellus lutescens	10,5 × 7	ampliamente elipsoidales
Cantharellus subalbidus	8 × 5	elipsoidales
Cantharellus tubaeformis	10 × 8	elipsoidales
Chalciporus piperatus	9,5 × 4,5	oblongas
Chlorociboria aeruginascens	7,5 × 2	fusiformes
Chlorophyllum molybdites	11 × 7,5	de ovoides a elipsoidales con un poro
Chondrostereum purpureum	7,5 × 3	elipsoidales
Chroogomphus rutilus	19 × 6,5	fusiformes
Clathrus archeri	6,5 × 3	estrechamente cilíndricas
Clathrus ruber	5 × 2,5	elipsoidales a cilíndricas
Clavariadelphus pistillaris	13,5 × 8	ampliamente elipsoidales
Clavulina cristata	9 × 7,5	ampliamente elipsoidales
Clavulinopsis corniculata	6 ⊕	esféricas
Clavulinopsis helvola	6,5 × 5	de esféricas a ampl. elipsoidales, cont. irregular

Especies	Tamaño	Forma
Clavaria vermicularis	7 × 4,5	ovaladas
Clitocybe clavipes	8 × 4,5	elipsoidales
Clitocybe dealbata	5 × 3	en forma de lágrima
Clitocybe geotropa	8 × 6	en forma de lágrima
Clitocybe gibba	7 × 4,5	elipsoidales
Clitocybe metachroa	7 × 4,5	elipsoidales
Clitocybe nebularis	7,5 × 4	elipsoidales
Clitocybe odora	7 × 4,5	elipsoidales
Clitopilus prunulus	10,5 × 5	ovoides a elipsoidales, con costillas longitudinales
Collybia butyracea	7 × 3,5	oblongas-elipsoidales
Collybia confluens	8 × 3,5	ovoides
Collybia dryophila	5,5 × 2,5	ovoides a elipsoidales
Collybia erythropus	7 × 3,5	elipsoidales
Collybia fusipes	5 × 3,5	ampliamente ovoides
Collybia maculata	5 × 4,5	casi esféricas
Collybia peronata	7,5 × 3,5	elipsoidales
Coltricia perennis	7 × 4,5	elipsoidales
Coniophora puteana	13 × 7	elipsoidales
Conocybe arrhenii	8 × 4,5	elipsoidales con un poro
Conocybe lactea	12,5 × 8	elipsoidales con un poro
Coprinus atramentarius	9 × 6	elipsoidales con un poro
Coprinus comatus	12 × 8	elipsoidales con un poro
Coprinus disseminatus	8,5 × 4,5	elipsoidales con un poro
Coprinus micaceus	8,5 × 6 × 4,5	elipsoidales aplanadas con un poro truncado
Coprinus niveus	15 × 10,5 × 8	elipsoidales aplanadas hexagonales, con un poro
Coprinus picaceus	16 × 11,5 × 9,5	elipsoidales aplanadas con un poro
Coprinus plicatilis	12 × 9 × 5	planas, acorazonadas
Cordyceps militaris	4,5 × 1,5	muy largas, cilíndricas, se rompen en trozos de esporas
Cordyceps ophioglossoides	4 × 2	muy largas, cilíndricas, se rompen en trozos de esporas
Cortinarius alboviolaceus	8,5 × 5,5	elipsoidales, rugosas
Cortinarius anserinus	10 × 6,5	en forma de limón, rugosas
Cortinarius armillatus	10,5 × 6,5	almendradas, rugosas
Cortinarius bolaris	6,5 × 4	casi esféricas, rugosas
Cortinarius caerulescens	10 × 5,5	elipsoidales, rugosas
Cortinarius calochrous	10 × 6	elipsoidales, rugosas
Cortinarius cinnamomeus	7,5 × 4,5	almendradas, rugosas
Cortinarius elegantissimus	14 × 8,5	en forma de limón, rugosas
Cortinarius mucosus	12,5 × 6,5	elipsoidales a ovoides, rugosas
Cortinarius orellanus	10,5 × 6	elipsoidales, rugosas
Cortinarius paleaceus	8,5 × 5,5	elipsoidales, rugosas
Cortinarius pholideus	7,5 × 5,5	casi esféricas, rugosas
Cortinarius rubellus	10 × 7,5	de casi esf. a ampliamente elipsoidales, rugosas
Cortinarius rufoolivaceus	13 × 7,5	de almendradas a en forma de limón, rugosas
Cortinarius semisanguineus	7 × 4,5	de elipsoidales a almendradas, rugosas
Cortinarius sodagnitus	11 × 6	de elipsoidales a almendradas, rugosas
Cortinarius splendens	9,5 × 5,5	almendradas, rugosas
Cortinarius torvus	9,5 × 6	ampliamente elipsoidales a ovoides, rugosas
Cortinarius triumphans	12 × 6,5	almendradas, rugosas
Cortinarius violaceus	12,5 × 8	casi esféricas a almendradas, rugosas
Craterellus cornucopioides	13 × 8	ampliamente elipsoidales

Especies	Tamaño	Forma
Creolophus cirrhatus	4 × 3	casi esféricas, amiloides, hifas no amiloides
Crepidotus mollis	9 × 6	ovoides
Crepidotus variabilis	6,5 × 3	oblongas-elips. verrugosas
Crinipellus scabella	7,5 × 5	ampliamente elipsoidales
Crucibulum crucibuliforme	8 × 4,5	oblongas-elipsoidales
Cyathus striatus	17 × 10	oblongas-elipsoidales
Cystoderma amianthinum	6 × 3	ovoides, amiloides
Cystoderma carcharias	5 × 4	casi esféricas, amiloides
Cystoderma terrei	4,5 × 2,5	elipsoidales
Daedalea quercina	6,5 × 3	elipsoidales
Daedaleopsis confragosa	7,5 × 2,5	cilíndricas, curvadas
Daldinia concentrica	14,5 × 7	elipsoidales a fusiformes, aplanadas por un lado
Disciotis venosa	22 × 13,5	ampliamente elipsoidales
Dumontinia tuberosa	15 × 7,5	elipsoidales
Elaphomyces granulatus	30 ⊕	esféricas, espinosas
Entoloma abortivum	9 × 5	elipsoidales, angulosas
Entoloma cetratum	12 × 8	en forma de prisma, nodulares
Entoloma clypeatum	10 × 9,5	en forma de prisma
Entoloma conferendum	10 × 9	cruciformes, angulosas
Entoloma incanum	12,5 × 8,5	angulosas
Entoloma nitidum	8 × 7	angulosas
Entoloma porphyrophaeum	11 × 7,5	angulosas
Entoloma rhodopolium	8,5 × 7,5	en forma de prisma
Entoloma sericeum	9 × 8	angulosas
Entoloma serrulatum	10,5 × 7,5	angulosas
Entoloma sinuatum	10 × 9	angulosas
Exidia glandulosa	13 × 4	en forma de salchicha
Fistulina hepatica	5,5 × 4	casi esféricas
Flammulina velutipes	8,5 × 4	de elipsoidales a cilíndricas
Fomes fomentarius	17 × 6	cilíndricas
Fomitopsis pinicola	7,5 × 4	delgadas y elipsoidales
Galerina calyptrata	11 × 6	ampl. fusiformes, verrugosas, pierden la pared exterior
Galerina unicolor	12 × 6	almendradas, rugosas, pierden la pared exterior
Ganoderma applanatum	7,5 × 5	elipsoidales, truncadas, verrugosas
Ganoderma lucidum	10 × 7	elipsoidales, truncadas, verrugosas
Ganoderma pfeifferi	10 × 7,5	elipsoidales, truncadas, verrugosas
Geastrum fimbriatum	3,5 ⊕	esféricas, verrugosas
Geastrum schmidelii	5,2 ⊕	esféricas, verrugosas
Geastrum striatum	4,5 ⊕	esféricas, verrugosas
Geastrum triplex	4 ⊕	esféricas, espinas desafiladas
Geoglossum fallax	75 × 6	casi cilíndricas, 0-7 septadas
Geopora arenicola	25 × 15	elip. 1-2 gotas en el interior
Gloeophyllum odoratum	8,5 × 4	cilíndricas
Gomphidius glutinosus	19 × 5,5	casi fusiformes
Gomphidius roseus	19 × 5,5	casi fusiformes
Gomphus floccosus	13 × 7,5	elipsoidales, rugosas
Grifola frondosa	5,5 × 4	de ampliamente elipsoidales casi esféricas
Gymnopilus junonius	9 × 5,5	elipsoidales, rugosas
Gymnopilus penetrans	7,5 × 4,5	elipsoidales, rugosas
Gyromitra esculenta	20 × 10	elipsoidales
Gyromitra infula	22 × 8,5	estrechamente elipsoidales
Gyroporus castaneus	9,5 × 5,5	elipsoidales
Gyroporus cyanescens	10 × 5	elipsoidales
Handkea excipuliformis	5 ⊕	esféricas, verrugosas
Handkea utriformis	4,5 ⊕	esféricas, casi lisas
Hapalopilus rutilans	5 × 2,5	elipsoidales
Hebeloma crustuliniforme	11 × 6	almendradas, rugosas

Especies	Tamaño	Forma
Hebeloma mesophaeum	9 × 5,5	elipsoidales, finamente rugosas
Hebeloma radicosum	9 × 5,5	almendradas, rugosas
Helvella crispa	20 × 12	elipsoidales
Helvella lacunosa	19 × 12	elipsoidales
Hericium coralloides	4 × 3	ovales, amiloides
Heterobasidion annosum	4,5 × 3,5	de ampliamente elipsoidales a casi esféricas, verrugosas
Hydnellum peckii	5,5 × 4	ovaladas, verrugosas
Hydnum repandum	7 × 6	ovaladas
Hydnum umbilicatum	8,5 × 7	casi esféricas
Hygrocybe calyptraeformis	7,5 × 5	ampliamente elipsoidales
Hygrocybe chlorophana	8,5 × 5	de ovoides a elipsoidales
Hygrocybe coccinea	9 × 5	de elipsoidales a almendradas
Hygrocybe conica (4 esporas) (2 esporas)	9,5 × 6 10,5 × 7	elipsoidales o de almendradas en forma de haba
Hygrocybe miniata	7,5 × 5,5	a menudo piriformes
Hygrocybe pratensis	6 × 4,5	de casi esféricas a elipsoidales o en forna de lágrima
Hygrocybe psittacina	8,5 × 5,5	oblongas-elipsoidales
Hygrocybe punicea	9,5 × 5	oblongas-elipsoidales
Hygrocybe virginea	8 × 5	estrechamente elipsoidales
Hygrophoropsis aurantiaca	6,5 × 4	oblongas-elipsoidales
Hygrophorus eburneus	8,5 × 4,5	elipsoidales
Hygrophorus hypothejus	8 × 4,5	elipsoidales
Hymenochaete rubiginosa	5,5 × 3	oblongas-elipsoidales
Hyphodontia paradoxa	5,5 × 3,5	ovaladas
Hypholoma capnoides	8 × 4,5	elipsoidales con un poro
Hypholoma fasciculare	7 × 4,5	elipsoidales con un poro
Hypholoma sublateritium	7 × 4	elipsoidales con un poro
Hypomyces hyalinus	19 × 5,5	fusiformes, bicelulares, verrugosas
Hypomyces lactifluorum	40 × 4,5	fusiformes, bicelulares, verrugosas
Hypoxylon fragiforme	13 × 6	de elipsoidales a fusiformes, aplanadas
Inocybe asterospora	10,5 × 8,5	en forma de estrella, nodulares
Inocybe erubescens	12 × 6	de elips. a en forma de haba
Inocybe geophylla	9,5 × 5,5	elipsoidales
Inocybe godeyi	10,5 × 6,5	almendradas
Inocybe griseolilacina	9 × 5,5	almendradas
Inocybe haemacta	9 × 5,5	de elipsoidales a almendradas
Inocybe lacera	14 × 5,5	cilíndricas
Inocybe rimosa	12 × 6	de elips. a en forma de haba
Inonotus hispidus	8,5 × 7	ampliamente elipsoidales
Inonotus radiatus	6 × 4,5	ampliamente elipsoidales
Kuehneromyces mutabilis	7,5 × 5	elips. con un poro
Laccaria amethystina	9,5 ⊕	esféricas o casi esféricas, espinosas
Laccaria laccata	9 × 8	esféricas o casi esféricas, espinosas
Lacrymaria velutina	9,5 × 6	en forma de limón con un gran poro, verrugosas
Lactarius blennius	7,5 × 6	casi esféricas, verrugosas, veteadas, amiloides
Lactarius camphoratus	8 × 7	casi esféricas, verrugosas, veteadas, amiloides
Lactarius controversus	7 × 5	casi esféricas, verrugosas, veteadas, amiloides
Lactarius deliciosus	8,5 × 7	casi esféricas, verrugosas, veteadas, amiloides
Lactarius deterrimus	9 × 7	casi esféricas, verrugosas, veteadas, amiloides
Lactarius fuliginosus	9 ⊕	esféricas, reticuladas, crestadas, amiloides
Lactarius glyciosmus	8,5 × 7,5	casi esféricas, verrugosas, veteadas, amiloides
Lactarius helvus	8 × 6	casi esféricas, reticuladas, veteadas, amiloides
Lactarius hepaticus	8 × 6,5	casi esféricas, reticuladas, veteadas, amiloides
Lactarius hortensis	7 × 5,5	casi esféricas, reticuladas, veteadas, amiloides
Lactarius hygrophoroides	8,5 × 7	casi esféricas, verrugosas, veteadas, amiloides
Lactarius mitissimus	9 × 7	casi esféricas, rugosas, amiloides
Lactarius necator	7 × 6	casi esféricas, veteadas, amiloides
Lactarius pallidus	8 × 6,5	casi esféricas, rugosas, veteadas, amiloides
Lactarius piperatus	8,5 × 6,5	casi esféricas, verrugosas, con líneas de conexión, amiloides
Lactarius quietus	8,5 × 7,5	casi esféricas, rugosas, veteadas, amiloides
Lactarius rufus	9 × 6,5	ampliamente elipsoidales, reticuladas, veteadas, amiloides
Lactarius sanguifluus	8,5 × 7	casi esféricas, rugosas, veteadas
Lactarius subdulcis	7,5 × 6	casi esféricas, reticuladas, veteadas, amiloides
Lactarius theijogalus	8,5 × 6,5	casi esféricas, rugosas, veteadas, amiloides
Lactarius torminosus	8,5 × 7	casi esféricas, rugosas, veteadas, amiloides
Lactarius trivialis	9,5 × 8	casi esféricas, rugosas, veteadas, amiloides
Lactarius vellereus	10,5 × 8,5	casi esféricas, verrugosas, con venas de conexión, amiloides
Lactarius volemus	8,5 ⊕	esféricas, reticuladas, veteadas, amiloides
Laetiporus sulphureus	6 × 4	ampliamente elipsoidales
Leccinum quercinum	13,5 × 4,5	casi fusiformes
Leccinum scabrum	17 × 5,5	casi fusiformes
Leccinum tesselatum	15 × 6	casi fusiformes
Leccinum variicolor	14,5 × 5	casi fusiformes
Leccinum versipelle	14,5 × 4,5	casi fusiformes
Lentinellus cochleatus	4,5 × 4	casi fusiformes, espinosas
Lentinellus ursinus	4 × 2,5	ovoides, espinosas, amiloides
Lentinus tigrinus	7,5 × 3,5	cilíndricas
Lenzites betulina	5,5 × 2,5	más o menos elipsoidales
Leotia lubrica	23 × 6	casi cilíndricas, algo curvas, 4-5 septadas
Lepiota aspera	8 × 3	elipsoidales
Lepiota brunneoincarnata	8 × 4,5	ovoides
Lepiota castanea	11 × 4	en forma de proyectil
Lepiota clypeolaria	14 × 6	fusiformes
Lepiota cristata	7 × 3,5	en forma de proyectil
Lepiota ignivolvata	12 × 6	ampliamente fusiformes
Lepiota oreadiformis	12,5 × 5	fusiformes
Lepista flaccida	3-4,5 ⊕	casi esféricas, espinas finas
Lepista irina	8 × 4,5	elipsoidales, rugosas
Lepista nuda	7,5 × 4,5	elipsoidales, rugosas
Lepista personata	7,5 × 5	elipsoidales, rugosas
Leucoagaricus leucothites	8,5 × 5,5	de ampliamente ovoides a en forma de almendra

Especies	Tamaño	Forma
Leucocoprinus badhamii	6,5 × 4,5	de elipsoidales a fusiformes
Leucocoprinus luteus	8,5 × 6	almendradas con un poro
Leucopaxillus giganteus	7 × 4	en forma de lágrima
Limacella guttata	5,5 × 4,5	casi esféricas
Lycoperdon echinatum	4,5 ⊕	esféricas, verrugosas
Lycoperdon perlatum	3,5 ⊕	esféricas, verrugosas
Lycoperdon pyriforme	4 ⊕	esféricas, verrugosas
Lyophyllum connatum	6 × 3,5	elipsoidales
Lyophyllum decastes	5,5 ⊕	esféricas
Lyophyllum palustre	7 × 4	elipsoidales
Macrocystidia cucumis	9 × 4,5	elipsoidales
Macrolepiota procera	15 × 10	elipsoidales con un poro
Macrolepiota rhacodes	10 × 6,5	elipsoidales con un poro
Macrotyphula fistulosa	13 × 6,5	elipsoidales
Marasmiellus ramealis	9 × 3	de fusiformes a elipsoidales
Marasmius alliaceus	9,5 × 7	ampliamente elipsoidales
Marasmius androsaceus	8 × 4,5	de elips. a en forma de oreja
Marasmius oreades	9 × 5,5	ampliamente elipsoidales
Marasmius rotula	8 × 4	elips. o forma de oreja
Megacollybia platyphylla	7,5 × 6,5	casi esféricas
Melanoleuca cognata	9,5 × 6	elips., espinas finas, amiloides
Melanoleuca polioleuca	8 × 5,5	elips. espinas finas, amiloides
Meripilus giganteus	6 × 5	de ampliamente elipsoidales a casi esféricas
Micromphale foetidum	9 × 4	elipsoidales
Mitrula paludosa	12,5 × 3	de claviformes a cilíndricas
Morchella elata	25 × 14	elipsoidales
Morchella esculenta	20 × 12,5	elipsoidales
Morchella semilibera	26 × 16	elipsoidales
Mutinus caninus	5,5 × 2,5	elipsoidales
Mycena acicula	11 × 3,5	de casi fusiformes a casi cilíndricas
Mycena adonis	8,5 × 5	de elipsoidales a oblongas
Mycena arcangeliana	9 × 5,5	elipsoidales
Mycena crocata	8,5 × 5	ampliamente elipsoidales
Mycena epipterygia	10 × 5	elipsoidales
Mycena filopes	10 × 6	elipsoidales
Mycena flavoalba	7,5 × 3,5	de elipsoidales a cilíndricas
Mycena galericulata	10 × 7,5	de ovoides a oblongas
Mycena galopus	12 × 6	de elipsoidales a cilíndricas
Mycena haematopus	8,5 × 6	elipsoidales
Mycena inclinata	10 × 6,5	de ovoides a elipsoidales
Mycena leptocephala	10 × 5	de elips. a casi cilíndricas
Mycena olivaceomarginata	10 × 5,5	elipsoidales
Mycena pelianthina	6,5 × 3,5	elipsoidales
Mycena polygramma	9,5 × 6,5	elipsoidales
Mycena pura	7 × 3,5	elips., listas longitudinales
Neobulgaria pura	9 × 4	elipsoidales
Oligoporus rennyi	4 × 2,5	oblongas
Omphalina umbellifera	8,5 × 6	casi esféricas a ovoides
Omphalotus olearius	5,5 × 5	casi esféricas
Otidea onotica	13 × 7	elipsoidales, con dos gotas
Oudemansiella mucida	16 × 14	casi esféricas a esféricas, con la pared gruesa
Oudemansiella radicata	13,5 × 10	ampliamente elipsoidales
Paecilomyces farinosus	2,5 × 1,5	elipsoidales
Panaelous foenisecii	13,5 × 8	en forma de limón con un poro, verrugosas
Panaeolus papilionaceus	16 × 9	en forma de limón con un poro
Panaeolus semiovatus	18 × 10	ampl. elipsoidales con un poro
Panellus serotinus	5 × 1,5	en forma de salchicha
Panellus stypticus	4,5 × 2	ovoides

Especies	Tamaño	Forma
Paxillus atrotomentosus	5 × 4	ampliamente elipsoidales
Paxillus corrugatus	3 × 1,75	elipsoidales
Paxillus involutus	9 × 5,5	elipsoidales
Peziza badia	18,5 × 8,5	elipsoidales, con dos gotas
Peziza succosa	20,5 × 11	elipsoidales, con dos gotas dentro, verrugosas
Peziza vesiculosa	22 × 12	elipsoidales sin gotas dentro
Phaeolepiota aurea	12 × 5	estrechamente elipsoidales
Phaeolus schweinitzii	7 × 4	elipsoidales
Phallus duplicatus	4 × 2	elipsoidales
Phallus impudicus	5 × 2,5	elipsoidales
Phellinus igniarius	6 × 5	casi esféricas
Phellodon niger	4 × 3	ovaladas, espinosas
Phellodon tomentosus	4 × 3	ovaladas o esféricas, espinosas
Phlebia tremellosa	4 × 1	en forma de salchicha
Pholiota alnicola	9,5 × 5	elipsoidales con un poro
Pholiota aurivellus	9 × 5,5	elipsoidales con un poro
Pholiota gummosa	7,5 × 4	elipsoidales con un poro
Pholiota highlandensis	7 × 4,5	elipsoidales con un poro
Pholiota lenta	6,5 × 3,5	elipsoidales con un poro
Pholiota squarrosa	7 × 4	elipsoidales con un poro
Phylloporus rhodoxanthus	12,5 × 4,5	de elipsoidales a fusiformes
Piptoporus betulinus	6 × 2	en forma de salchicha
Pleurocybella porrigens	7 × 5	de casi esférica a ampliamente elipsoidales
Pleurotus cornucopiae	10 × 4,5	alargadas-elipsoidales
Pleurotus eryngii	11 × 5	alargadas-elipsoidales
Pleurotus ostreatus	9,5 × 3,5	alargadas-elipsoidales
Pluteus aurantiorugosus	6 × 4	ampliamente elipsoidales
Pluteus cervinus	7,5 × 5,5	ampliamente elipsoidales
Pluteus chrysophaeus	7 × 6	casi esféricas
Pluteus umbrosus	6,5 × 5	ampliamente elipsoidales
Polyporus badius	7,5 × 3,5	cilíndricas
Polyporus brumalis	5,5 × 2,5	cilíndricas
Polyporus squamosus	13 × 5	cilíndricas
Polyporus tuberaster	13 × 5	cilíndricas
Polyporus umbellatus	9 × 3	cilíndricas
Polyporus varius	8,5 × 3	cilíndricas
Porphyrellus porphyrosporus	14 × 6	casi fusiformes
Postia caesia	5 × 1,5	como salchicha, amiloides
Postia stiptica	4,5 × 2	de elipsoidales a cilíndricas
Psathyrella candolleana	8 × 4,5	elipsoidales con un poro
Psathyrella conopilus	15,5 × 7,5	elipsoidales con un poro
Psathyrella multipedata	7,5 × 4	elipsoidales con un poro
Psathyrella piluliformis	6 × 3,5	elipsoidales con un poro
Pseudoclitocybe cyathiformis	9 × 5,5	elipsoidales, amiloides
Pseudohydnum gelatinosum	6,5 × 5,5	de casi esféricas a ampliamente elipsoidales
Psilocybe cubensis	14 × 9	elipsoidales con un poro
Psilocybe cyanescens	11,5 × 7 × 6	de elipsoidales a almendradas con un poro
Psilocybe semilanceata	13 × 8	de ovoides a elips., con poro
Psilocybe squamosa	14 × 8	elipsoidales con un poro
Pycnoporus cinnabarinus	5 × 2,5	elipsoidales
Ramaria abietina	8 × 4	elipsoidales, con espinas cortas
Ramaria botrytis	15 × 5,5	estrech. elipsoidales, con rayas
Ramaria sanguinea	10 × 4,5	estrech. elipsoidales, verrugosas
Ramaria stricta	9 × 4,5	elipsoidales, verrugosas,
Rickenella fibula	4,5 × 2,5	estrechamente elipsoidales
Rickenella setipes	5 × 3	elipsoidales
Rozites caperatus	12,5 × 8	almendradas, rugosas

ESPECIES	TAMAÑO	FORMA
Russula aeruginea	8 × 6	casi esféricas, verrugosas, veteadas, amiloides
Russula claroflava	8,5 × 7	casi esféricas, verrugosas, veteadas, amiloides
Russula cyanoxantha	8,5 × 7	casi esféricas, verrugosas, veteadas, amiloides
Russula delica	9,5 × 7,5	casi esf., rugosas, amiloides
Russula emetica	9,5 × 8	casi esféricas, verrugosas, veteadas, amiloides
Russula fellea	8,5 × 6,5	casi esféricas, veteadas, amiloides
Russula foetens	8,5 × 8	casi esféricas, verrugosas, amiloides
Russula fragilis	8,5 × 7	casi esféricas, reticuladas, verrugosas, amiloides
Russula integra	10,5 × 8,5	casi esf. espinosas, amiloides
Russula mairei	7,5 × 6	casi esféricas, reticuladas, verrugosas, amiloides
Russula nigricans	7 × 6,5	casi esféricas, reticuladas, amiloides
Russula ochroleuca	9 × 7,5	casi esféricas, reticulación parcial, verrugosas, amiloides
Russula paludosa	9,5 × 8	casi esféricas, verrugosas, venas de conexión, amiloides
Russula puellaris	8 × 6	casi esféricas, verrugosas espinosas, amiloides
Russula rosea	8,5 × 7,5	casi esféricas, reticuladas, verrugosas, amiloides
Russula sanguinaria	8,5 × 7,5	casi esféricas, espinosas, venas de conexión, amiloides
Russula sardonia	8 × 6,5	casi esféricas, verrugosas, crestadas, veteadas, amiloides
Russula turci	8 × 7	casi esféricas, verrugosas, retic. parcial, amiloides
Russula undulata	8 × 6,5	casi esféricas, verrugosas, amiloides
Russula vesca	7 × 5,5	casi esf. verrugosas, amiloides
Russula vinosa	10 × 8	casi esf. espinosas, amiloides
Russula virescens	8 × 6,5	casi esféricas, reticuladas, verrugosas, amiloides
Russula xerampelina	9 × 8	casi esf. verrugosas, amiloides
Rutstroemia firma	17 × 5,5	estrech. elips., 3-5 septadas
Sarcodon imbricatum	7,5 × 5	casi esféricas, verrugosas
Sarcodon scabrosus	7,5 × 6	esféricas con verrugas toscas
Sarcoscypha austriaca	28 × 13	estrechamente elipsoidales
Schizophyllum commune	5 × 2	cilíndricas o curvas
Scleroderma citrinum	11,5 ⊕	esféricas, espinosas, parcialmente reticuladas
Scleroderma verrucosum	10 ⊕	esféricas, espinosas
Scutellinia scutellata	19 × 12	elipsoidales, verrugosas
Sepedonium chrysospermum	20 ⊕	esféricas, verrugosas
Serpula lacrymans	12 × 7	elipsoidales
Sparassis crispa	7 × 4,5	elipsoidales
Spinellus fusiger	40 × 20	en forma de limón, variables
Stereopsis humphreyi	7,5 × 4,5	de elipsoidales a ovoides
Stereum hirsutum	6 × 2,5	de elipsoidales a cilíndricas, amiloides
Stereum rugosum	7.5 × 4	de elipsoidales a cilíndricas, amiloides
Stereum subtomentosum	6 × 2,5	de elipsoidales a cilíndricas, amiloides
Strobilomyces strobilaceus	11 × 10	casi esféricas, reticuladas
Strobilurus esculentus	5 × 2	elipsoidales
Stropharia aurantiaca	14 × 7	elipsoidales con un poro
Stropharia coronilla	8,5 × 4,5	elipsoidales con un poro
Stropharia cyanea	8,5 × 4,5	elipsoidales con un poro
Stropharia rugoso-annulata	11,5 × 8	elipsoidales con un poro
Stropharia semiglobata	18 × 9	elipsoidales con un poro
Suillus aeruginascens	11,5 × 5	casi fusiformes
Suillus bovinus	9 × 3,5	casi fusiformes
Suillus granulatus	9 × 3	casi fusiformes
Suillus grevillei	9,5 × 3,5	casi fusiformes
Suillus luteus	8,5 × 3,5	de oblongas a fusiformes
Suillus plorans	9 × 4,5	elipsoidales
Suillus spraguei	10 × 4	elipsoidales
Suillus variegatus	9 × 3,5	casi fusiformes
Syzygites megalocarpus	25	globulosas
Tarzetta cupularis	20 × 13	estrechamente elipsoidales, con dos gotas dentro
Thelephora terrestris	9 × 7	de oval a elipsoidal, verr.-esp.
Trametes gibbosa	5 × 2,5	de cilíndricas a curvas
Trametes hirsuta	6 × 2	cilíndricas
Trametes versicolor	6,5 × 2	cilíndricas
Tremella foliacea	9,5 × 8	ovaladas
Tremella mesenterica	12,5 × 8,5	ovaladas
Trichaptum abietinum	7,5 × 2,5	cilíndricas
Trichoglossum hirsutum	125 × 7	casi cilíndricas, extremos puntiagudos, 15-septadas
Tricholoma atrosquamosum	6,5 × 4	elipsoidales
Tricholoma aurantium	5,5 × 3,5	elipsoidales
Tricholoma auratum	7 × 4,5	elipsoidales
Tricholoma caligatum	7 × 5	elipsoidales
Tricholoma fulvum	6,5 × 4,5	ampliamente elipsoidales
Tricholoma lascivum	7 × 4	de elipsoidales a casi fusiformes
Tricholoma magnivelare	6 × 5	de elipsoidales a casi esféricas
Tricholoma pardinum	10 × 6,5	ampliamente elipsoidales
Tricholoma portentosum	6,5 × 4,5	elipsoidales
Tricholoma saponaceum	6 × 4	elipsoidales
Tricholoma scalpturatum	5 × 3	elipsoidales
Tricholoma sciodes	7 × 6	ampliamente elipsoidales
Tricholoma sejunctum	5,5 × 4	elipsoidales
Tricholoma sulphureum	10 × 6	de elipsoidales a almendradas
Tricholoma terreum	6,5 × 4,5	elipsoidales
Tricholoma ustale	7 × 5	elipsoidales
Tricholomopsis rutilans	6,5 × 5	de ampliamente elipsoidales a casi esféricas
Tuber aestivum	30 × 24	ovoides, reticuladas, espinosas
Tuber canaliculatum	60 × 50	de elipsoidales a casi esféricas, reticuladas
Tuber magnatum	40 × 35	ovoides, reticuladas
Tuber melanosporum	35 × 25	elipsoidales, espinas curvas
Tylopilus felleus	13 × 4,5	casi fusiformes
Typhula erythropus	6 × 3	elipsoidales
Vascellum pratense	3,5 ⊕	esféricas, verrugosas
Verpa conica	22 × 13	elipsoidales
Volvariella bombycina	9 × 6	elipsoidales
Volvariella gloiocephala	15 × 9	de ovoides a elipsoidales
Xylaria hypoxylon	12,5 × 5,5	fusiformes, aplanadas
Xylaria polymorpha	25 × 7	fusiformes, aplanadas
Zelleromyces cinnabarinus	15 x 12	elipsoidales, reticuladas, amiloides

GLOSARIO

Muchos de los términos se ilustran en la introducción (pp. 6-23). Las palabras en **negrita** se definen en otra entrada del glosario.

• ADNATAS
Láminas que están ampliamente unidas al pie.

• AGARICO
Hongo cuyo **carpóforo** tiene sombrero y pie, y **láminas** bajo el sombrero.

• AMILOIDE
Reacción con un reactivo de yodo que produce una tinción azul.

• ANEJAS
Láminas que presentan una zona de unión estrecha con el pie.

• ASCA
Órgano en forma de saco en el que los ascomicetes (v. p. 11) producen **esporas** sexuales.

• BASIDIO
Órgano sobre el cual los basidiomicetes (véase p. 11) producen las esporas sexuales.

• BOLETO
Producen **carpóforos** con el sombrero y el pie carnoso y presentan **poros** y **tubos** blandos bajo el sombrero.

• CARPOFORO
Estructura que sirve de soporte a las células necesarias para la reproducción sexual en los hongos.

• CISTIDIO
Conjunto de células estériles especiales que pueden encontrarse en los **carpóforos** de los basidiomicetes.

• CLAVIFORME
En forma de maza o porra.

• CORTINA
Un **velo** a modo de telaraña que se encuentra por ejemplo en el género *Cortinarius*.

• DECURRENTES
Láminas que descienden por el pie.

• DELICUESCENTES
Láminas que se disuelven al madurar, liberando un líquido entintado lleno de **esporas** negras. Son características de *Coprinus*.

• ESCLEROCIO
Órgano de almacenamiento de nutrientes con un interior denso y pálido y una corteza protectora negra que producen algunos hongos.

• ESPORAS
Células microscópicas producidas por los hongos para la reproducción.

• ESTRIAS
Líneas producidas en la cara superior del sombrero por las **láminas** que están en la cara inferior.

• ESTROMA
Tejido protector que forman, por ejemplo, los **hongos frasco**.

• FAVEOLADO
Provisto de celdillas como un panal.

• FIMBRIADO
Con pelos muy finos que sobresalen del margen (del sombrero).

• FLABELIFORME
En forma de abanico.

• GLEBA
Tejido fértil que presenta un grupo de hongos que incluye los bejines, falos, estrellas de tierra y hongos nido .

• HIFAS
Estructuras filiformes que forman el hongo, incluidos sus **carpóforos**.

• HIGROFANOS
Se refiere a los sombreros de los **agáricos** que se secan desde el centro y que se vuelven más pálidos en algunas zonas hasta que están completamente secos. Cuando se humedecen, el color oscuro vuelve a aparecer desde el margen.

• HIRTO
Con pelos rígidos.

• HONGOS FRASCO
Hongos con **carpóforos** diminutos y en forma de frasco, algunas veces encerrados dentro de un **estroma** protector.

• IMBRICADO
Solapado, como tejas del tejado.

• INDENTADAS
Láminas que están indentadas justo antes de llegar al pie.

• INFUNDIBILIFORME
En forma de embudo.

• KOH
Hidróxido potásico. Produce tinciones en la carne de algunos hongos.

• LAMINAS
Estructuras a modo de cuchillas que llevan las esporas situadas bajo el sombrero de los **agáricos**.

• LIBRES
Láminas que no se unen al pie.

• MICORRICICA
Asociación entre plantas y hongos que beneficia a ambos organismos.

• OSTIOLO
Abertura o cuello del órgano productor de **esporas** en los **hongos frasco**.

• PEDICELO
Apéndice cilíndrico o fusiforme en las **esporas** de algunos hongos, como por ejemplo *Bovista plumbea*.

• POROS
Aberturas de los tubos por donde se liberan las esporas en algunos hongos.

• RESUPINADO
Se refiere al **carpóforo** que crece plano contra el sustrato sin producir un sombrero o un margen libre.

• RIZOIDES
Hifas apretadamente entretejidas.

• SAPROFITO
Que vive sobre la materia muerta.

• SEDAS
Pelos de pared gruesa.

• SEPTADAS
Se refiere a las **hifas** o **esporas** con divisiones o paredes transversales.

• SINUADAS
Láminas curvas u onduladas.

• TOMENTO
Pelos simples o ramificados, muy juntos, como la borra o el fieltro.

• TUBOS
Estructuras tubulares situadas bajo el sombrero de hongos como los **boletos**, en las que se encuentra el tejido fértil, productor de **esporas**.

• UMBILICADO
Con una depresión a modo de ombligo.

• UMBON
Prominencia en forma de mama en el centro de algunos sombreros.

• VELO
Tejido fino, a modo de piel o de telaraña, que puede proteger **carpóforos** enteros (**velo universal**) o tan sólo las **láminas** o los **poros** (**velo parcial**).

• VELO PARCIAL
Tejido fino, a modo de piel o filiforme, que protege las **láminas** o **poros** del **carpóforo** inmaturo. Se escinde al madurar el carpóforo, a menudo dejando restos en el margen del sombrero o como un anillo en torno del pie.

• VELO UNIVERSAL
Tejido fino, a modo de piel o de telaraña, que cubre la totalidad del **carpóforo** inmaturo. Se escinde al crecer el carpóforo, a menudo dejando una **volva** en la base del pie o escamas sueltas en el sombrero.

• VOLVA
Resto del **velo universal** en forma de saco en la base de algunos pies.

INDICE ALFABETICO

A

C

I

J

K

L

N

O

P

U

V

X

Y

Z

AGRADECIMIENTOS

EL AUTOR desea agradecer a Colin Walton y Jo Weeks su ayuda en la preparación de este libro, así como a todos los que también han estado implicados: Paul Copsey, Neil Fletcher, Sharon Moore, Joyce Pitt, Bella Pringle y Jo Weightman.

DORLING KINDERSLEY agradece a: Margaret Cornell el índice, Peter Frances su colaboración editorial, Chris Turner la lectura de las pruebas y Martin Lewy de Mycologue el equipo de p. 22.

PROCEDENCIA DE LAS ILUSTRACIONES Todas las fotografías son de Neil Fletcher excepto las que se indican a continuación. Dorling Kindersley desea agradecer a todos los ilustradores y fotógrafos su permiso para reproducir sus obras.

Ilustraciones de Pauline Bayne, Evelyn Binns, Caroline Church, Angela Hargreaves, Christine Hart-Davies, Sarah Kensington, Vanessa Luff, David More, Leighton Moses, Sue Oldfield, Liz Pepperell, Valerie Price, Sallie Reason, Elizabeth Rice, Michelle Ross, Helen Senior, Gill Tomblin, Barbara Walker, Debra Woodward.

Fotografías de A-Z Botanical Collection Ltd 97ard (J M Staples), 20ci, 38ard, 187abc, 210ard, 219ard (Bjorn Svensson); Harley Barnhart 42cd, 81abd, 84ard, 159cdab, 237abd; Kit Skates Barnhart 28cdab, 35abd, 43abd, 81ard, 146abd, 148abd, 159abc, 170abd, 186abd, 191cd, 202cd, 207ciab, 208cd; Biofotos 229abd (Heather Angel), 32abd, 110abd, 138ard, 180ard, 272abd (Gordon Dickson); Morten Christensen 187abd, 275abd; Bruce Coleman Collection 216ard (Adrian Davies); Dr Ewald Gerhardt 36cdab, 97abd, 192ard, 199abc; Jacob Heilmann-Clausen 163abd; Emily Johnson 89ard, 147abi, 178abd, 244abd, 253abd, 263abd, 276ard; Peter Katsaros 114cdab, 136cdab; Thomas Læssøe 11abd, 16c, 42ard, 60cde, 62cie, 63abd, 72abd, 96ard, 110ard, 110c, 128ard, 131abd, 132cde, 141abd, 150ard, 164abd, 167abd, 179abd, 206abd, 221ard, 232abd, 242cdab, 263ard, 265abd, 283abd; N W Legon 46abi, 230abd; Natural History Photographic Agency 16cd (Stephen Dalton), 19c (Martin Garwood), 179ci, 184abd (Yves Lanceau), 21ard (David Woodfall); Natural Image 68abi, 240cdab, 263cd (John Roberts), 17c (cortesía de Olympus Microscopes), Alan R Outen 68ard; Jens H Petersen 11ard, 11cde, 11cd, 16ci, 17abi, 17abci, 17abcd, 17abd, 18abd, 19abc, 124abc, 251ard; Planet Earth Pictures 18c (Wayne Harris), 21ci (Geoff Trinder); Erik Rald 169cdab, 191abd; Samuel Ristich 233abd, 273abd; William Roody 30ard, 42abd, 52ard, 54abd, 166abd, 182abd, 190abc, 202abd, 238abi, 247abd, 256abd, 259ard, 276abd; Royal Botanic Gardens Kew 8arc; A Sloth 11cdab; Ulrik Søchting 6abd, 20cde; Paul Stamets 84ard; Walter Sturgeon 201abd; Jan Vesterholt 46abc, 70abd, 73ard, 74abd, 76cdab, 80ard, 102abd, 116ard, 124cdab, 130abd, 143abd, 153abi, 161ard, 177abd, 189cie, 190abi, 191ard, 192cd, 196abd, 199abi, 211abd, 241ard.

(ar, arriba; ab, abajo; c, centro; i izquierda; d, derecha; e, encima)

Siluetas de los hongos de Colin Walton

Diseño de la cubierta de Nathalie Godwin